Python言語による
ビジネスアナリティクス

実務家のための 最適化・統計解析・機械学習

久保幹雄・小林和博・斉藤努・並木誠・橋本英樹 著

近代科学社

◆ 読者の皆さまへ ◆

平素より，小社の出版物をご愛読くださいまして，まことに有り難うございます．

㈱近代科学社は 1959 年の創立以来，微力ながら出版の立場から科学・工学の発展に寄与すべく尽力してきております．それも，ひとえに皆さまの温かいご支援があってのものと存じ，ここに衷心より御礼申し上げます．

なお，小社では，全出版物に対して HCD（人間中心設計）のコンセプトに基づき，そのユーザビリティを追求しております．本書を通じまして何かお気づきの事柄がございましたら，ぜひ以下の「お問合せ先」までご一報くださいますよう，お願いいたします．

お問合せ先：reader@kindaikagaku.co.jp

なお，本書の制作には，以下が各プロセスに関与いたしました：

- 企画：小山 透
- 編集：大塚浩昭
- 組版：LaTeX／大日本法令印刷
- 印刷：大日本法令印刷
- 製本：大日本法令印刷（PUR）
- 資材管理：大日本法令印刷
- カバー・表紙デザイン：樋口真美
- 広報宣伝・営業：冨髙琢磨，山口幸治，西村知也，安原悦子

- 本書の複製権・翻訳権・譲渡権は株式会社近代科学社が保有します．
- JCOPY 〈(社)出版者著作権管理機構 委託出版物〉
  本書の無断複写は著作権法上での例外を除き禁じられています．
  複写される場合は，そのつど事前に(社)出版者著作権管理機構
  （電話 03-3513-6969，FAX 03-3513-6979，e-mail: info@jcopy.or.jp）の
  許諾を得てください．

序文

ビジネスにおける複雑で難しい実際問題を解決するためには，様々な科学技術計算を駆使する必要がある．旧来のような経験と勘による匠の「ものづくり」が我が国の特徴であり，それを継続していけば明るい未来が開けるという宣伝が成されてきたが，これが誤りであったことは，「ものづくり」を経営のコアとしていたいくつかの老舗メーカーが破綻寸前であることから明らかである．近年のモダンでグローバルな経営のためには，速い意思決定とそれを補助するための情報技術ならびに大量のデータを分析するための解析技術が不可欠なのである．

一般に問題解決のための解析手法（アナリティクス）は，以下の5つに分類できる．

1. 記述的 (descriptive)：データを集計し，レポートを表示する．

2. 診断的 (diagnostic)：OLAP(On-line analytical process) ソフトウェアに代表されるように，データを用いて診断を行う．

3. 発見的 (discovery)：データマイニングで代表されるように，データから何らかの知識を発見する．

4. 予測的 (predictive)：機械学習に代表されるように，データから未来を予測する．

5. 指示的 (prescriptive)：最適化を用いて将来に対する行動を指し示す．

データから価値を抽出するための科学を総称して**データサイエンス** (data science) とよぶ．データから価値を抽出するための方法論は様々なものが提案されているが，以下のように分けて行うことが一般的である．

1. データ収集

2. データの抽出，精製，紐付け，集約，欠損値の処理

3. 価値の抽出

    - 可視化（記述的解析）

    - 現在のデータに対する診断（診断的解析）

    - 過去のデータから知識を抽出（発見的解析）

    - 未来のデータに対する予測（予測的解析）．これは主に，データに対する統計解析と機械学習を用いた回帰，分類，クラスタリング，次元削減を用いて行われる．

- データを処理可能なように集約・加工した後で最適化（指示的解析）
- 上の手順を自動化することによる製品化

本書では上の手順の支援を行うためのプログラミング言語として Python に注目し，問題解決に有用な Python モジュールについて解説する．

本書の構成は以下の通り．

第 1 章は全体のイントロダクションであり，Python を使う理由と本書で紹介するモジュール（Python のライブラリ）の全体像について概観する．

第 2 章では，本書で用いる開発環境を再現するための仮想化ソフトウェア Docker と，開発環境である Anaconda のインストール法について述べる．

第 3 章では，対話型の計算環境である Jupyter（旧名 IPython Notebook）の使用法を解説する．

第 4 章では，科学技術計算を可能にするための数値計算モジュールである NumPy について述べる．NumPy は以下の章で紹介する様々なモジュールの基礎となる．

第 5 章では，可視化のためのモジュールである matplotlib, seaborn, bokeh を紹介する．matplotlib は定番の可視化モジュール，seaborn は統計に特化した matplotlib のラッパーモジュール，bokeh はブラウザ上で対話的に操作可能な可視化モジュールである．

第 6 章では，様々な科学技術計算のための実装を含むパッケージ（モジュール群）である SciPy について述べる．ここで解説するのは，最適化，計算幾何，確率・統計，補間，積分，線形代数のためのサブモジュールである．

第 7 章では，データ解析のためのモジュールである pandas, blaze, dask について解説する．

第 8 章では，統計モジュール statsmodels について述べる．

第 9 章では，機械学習のためのモジュールである scikit-learn について述べる．

第 10 章では，最適化理論の基本について述べる．ここでは，最適化問題を分類し，いくつかの代表的な最適化問題に整理するとともに，各最適化問題を解くためのソルバーとモデラーを紹介する．

第 11 章では，数理最適化のためのモジュールである PuLP と OpenOpt について述べる．PuLP は混合整数最適化のためのモジュールであり，OpenOpt は非線形最適化のためのモジュールである．

第 12 章では，グラフ・ネットワーク関連解析のためのモジュールである NetworkX について述べる．

第 13 章では，制約最適化ソルバー SCOP を紹介する．

第 14 章では，スケジューリング最適化ソルバー OptSeq について述べる．

第 15 章では，動的最適化について述べる．

第 16 章では，Excel 連携モジュール xlwings について述べる．

付録では，本文で紹介するモジュールを理解するための Python の基本文法や機械学習と計算量の理論について述べる．

付録 A では，Python の簡易文法とビジネスで便利な基本モジュールについて解説する．

付録 B では，機械学習の基礎について述べる．

付録 C では，計算機科学の基本であるデータ構造とアルゴリズムについて述べる．特に，大まか

な計算量を測定するためのオーダーの概念を紹介し，Pythonの基本データ構造のオーダーをまとめる．

本書で用いたコード，誤植，関連するリンクについては，サポートページ
http://logopt.com/python_analytics/
を作成したので参照されたい．

最後に，初校に丁寧なコメントをいただいた東京海洋大学の関口良行先生，統計数理研究所の武田朗子先生，ならびに本書を執筆するにあたりお世話になった近代科学社の小山透社長に感謝します．

なお，本書はグローバルATC (No.1005304) の補助を受けています．

2016年8月

久保幹雄，小林和博，斉藤努，並木誠，橋本英樹

目次

第 1 章　なぜ今 Python か？ 1
  1.1　空が飛べる！ 1
  1.2　お金を稼げる 2
  1.3　多くの講義で使用されている 2
  1.4　短時間で開発可能 3
  1.5　キーワードが少ない 3
  1.6　誰でも読みやすい 3
  1.7　変数の宣言がいらない 4
  1.8　コンパイルの必要がない（が，してもよい） 4
  1.9　メモリ管理が楽 4
  1.10　多くのプラットフォームで動作 5
  1.11　オブジェクト指向 5
  1.12　フリーソフト 5
  1.13　インストールが楽 5
  1.14　モジュールが豊富 6

第 2 章　環境の整備 Docker と Anaconda 9
  2.1　Python のバージョンとパッケージ 9
  2.2　Docker を利用する場合 10
    2.2.1　Windows または Mac での Docker の利用 10
    2.2.2　Linux での Docker の利用 12
  2.3　Anaconda を利用する場合 13
    2.3.1　Anaconda のインストール方法 13
    2.3.2　本書の全パッケージのインストール 14
    2.3.3　Anaconda の管理 15
    2.3.4　Anaconda 公式以外のパッケージのインストール 17

第 3 章　対話型シェル IPython と Jupyter (IPython Notebook) 19
  3.1　概要 19
  3.2　IPython シェルの機能 19
    3.2.1　補完と履歴 20

　　　　3.2.2　マジック関数 22
　　　　3.2.3　システムコマンド 24
　　　　3.2.4　デバッガ 25
　　3.3　IPython Notebook 環境 25
　　　　3.3.1　IPython Notebook の基本 26
　　　　3.3.2　IPython Notebook のその他の機能 28

第 4 章　数値計算モジュール NumPy　31
　　4.1　概要 31
　　4.2　配列の生成と基本的な操作 31
　　　　4.2.1　リスト，タプルからの変換 32
　　　　4.2.2　多次元配列の情報 33
　　　　4.2.3　備え付けの生成関数 35
　　　　4.2.4　乱数による配列の生成 42
　　　　4.2.5　配列データの参照，基本操作 43
　　　　4.2.6　インデックス配列 47
　　　　4.2.7　ブロードキャスト 50
　　4.3　NumPy の関数 55
　　　　4.3.1　数学定数とユニバーサル関数 55
　　　　4.3.2　その他配列操作に関する関数 57

第 5 章　可視化モジュール matplotlib, seaborn, bokeh　67
　　5.1　概要 67
　　5.2　準備 67
　　5.3　使用例 68
　　5.4　引数指定 68
　　5.5　タイトルや軸ラベルや凡例 70
　　5.6　日本語フォントについて 70
　　5.7　LaTeX と線 72
　　5.8　いろいろなグラフ 73
　　　　5.8.1　散布図 73
　　　　5.8.2　ヒストグラム 73
　　　　5.8.3　棒グラフ 73
　　　　5.8.4　箱ひげ図 74
　　　　5.8.5　円グラフ 74
　　　　5.8.6　塗りつぶし 75
　　　　5.8.7　画像 75
　　5.9　描画領域について 76

5.10	その他の機能	76
	5.10.1 ファイルへの保存	76
	5.10.2 3次元プロット	77
5.11	関連パッケージ	78
	5.11.1 seaborn	78
	5.11.2 bokeh	84

第6章 科学技術計算モジュール SciPy　　87

6.1	最適化	88
6.2	計算幾何	98
6.3	確率・統計	109
	6.3.1 確率分布の基礎	109
	6.3.2 共通のメソッド	111
	6.3.3 代表的な連続確率変数	115
	6.3.4 代表的な離散確率変数	121
	6.3.5 データのあてはめ	122
	6.3.6 相関と回帰	123
	6.3.7 分布テスト	124
6.4	補間	125
6.5	積分	130
6.6	線形代数	132
	6.6.1 基本	132
	6.6.2 行列の分解	137
	6.6.3 その他	143

第7章 データ解析モジュール pandas, blaze, dask　　151

7.1	概要	151
	7.1.1 シリーズの作成方法	152
	7.1.2 データフレームの作成方法	152
	7.1.3 データフレームとシリーズの主な属性とメソッド	152
	7.1.4 ファイル入出力	152
	7.1.5 データの参照	154
	7.1.6 条件による抽出	157
	7.1.7 列の追加や連結と結合	159
	7.1.8 欠損値の処理	162
	7.1.9 その他のいろいろな機能	164
7.2	iris データを用いた計算や描画	168
	7.2.1 要約統計量	169

- 7.2.2 相関係数 ... 169
- 7.2.3 ピボットテーブル ... 170
- 7.2.4 サンプリング ... 171
- 7.2.5 グループ化 ... 172
- 7.2.6 離散化 ... 173
- 7.2.7 グラフ，散布図，ヒストグラム ... 174
- 7.3 アクセサについて ... 176
  - 7.3.1 文字列（str）アクセサ ... 176
  - 7.3.2 時刻 (dt) アクセサ ... 178
  - 7.3.3 スタイル (style) アクセサ ... 179
- 7.4 時系列データ ... 181
- 7.5 関連パッケージ ... 183
  - 7.5.1 blaze について ... 183
  - 7.5.2 dask について ... 186

第 8 章 統計モジュール statsmodels 187
- 8.1 単純な線形回帰 ... 187
- 8.2 単純なロジスティック回帰 ... 189
- 8.3 ワインの価格 ... 192
  - 8.3.1 残差平方和 ... 194
  - 8.3.2 推定用データと検証用データ ... 194
  - 8.3.3 glm 関数について ... 194
  - 8.3.4 赤池情報量規準 ... 196
- 8.4 救急車の出動回数 ... 197
- 8.5 医療の質 ... 199

第 9 章 機械学習モジュール scikit-learn 203
- 9.1 概要 ... 203
- 9.2 教師あり学習 (supervised learning) ... 203
  - 9.2.1 サポートベクトルマシンの概要 ... 203
  - 9.2.2 例 1：サポートベクトル回帰 ... 208
  - 9.2.3 例 2: サポートベクトルマシン分類 ... 210
  - 9.2.4 交差検証とグリッドサーチ ... 212
- 9.3 教師なし学習 (unsupervised learning) ... 214
  - 9.3.1 k-平均法によるクラスタリング ... 214
  - 9.3.2 k-平均++法 (k-means++ method) ... 216
  - 9.3.3 次元縮約 ... 217

第 10 章　最適化　　223

10.1　最適化問題とは　　223
10.2　最適化問題の分類　　224
10.2.1　連続か離散か　　225
10.2.2　線形か非線形か　　225
10.2.3　凸か非凸か　　226
10.2.4　大域的最適解か局所的最適解か　　227
10.2.5　不確実性の有無　　227
10.2.6　目的関数の数が 0 か 1 か多数か　　227
10.2.7　制約の有無　　228
10.2.8　変数の数が 1 つか多数か　　228
10.2.9　微分可能か否か　　228
10.2.10　変数・制約の数が有限個か無限個か　　228
10.2.11　制約が均衡条件か否か　　229
10.2.12　レベル数　　229
10.2.13　ネットワーク構造をもつか否か　　229
10.3　個別問題と解法　　229
10.3.1　線形最適化問題　　229
10.3.2　無制約非線形最適化問題　　230
10.3.3　制約付き非線形最適化問題　　232
10.3.4　錐最適化問題　　233
10.3.5　整数最適化問題　　234
10.3.6　多目的最適化問題　　234
10.3.7　ネットワーク最適化問題　　236
10.3.8　確率最適化　　236
10.3.9　ロバスト最適化　　237
10.3.10　半無限最適化問題　　238
10.3.11　変分問題　　239
10.3.12　均衡制約付き最適化問題　　239
10.3.13　微分不可能最適化問題　　240
10.3.14　大域的最適化問題　　241
10.3.15　組合せ最適化問題　　241
10.3.16　スケジューリング最適化問題　　242
10.4　代表的なモデラーとソルバー　　242

第 11 章　数理最適化モジュール PuLP と OpenOpt　　247

11.1　線形最適化　　248
11.2　双対問題　　253

11.3	整数最適化	256
11.4	栄養問題	261
11.5	論理条件の定式化	268
	11.5.1 離接制約	268
	11.5.2 if A then B 条件	269
	11.5.3 最大値の最小化	270
	11.5.4 絶対値	271
	11.5.5 半連続変数	271
11.6	非線形最適化	273

第 12 章 ネットワークモジュール NetworkX 279

12.1	グラフ理論の基本	279
12.2	グラフの生成	281
12.3	点・枝の追加と削除	286
12.4	点・枝の情報	287
12.5	グラフの描画	289
12.6	グラフに対する基本操作	291
12.7	行列	294
12.8	アルゴリズム	295
	12.8.1 クリーク	296
	12.8.2 連結性	297
	12.8.3 閉路をもたない有向グラフ	299
	12.8.4 Euler 閉路	300
	12.8.5 マッチング	302
	12.8.6 最小木	303
	12.8.7 最短路	305
	12.8.8 最大流	308
	12.8.9 最小費用流	310
	12.8.10 リンク分析	313
	12.8.11 グラフ同型	314
	12.8.12 グラフ探索	315
	12.8.13 2 部グラフ	316
	12.8.14 次数相関係数	317
	12.8.15 中心性	317
	12.8.16 境界	318

第 13 章 制約最適化モジュール SCOP 319

13.1	重み付き制約充足問題	319

13.2	SCOP のクラス	322
	13.2.1　モデルクラス	322
	13.2.2　変数クラス	326
	13.2.3　線形制約クラス	326
	13.2.4　2次制約クラス	329
	13.2.5　相異制約クラス	330
13.3	例題	331
	13.3.1　仕事の割当 1	331
	13.3.2　仕事の割当 2	334
	13.3.3　仕事の割当 3	337
13.4	事例	339
	13.4.1　時間割作成	339
	13.4.2　寮の部屋割り	340
	13.4.3　スタッフスケジューリング	340

第 14 章　スケジューリング最適化モジュール OptSeq　343

14.1	資源制約付きスケジューリング問題	343
14.2	OptSeq のクラス	344
	14.2.1　モデル	345
	14.2.2　作業クラス	348
	14.2.3　モードクラス	349
	14.2.4　資源クラス	351
	14.2.5　時間制約クラス	352
	14.2.6　状態クラス	353
14.3	パラメータ	353
14.4	例題	354
	14.4.1　PERT	354
	14.4.2　資源制約付き PERT	356
	14.4.3　並列ショップスケジューリング	358
	14.4.4　並列ショップスケジューリング 2 ―モードの概念と使用法―	360
	14.4.5　資源制約付きスケジューリング	362
	14.4.6　納期遅れ最小化スケジューリング	364
	14.4.7　CPM	365
	14.4.8　時間制約	367
	14.4.9　作業の途中中断	368
	14.4.10　作業の並列処理	369
	14.4.11　状態変数	371
	14.4.12　ジョブショップスケジューリング	375

第 15 章　動的最適化　383

- 15.1　動的システムと動的最適化 ... 383
- 15.2　最適性の原理と動的最適化アルゴリズム ... 384
- 15.3　確定的動的最適化問題 ... 385
- 15.4　確定的動的最適化の例 ... 386
  - 15.4.1　再帰とメモ化 ... 387
  - 15.4.2　ナップサック問題 ... 388
  - 15.4.3　最大安定集合問題 ... 392
  - 15.4.4　巡回セールスマン問題 ... 394
  - 15.4.5　集合被覆問題 ... 395
- 15.5　確率的動的最適化問題 ... 397
  - 15.5.1　記号の導入 ... 397
  - 15.5.2　Markov 性と Markov 決定問題 ... 397
  - 15.5.3　計画期間 ... 398
  - 15.5.4　Bellman 方程式 ... 398
  - 15.5.5　方策評価 ... 399
  - 15.5.6　方策改善 ... 400
  - 15.5.7　方策反復 ... 400
  - 15.5.8　格子点間の移動の例題 ... 401
  - 15.5.9　レンタカー営業所の問題 ... 403

第 16 章　Excel 連携モジュール xlwings　411

- 16.1　はじめに ... 411
- 16.2　Excel から Python プログラムを実行する ... 413
  - 16.2.1　Python プログラムの準備 ... 414
  - 16.2.2　Excel ファイルの準備 ... 414
  - 16.2.3　実行 ... 415
- 16.3　Excel の制御 ... 416
  - 16.3.1　セル ... 416
  - 16.3.2　リスト ... 417
  - 16.3.3　セル範囲 ... 418
  - 16.3.4　グラフ ... 418
  - 16.3.5　NumPy array ... 421
  - 16.3.6　pandas DataFrame と Series ... 421
- 16.4　xlwings の諸クラス ... 423
  - 16.4.1　Workbook ... 423
  - 16.4.2　Sheet ... 423
  - 16.4.3　Range ... 424

| | | 16.4.4 Chart | 426 |

付録A　Pythonの基礎と標準モジュール   427

- A.1 データ型 ... 427
  - A.1.1 数と論理型 ... 428
  - A.1.2 文字列 ... 428
  - A.1.3 リスト ... 430
  - A.1.4 タプル ... 431
  - A.1.5 辞書 ... 432
  - A.1.6 集合 ... 433
- A.2 演算子 ... 433
- A.3 制御フロー ... 435
  - A.3.1 分岐 ... 435
  - A.3.2 反復 ... 436
- A.4 関数 ... 439
- A.5 内包表記 ... 442
- A.6 入出力 ... 443
- A.7 クラス ... 444
- A.8 モジュール ... 448
  - A.8.1 擬似乱数発生モジュール random ... 449
  - A.8.2 永続化モジュール pickle と json ... 450
  - A.8.3 イテレータ生成モジュール itertools ... 450
  - A.8.4 コレクションモジュール collections ... 451
  - A.8.5 高階関数モジュール functools ... 452
  - A.8.6 ヒープモジュール heapq ... 453

付録B　機械学習   455

- B.1 機械学習とは ... 455
- B.2 線形回帰 ... 456
- B.3 ロジスティック回帰 ... 458
- B.4 正規化 ... 460
- B.5 SVM ... 461
- B.6 カーネルとSVM ... 462
- B.7 仮説の評価 ... 464
- B.8 ニューラルネットワーク ... 464
- B.9 単純Bayes ... 465
- B.10 決定木 ... 467
- B.11 アンサンブル法 ... 468

B.12 クラスタリング 468
   B.13 主成分分析 468
   B.14 異常検知 470
   B.15 推奨システム 472

付録C 計算量とデータ構造　　　　　　　　　　　　　　　　　　475
   C.1 計算量とオーダー 475
   C.2 基本データ構造と計算オーダー 478
      C.2.1 リスト 478
      C.2.2 辞書 479
      C.2.3 集合 480

関連図書　　　　　　　　　　　　　　　　　　　　　　　　　　481
索引　　　　　　　　　　　　　　　　　　　　　　　　　　　　483
著者紹介　　　　　　　　　　　　　　　　　　　　　　　　　　498

第1章　なぜ今Pythonか？

　ここでは序論として，なぜ今Python言語がビジネス解析の基礎言語として注目を浴びているのか，その14個の理由について述べることにしよう．

1.1　空が飛べる！

　最初の理由は豊富なモジュール（ライブラリ・パッケージ）が準備されていることである．モジュ

図 1.1　空が飛べる！

ールを使用するための魔法のキーワードが import である．図 1.1 の漫画 (http://xkcd.com/353/) に示すように，import antigravity とするだけで，飛ぶこともできるのである．もちろんこれは冗談であるが，それくらい仕事を楽にするための魔法のモジュールが準備されているのである．

最近のプログラミング言語は面倒な仕様が多く，書いていて退屈になるものが多いが，著者らが昔プログラミングを始めた頃は，プログラミングは寝食を忘れるほどに楽しいものであった．漫画の中で飛んでいる人が "Programming is fun again!" と叫んでいるように，Python を使うことによってプログラミングは「再び」楽しいものとなってきたのである．

1.2 お金を稼げる

学生にプログラミング言語を教えるときに最も苦労する部分は，動機付けである．楽しいよ，と言って分かるのは一部の学生だけであり，多くは将来使えるのか，役に立つのかといった疑問が先立って，なかなか勉強をしてくれない．そういった学生たちへの動機付けとして最も効果的なのが，お金を稼げるという事実を伝えることである．マイナビの調査によると，我が国におけるプログラマの平均初任給が最も高いプログラミング言語が Python であり，2 位の Ruby を 20 万円ほど引き離して 380 万円超である．TechPro のまとめた 2014 年度の「学ぶべきトップ 10 のプログラミング言語」の第 1 位は Python である．その理由は，平均収入が 93,000 ドル，求人数が 24,533，求人先には Amazon, Dell, Google, eBay, Instagram, NASA, Yahoo などが含まれ，Google.com, Yahoo Maps, Reddit.com[1], Dropbox.com[2], Disqus.com[3] などの名だたるサイトが Python で作られているためである．ちなみに第 2 位は Java で，その後に Ruby, C++, JavaScript, C#と続く．さらに Python はデータサイエンティストの必需品であり，Bloomburg 社の BusinessWeek の記事によると，データサイエンティストの初任給は 200,000 ドルを超え，McKinsey 社の調査によると 2018 年にはデータサイエンティストの需要は供給の 6 割増しになると予測されている．

1.3 多くの講義で使用されている

著者の 1 人（久保；以下では単に著者と略す）が最初に Python を知ったのは，ヨーロッパのとある大学の計算機科学科の友人から，すべての学年で教えるプログラミング言語を Python に変えたところ留年が大幅に減ったという事実を聞いたときである．当時は，Python はマイナーな言語で，教育用の言語の 1 つと思っていたのだが，その友人と何冊か Python の本を書いていくことによって，Python は教育用ではなく実用性もあることに気づいた．最初に大学で採用されるようになったのはヨーロッパらしいが，今ではヨーロッパだけでなく，アメリカの計算機科学科でも採用数のトップであり，2 位の Java を大きく引き離している．EdX (https://www.edx.org/) や coursera (https://www.coursera.org/) のようなインターネット上で受けられる講義 (Massive Open Online Course; MOOC) でも，Python による講義がたくさんあるので，（英語さえできれば）自習も

---
[1] 英語版の 2 ちゃんねる．
[2] 筆者らも愛用しているオンラインのストレージサービス．
[3] Web サイトやブログにコメント機能を提供するオンラインサービス．

容易である．ちなみに EdX の人気講義 "MITx: 6.00.1x; Introduction to Computer Science and Programming Using Python" と "MITx: 6.00.2x; Introduction to Computational Thinking and Data Science" のテキストは，著者らによって日本語に翻訳 [4] されているので，それを用いて独習もできる．

1.4 短時間で開発可能

前述したように著者は友人と何冊か最適化の本を書いたことがあるが，プログラミング言語としては Python を採用した．その理由はプログラムの行数が他の言語より圧倒的に短くなるからである．さらに，行数が短いということは後で読み返したときに理解しやすいということである．著者のように本職のプログラマでない人が，たまにプログラムを書くためには，短い行で書ける Python のようなプログラミング言語が必須なのである．

例えば，C++ で画面に "Hello, world!" と出力しようと思ったら，

```cpp
#include <iostream>
int main() {
    std::cout << 'Hello, world!' << std::endl;
    return 0;
}
```

となるが，Python だと print 関数を用いて（前ページの漫画にもあるように），

```python
print('Hello, world!')
```

と1行書くだけである．

1.5 キーワードが少ない

Python を使ってプログラムを書いていて楽しい理由の1つとして，覚えるべきキーワードの少なさがあげられる．Python のキーワード（覚えるべき予約語）は30弱と極めて少ないのである．以下の（Python 3.5 における）キーワードの説明は付録 A（いくつかは滅多に使わないので省略）で述べるが，たったこれだけ覚えるだけでプログラミングが始められるのである．

False	None	True	and	as	assert	break	class	continue	def
del	elif	else	except	finally	for	from	global	if	import
in	is	lambda	nonlocal	not	or	pass	raise	return	try
while	with	yield							

1.6 誰でも読みやすい

Python では字下げ（インデント）によりブロックを指定し，実行文をグループ化する文法を採用

している．これによって，否が応でも綺麗にプログラミングを行うことが強制され，万人が同じように読みやすいプログラムを書くことが可能になる．例えば，C++ だと

```
if (x > 1) { y=x+1;
   z=x+y; }  else { y=0; z=0; }
```

とも書ける（行儀の悪い）プログラムも，Python だと誰が書いても，

```
if x > 1:
    y=x+1
    z=x+y
else:
    y=z=0
```

となる．（上で使われた if や else の意味については，付録 A.3.1 で解説する．）

1.7 変数の宣言がいらない

　昔は，プログラムの最初で必ず使用する変数の型を宣言する必要があり，さらには FORTRAN や Basic だと変数の型だけでなく，大きさまでも最初に指定する必要があった．これは結構面倒であったり不便だったりした．Python では変数は宣言せずに使用でき，変数に値（ちゃんと言うとオブジェクト）が代入されたときにその（オブジェクトの）型に設定されるという仕様をとっている．これは専門的には**動的型付け** (dynamic typing) とよばれ，これによって初心者や（著者のように）面倒くさがりな人たちが楽にプログラミングすることが可能になる．

1.8 コンパイルの必要がない（が，してもよい）

　昔，FORTAN や C 言語などでプログラムを書くときに一番イライラしたことは，コンパイルの時間が長いことである．遅い計算機でコンパイルすると数分かかるので，必ずコーヒーを煎れに行ったことを思い出す．Python はインタープリタなので，コンパイルの必要がない．インタープリタは実行速度が遅いので敬遠されることもあるが，Python ではコンパイルして高速化することもできる．さらに，実行時に中間言語にコンパイルする実行時コンパイラや，C 言語などに自動変換するモジュールなど様々な高速化のためのツールが準備されている．

1.9 メモリ管理が楽

　C や C++ 言語でプログラムをする際に，念入りに注意をしなければならないことの 1 つにメモリの解放がある．メモリの確保と解放は対で行わなければならないが，複雑なプログラムになると，つい解放を忘れてしまうことがある．これはメモリリークとよばれ，一種のバグであるが，顕在化しないこともあるので専用のツールで検証する必要がある．Python は動的にメモリを確保し，使われないと判断すると自動的にメモリの解放もしてくれるので，お気楽にプログラミングをすることができ

る．特に，歳とともに注意力が散漫になっていく著者にとってはありがたい機能である．

1.10　多くのプラットフォームで動作

　Python は，Windows, Mac (OS X), Linux などほとんどのプラットフォームで稼働する．昔はプラットフォームごとに異なる開発環境であったため，クライアントのプラットフォームにあわせて新しいプログラミング言語を習得する必要があったりした．ひどいときには，OS/2 でしか動かない Prolog で開発して欲しいとか，COBOL や PL/I で書いてくれなんていう注文もあった．

　Python のようなモダンなプログラミング言語だとマルチプラットフォームは当然であるが，Python はさらに，iPhone, iPad, Android でも稼働する．無料のアプリも多々あるが，著者は iPad 上に Pythonista (http://omz-software.com/pythonista/) という数百円の有料アプリをインストールし，暇なときに Python でプログラムを作成して遊んでいる．

　さらに多くのクラウド上のクラスタコンピューティング環境でも Python は稼働する．例えば，MapReduce の改良版である Apache Spark では PySpark という環境があり，Microsoft 社の提供しているクラウドサービス Azure や Google 社の App Engine でも Python が使えるのである．

1.11　オブジェクト指向

　ほとんどのモダンなプログラミング言語がそうであるように，Python も**オブジェクト指向** (object oriented) である．さらに言うと，Python ではすべてがオブジェクトであり，Java や C++ のように後付けでオブジェクト指向を追加した中途半端な言語ではない．Python のクラスを用いることによってオブジェクトによるデータの抽象化を自然に行うことができるようになり，大規模なシステムを綺麗に設計できるのである．

1.12　フリーソフト

　ソフトウェアのライセンス形態については後ほど（10.4 節で）詳述するが，Python のライセンスは Python Software Foundation License であり，簡単に言うとフリーソフトである．さらに，本書で推奨する Anaconda は 300 以上の無料モジュールを含んだフリーソフトウェア群である．

1.13　インストールが楽

　インストールだけで半日を費やすような某ソフトウェアとは異なり，Python のインストールは極めて簡単である．本家サイト http://www.python.jp/ （英語版は http://www.python.org/）からダウンロードしてインストーラーを実行するだけで，**バッテリー同梱** (batteries included) の異名の通り，開発環境のエディタ (IDLE) や多くの標準モジュールが使えるようになる．さらに，本書で推奨する Anaconda もインストールは簡単であり，https://store.continuum.io/cshop/anaconda/ からダウンロードしてインストーラーを実行するだけである．これによって数百のモジュールが使え

るようになり，同時に多くの開発環境が使えるようになる．

1.14 モジュールが豊富

最初に示したように Python の魅力はそのモジュールの豊富さにある．特に，ビジネスにおける実際問題を解決するためのモジュールの数は，数多のプログラミング言語の中でも群を抜いており，最近では「Python 無双」とよばれる程である．

一般に，実際問題の難しさは大きく不確実性と複雑性に分類される．図 1.2 に示したのは，不確実性と複雑性に含まれる個別課題とそれを解決するための Python のモジュールである．

不確実性への対処には，データ分析，統計解析が役に立つ．データ分析に対しては pandas, blaze, dask があり，統計解析に対しては statsmodels がある．

複雑性への対処には，最適化，ネットワーク分析，機械学習，可視化が役に立つ．本書では，最適化のためには PuLP, OpenOpt, Gurobi, SCOP, OptSeq を紹介し，ネットワーク分析のためには NetworkX，機械学習に対しては scikit-learn，可視化のためには matplotlib, seaborn, bokeh を紹介する．

上の多くのモジュールの基礎となる NumPy については，第 4 章で詳述する．その他にも，科学技術計算用のモジュールである SciPy を第 6 章で，Excel との連携のためのモジュール xlwings を第 16 章で解説する．SciPy に含まれている最適化，計算幾何学，確率・統計，微積分，補間などのサブモジュールは，他のモジュールでも利用されており，単独で使っても便利である．

以下の全体の流れを図にすると図 1.3 のようになる．

本書は必要な章だけを辞書がわりに使うこともできるが，全体としてビジネス解析の基礎を学ぶためにも用いることができる．

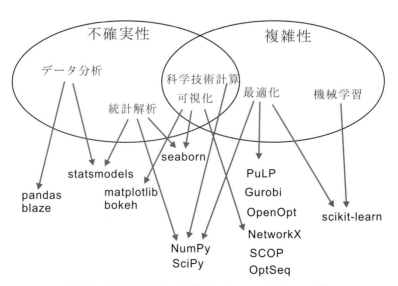

図 1.2　ビジネス解析・最適化と Python モジュール群

1.14 モジュールが豊富 7

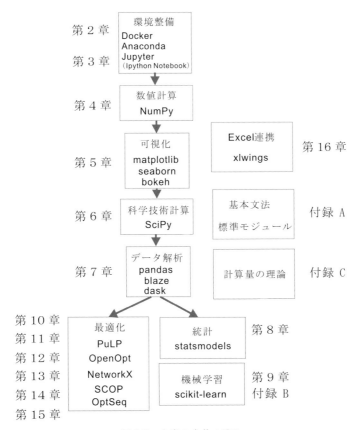

図 1.3 本書の全体の流れ

第2章　環境の整備DockerとAnaconda

　この章では，Pythonと本書で紹介している各種パッケージ[1]群を利用する方法を紹介する．
　Pythonは，各種プラットフォームで稼働する．UNIX系では，標準でインストールされている．Pythonでは，様々な目的のために，多くのパッケージが提供されている．2.1節では，Pythonのバージョンと本書で説明しているパッケージの一覧を紹介する．
　いくつかのパッケージのインストールは，難しいことがある．本書では，なるべく簡単にインストールできる方法を2つ紹介する．
　1つは，仮想環境のDockerを使う方法で，2.2節で紹介する．DockerはLinux上のソフトウェアであるが，後述するようにWindowsでもMacでも簡単に実行できる[2]．
　もう1つは，科学技術計算用のディストリビューションであるAnacondaを使う方法で，2.3節で紹介する．Anacondaは，Python本体と300を超えるパッケージがまとまっており，Windows，Mac OS X，Linuxの各OS用にインストーラーが用意されている[3]．

2.1　Pythonのバージョンとパッケージ

　Pythonには，2系と3系が存在し，互換性がない．基本的には，利用したいパッケージが稼働するものを選べばよい．両方とも稼働するのであれば，3系をすすめる．また，64ビットOSでは，64ビット版と32ビット版を選べる．これも，利用したいパッケージの稼働する方を選べばよい．両方とも稼働するのであれば，実行速度も速くメモリをたくさん使える64ビット版をすすめる．
　なお，2.2節で用意したDockerイメージは，64ビット版のPython 3.5となる．
　本書で説明しているパッケージは，表2.1の通りである．ただし，xlwingsは，Windows・Mac用のため，Dockerイメージには含まれていない．Pythonのパッケージは，フリーで使えるものも多いが，ライセンスはパッケージごとに異なるので，各自で確認されたい．

---

[1]モジュールをまとめたものをパッケージとよぶ．実装法の違いはあるが，使い方はどちらも同じでパッケージ（モジュール）を import するだけなので，同じものと考えてよい．
[2]VirtualBoxを利用し，仮想のLinux OSをホストとして利用して稼働する．ただし，将来的には，Windows，MacでもVirtualBoxなしで利用できる予定である．なお，仮想化支援機能に対応した64ビットCPUでしか稼働しない．
[3]初期インストールでは150超のパッケージがインストールされる．

表 2.1 本書で説明しているパッケージ（本書刊行時の情報）

パッケージ	バージョン	Anaconda に	パッケージ	バージョン	Anaconda に
anaconda	4.1.1	含まれる	python	3.5.2	含まれる
conda	4.1.8	含まれる	seaborn	0.7.0	含まれる
pip	8.1.2	含まれる	blist	1.3.6	含まれる
ipython	5.0.0	含まれる	jupyter	1.0.0	含まれる
numpy	1.11.1	含まれる	scipy	0.17.1	含まれる
networkx	1.11	含まれる	matplotlib	1.5.1	含まれる
pandas	0.18.1	含まれる	statsmodels	0.6.1	含まれる
blaze	0.10.1	含まれる	dask	0.10.1	含まれない
xlwings	0.7.2	含まれる	scikit-learn	0.17.1	含まれる
pulp	1.6.1	含まれない	openopt	0.5625	含まれない
mypulp	0.0.8	含まれない	myopenopt	0.0.1	含まれない
SCOP	3.0.0	含まれない	optseq	2.5.0	含まれない

2.2 Docker を利用する場合

本書で紹介している実行例を簡単に試せるように，Docker イメージを用意している．イメージを元に起動したものは，コンテナとよばれる．コンテナは，実行に必要な環境を持ち，起動元の OS とは隔離された状態で実行される．

Windows または Mac の場合は，2.2.1 節を参照のこと．

Linux の場合は，2.2.2 節を参照のこと．

2.2.1 Windows または Mac での Docker の利用

Windows または Mac では，Docker Toolbox を利用して，Docker を使うことができる．Docker Toolbox には，次のソフトウェアが含まれている．

- Docker Client
- Docker Machine

図 2.1　Docker Toolbox のダウンロード

2.2 Dockerを利用する場合

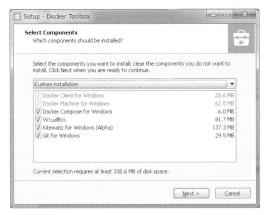

図 2.2　Docker Toolbox のインストーラの起動画面

- Docker Compose
- Docker Kitematic
- VirtualBox

インストールするには，https://www.docker.com/docker-toolbox（図 2.1）からインストーラをダウンロードして，実行すればよい．

図 2.2 にインストーラを起動した画面を示す．既にインストールされているものがあれば，自動的にチェックが外れているので，そのまま進めればよい．

Docker Toolbox をインストールすると Kitematic を利用できるようになる．Kitematic を使えば，GUI 上から Docker を操作できる．

本書の内容を試すには以下のようにする．ブラウザが起動するとログイン画面が表示されるので，パスワードに [opt] を入れてログインし，[index.ipynb] をクリックすれば各章の内容が表示される（図 2.3）．

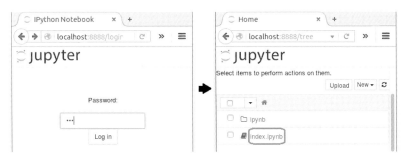

図 2.3　ブラウザのログイン画面と初期画面

- Kitematic を起動する．[LOG IN] はスキップしてよい．
- 検索テキストに [tsutomu7/bookpy] を入れる．
- 表示された結果の [CREATE] ボタンを押し，ステータスが [RUNNING] になるまで，しばらく待つ．

12　第 2 章　環境の整備 Docker と Anaconda

- 右下の [VOLUMES] の [/bookpy] をクリックし，[Enable Volumes] を押す．

- 右上の [WEB PREVIEW] の右のアイコンをクリックすると，ブラウザが起動して Jupyter を使うことができる．ブラウザが起動しない場合は，[Settings] タブの [Ports] に表示されている URL（図 2.4）を任意のブラウザで開けばよい．

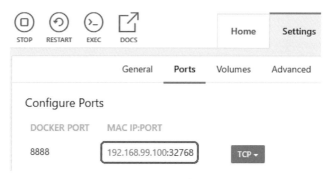

図 2.4　ブラウザの URL

実行したファイルは，Windows または Mac の /bookpy フォルダにある．コンテナを削除しても，これらのファイルは使えるが，再度，コンテナを [CREATE] すると上書きされて初期化されるので注意されたい．

2.2.2　Linux での Docker の利用

下記の各種 Linux へ Docker をインストールする方法については，Install Docker Engine `https://docs.docker.com/engine/installation/` を参照されたい．

- Arch Linux

- CentOS

- CRUX Linux

- Debian

- Fedora

- FrugalWare

- Gentoo

- Oracle Linux

- Red Hat Enterprise Linux

- openSUSE and SUSE Linux Enterprise

- Ubuntu

Dockerをインストール後に，以下のようにすれば試すことができる．

そして，下記を実行してWebサービスを起動し，ブラウザでhttp://localhost:8888を開けばよい．ブラウザではログイン画面が表示されるので，パスワードに[opt]を入れてログインし，[index.ipynb]をクリックすれば各章の内容が表示される（図2.3）．

```
docker run –d ––name bookpy –p 8888:8888 tsutomu7/bookpy
```

コンテナを削除して，Webサービスを止めるには，下記を実行すればよい．

```
docker rm –f bookpy
```

2.3 Anacondaを利用する場合

2.3.1節では，Anacondaのインストール方法を説明する．
2.3.2節では，本書で説明しているパッケージ全てのインストール方法を説明する．
2.3.3節では，Anacondaの管理について説明する．
2.3.4節では，Anaconda公式以外のパッケージのインストールについて説明する．

2.3.1 Anacondaのインストール方法

Anacondaは，Continuum社の科学技術計算用のディストリビューションである．基本は無料で，オプションは有料となっている．ここでは無料版を利用する方法を紹介する．

インストールでは，インターネットに接続している必要がある．本書で紹介しているライブラリは，Python 3.5で確認しているため，http://continuum.io/downloads から該当OSのPython 3.5版のインストーラをダウンロードする．

OSが64ビットであれば，「32-bit」と「64-bit」のどちらでも利用できるが64-bitをすすめる．OSが32ビットであれば32-bitを選ばないといけない．

ダウンロードしたインストーラを実行し，基本的にデフォルトのまま進めればよい．
なお，インストール時には，「All User」より，「Just Me」を推奨する．

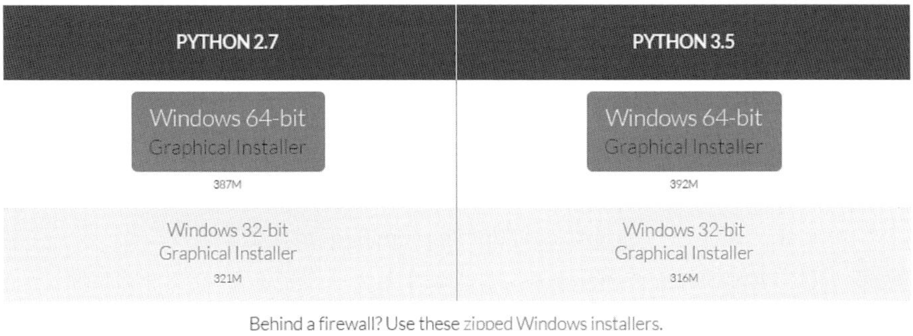

図2.5 Anacondaのダウンロード

Anaconda 本体のインストールでは，Python 本体といくつかのパッケージが同時にインストールされる．しかし，最新でないパッケージも含まれている．そこで，Anaconda のインストール直後に 2.3.3 節で説明するようにパッケージの更新を行うことをすすめる．本書で説明しているパッケージを全て利用するには，2.3.2 節の作業も必要である．

環境変数の設定上の注意点

Windows の場合の環境変数に関する注意点を述べる．下記では，Anaconda のインストール先を「C:\Anaconda3」とした場合の例を示すので，実際のインストール先に応じて読み替えてほしい．

Anaconda をデフォルトのままインストールすると環境変数 PATH の設定も自動でされるが，Anaconda のインストール前に別の Python がインストールされているとうまくいかない．

この場合は，環境変数 PATH の先頭に次を追加すればよい．

$$C:\backslash Anaconda3;\ C:\backslash Anaconda3\backslash Scripts;$$

Windows で PATH を修正する方法は次の通りである．スタートメニューのコントロールパネルのシステム（もしくはシステムとセキュリティのシステム）を開く．左側のシステムの詳細設定を選び，システムのプロパティ画面を表示する．環境変数ボタンを押す．システムの環境変数の中から変数が PATH となっているものを選択し，編集ボタンを押す．

2.3.2 本書の全パッケージのインストール

本書で説明している（SCOP と OptSeq 以外の）全てのパッケージをインストールするには，2.3.1 節で説明した Anaconda をインストールした後で，次のように行う．

```
conda install blist
conda install seaborn
pip install dask
pip install pulp
pip install openopt
pip install FuncDesigner
pip install mypulp
pip install myopenopt
```

ただし，openopt は，依存している setproctitle がコンパイラを必要としている．コンパイラの設定については，本書では省略する．詳細は，本書のサポートページ http://logopt.com/python_analytics/ を参照されたい．

FuncDesigner がインストールできない場合も上記サポートページを参照のこと．

SCOP については，http://logopt.com/scop.htm を参照のこと．

OptSeq については，http://logopt.com/OptSeq/OptSeq.htm を参照のこと．

conda コマンドは，Anaconda のパッケージを管理するツールである（2.3.3 節参照）．

pip コマンドは，パッケージコミュニティサイトのパッケージを管理するツールである（2.3.4 節参照）．

2.3.3 Anacondaの管理

Anacondaでは，condaコマンドにより様々な機能が提供されている．condaコマンドは，「conda」と実行して概要を確認できる．主な機能を表2.2にあげる．

表2.2 condaコマンド

コマンド	内容	コマンド	内容
help	コマンドの詳細表示	list	パッケージの一覧表示
install	追加パッケージのインストール	update	既存パッケージの更新
uninstall	既存パッケージの削除	create	仮想環境の作成

conda help：コマンドの詳細表示

次のようにすればcondaコマンドの詳細を確認できる．

```
conda help コマンド名
```

conda list：パッケージの一覧表示

Anacondaに含まれるパッケージ等は，下記のようにして確認できる．

```
conda list
```

Anacondaのインストール先の「pkgs」フォルダに，インストール用にダウンロードしたパッケージファイルが保存されている．オンライン環境でダウンロードしたパッケージファイルをオフライン環境にコピーすれば，オフラインでパッケージのインストールや更新が可能である（ハイフンは2つ）[4]．

```
conda install --yes パッケージファイル名
```

conda install：追加パッケージのインストール

Anacondaに含まれるパッケージについては，https://docs.continuum.io/anaconda/pkg-docsを参照のこと．このサイトにおいて，「In Installer」がFalseのものは，Anacondaのインストールだけではインストールされない．利用したい場合，追加インストールが必要となる．

追加インストールは以下のように行う．

```
conda install パッケージ名
```

---

[4]「--yes」は途中の確認を無視するためにつけている．

conda update：既存パッケージの更新

パッケージを更新するためには，下記のように行う．最新であればそのまま終了する．更新可能な場合[5]入力待ちとなるので，Enter を押して進めればよい．

```
conda update パッケージ名
```

すべてのパッケージを最新にしたい場合には，下記のように行う（ハイフンは2つ）．

```
conda update --all
```

また，既にインストールされているパッケージのバージョンを古いものに変えたい場合は，以下のようにバージョンを指定すれば可能である．

```
conda install パッケージ名=バージョン
```

新規インストール時や更新時に Python を起動していると更新はできないので，終了している必要がある．

conda uninstall：既存パッケージの削除

conda コマンドでインストールしたパッケージのアンインストールは次のようにする．

```
conda uninstall パッケージ名
```

conda create：仮想環境の作成

Anaconda では，1つの OS に複数の Python の仮想環境をインストールして使うことができる．

新しい Python を仮想環境としてインストールするには，次のように行う．環境名は何でもよい．

```
conda create -n 環境名 パッケージ名1 パッケージ名2 ...
```

パッケージ名はいくつでもかける．またパッケージ名のところでバージョンを指定できる．Python 2.7 の Anaconda の環境を作りたい場合，次のようにすればよい．

```
conda create -n py27 python=2.7 anaconda
```

「conda create」では，Anaconda のインストールディレクトリ（Windows のデフォルトで C:\Anaconda3）の envs ディレクトリにインストールされる．インストールした仮想環境の Python を利用するには，次のように行う．

---

[5] メジャーバージョンアップでは，インターフェイスが変わることがあるので注意が必要である．

Windows
    activate 環境名
Unix系
    source activate 環境名

例えば，仮想環境内でJupyter（IPython Notebook）を実行する場合，Windowsでは次のようにする．

activate 環境名
jupyter notebook

activateを戻すには，次のようにすればよい．

Windows
    deactivate
Unix系
    source deactivate

Anacondaを利用していない場合は，virtualenvで同様のことが可能であるが，詳細は省略する．

2.3.4 Anaconda公式以外のパッケージのインストール

Anaconda公式で用意されていないパッケージのインストール方法は，いくつかある．次に代表的な方法をあげる．パッケージによっては，別の方法が必要な場合もあるので，パッケージの説明を読むこともすすめる．最初に，pipというコマンドを用いて，Pythonのパッケージコミュニティサイト[6]を利用する方法を示す．

pipコマンドによるインストールは以下のように行う．

pip install パッケージ名

インストール済みのパッケージを更新する場合は以下のように行う．

pip install -U パッケージ名

最新版以外のインストールでは以下のように行う（「=」は2つ）．

pip install パッケージ名==バージョン

pipで管理しているパッケージは，下記のようにして確認できる．

pip list

---
[6] https://pypi.python.org/

pipで管理しているパッケージと，Anacondaで管理しているパッケージは異なる[7]．
次のコマンドにより，パッケージコミュニティサイトの方が最新となるパッケージを確認できる．

```
pip list -o
```

ただし，ここで表示される最新版がcondaコマンドでインストールできるとは限らないので注意されたい．

pipでインストールしたパッケージのアンインストールは次のようにする．

```
pip uninstall パッケージ名
```

pip以外の方法としては，anacondaというコマンドを用いて，Anaconda Cloudを利用することもできる．「anaconda search」でユーザ名ごとのリストが得られる．ユーザ名がわかれば，「anaconda show」で詳細情報が得られ，そこにインストール方法も書かれている．

```
anaconda search パッケージ名
anaconda show ユーザ名/パッケージ名
```

その他の便利なツールのインストール

graphvizをインストールすると様々な図を作成できる．例えば決定木[8]などの結果をJupyter上に図で出力することができる．

次のようにすれば，graphviz本体をダウンロードしインストールできる．

```
conda install graphviz
```

Pythonをインターフェースとしてgraphvizを扱うパッケージはいくつかある．次のようにすれば，その1つを使うことができる．

```
pip install graphviz
```

---

[7]例えば，Anacondaだけで管理しているパッケージとして，python（本体）がある．
[8]葉が分類を表し，枝がその分類の仕方を表すような木

第3章 対話型シェルIPythonとJupyter (IPython Notebook)

3.1 概要

　Pythonで計算を実行する主要な方法の1つとして対話型シェルを使う方法がある．Windowsならコマンドプロンプトから，MacやLinuxならターミナルからpythonというコマンドを打つとPythonシェルが立ち上がり，プロンプト'>>>'に続いてコマンドを打てばPythonのプログラムを逐次実行できるという仕組みである．**IPythonシェル**はこのPythonシェルをより使いやすく強化したものである．

　IPythonには，IPyhonシェルの他にも**IPython Notebook** (Jupyter Notebook) という動作形態がある．IPython Notebookでは，Pythonのコード，文書，数式，図，音声などを一括して1つのファイルで扱うことができる．Notebookは通常のWebブラウザで編集することができ，Pythonコードも書き込むことができる．Pythonコードは，バックグラウンドで動作しているPythonカーネルによって実行され，さらに実行によって得られた出力もNotebook中に得られるので，より柔軟な逐次プログラミングや文書作成が期待できる．

　以下では，3.2節でIPythonシェルの機能について解説し，その後3.3節でIPython Notebook (Jupyter Notebook) の基本について述べる．なおこの章で紹介されている機能は，IPythonプロジェクトのWebページ http://ipython.org/ のドキュメントを参考に書かれている．より詳細はそちらを参照されたい．

3.2 IPythonシェルの機能

　IPythonシェルを立ち上げるためには，コマンドプロンプトやターミナルからipythonというコマンドを実行すればよい．ipython -h でipythonコマンドのヘルプメッセージが現れる．IPythonシェルが立ち上がり，'In [1]:'というプロンプトが現れる．引き続きIPythonやPythonのコマンドを打ち込み，Enterキーを打つとそのコマンドが実行される．コード3.1に実行例を示す．

コード3.1　IPythonの実行例

```
$ ipython
```

```
Python 3.5.1 |Anaconda 2.4.1 (x86_64)| (default, Dec  7 2015, 11:24:55)
Type "copyright", "credits" or "license" for more information.

IPython 4.0.1 — An enhanced Interactive Python.
?         -> Introduction and overview of IPython's features.
%quickref -> Quick reference.
help      -> Python's own help system.
object?   -> Details about 'object', use 'object??' for extra details.

In [1]: a = 2

In [2]: b = 100

In [3]: c = a**b

In [4]: c
Out[4]: 1267650600228229401496703205376
```

最初の8行はPython，IPythonのメッセージである．表3.1にヘルプコマンドと内容を示すので一度やってみるとよいだろう．

'In [番号]:'がプロンプトで，このあとにIPythonのコマンドを打つ．コード3.1の例は，変数 a, b, c にそれぞれ 2, 100, a**b(aのb乗) を代入し，最後に c の値を評価したものである．'Out [番号]:'が同じ番号の入力によって得られる出力である．

表 3.1 IPython のヘルプコマンド

コマンド	内容
?	IPython の特徴と概要
%quickref	IPython のクイックリファレンスシートの表示
help	Python 自身の対話型 help が実行される．help(name) で name のヘルプが現れる．
?*object*	*object* の簡単な説明 (Docstring も含む)．*object*?でもよい．??*object* や *object*??でさらに詳しい説明

3.2.1 補完と履歴

IPythonの便利な機能の1つに入力文字の**補完** (completion) がある．次のコード3.2の実行例を見てみよう．プロンプトの後にpという文字を打ち，直後にタブ(tab)を打つ．するとpから始まるIPython(Python自体も含む)のコマンド一覧が出てくるので，その中から選ぶことができる．非常に便利な機能で，後述するマジック関数やシステムコマンド，自分で定義した関数などにも適用される．

コード 3.2 タブによる補完の実行例

```
In [5]: p[tab]
%%perl       %%python3    %pdef        %popd        %psearch     %pylab
%%prun       %page        %pdoc        %pprint      %psource     pass
```

3.2 IPythonシェルの機能

%%pypy	%paste	%pfile	%precision	%pushd	pow
%%python	%pastebin	%pinfo	%profile	%pwd	**print**
%%python2	%pdb	%pinfo2	%prun	%pycat	property

```
In [5]: print('こんにちは')
こんにちは
```

履歴 (history) 機能も便利なものの1つだ．次のコード3.3にあるように history コマンドを実行してみよう．今まで打ったコマンドがリストアップされる．ctl-p を打てば (↑ でもよい) 1つ前のコマンドが，ctl-n を打てば (↓ でもよい) 1つ後のコマンドがプロンプトの後ろに現れる．

コード3.3　history の実行例

```
In [6]: history
a = 2
b = 100
c = a**b
c
print('こんにちは')
history
```

便利なその他の履歴機能を表3.2 にリストアップし，コード3.4 に実行例を示した．

表3.2　その他の履歴表示のコマンド

コマンド	内容
_i, _ii, _iii	1つ前の入力, 2つ前の入力, 3つ前の入力
_i2, _ih[4:7]	カーネル立ち上げ時から2番目の入力, 4〜7番目の入力
_, __, ___	1つ前の出力, 2つ前の出力, 3つ前の出力
_oh	出力の履歴

コード3.4　その他の履歴機能の実行例

```
In [7]: def fib(n):              # Fibonacci数の定義
   ....:     if n == 1 or n == 2:
   ....:         return 1
   ....:     else:
   ....:         return fib(n-1)+fib(n-2)
   ....:

In [8]: fib(20)
Out[8]: 6765

In [9]: a = _                    # aに前の出力の値 6765 を代入

In [10]: a
Out[10]: 6765
```

```
In [11]: b = _iii                        # bに3つ前の入力の値 fib(20) を代入

In [12]: b
Out[12]: 'fib(20)'
```

3.2.2 マジック関数

IPython には**マジック関数** (magic function) とよばれる備え付けのコマンド群がある（マジックコマンドと言う場合もある）．2 種類あって，1 つは**ラインマジック** (line magics) とよばれておりコマンドの先頭に % がつく．もう一方は**セルマジック** (cell magics) とよばれており先頭に %% がつく．ラインマジックの引数はその行に収まっている必要があるが，セルマジックの引数は複数行またがっていてもよい．

数あるマジック関数の中で有用と思われるものを紹介しよう．1 つ目は %magic である．文字通りマジック関数の情報が表示される．コード 3.5 に実行例を示す．

コード 3.5 %magic の実行による出力

```
In [13]: %magic
>>>
IPython's 'magic' functions
===========================

The magic functions system provides a series of functions which allow you to
control the behavior of IPython itself, plus a lot of system-type
features. There are two kinds of magics, line-oriented and cell-oriented.

Line magics are prefixed with the % character and work much like OS
command-line calls: they get as an argument the rest of the line, where
arguments are passed without parentheses or quotes. For example, this will
time the given statement::

      %timeit range(1000)

Cell magics are prefixed with a double %%, and they are functions that get as
an argument not only the rest of the line, but also the lines below it in a
         ・・・・省略
```

%time や %timeit は，それに続く Python コマンドの実行時間を計るラインマジックである．%time は 1 度だけ，%timeit は何度か計ってベストを計測する．コード 3.6 に実行例を示す．

コード 3.6 その他 %time, %timeit の実行例

```
In [14]: %time fib(30)
CPU times: user 441 ms, sys: 871 µs, total: 441 ms
Wall time: 441 ms
Out[14]: 832040

In [15]: %timeit fib(30)
```

```
1 loops, best of 3: 434 ms per loop
```

%%time や %%timeit も，それに続く Python コマンドの実行時間を測るためのものであり，こちらはセルマジックである．複数行でなければならず，さらに第1行目のコマンドはセットアップのためと考えられ時間は計測されない．コード 3.7 に実行例を示す．

コード 3.7　%%timeit の実行例

```
In [16]: import numpy as np
In [17]: %timeit a=np.arange(1000000)
1000 loops, best of 3: 731 μs per loop

In [18]: %%timeit a=np.arange(1000000)
   ...: for i in range(a.size):
   ...:     a[i] *= 2
   ...:
1 loops, best of 3: 268 ms per loop

In [19]: %%timeit a=np.arange(1000000)
   ...: a = 2*a
   ...:
1000 loops, best of 3: 1.1 ms per loop
```

今まで打ち込んだコマンドをファイルに保存しておきたい場合には，`%save filename.py n1-n2` で n1～n2 番目に入力したコマンドが `filename.py` に保存できる．コード 3.8 はマジック関数`%save` の実行例である．

コード 3.8　%save の実行例

```
In [20]: %save test.py 1-15
The following commands were written to file 'test.py':
a = 2
b = 100
c = a**b
c
print('こんにちは')
get_ipython().magic('history ')
def fib(n):
    if n == 1 or n == 2:
        return 1
    else:
        return fib(n-1)+fib(n-2)

fib(20)
a = _
a
b = _iii
b
get_ipython().magic('time fib(30)')
```

```
get_ipython().magic('timeit fib(30)')
```

Pythonのプログラムが保存されたファイル，例えば`test.py`を実行するには`%run test.py`，編集するには`%edit test.py`とする．

IPythonでは，カーネルを起動中に読み込んだモジュールや自分で用意した変数，関数などは，**名前空間** (name space) に登録されて，そのカーネルを終了しない限り何度でも参照することができる．名前空間に登録されている名前を確認するマジック関数は`%who`であり，名前に関してより詳細に知るには`%whos`を用いる．また結果をリストとして得るには`%who_ls`とする．`%reset_selective object`で，指定した`object`が名前空間から削除される．また`%reset`で，今現在動いているPythonカーネルの名前空間の名前がすべて削除される．次のコード3.9に例を示す．

コード3.9 `%who`, `%who_ls`, `%rest_selective`の実行例

```
In [21]: %who
a         b         c         fib

In [22]: %reset_selective fib
Once deleted, variables cannot be recovered. Proceed (y/[n])? y

In [23]: %who_ls
Out[23]: ['a', 'b', 'c']

In [24]: fib(10000)
---------------------------------------------------------------------------
NameError                                 Traceback (most recent call last)
<ipython-input-23-8aa5a523eeb3> in <module>()
----> 1 fib(10000)

NameError: name 'fib' is not defined
```

3.2.3 システムコマンド

IPythonシェルで，コマンドの最初に'!'をつけるとシステムコマンドとして認識される．また実行した結果得られる出力をPythonプログラム中で受け取ることができる．例えば`s = !command`とすると，`command`実行による出力が行ごとに分割された文字列のリストとして得られる．コード3.10はシステムコマンド (Mac OS X, Unix) の例である．

コード3.10 システムコマンドの実行例

```
In [25]: !date         # Windowsの場合には !date /t
2015年 9月 4日 金曜日 12時03分41秒 JST

In [26]: s = !date

In [27]: print(s)
['2015年 9月 4日 金曜日 12時03分53秒 JST']
```

3.2.4 デバッガ

Python は標準で pdb というデバッグ機能を提供するモジュールを持っている．ipdb は IPython で pdb のデバッグ機能を使うためのモジュールである（ipdb モジュールをインストールする必要がある）．IPython のプロンプトからマジック関数 %run -d test.py とすると Python スクリプト test.py がデバッグモードで実行される．次のコード 3.11 を見てみよう．

コード 3.11　ipdb の実行例

```
In [28]: %run -d test.py
*** Blank or comment
*** Blank or comment
NOTE: Enter 'c' at the ipdb>  prompt to continue execution.
> /Users/namiki/Python/Codes/test.py(2)<module>()
      1 # coding: utf-8
----> 2 a = 2
      3 b = 100

ipdb>
```

最後の 'ipdb>' がデバッグモードでのプロンプトである．これに続いてデバッグのためのコマンドを打つ．その直前の 1,2,3 と番号がついている 3 行は，Python コード test.py の最初の 3 行で，'---->' は現在デバッガがストップしている場所である．デバッグのための有用なコマンドを以下の表 3.3 で示す．

表 3.3　ipdb の有用なコマンド（最初の 1 文字がコマンド）

コマンド	内容
h(elp)	ヘルプ表示
?command	command の説明
l(ist)	Python プログラムソースをすべて表示
	l n(行番号) で行番号 n 中心にその付近を表示
c(ontinue)	継続実行（breakpoint が指定してあればストップする）
n(ext)	現在行の実行
p(rint)	変数等の表示
s(tep)	関数内へ入る
u(p)	呼出し階層を上がる
d(own)	呼出し階層を下がる
w(here)	呼出し履歴の表示
q(uit)	デバッガを終了

Python コード中に import ipdb; ipdb.set_trace() の行を入れておけばその行が breakpoint となり実行がストップする．

3.3　IPython Notebook 環境

IPython Notebook 環境では，文書（簡単な LaTeX の数式を含む）や画像などのデータ，Python コード，コード実行で得られる出力などを，Notebook とよばれる 1 つのファイルで扱うことがで

きる．IPython Notebook は Web ブラウザで編集することができる．さらにバックグラウンドでは Python カーネルが動作しており，編集と同時に Python コードを実行することが可能である．IPython の一部の機能なので，前述した IPython シェルの機能も利用できる．

なお IPython Notebook は，現在は Jupyter Notebook とよばれ，Python 言語だけでなく，様々な言語をサポートし，データサイエンスのドキュメント作成，共有，Big Data のハンドリングを目指した，より広範なプロジェクトで開発されている．Version 4.1.0 では 40 以上の言語をサポートしている．

3.3.1　IPython Notebook の基本

IPython Notebook 環境を立ち上げるには，コマンドプロンプトまたはターミナルから ipython notebook (jupyter notebook) というコマンドを実行する．ブラウザが立ち上がり，ブラウザウィンドウの右上の [New] と書かれたボタンを押すとメニューが出てくるので，[Python 3] を選ぶと図 3.1 のようなまっさらな Untitled という Notebook が現れる．

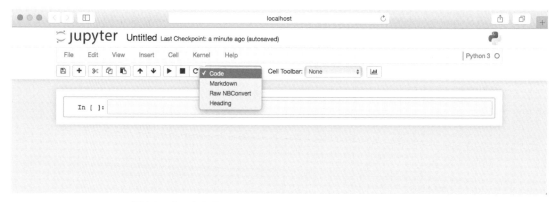

図 3.1　まっさらな IPython Notebook (Jupyter Notebook)

Notebook 内の文章やコマンドなどは，**セル** (cell) とよばれる一塊で扱われる．'In [ ]:' を含む長方形の枠に囲まれた部分がそれである．セルの種類には，コードタイプ，Markdown タイプ，Raw NBConvert タイプがある．図 3.1 のように，メニューの中央にプルダウンメニューがあり，セルをアクティブにして（セルのどこかをクリックすればアクティブになる）メニューで選ぶと，そのタイプになる．'In [ ]:' が頭についているセルはコードタイプのセルで，ここに書かれた文字列は Python コードとして扱われる．書かれたコードを実行するには，そのコードタイプのセルをアクティブにして Shift+Enter を打つ．コードタイプのセルには Python コードだけではなく，IPython のコマンドなども書いて実行できる．また Tab による補完も可能である．?コマンド名で Python のコマンドのヘルプが見られる．コマンド名を打った直後に Shift+Tab を打ってみよう．ポップアップでヘルプが出てくる．そのまま Shift+Tab を打ち続けていると，ヘルプの表示が少しずつ詳しくなってくる．

IPython Notebook 環境実行中には，2 つの異なるキーボード入力モードがある．編集モードとコマンドモードである．アクティブセルが緑色の枠で囲まれていて，そのセルの中にカーソルが見える場合は編集モードである．またアクティブセルが灰色の枠で囲まれているときはコマンドモードであ

る．EscキーとEnterキーで2つのモードが切り替わる．コマンドモードでhキーを押すとつまりEscのあと連続してhを打つと，IPython Notebookで有効なキーボードショートカットのヘルプ画面が現れる．

Markdownタイプのセルの中身は，Markdown記法で書かれたものとして認識される．ここで**Markdown**とは，文書を記述するための軽量マークアップ言語の1つである．コード3.12にMarkdown記法の例を示す．

コード3.12　Markdown記法の例

```
[](
この部分はコメント．
複数行でもOK
)
# Markdown言語のサンプル(見出しは\#の個数で)  [](見出し1，行の途中でもOK)
文章は普通に書けばよい．行頭にタブやスペースは入れない．

パラグラフを変える場合は1行あける．強制的に改行
する場合は行末にスペースを2つ入れる．*斜体で強調*, ** 太文字で強調 **.
### 箇条書き(見出し1)
* その1
    * その1.1 入れ子は4つのスペースでインデント
* その2
### 数式
インライン数式: $f(x_1, x_2, \ldots, x_n) =
\sum_{i=1}^{n-1} \{100(x_i^2 - x_{i+1})^2 + (1-x_i)^2\}$
ディスプレイ数式: $$f(x_1, x_2, \ldots, x_n) =
\sum_{i=1}^{n-1} \{100(x_i^2 - x_{i+1})^2 + (1-x_i)^2\}$$
### 作表
|左寄せ|右寄せ|中央|
|:---------|---------:|:---------:|
| ここに |    何かを|    書く|
|文字位置が| 自動的に| 定まる|
### インデント
    import numpy as np # 行頭にスペース4つ入れるとインデントされる
    # 文章中のコードなどに使える．
### リンク
リンクはこのように[ipython.org](http://ipython.org/)
### 水平線
* * *
### 箇条書き(番号付)
1. その1
2. その2
```

コード3.12をMarkdownタイプのセルに入力し，Shift+Enterで評価すると図3.2のように整形された文書が得られる．

Raw NBConvertタイプの中身は文字通りそのままの文字として認識される．IPython Notebookは後述するように，HTMLやLATEXなどのファイル形式に変換することができるが，Raw NBCon-

図 3.2 Markdown 記法の出力例

vert タイプのセルはその変換コマンドで無視され変換されない．

3.3.2 IPython Notebook のその他の機能

本節の最後に IPython Notebook のその他の機能をいくつか簡単に紹介する．詳細は，マニュアルなどを参照してほしい．

Matplotlib は，関数のグラフ，円グラフや棒グラフのようなデータのグラフなどを描画をするための非常に有用な Python のモジュールであり，科学技術計算には欠くことのできないモジュールである．本書でも第 5 章に詳しく紹介している．

Matplotlib を使って描画した図を IPython Notebook 内にコマンドの出力として表示するための機能として，matplotlib inline 機能というのがある．この機能を有効にするには，ipython notebook で起動したあと %matplotlib inline というマジックコマンドを打てばよい．コード 3.13 を実行すると，図 3.3 のような図が，matplotlib によって Notebook 中に出力される．

コード 3.13 %matplotlib inline 機能の実行例

```
%matplotlib inline
import matplotlib.pyplot as plt
import numpy as np

x = np.linspace(0, np.pi*2)
y = np.sin(x)
plt.plot(x, y)
```

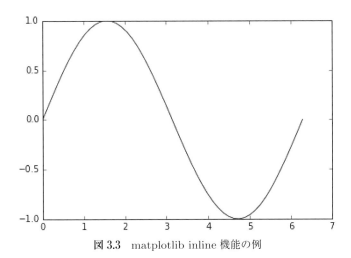

図 3.3 matplotlib inline 機能の例

IPython interact により，IPython のプログラムに GUI インターフェイスを簡単に取り付けることができるようになる．コード 3.14 は 3 次関数とその接線を，接点や色をスライドバーやセレクトメニューを通してマウス操作で変更できるようにした例である．

コード 3.14 IPython の interact 機能の実行例

```
%matplotlib inline
import numpy as np
import matplotlib.pyplot as plt
from ipywidgets import interact

f = lambda x: x**3 - x +1
g = lambda x: 3*x**2 - 1
f2 = lambda a,x: g(a)*(x-a)+f(a)

def mydraw(接点のx座標, 色):
    x = np.linspace(-2.0,2.0)
    y1 = f(x)
```

```
    y2 = f2(接点のx座標,x)
    plt.plot(x,y1)
    plt.plot(x,y2,color=色[0])

interact(mydraw, 接点のx座標=(-2.0, 2.0), 色=['red', 'green'])
```

これを IPython で実行すると，図 3.4 にあるような出力が Notebook 中に得られる．スライドバーやセレクトウィンドウで接点や接線の色が変更できるようになる．

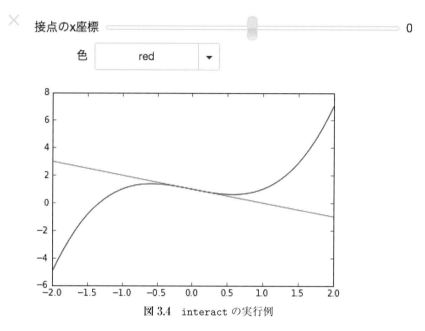

図 3.4 interact の実行例

編集した IPython Notebook は，`ipython nbconvert` というコマンドで，様々なフォーマットのファイルに変換することが可能である．例えば `ipython nbconvert --to=html file.ipynb` というコマンドで，HTML フォーマットのファイルに変換することができ，Notebook を印刷する際に便利である．オプションの `--to=` 以下でフォーマットを色々指定できるが，`latex`, `markdown`, `python`, `slides` などがある．

その他 IPython Notebook の機能として，IPython Notebook サーバーを起動すれば，Web ブラウザを通してリモートマシンから IPython Notebook を利用できることや（同様の機能を有するモジュールに Jupyter Hub, https://github.com/jupyter/jupyterhub がある），並列処理が比較的簡単に実装できることなどを挙げておく．

第4章 数値計算モジュール NumPy

4.1 概要

　NumPy は Python で科学技術計算を可能にするための基本的なモジュール群である．ベクトルや行列などを表現するための多次元配列 ndarray オブジェクトを提供し，さらにその多次元配列に対する操作や，多次元配列を使った数学関数などを提供する．

　Python ではデータを効率よく蓄えるためにリスト，タプルや辞書などを使う．リストやタプル，辞書には様々なタイプのデータを蓄えることができる．またリストの中身をリストにするなど入れ子構造にできるため，リストを用いて行列やベクトルを表現することも可能であるが，NumPy の多次元配列 ndarray を使うと，より効率的な演算が可能である．例えばリスト L = [0,1,2,3,4] に対して，それぞれの成分を2倍するには for 文などの繰り返し処理が必要であるが，多次元配列 a = array([0,1,2,3,4]) のそれぞれの成分を2倍にするには単に 2*a とすればよい（2*L はリストを2回繰り返す）．

　なお NumPy には，行列を表すのに使われる matrix オブジェクトが用意されており，MATLAB[1] のような行列生成が行えたり，'*' による積が行列の積の意味で使えたり，便利な面もあるが使われている頻度も低いのでここでは省略する．また，この章は NumPy の開発グループが提供するマニュアルをもとに書かれているので，詳細は Web ページ http://docs.scipy.org/doc/ を参照されたい．

　4.2 節では多次元配列の生成と基本的な操作について述べる．
　4.3 節では NumPy に用意されている備え付けの関数を紹介する．

4.2 配列の生成と基本的な操作

　この節では NumPy の基本的なデータ構造である**多次元配列 ndarray** オブジェクトの生成方法と基本的な操作について説明する．なお例として挙げるコードは，NumPy モジュールを必要としているので，次の1行で NumPy を読み込んでから行うものとする．

---

[1] 行列計算を得意とする有料の数値解析ソフトウェア．

第 4 章 数値計算モジュール NumPy

コード 4.1　NumPy モジュールの読み込み

```
import numpy as np
```

4.2.1　リスト，タプルからの変換

リストやタプルのように連続して並べられているデータは，NumPy の `array` 関数の引数として与えることによって `ndarray` に変換可能である．リストやタプルが入れ子になっていてもよい．その場合すべての成分の型が同じならば，成分を形成するデータの型が 1 種類に統一される．次のコード 4.2 を見てみよう．'>>>' 以前が入力，以後が出力という形式をとる．

コード 4.2　配列のリスト，タプルからの生成の例

```
a = np.array([1,2,3,4.0]); print('a =',a);
>>>
a = [ 1.  2.  3.  4.]

b = np.array([[1,2,3],[4,5.0]]); print('b =',b);
>>>
b = [[1, 2, 3] [4, 5.0]]

c = np.array([[1],[2],[3],[4]]); print('c =',c);
>>>
c = [[1]
 [2]
 [3]
 [4]]

d = np.array([[1,2,3],[4,5,6],(7,8,9.0)]); print('d =',d);
>>>
d = [[ 1.  2.  3.]
 [ 4.  5.  6.]
 [ 7.  8.  9.]]

e = np.array([[[1,2,3],[4,5,6]],[[7,8,9],[0,1,2]]]); print('e =',e);
>>>
e = [[[1 2 3]
  [4 5 6]]

 [[7 8 9]
  [0 1 2]]]

f = np.array([[1,2,3],[4,5,6]],dtype=complex); print('f =',f);
>>>
f = [[ 1.+0.j  2.+0.j  3.+0.j]
 [ 4.+0.j  5.+0.j  6.+0.j]]
```

aは1次元の配列である．すべての成分が数であるため，最上位のデータタイプfloatに統一される．**ベクトル** (vector) を表現するのにこのような1次元配列が使われる．bは一見2次元の配列に見えるが，入れ子になっている2つの成分が異なる型のリストであるため，データタイプが一般的なオブジェクトである1次元の配列となっている．cは4×1の，dは3×3の2次元配列である．**行列** (matrix) を表現するのにこのような2次元配列が使われる．dのようにリストとタプルが混在しても型が同じなので，全ての成分のデータタイプが統一される．eは$2 \times 2 \times 3$の3次元配列である．fのようにデータタイプdtypeを指定して配列を生成することができる．

4.2.2 多次元配列の情報

生成された具体的な配列には，型や大きさ，データタイプなど様々な情報が付随している．このような情報をオブジェクトの属性というが，ndarrayオブジェクトの主な属性には表4.1のものがある．IPythonコマンド ?np.ndarray を使えばその詳細を見ることができる．

表 4.1　多次元配列 ndarray の主な属性

属性	内容
ndarray.ndim	配列の次元数
ndarray.shape	配列の型（整数のタプル）
ndarray.size	配列の要素数
ndarray.T	配列の転置
ndarray.dtype	配列の要素のデータタイプ
ndarray.imag	配列の要素の虚部からなる配列
ndarray.real	配列の要素の実部からなる配列
ndarray.itemsize	1つの要素に消費されるメモリー：バイト単位
ndarray.nbytes	配列全体で消費されるメモリー：バイト単位

コード4.3に多次元配列の属性を参照する例を記す．

コード 4.3　配列の属性参照の例

```
a1 = np.array([0,1,2,3]); print('a1 = ', a1);
print('ndim: ',a1.ndim); print('shape: ', a1.shape); print('size: ',a1.size)
>>>
a1 =  [0 1 2 3]
ndim:  1
shape:  (4,)
size:  4

a2 = np.array([[0,1,2,3]]); print('a2 = ', a2);
print('ndim: ',a2.ndim); print('shape: ', a2.shape); print('size: ',a2.size)
>>>
a2 =  [[0 1 2 3]]
ndim:  2
shape:  (1, 4)
size:  4

a3 = np.array([[0],[1],[2],[3]]); print('a3 = ', a3);
print('ndim: ',a3.ndim); print('shape: ', a3.shape); print('size: ',a3.size)
```

```
>>>
a3 =  [[0]
 [1]
 [2]
 [3]]
ndim:  2
shape:   (4, 1)
size:  4

a4 = np.array([[[0]],[[1]],[[2]],[[3]]]); print('a4 = ', a4);
print('ndim: ',a4.ndim);  print('shape: ', a4.shape); print('size: ',a4.size)
>>>
a4 = [[[0]]
 [[1]]
 [[2]]
 [[3]]]
ndim:  3
shape:   (4, 1, 1)
size:  4
```

次元，型，サイズは，多次元配列を理解するのに非常に重要な属性である．コード 4.3 の例では，a1 = array([0,1,2,3]) は 1 次元配列であり，型は a1.shape = (4,) である．型は正整数のタプルになっていることに注意しよう．1 次元配列は，図 4.1 のように 1 次元の数直線が，0 から始まる正整数で区切られて，その区分に数値が蓄えられていると考えると理解しやすい．

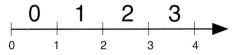

図 4.1 1 次元配列 a1 = array([0,1,2,3]) の概念図：型は (4,)

a2 = array([[0,1,2,3]]) と a3 = array([[0],[1],[2],[3]]) はともに 2 次元配列である．ただし型が異なりそれぞれ a2.shape = (1,4)，a3.shape = (4,1) である．2 次元なので図 4.2 のように 2 次元の広がりを持った正方形が縦横に集まってできた領域に値が格納されていると考えればよい．ともに 2 つの階層からなっており，第 1 の階層は 0 軸に，第 2 の階層は 1 軸方向に対応する．a2 は第 1 の階層つまり 0 軸方向に 1，第 2 の階層つまり 1 軸方向 4 の長さを持つ．a3 は第 1 の階層つまり 0 軸方向に 4，第 2 の階層つまり 1 軸方向 1 の長さを持つ．

a4 = array([[[0]],[[1]],[[2]],[[3]]]) は 3 次元の配列である．型は a4.shape = (4, 1, 1) である．図 4.3 のように，3 次元の立方体が 3 次元直方体状に並んだものを連想すればよい．各立方体に数値が格納され，2 次元配列に新たな「2 軸」が加わって 3 次元の広がりを持っている．どの次元の配列でも，各軸での大きさを掛け合わせると配列のサイズつまり要素数になる．上の例ではすべて 4 である．

NumPy の多次元配列 ndarary では，配列のサイズ ndarray.size が変化しなければ型は自在に変更できる．ここでは型属性 ndarray.shape を直接変更する方法を示す．コード 4.4 を見てみよう．

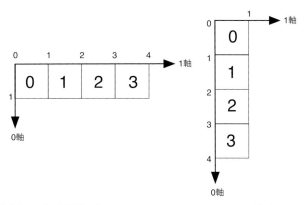

図 4.2 2次元配列．左 a2 = array([[0,1,2,3]])：型は (1,4)．
右 a3 = array([[0],[1],[2],[3]])：型は (4,1)

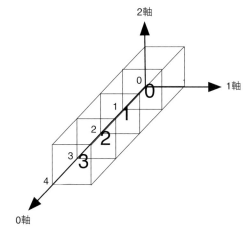

図 4.3 3次元配列 a4 = array([[[0]],[[1]],[[2]],[[3]]])：型は (4,1,1)

コード 4.4　配列の型の変更

```
a = np.array([[1,2],[3,4]]) #2次元の配列を生成
print('a = ',a)
>>>
a = [[1 2]
 [3 4]]

a.shape = (4,) #1次元にフラットにする
print('a = ',a)
>>>
a = [1 2 3 4]
```

reshape メソッドでも配列の型を変更することができるが，これは後ほど詳しく述べる．

4.2.3　備え付けの生成関数

NumPy には多次元配列を生成するための様々な関数が備え付けられている．表 4.2 に主なものをリストアップした．

第 4 章　数値計算モジュール NumPy

表 4.2　配列生成のための主な関数

関数名	内容
array	リストやタプルを配列に変換（前の小節参照）
zeros	すべての成分が 0 の配列．引数として配列の型をタプルで渡す．
zeros_like	すべての成分が 0 である，引数の配列と同じ型の配列を返す．
ones	すべての成分が 1 の配列を返す．引数として配列の型をタプルで渡す．
ones_like	すべての成分が 1 である，引数の配列と同じ型の配列を返す．
full	すべての成分が 1 の配列を返す．引数として配列の型をタプルで渡す．
full_like	すべての成分が 1 である，引数の配列と同じ型の配列を返す．
empty	値を初期化せず指定の型の配列を返す．
arange	等間隔の数からなる 1 次元配列を生成
linspace	等間隔の数からなる 1 次元配列を生成
logspace	成分の対数が等間隔になる 1 次元配列
meshgrid	碁盤の目状の 2 次元座標を，軸ごとに分けて返す．
identity	単位行列に対応する配列を返す．引数は行列の次数
eye	単位行列に対応する配列を返す．引数は行列の行数 m と列数 n
diag	1 次元のリストやタプルや配列からそれらが対角に並ぶ 2 次元配列を返す．
tri	対角とそれ以下の部分が全て 1 で，他が 0 である行列を返す．
vander	Vandermonde 行列を返す．

zeros と zeros_like は成分が全て 0 の配列を返す関数である．zeros の引数は生成する配列の型をタプルで指定する．1 次元 0 配列は 1 つの正整数を引数として生成され，0 ベクトルとして利用できる．2 次元 0 配列は 2 つの正整数からなるタプルを引数として生成される．0 行列として利用可能である．zeros_like の引数は配列であり，その配列と同じ型の 0 配列が返される（例では配列ではなくリストが与えられている）．'dtype=' でデータタイプを指定することもできる．以下のコード 4.5 に例を示す．

コード 4.5　zeros と zeros_like の例

```
z1 = np.zeros(3,); print('z1 =',z1);
>>>
z1 = [ 0.  0.  0.]

z2 = np.zeros((2,3)); print('z2 =',z2);
>>>
z2 = [[ 0.  0.  0.]
 [ 0.  0.  0.]]

L = [[1.0,2,3],[4,5,6],[7,8,9]]
z3 = np.zeros_like(L,dtype=int); print('z3 =',z3);
>>>
z3 = [[0 0 0]
 [0 0 0]
 [0 0 0]]
```

ones と ones_like は成分が全て 1 の配列を返す関数である．引数の指定法は zeros, zeros_like と同じであるので例は省略する．全ての成分が 1 のベクトルや行列を表すのに使われる．

同様の関数として full と full_like がある．full(shape, fill_value, dtype=None, order='C') で型が shape となる全ての成分が fill_value である配列を返す．dtype でデータタイプを指定し，order でメモリ上の順番（'C' ならば行優先，'F' ならば列優先）を指定できる．ちなみに，イコール (=) のあとに書いてある値は既定値であり，その引数を省略すると既定値になる．

full_like(a, fill_value, dtype=None, order='K', subok=True) では，引数 a と同じ型になり，全ての成分が fill_value であるような配列を返す．dtype でデータタイプを指定し，order でメモリ上の順番（'C' ならば行優先，'F'(ortran) ならば列優先，'K'(既定値) ならばなるべく a と同じにする）を指定できる．例は省略する．

empty は，成分を初期化していない指定の型の配列を返す．引数は，empty(shape,dtype=float, order='C') のように 3 つあり，shape で型を指定し，dtype でデータタイプを指定し，order でメモリ上の順番，'C' ならば行優先，'F'(ortran) ならば列優先を指定できる．

コード 4.6 empty の例と実行時間比較

```
a = np.empty((3,3)); print('a = ',a);
b = np.empty((3,3),dtype=int ); print('b = ',b);
>>>
a =  [[ 0.  0.  0.]
 [ 0.  0.  0.]
 [ 0.  0.  0.]]
b = [[0 0 0]
 [0 0 0]
 [0 0 0]]


N = 10000
%timeit np.zeros((N,N))
%timeit np.ones((N,N))
%timeit np.empty((N,N))
>>>
100000 loops, best of 3: 5.67 μs per loop
1 loops, best of 3: 349 ms per loop
100000 loops, best of 3: 5.22 μs per loop
```

zeros や empty と比較すると ones は時間がかかるようだ．

arange, linspace は，値が等間隔となる配列を生成する関数である．arange は，引数が正整数 1 つ (n) のとき array(range(n)) と同じ結果を得る．つまり成分が $0, 1, 2, \ldots, n-1$ であるような配列を得る．ただし n の値が大きくなると実行時間にはかなり差が出てくる．次の例では n=1000000 で約 80 倍ほど arange(n) の方が速い．

コード 4.7 array(range(n)) と arange(n) の比較

```
print(np.array(range(10)))
print(np.arange(10))
>>>
[0 1 2 3 4 5 6 7 8 9]
```

```
[0 1 2 3 4 5 6 7 8 9]

n=1000000
%timeit a = np.array(range(n))
%timeit a = np.arange(n)
>>>
10 loops, best of 3: 159 ms per loop
1000 loops, best of 3: 1.97 ms per loop
```

さらに関数 arange は，引数として float 型を許し，arange(start,stop,step,dtype) のように4つ渡すことができ，区間 [start,stop] に step 間隔で数の配列を生成する．start は省略可能で既定値は 0，step も省略可能で既定値は 1 である．最後の dtype はデータタイプを指定したいときに使う．arange のヘルプには，引数 step が整数でない場合はデータに不整合が生じる場合がありlinspace を使った方がよいとしている．linspace 関数は，3 つの引数 linspace(start,stop,num)を取り，区間 [start,stop] を等間隔に num 個に分けた点を配列として返す．これらのことを次のコード 4.8 で示す．ただし，np.pi は円周率 π を表す定数である．

コード 4.8　arange と linspace の比較

```
p = np.pi
print(np.arange(-p, p, p/6))
print(np.linspace(-p, p, 13))
>>>
[ −3.14159265e+00  −2.61799388e+00  −2.09439510e+00  −1.57079633e+00
  −1.04719755e+00  −5.23598776e−01  −8.88178420e−16   5.23598776e−01
   1.04719755e+00   1.57079633e+00   2.09439510e+00   2.61799388e+00]
[−3.14159265 −2.61799388 −2.0943951  −1.57079633 −1.04719755 −0.52359878
  0.          0.52359878  1.04719755  1.57079633  2.0943951   2.61799388
  3.14159265]
```

logspace は成分の対数が等間隔になる 1 次元配列を生成する関数である．
np.logspace(start, stop, num=50, endpoint=True, base=10.0, dtype=None) のように引数を 6 つ持つ．base の start 乗から base の end 乗までの数値を，base を底とする対数をとると num 個に均等に配置された数の配列を返す．num の既定値は 50，base の既定値は 10.0 である．endpoint=False にすれば，最後の値である base の stop 乗を除外することが出来る．arange や linspace が等差数列を生成し，logspace が等比数列を生成すると考えれば分かりやすいかもしれない．次のコード 4.9 では初項が 1 で公比が $\frac{1}{2} = 0.5$ の等比数列の第 0 項から第 10 項までの配列をつくる．さらに np.log2(a) で a の各成分に対して底が 2 の対数をとっている．後ほど詳しく紹介するが，NumPy が提供する np.log2 のように配列の各成分に対して関数を適用し，適用した値の配列を返す関数を**ユニバーサル関数** (universal function, ufunc) という．log2(a) が等差数列になっていることから，a が等比数列であることが確認できる．

コード 4.9　logspace の例

```
a = np.logspace(0,10,11,base=0.5)
print('a = ', a)
```

```
print('log2(a) = ', np.log2(a))
>>>
a =  [  1.00000000e+00   5.00000000e-01   2.50000000e-01   1.25000000e-01
   6.25000000e-02   3.12500000e-02   1.56250000e-02   7.81250000e-03
   3.90625000e-03   1.95312500e-03   9.76562500e-04]
log2(a) =  [  0.  -1.  -2.  -3.  -4.  -5.  -6.  -7.  -8.  -9. -10.]
```

meshgridは，碁盤の目状の2次元座標を返す．xを1次元配列（x軸の座標），yを1次元配列（y軸の座標）とすると，meshgrid(x,y)は，xとyで形成される碁盤の目の座標を，x座標とy座標に分けてタプルで返す．2変数関数の等高線を描いたりする場合に利用される．次のコード4.10に例を挙げる．

コード4.10 meshgridの例

```
x = np.linspace(1,3,3)
y = np.linspace(-1,3,5)
print('x =',x)
print('y =',y)
X, Y = np.meshgrid(x,y)
print('X =',X)
print('Y =',Y)
>>>
x = [ 1.  2.  3.]
y = [-1.  0.  1.  2.  3.]
X = [[ 1.  2.  3.]
 [ 1.  2.  3.]
 [ 1.  2.  3.]
 [ 1.  2.  3.]
 [ 1.  2.  3.]]
Y = [[-1. -1. -1.]
 [ 0.  0.  0.]
 [ 1.  1.  1.]
 [ 2.  2.  2.]
 [ 3.  3.  3.]]
```

identityは対角成分のみ1でその他の成分はすべて0であるような配列を生成する関数である．identityの引数は正整数1つのみnで，n×nの2次元配列を返す．n×nの単位行列に対応する．eyeも同様に対角成分のみ1の配列を返すが，identityより複雑なことができる．引数はm,n,k 3つを持つ（n,kはオプション）．基本は対角のみ1でその他全ての成分は0であるようなn×nの2次元配列を返すが，引数kにより非ゼロ成分の対角からのずれを表すことができる．既定値は0で，k>0ならば上方向に，k<0ならば下方向に，非ゼロ成分が対角からずれた配列を返す．コード4.11に例を示す．

コード4.11 identityとeyeの例

```
print(np.identity(5))
>>>
```

```
[[ 1.  0.  0.  0.  0.]
 [ 0.  1.  0.  0.  0.]
 [ 0.  0.  1.  0.  0.]
 [ 0.  0.  0.  1.  0.]
 [ 0.  0.  0.  0.  1.]]

print(np.eye(4,6,2))
>>>
[[ 0.  0.  1.  0.  0.  0.]
 [ 0.  0.  0.  1.  0.  0.]
 [ 0.  0.  0.  0.  1.  0.]
 [ 0.  0.  0.  0.  0.  1.]]

print(np.eye(6,3,-1))
>>>
[[ 0.  0.  0.]
 [ 1.  0.  0.]
 [ 0.  1.  0.]
 [ 0.  0.  1.]
 [ 0.  0.  0.]
 [ 0.  0.  0.]]
```

diagは，引数が1次元のリストやタプル，配列ならばその成分が対角成分となる2次元配列（行列）を返す．引数が2次元配列ならば対角部分の1次元配列を返す．tri(n)は，対角成分とそれ以下の部分が1で，対角より上の部分が全て0であるn×n行列を返す．tri(m,n)は，対角成分とそれ以下の部分が1で，対角より下の部分が全て0であるm×n行列を返す．コード4.12に例を示す．（reshapeは，型を変形するインスタンスメソッドであり，後ほど詳しく説明する）．

コード 4.12　diagとtriの例

```
a = np.arange(1,13).reshape((4,3))
b = np.diag([1,2,3,4])
c = np.diag(a)
d = np.tri(3)
e = np.tri(4,5)
print('b =',b)
print('c =',c)
print('d =',d)
print('e =',e)
>>>
b = [[1 0 0 0]
 [0 2 0 0]
 [0 0 3 0]
 [0 0 0 4]]
c = [1 5 9]
d = [[ 1.  0.  0.]
 [ 1.  1.  0.]
 [ 1.  1.  1.]]
e = [[ 1.  0.  0.  0.  0.]
```

```
[ 1.  1.  0.  0.  0.]
[ 1.  1.  1.  0.  0.]
[ 1.  1.  1.  1.  0.]]
```

次のように，各行が初項 1 の等比数列になっているような行列を **Vandermonde 行列** (Vandermonde matrix) という．

$$\begin{bmatrix} 1 & x_1^1 & x_1^2 & \cdots & x_1^{N-1} \\ 1 & x_2^1 & x_2^2 & \cdots & x_2^{N-1} \\ 1 & x_3^1 & x_3^2 & \cdots & x_3^{N-1} \\ & & & \ddots & \\ 1 & x_n^1 & x_n^2 & \cdots & x_n^{N-1} \end{bmatrix} \qquad (4.1)$$

vander(x,N=None, increasing=False) は，各行の公比を並べた配列 x と列数 N を引数とする Vandermonde 行列を生成する．引数 N は省略可能で省略された場合正方行列が生成される．引数 increasing=True で各行は，昇べきの順に並べられる..既定値では降べきの順である．次のコード 4.13 で例を示す．

コード 4.13　vander の例

```
x = np.array([1,2,3,5])
v1 = np.vander(x); print('v1 = \n', v1);
>>>
v1 =
[[  1   1   1   1]
 [  8   4   2   1]
 [ 27   9   3   1]
 [125  25   5   1]]

v2 = np.vander(x,increasing=True); print('v2 = \n', v2);
>>>
v2 =
[[  1   1   1   1]
 [  1   2   4   8]
 [  1   3   9  27]
 [  1   5  25 125]]

v3 = np.vander(x,2,increasing=True); print('v3 = \n', v3);
>>>
v3 =
[[1 1]
 [1 2]
 [1 3]
 [1 5]]
```

表 4.3　乱数生成のための関数一覧

関数名	内容
random.seed	乱数の種（たね）
random.uniform	一様乱数を発生する．
random.randint	整数の一様乱数
random.randn	平均 0 分散 1 の正規分布（標準正規分布）に従う乱数
random.standard_normal	標準正規分布（引数にタプルを指定できる）に従う乱数
random.normal	正規分布に従う乱数
random.beta	ベータ分布に従う乱数
random.binomial	2 項分布に従う乱数
random.poisson	Poisson 分布に従う乱数
random.permutation	ランダムな順列
random.multivariate_normal	多次元正規分布
random.choice	1 次元配列からのランダムサンプリング

4.2.4　乱数による配列の生成

NumPy には擬似乱数を生成するサブモジュール random が備わっている．`import numpy.random as random` 等のコマンドでインポートすれば，モジュールの中の乱数生成関数を使うことができる．乱数生成のための主な関数を表 4.3 にリストアップした．また使い方の一例としてコード 4.14 に例を挙げた．引数で指定することによって，乱数の配列を生成することもできる．

コード 4.14　乱数生成のための主な関数の使用例

```
import numpy.random as random
random.seed(1)
print(random.uniform(5,10))
>>>
7.08511002351287

print(random.randint(-10,0,size=(2,3)))
>>>
[[ -2  -1  -5]
 [-10 -10  -9]]

print(random.randn(3,3))
>>>
[[-0.52817175 -1.07296862  0.86540763]
 [-2.3015387   1.74481176 -0.7612069 ]
 [ 0.3190391  -0.24937038  1.46210794]]

print(random.permutation(range(10)))
>>>
[2 8 4 3 9 1 5 6 0 7]

a = np.arange(-10,11)
print(np.random.choice(a,size=6,replace=False,p=None))
>>>
[ 2 -8  6  9 -6  4]
```

```
print(np.random.choice(a,size=(2,4),replace=True,p=None))
>>>
[[ 2 10  6  3]
 [ 9 -1  8  5]]
```

random.seed(seed) で擬似乱数の系列を初期化する．random.uniform(5,10) で，区間 [5,10) の一様乱数を生成する．random.randint(-10,0,size=(2,3)) で，区間 [−10,0) 中の整数値をとる一様乱数を型が (2,3) になる配列の成分として返す．random.permutation(range(10)) は，[0,1,...,8,9] からなる配列のランダムな順列を返す．random.choice は 1 次元配列のランダムサンプリングを返す．random.choice(a,size=6,replace=False,p=None) のように，a はサンプリングの元となる 1 次元配列，size=6 はサンプルの個数（配列の型でも指定できる），replace で重複を許すかどうか，a と同じ長さの配列 p で，a のそれぞれの成分がサンプリングされる確率を指定できる（指定しない場合は一様）．

4.2.5 配列データの参照，基本操作

生成された配列データは Python 標準のリストと同様に，**添え字**（index，インデックス）によって参照することができる．さらに，配列は可変なので各要素には変数として値を代入することもできる．1 次元の配列データは 0 から始まる 1 つの添え字でアクセスできる．例えば 1 次元配列 a の第 i 番目のデータは a[i] である (i=0,1,2,...,a.size-1)．2 次元の配列データは 2 つの添え字で参照する．例えば，2 次元配列 b の第 i 行 j 列の要素は b[i,j] である (i=0,1,2,...,a.shape[0]-1, j=0,1,2,...,a.shape[1]-1,)．-i のように添え字を負の値にすると最後から i 番目という意味になる．a[i,j] と a[i][j] は同じデータを表すが，後者は，まず a の i 行からなる仮想的な 1 次元配列を作り，次にその配列の j 番目の要素を参照するため効率が悪いとされている．コード 4.15 に例を示す．

コード 4.15　配列データの参照

```
a = np.arange(10); print('a = ', a);
>>>
a =  [0 1 2 3 4 5 6 7 8 9]

a[-3] = 100
print('a = ',a)
>>>
a =  [  0   1   2   3   4   5   6 100   8   9]

b = np.array([[1,2,3,4],[5,6,7,8],[9,10,11,12]]); print('b = ', b);
>>>
b =  [[ 1  2  3  4]
 [ 5  6  7  8]
 [ 9 10 11 12]]

b[0,-1], b[2,-2] = b[2,-2], b[0,-1]
```

```
print('b = ',b)
>>>
b =  [[ 1  2  3 11]
 [ 5  6  7  8]
 [ 9 10  4 12]]
```

リストと同様に':'を用いて**スライス** (slice) 表記が可能である．a を配列とすると a[i:j:k] は，第 i 番目の要素から j-1 番目の要素まで，k-1 飛ばしの部分配列という意味になる．ただし i,j,k ともに省略可能で，i の既定値は 0，j の既定値は np.alen(a) つまり a の 0 軸に沿った長さ，k の既定値は 1 である．a が 2 次元以上の場合にもスライス表記は，a[i:j:k, l:m:n] (= a[i:j:k][l:m:n]) のように可能である．コード 4.16 に 1 次元配列のスライス例を挙げる．

コード 4.16　1 次元配列のスライス例

```
a = np.arange(20); print('a = ', a);
b = -np.arange(10); print('b = ', b);
>>>
a =  [ 0  1  2  3  4  5  6  7  8  9 10 11 12 13 14 15 16 17 18 19]
b =  [ 0 -1 -2 -3 -4 -5 -6 -7 -8 -9]

a[0:20:2] = b
print(a)
>>>
a =  [ 0  1 -1  3 -2  5 -3  7 -4  9 -5 11 -6 13 -7 15 -8 17 -9 19]
```

さらにコード 4.17 はよく使われるスライス表記の例である．

コード 4.17　よく使われるスライスの例

```
a = np.arange(10)
b = np.arange(12).reshape(3,4)
print('a = ',a)
print('b = ',b)
>>>
a =  [0 1 2 3 4 5 6 7 8 9]
b =  [[ 0  1  2  3]
 [ 4  5  6  7]
 [ 8  9 10 11]]

a_rev = a[::-1]
print('a_rev = ',a_rev)
>>>
a_rev =  [9 8 7 6 5 4 3 2 1 0]

b_2 = b[2,:]
b3 = b[:,3]
print('b_2 = ',b_2 )
print('b3 = ',b3)
>>>
```

```
b_2 = [ 8  9 10 11]
b3  = [ 3  7 11]
```

a は 1 次元配列である．a[::-1] は配列 a の要素を逆順に並べた配列である．b は 2 次元配列である．b[2,:] は a の 2 行目，b[:,3] は a の 3 列目をそれぞれ配列としたものを表している．スライス表記を使った代入演算も可能である．このとき，型が同じならばそっくり代入されるが，型が異なると後述する**ブロードキャスト** (broadcast) が行われるので注意が必要である．

配列の型属性の説明でも紹介したが，NumPy の多次元配列 ndarray は，配列の要素数を変えなければ，その中身のデータを変更せずに自在に型を変えることができる．もう既に何度も登場しているが，reshape メソッドを使う方法をコード 4.18 に示す．

コード 4.18　reshape メソッドによる型の変形の例

```
a = np.arange(15)
print('a = ',a)
>>>
a = [ 0  1  2  3  4  5  6  7  8  9 10 11 12 13 14]

a.shape = (3,5)
print('a = ',a)
>>>
a = [[ 0  1  2  3  4]
 [ 5  6  7  8  9]
 [10 11 12 13 14]]

b = a.reshape((5,3))
print('b = ',b)
>>>
b = [[ 0  1  2]
 [ 3  4  5]
 [ 6  7  8]
 [ 9 10 11]
 [12 13 14]]
```

変形後の型を reshape メソッドの引数として渡す．インスタンスメソッド a.reshape((5,3)) の代わりにクラスメソッド np.reshape(a,(5,3)) でもよい．どちらも変形後の配列を返すだけで配列自体を書き換えるわけではないことに注意が必要だ．

reshape メソッドの引数には変形後の型を渡すが，そこで -1 が使われている場合，配列のサイズ（変更しない）と配列の次元が考慮され，それに合うように型が自動的に決められる．例えば a.shape = (3,4) である配列を a.rehsape((-1,6)) で変形すると，変形後の型はサイズが合うように自動的に (2,6) に決められる．reshape((-1,)) は reshpape(-1) と簡略化できる．コード 4.19 に -1 を用いた配列の型変更の例を示す．

コード 4.19　reshpape メソッドによる型の変形の例（-1 を使った例）

```
a = np.arange(12).reshape(3,4)
print('a = ',a)
>>>
a =  [[ 0  1  2  3]
 [ 4  5  6  7]
 [ 8  9 10 11]]

b = a.reshape((-1,6))
print('b = ', b)
>>>
b =  [[ 0  1  2  3  4  5]
 [ 6  7  8  9 10 11]]

b = a.reshape(-1)
print('b = ', b)
>>>
b =  [ 0  1  2  3  4  5  6  7  8  9 10 11]
```

　多次元配列 ndarray クラスには，np.newaxis（新しい軸）というのがあり，それを付け加えると配列に新しい軸が加わり次元が増える．ただし新しい軸方向の広がりは 1 である．コード 4.20 に例を示す．

コード 4.20　newaxis の使用例

```
a = np.arange(5)
print('a =', a)
print('a.shape =', a.shape)
>>>
a = [0 1 2 3 4]
a.shape = (5,)

a = a[np.newaxis, :, np.newaxis]
print('a =', a)
print('a.shape =', a.shape)
>>>
a = [[[0]
  [1]
  [2]
  [3]
  [4]]]
a.shape = (1, 5, 1)
```

　この例では，a[np.newaxis, :, np.newaxis] で，1 次元の配列である a の最初と最後の階層に新たな軸を加えている．結果は型が (1,5,1) である 3 次元の配列になる．この変化を図 4.4 で表した．最初と最後の階層に 0 軸と 2 軸が加わり，元々の軸が 1 軸になって，1 次元の配列が 3 次元になって

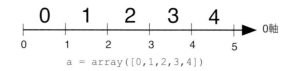

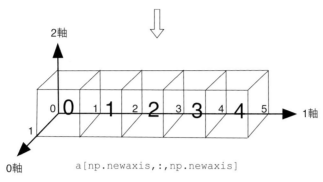

図 4.4 newaxis で次元が増える様子

いる様子を示している．ちなみにこの操作については，a.reshape((1,-1,1)) としても同じ結果を得る．

新たに軸を加えるのとは逆の操作をするのが ravel である．ravel(a) で，配列 a の余分な軸を取り除き 1 次元の配列にする．a.reshape(-1) と等価である．以下のコード 4.21 に実行例を挙げる．

コード 4.21 ravel の実行例

```
a = np.arange(12).reshape((3,4))
print('a =', a)
>>>
a = [[ 0  1  2  3]
 [ 4  5  6  7]
 [ 8  9 10 11]]

print('a.ravel =', a.ravel())
print('a.reshape(-1) =', a.reshape(-1))
>>>
a.ravel = [ 0  1  2  3  4  5  6  7  8  9 10 11]
a.reshape(-1) = [ 0  1  2  3  4  5  6  7  8  9 10 11]
```

4.2.6 インデックス配列

配列の中のデータからある特定の条件を満たすデータのみをピックアップして新たな配列を作るという要求は，頻繁に起こることの 1 つだろう．そのようなときループで繰り返すことを避けて，**インデックス配列** (index array) を用いてプログラムの効率を劇的にアップさせることができる．a を長さが n の 1 次元配列とする．-(n-1) 以上 (n-1) 以下の整数を成分としてもつ配列を a のインデックス配列という．x を a のインデックス配列としたとき，a[x] は，x の成分によって添え字付けされた a の中身を集めた配列となる．x の型に限定はなく a[x] の型は x と同じになる．次のコード 4.22 にインデックス配列の例を示す．

コード 4.22　インデックス配列（1 次元）の例

```
a = np.arange(15)
print('a =',a)
>>>
a = [ 0  1  2  3  4  5  6  7  8  9 10 11 12 13 14]

print(a[np.array([5,7,7,-5,0])])
>>>
[ 5  7  7 10  0]

print(a[np.array([[6,3],[-1,-2]])])
>>>
[[ 6  3]
 [14 13]]
```

元々の配列が 2 次元配列の場合のインデックス配列による参照は，若干複雑になる．a を 2 次元配列とし，型が (m,n) であるとする．a[x,y] のように 2 つのインデックス配列 x,y をとりうる．ただし x の成分は -m 以上 (m-1) 以下，y の成分は -n 以上 (n-1) 以下の整数でなくてはならない．x, y はどんな型でもよい．x と y が同じ型ならば，a[x,y] の型は x, y と同じ型になる．つまり値は x と y の同じ場所にある整数により添え字付けされた a の値からなる配列となる．x と y が異なる型ならば，後述するブロードキャストが試みられる．コード 4.23 に例を示す．

コード 4.23　インデックス配列（2 次元）

```
a = np.arange(20).reshape((4,5))
print('a =',a)
>>>
a = [[ 0  1  2  3  4]
 [ 5  6  7  8  9]
 [10 11 12 13 14]
 [15 16 17 18 19]]

x = np.array([0,2, -3])
y = np.array([2,1,4])
print('a[x,y]=',a[x,y])
>>>
a[x,y]= [ 2 11  9]
```

成分が True または False である配列を **Bool 配列** (Boolean array) という．Bool 配列を使って配列から成分を取り出すことができる．そのような目的の Bool 配列を **Bool インデックス配列** (Boolean index array, mask index array) とよぶ．ある特定の条件にあうような配列の一部分を取り出すのに使われる．以下のコード 4.24 をみてみよう．

コード 4.24　Bool インデックス配列の基本

```
a = np.linspace(-5,5,11)
print('a=',a)
>>>
a= [-5. -4. -3. -2. -1.  0.  1.  2.  3.  4.  5.]

b = np.array([x>0 for x in a])          # b = (a > 0) でもよい
print('b=',b)
>>>
b= [False False False False False False True True True True True]

print(a[b])
>>>
[ 1.  2.  3.  4.  5.]
```

　代入文 b = np.array([x>0 for x in a]) で，配列 a の要素が正ならば True を，そうでなければ False を要素としてもつ，a と同じ型の Bool 配列 b が作られる（もっと簡単に b = (a > 0) としてもよい）．a[b] は Bool 配列 b で a の部分を取り出したものである．この例のように型が同じならば，b の True の部分に対応する a の値を並べた 1 次元の配列が結果となる．

　Bool インデックス配列 b の次元が切り出される配列 a より小さい場合は，a[b,:,:,...] と同じように解釈される．もちろんこの場合 b の型と a の型の最初の部分が一致していないといけない．次のコード 4.25 に例を示す．

コード 4.25　Bool インデックス配列の例

```
a = np.linspace(0,11,12).reshape((3,4))
print('a=',a)
>>>
a= [[ 0.  1.  2.  3.]
 [ 4.  5.  6.  7.]
 [ 8.  9. 10. 11.]]

b = np.array([True,True,False])
print('a[b]=',a[b])
>>>
a[b]= [[ 0.  1.  2.  3.]
 [ 4.  5.  6.  7.]]
```

　配列 a の型は (3,4) で，Bool インデックス配列 b の型は (3,) で最初の部分が一致しているので，Bool インデックス配列として機能する．b の 0 軸方向の [True,True,False] が 1 軸方向にそのままコピーされ，a[b,:] と同じもの，つまり a の 0 行目と 1 行目が切り出された (2,4) の型の配列となる．

　Bool インデックス配列 b の次元が，切り出される配列 a より大きかったり，小さくても最初の型が一致しない場合には，a[b] は計算できない．

4.2.7 ブロードキャスト

NumPyのブロードキャスト(broadcast)機能とは，型の異なる配列同士の演算をどのようにするかという技術である．大雑把にいうと，型の異なる配列間で計算可能にするために小さな配列の情報が大きな配列に放送(broadcast)されることである．Python自体でのループを避けることができ，処理が速くなることが期待できる．

NumPyでの配列を用いた演算の基本のルールは成分ごとである．つまりa,bともに同じ型の配列ならばa*bも同じ型の配列で成分は，それぞれaの成分とbの成分の積となる．次のコード4.26で確かめる．

コード 4.26　同じ型の配列の積

```
a = np.arange(12).reshape((3,4))
print('a=',a)
>>>
a= [[ 0  1  2  3]
 [ 4  5  6  7]
 [ 8  9 10 11]]

b = np.arange(12).reshape((3,4))
print('a*b=',a*b)
>>>
a*b= [[  0   1   4   9]
 [ 16  25  36  49]
 [ 64  81 100 121]]
```

もう1つ極端な場合としてスカラーと配列の演算を考える．この場合のルールも簡単で，演算の結果は与えられた配列と同じ型で，スカラーともとの配列の成分の演算結果がそれぞれ成分となる．次のコード4.27で示す．

コード 4.27　配列とスカラーの演算（ベキ乗）

```
a = np.arange(12).reshape((3,4))
print('a=',a)
>>>
a= [[ 0  1  2  3]
 [ 4  5  6  7]
 [ 8  9 10 11]]

b = a**2
print('b=',b)
>>>
b= [[  0   1   4   9]
 [ 16  25  36  49]
 [ 64  81 100 121]]
```

では型の異なる配列同士のブロードキャスト演算のルールはどうか．まず演算する2つの配列を

a, b とする．これら2つの配列に対して，以下の操作(1)を施し，さらに条件(2)を満たすかどうかチェックし，a と b がブロードキャスト可能(broadcastable)かどうかを調べる．なお実際にブロードキャスト演算を実行する場合は，NumPy が自動的に調べるのでこれらを実行する必要はないことを注意しておく．

操作(1) a と b の次元数が同じならばそのまま．違っていれば，次元数の小さい配列の先頭に newaxis(新しい軸)をいくつか加えて同じ次元数にする．

この操作(1)は，例えばコード 4.28 のように実現できる．

コード 4.28 2つの配列の次元を合わせるコード

```
a = np.arange(5)
b = np.arange(24).reshape((4,3,2))
while a.ndim > b.ndim:
    b = b[np.newaxis, :]
while b.ndim > a.ndim:
    a = a[np.newaxis, :]

print(a.shape)
print(b.shape)
>>>
(1, 1, 5)
(4, 3, 2)
```

以下では配列 a, b の次元が同じ p で型がそれぞれ a.shape = $(n\_0, n\_1, n\_2, \ldots, n\_(p-1))$, b.shape = $(m\_0, m\_1, m\_2, \ldots, m\_(p-1))$ であるとする．これら配列 a と b の型について以下の条件(2)が成り立つとき，a と b はブロードキャスト可能(broadcastable)であると言う．

条件(2) i=0,1,...,p-1 に対して，以下の2つのいずれかが成り立っている：

1. n_i と m_i は等しい．

2. n_i と m_i のどちらかは1である．

なお，この定義より a と b がブロードキャスト可能ならば，b と a のブロードキャスト可能である．つまり可能性は配列の順序によらない．

例えば型が a.shape=(3,1,4) の配列 a と型が b.shape=(3,1) の配列 b はブロードキャスト可能であるが，a.shape=(3,1,4) の配列 a と型が c.shape=(1,3) の配列 c はブロードキャスト可能ではない．なぜなら次表のように，配列 b と c を(1)の操作で3次元の配列にしてから a と型を比較すると，a, b は(2)を満たすが，a, c は，2軸方向の長さが異なり，どちらも1ではないので(2)を満たさないからである．

	0軸	1軸	2軸			0軸	1軸	2軸
aの型	(3,	1,	4)		aの型	(3,	1,	4)
bの型	(1,	3,	1)		cの型	(1,	1,	3)
	○	○	○			○	○	×

ブロードキャスト可能である配列 a と b はブロードキャスト演算することが可能である．演算結果は，第 i 軸に関する長さが max(n_i,m_i) となる配列である．例えばブロードキャスト可能な a.shape=(3,1,4) の配列と b.shape=(3,1) の配列に対して加算 c = a+b を実行すると，型が (3,3,4) の配列 c が得られ，中身は c[i,k,j] = a[i,0,j]+b[k,0] となる．コード 4.29 にブロードキャスト演算の例を挙げる．

コード 4.29　ブロードキャスト演算

```
a = np.arange(12).reshape((3,1,4))
print('a=',a)
>>>
a= [[[ 0  1  2  3]]

 [[ 4  5  6  7]]

 [[ 8  9 10 11]]]

b = np.array([0,100,1000]).reshape((1,3,1))
print('b=',b)
>>>
b= [[[   0]
  [ 100]
  [1000]]]

print('a+b=',a+b)
>>>
a+b= [[[   0    1    2    3]
  [ 100  101  102  103]
  [1000 1001 1002 1003]]

 [[   4    5    6    7]
  [ 104  105  106  107]
  [1004 1005 1006 1007]]

 [[   8    9   10   11]
  [ 108  109  110  111]
  [1008 1009 1010 1011]]]
```

コード 4.29 のブロードキャスト加算を視覚的に理解するために，図 4.5 を用意した．配列 a の型は (3,1,4) で 3 次元なので，それに合わせて b も (1) の操作を介して 3 次元になっていると考える．0 軸と 2 軸方向に広がりを持つ配列 a が 1 軸方向にまるまるコピーされ，コピーされた配列に b の成

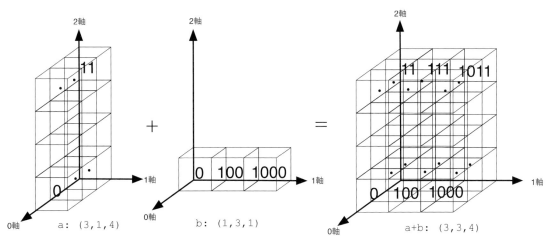

図 4.5 ブロードキャスト演算の図による表現

分 0, 100, 1000 がそれぞれ加えられる．演算の結果は，型が (3,3,4) の配列となる．

次の例は注意が必要である．$1 \times n$ の配列と $n \times 1$ の配列のブロードキャスト積は行列の積とは異なり，$n \times n$ の配列となる（これを行列の積として計算するには後述する関数 dot を使う）．

コード 4.30　注意が必要なブロードキャストの例

```
a = np.arange(1,10)
b = np.reshape(a,(9,1))
print(a*b)
>>>
[[ 1  2  3  4  5  6  7  8  9]
 [ 2  4  6  8 10 12 14 16 18]
 [ 3  6  9 12 15 18 21 24 27]
 [ 4  8 12 16 20 24 28 32 36]
 [ 5 10 15 20 25 30 35 40 45]
 [ 6 12 18 24 30 36 42 48 54]
 [ 7 14 21 28 35 42 49 56 63]
 [ 8 16 24 32 40 48 56 64 72]
 [ 9 18 27 36 45 54 63 72 81]]
```

代入演算は順序が大切なので（右側配列の値が左側の配列に代入される）ブロードキャスト機能を使った代入（スライスを使った代入）には注意が必要である．次のコード 4.31 には，ブロードキャスト演算もブロードキャスト代入も両方可能な配列のペア a, c と，ブロードキャスト演算は可能であるが，ブロードキャスト代入は不可能であるペア b, c をあげた．

コード 4.31　ブロードキャスト代入不可能な例

```
a = np.arange(12).reshape((3,4))
b = np.arange(4).reshape((4,1))
c = -np.arange(4)
print('a=',a)
print('b=',b)
print('c=',c)
```

```
>>>
a= [[ 0  1  2  3]
 [ 4  5  6  7]
 [ 8  9 10 11]]
b= [[0]
 [1]
 [2]
 [3]]
c= [ 0 -1 -2 -3]
```

```
print('a*c=',a*c)              # ブロードキャスト積
a[:,:] = c                     # ブロードキャスト演算
print('a=',a)
>>>
a*c= [[  0  -1  -4  -9]
 [  0  -5 -12 -21]
 [  0  -9 -20 -33]]
a= [[ 0 -1 -2 -3]
```

```
print('b*c',b*c)               # ブロードキャスト積
b[:,:] = c                     # ブロードキャスト演算
print('b=',b)
>>>
b*c [[ 0  0  0  0]
 [ 0 -1 -2 -3]
 [ 0 -2 -4 -6]
 [ 0 -3 -6 -9]]
```

```
ValueError                                Traceback (most recent call last)
<ipython-input-9-73c938467e91> in <module>()
     11
     12 print('b*c',b*c)              # ブロードキャスト積
---> 13 b[:,:] = c                    # ブロードキャスト演算
     14 print('b=',b)

ValueError: could not broadcast input array from shape (4) into shape (4,1)
```

ブロードキャストとインデックス配列を組み合わせれば，以下のコード 4.32 ように部分行列を自在に切り出すこともできる．

コード 4.32　インデックス配列とブロードキャストによる部分行列の取出し

```
A = np.array([[i +k*1j for k in range(5)] for i in range(6)])
print('A =',A)
>>>
A = [[ 0.+0.j  0.+1.j  0.+2.j  0.+3.j  0.+4.j]
 [ 1.+0.j  1.+1.j  1.+2.j  1.+3.j  1.+4.j]
 [ 2.+0.j  2.+1.j  2.+2.j  2.+3.j  2.+4.j]
 [ 3.+0.j  3.+1.j  3.+2.j  3.+3.j  3.+4.j]
 [ 4.+0.j  4.+1.j  4.+2.j  4.+3.j  4.+4.j]
```

```
 [ 5.+0.j  5.+1.j  5.+2.j  5.+3.j  5.+4.j]]
R = np.array([1,3])
C = np.array([0,2,4])
print('A[R,C]=\n',A[R[:,np.newaxis],C])
>>>
A[R,C]=
 [[ 1.+0.j  1.+2.j  1.+4.j]
  [ 3.+0.j  3.+2.j  3.+4.j]]
```

より直接的に，行と列の添え字集合の部分集合を用いて部分行列を取り出す例を 4.3.2 節に挙げているので参照されたい．

4.3 NumPy の関数

NumPy で取り扱う基本的なデータ構造は，多次元配列 (ndarray) であるので，NumPy で定義されている関数（メソッド）もそれらを前提とした関数である．この節では，主に NumPy で定義されている関数を，ユニバーサル関数とそうでない関数の 2 つに分けて説明する．なお 1 次元配列はベクトル，2 次元配列は行列と考えれば，NumPy で定義されている関数は，その多くが数学の関数になっている．

4.3.1 数学定数とユニバーサル関数

NumPy で用意されている数学定数は以下の通りである．それぞれの値はコード 4.33 の通りである．

表 4.4 NumPy で用意されている数学定数

定数	説明
pi	円周率 π
e	Napier 数 e
euler_gamma	Euler の γ

コード 4.33 NumPy の数学定数

```
print('pi = ',np.pi)
print('e =', np.e)
print('euler_gamma =',np.euler_gamma)
>>>
pi =  3.141592653589793
e = 2.718281828459045
euler_gamma = 0.5772156649015329
```

NumPy の**ユニバーサル関数** (universal function, or ufunc) とは，配列に対し要素ごとに値を評価するための関数で，先に述べたブロードキャスト機能をサポートする．つまり通常関数と言えばいく

つかのスカラーを入力するといくつかのスカラーを出力するものであるが，入力，出力ともに配列に対応したものである．

ブロードキャスト演算の説明では配列 a と b のペアがブロードキャスト可能であるかどうかに着目した．ユニバーサル関数では入力はいくつでもよいので，関数 f(a_0,a_1,...,a_(n-1)) について考える．入力である a_0,a_1,...,a_(n-1) がすべてスカラーであれば，通常の関数値が戻り値となる．またすべて同じ型の配列であれば，同じ位置の成分を引数とする関数値からなる配列がその関数の戻り値となる．

以下，配列 a_0,a_1,...,a_(n-1) の型が異なる場合を考える．2つの配列に対する場合と同様に，次の操作 (1)' を施して，条件 (2)' を満たすかどうかで，これらの配列が**ブロードキャスト可能** (broadcastable) であるかどうかを調べる．

> 操作 (1)' a_0,a_1,...,a_(n-1) の次元数がすべて同じならばそのまま．違っているものがあれば，次元の小さな配列に対し先頭に `newaxis` を加えていき，最も大きな次元に合わせる．

なお (1)' の操作は，ユニバーサル関数が自動的に判断操作するので，ユーザーが実行する必要はないことに注意しよう．

以下では，配列 a_i (i=0,1,...,n-1) の次元はすべて同じ p であるとする．さらに a_i (i=0,1,...,n-1) の型を (s(i,0),s(i,1),...,s(i,p-1))，i=0,1,2,...,n-1，とする．これらの配列 a_i (i=0,1,...,n-1) について以下の (2)' が成り立つとき，配列の集まり a_0,a_1,a_2,..., a_(n-1) はブロードキャスト可能であるという．

> 条件 (2)' j=0,1,2,...,(p-1) に対して，s(0,j),s(1,j),...,s(n-1,j) の値はどれも，1 か 1 以外の共通の値 d_j のどちらかである．

つまり，各 j 軸 (j=1,2,...,p-1) について，どの配列も j 軸方向の長さが 1 であるか，それ以外の値で統一されているということを意味する．

具体例で考えよう．それぞれの型が次の表に書いてあるような配列の組，a_0, a_1, a_2, a_3 と a'_0, a'_1, a'_2, a'_3 を考える．なお，(1)' の操作はすでに施してあり，次元はすべて同じであるとする．

軸方向	0軸	1軸	2軸	軸方向	0軸	1軸	2軸
a_0 の型: (	3,	1,	4)	a'_0 の型: (	3,	1,	4)
a_1 の型: (	1,	3,	1)	a'_1 の型: (	1,	3,	1)
a_2 の型: (	1,	1,	4)	a'_2 の型: (	1,	1,	3)
a_3 の型: (	1,	1,	1)	a'_3 の型: (	1,	1,	1)
	○	○	○		○	○	×

配列の組 a_0, a_1, a_2, a_3 は (2)' を満たすが，配列の組 a'_0, a'_1, a'_2, a'_3 は (2)' を満たさない．なぜなら，a'_0, a'_1, a'_2, a'_3 の 2 軸方向への長さは，4，1，3 の 3 種類あるからだ．よって配列の組 a_0, a_1, a_2, a_3 はブロードキャスト可能であるが，配列の組 a'_0, a'_1, a'_2, a'_3 はブロードキャスト可能ではない．

表 4.5 基礎数学関数（ユニバーサル関数）

add	subtract	multiply
devide	logaddexp	logaddexp2
true_devide	floor_divide	negative
power	remainder	mod
fmod	absolute	rint
sign	conj	exp
exp2	log	log2
log10	expm1	log1p
sqrt	square	reciprocal

表 4.6 3角関数（ユニバーサル関数）

sin	cos	tan
arcsin	arccos	arctan
arctan2	hypot	sinh
cosh	tanh	arcsinh
arccosh	arctanh	deg2rad
rad2deg		

表 4.7 数学に関する関数一覧（ユニバーサル関数ではない）

関数名	内容
transpose	転置行列を求める
dot	行列の積
vdot	内積
inner	内積
trace	トレース
outer	外積
kron	Kronecker 積
tril	下3角行列
triu	上3角行列
ix_	メッシュグリッドを作成

これらの関数の組を架空のユニバーサル関数 uf で評価すると uf(a_0, a_1, a_2, a_3) の値は uf(a_0[i,0,k], a_1[0,j,0], a_2[0,0,k], a_3[0,0,0]) (i,j=0,1,2, k=0,1,2,3) を成分とする，型が (3,3,4) の3次元配列となる．

以下 NumPy で提供するユニバーサル関数を分類して表にまとめた．表 4.5 は基礎的な数学関数，表 4.6 は3角関数である．よく知られた数学の関数であるので説明は省略する．詳細はマニュアルを参照して欲しい．

4.3.2 その他配列操作に関する関数

最後の節ではユニバーサル関数ではないその他の配列操作に関する関数を紹介する．表 4.7 に挙げたものは，基礎数学，特にベクトル（1次元配列）や行列（2次元配列）に関する関数である．

配列（行列，ベクトル）の演算: 配列 a,b（行列，ベクトル）の演算，和，差，積，商はそれぞれ，a+b, a-b, a*b, a/b である．配列 a,b の型が同じならば成分ごとに，異なればブロードキャスト演算が行われる．

転置 (transpose): transpose(A) は，行列 A の転置を返す．転置属性 A.T と等価である．共役転置は conj(transpose(A)) で得られる．

ドット積（内積）(dot product, inner product): dot(a,b) は配列 a,b のドット積を返す．ただし，共役複素数はとらない．a,b が1次元配列の場合は，内積を返す．a,b が2次元配列の場合

は，行列の積を返す．a,bがN次元の配列の場合は，aの最後の軸とbの最後から2番目の軸に関して掛けて和をとったものつまり，例えば2次元の場合，dot(a,b)[i,j,k,m] = sum(a[i,j,:] * b[k,:,m])となる．vdot(a,b)もドット積を返す．ただしdot(a,b)とは異なる．もしaが複素数ならaはその共役複素数がドット積の対象となる．多次元の配列の場合もdotと異なる．a,bが多次元配列の場合，まずそれらを1次元にフラットにしてからドット積をとる．つまり多次元配列の成分からなるベクトル同士のドット積である．

行列の積: Python 3.5から行列（2次元配列）の積を記号'@'で計算できるようになった．コード4.34に，dot関数を使った場合と@を使った場合を比較している．大きな速さの違いはないようである．

コード4.34　行列の積

```
A = np.arange(12).reshape((3,4))
B = np.arange(12).reshape((4,3))
print('AB by dot =', np.dot(A,B))
print('AB by @  = ', A @ B)
>>>
AB by dot =
 [[ 42  48  54]
 [114 136 158]
 [186 224 262]]
AB by @ =
 [[ 42  48  54]
 [114 136 158]
 [186 224 262]]

A = np.random.randn(3000,3000)
B = np.random.randn(3000,3000)
%timeit np.dot(A,B)
%timeit A @ B
>>>
1 loops, best of 3: 969 ms per loop
1 loops, best of 3: 934 ms per loop
```

内積: inner(a,b)はa,bの内積を返す．a,bが1次元配列つまりベクトルならばinner(a,b)は内積である．

トレース（固有和）(trace): trace(A)は行列Aのトレースつまり対角成分の和を返す．

外積: 2つのベクトル $a \in \mathbb{R}^m$, $b \in \mathbb{R}^m$ について，a, b の**外積** (outer product) $a \otimes b$ は，次式で定義される $m \times n$ 行列を表す．

$$a \otimes b = \begin{bmatrix} a_1 b_1 & a_1 b_2 & \cdots & a_1 b_n \\ a_2 b_1 & a_2 b_2 & \cdots & a_2 b_n \\ \vdots & \vdots & \ddots & \vdots \\ a_m b_1 & a_m b_2 & \cdots & a_m b_n \end{bmatrix}$$

outer(a,b) は a, b の外積を返す.

Kronecker 積 (Kronecker product): 行列 $m \times n$ 行列 $A = [a_{ij} : i = 1, 2, \ldots, m; j = 1, 2, \ldots, n]$, $p \times q$ 行列 B の Kronecker 積 $A \otimes B$ は，以下の式で表される行列である．

$$A \otimes B = \begin{bmatrix} a_{11}B & a_{12}B & \cdots & a_{1n}B \\ a_{21}B & a_{22}B & \cdots & a_{2n}B \\ \vdots & \vdots & \ddots & \vdots \\ a_{m1}B & a_{m2}B & \cdots & a_{mn}B \end{bmatrix}$$

kron(A,B) は A,B の Kronecker 積を返す．A と B の外積とみることもできる．

3 角行列: tril(a) は行列 a の対角以下の下 3 角行列を返す．triu(a) は行列 a の対角以上の上 3 角行列を返す．コード 4.35 に例を示す．

コード 4.35 3 角行列の生成

```
a = np.arange(1,13).reshape(3,4)
print(np.tril(a))
>>>
[[ 1  0  0  0]
 [ 5  6  0  0]
 [ 9 10 11  0]]

print(np.triu(a))
>>>
[[ 1  2  3  4]
 [ 0  6  7  8]
 [ 0  0 11 12]]
```

オープンメッシュ: ix_は複数のシーケンスを引数としてとり，オープンなメッシュを構成する．より詳しくは，ix_(S1,S2,...,Sn) は，タプル (a1,a2,...,an) を返す．S1,S2,...,Sn はそれぞれシーケンスを表す．ai (i=1,2,...,n) は全て n 次元配列であり，i 軸方向以外は全て大きさが 1 で，i 軸方向には Si と同じ成分が並んでいる．このメソッドを使って配列の一部分，行列ならば部分行列が簡単に取り出せる．コード 4.36 はその例である．

コード 4.36 オープンメッシュを利用した部分行列の取出し

```
A = np.array([[i +k*1j for k in range(5)] for i in range(6)])
print('A = \n',A)
>>>
A =
 [[ 0.+0.j  0.+1.j  0.+2.j  0.+3.j  0.+4.j]
  [ 1.+0.j  1.+1.j  1.+2.j  1.+3.j  1.+4.j]
  [ 2.+0.j  2.+1.j  2.+2.j  2.+3.j  2.+4.j]
  [ 3.+0.j  3.+1.j  3.+2.j  3.+3.j  3.+4.j]
  [ 4.+0.j  4.+1.j  4.+2.j  4.+3.j  4.+4.j]
  [ 5.+0.j  5.+1.j  5.+2.j  5.+3.j  5.+4.j]]
```

```
R = [1,3]
C = [0,2,4]
print('A[R,C] = \n', A[np.ix_(R,C)])
>>>
A[R,C] =
 [[ 1.+0.j  1.+2.j  1.+4.j]
  [ 3.+0.j  3.+2.j  3.+4.j]]

print(np.ix_(R,C))
>>>
(array([[1],
       [3]]), array([[0, 2, 4]]))
```

np.ix_(R,C) は，行のインデックス R と列のインデックス C からなるインデックス配列であり，そのインデックス配列で A の部分行列を切り出していることがわかる．

表 4.8 に，主に既存の配列を加工して新たな配列を得る関数をリストアップした．

表 4.8 配列の操作に関する関数

関数	説明
sort	ソート
argsort	ソートインデックス
ravel	配列をフラット (1 次元) にする．
flatten	配列をフラット (1 次元) にしたコピーを返す．
delete	削除
insert	挿入
append	追加
tile	パターンを繰り返す．
vstack	2 次元配列 (行列) を垂直方向 (0 軸方向) にそって貼り合わせる．
hstack	2 次元配列 (行列) を水平方向 (1 軸方向) にそって貼り合わせる．
copy	配列の複製
alen	0 軸方向の長さを返す．

ソート (sort): sort(a) は配列の中身を昇順に並べ換えた配列を返す．sort(a,axis=1) のように軸を指定できる．既定値は-1 つまり最後の軸に沿って整列する．コード 4.37 に例を挙げる．

コード 4.37 ソート

```
a = -np.arange(12).reshape((3,4))
print('a=\n',a)
>>>
a=
 [[  0  -1  -2  -3]
  [ -4  -5  -6  -7]
  [ -8  -9 -10 -11]]

sa = np.sort(a)
print('sa=\n',sa)
>>>
sa=
 [[ -3  -2  -1   0]
  [ -7  -6  -5  -4]
```

```
 [-11 -10  -9  -8]]
sa1 = np.sort(a,axis=0)
print('sa1=\n',sa1)
>>>
sa1=
 [[ -8  -9 -10 -11]
  [ -4  -5  -6  -7]
  [  0  -1  -2  -3]]
```

argsort(a) は，配列 a をソートしたときのインデックス配列を返す．コード 4.38 に例を示す．

コード 4.38 ソートインデックス

```
a = random.randn(10)
c = random.randn(3,4)
b = np.argsort(a)
print(a)
print(b)
a[b]
print(c)
print(np.argsort(c))
>>>
[ 0.38838362  0.69854948 -0.51614644 -0.13905528 -1.61014485  0.92114413
  0.96127793  1.03998771  0.43143649 -0.66141668]
[4 9 2 3 0 8 1 5 6 7]
[[ 1.15001582 -0.25486175 -1.07725817  0.58483243]
 [-0.95878141  1.17908039  1.5423454   1.21180111]
 [-1.67043582  1.73555775  0.24436984 -0.46701625]]
[[2 1 3 0]
 [0 1 3 2]
 [0 3 2 1]]
```

ravel と flatten は配列をフラットな 1 次元配列にする関数である．reshape(-1) も同じ働きをする．関数 flatten は，フラットな配列のコピーを返すので，実行時間がかかる．一方，ravel と reshape(-1) は単に見方 (view) を変えているだけであり，元々の配列を書き換えると影響されてしまうので注意が必要だ．コード 4.39 に例を示す．

コード 4.39 ravel, flatten の例

```
a = np.arange(12).reshape(3,4)
print('a =\n', a)
>>>
a =
 [[ 0  1  2  3]
  [ 4  5  6  7]
  [ 8  9 10 11]]

b1 = a.flatten()
b2 = a.ravel()
```

```
b3 = a.reshape(-1)
a[0,0] = 100
print('b1 =', b1)
print('b2 =', b2)
print('b3 =', b3)
>>>
b1 = [ 0  1  2  3  4  5  6  7  8  9 10 11]
b2 = [100  1  2  3  4  5  6  7  8  9 10 11]
b3 = [100  1  2  3  4  5  6  7  8  9 10 11]

a = random.randn(3000, 3000)
%timeit -n 100 b1 = a.flatten()
%timeit -n 100 b2 = a.ravel()
%timeit -n 100 b3 = a.reshape(-1)
>>>
100 loops, best of 3: 25.5 ms per loop
100 loops, best of 3: 272 ns per loop
100 loops, best of 3: 1.04 µs per loop
```

実行時間は `flatten`, `reshape(-1)`, `ravel` の順にかかるようである.

`delete` は配列の成分を削除する関数である. `delete(arr,obj,axis)` で配列 `arr` で対象となる配列を指定し, `obj` には削除する場所のインデックスかそれらのシーケンス, またはスライス表記が入り, さらに `axis` で軸を指定する. コード 4.40 に例を示す.

コード 4.40　delete の例

```
a = np.array([[i +k*1j for k in range(4)] for i in range(3)])
print('a = \n',a)
>>>
a =
 [[ 0.+0.j  0.+1.j  0.+2.j  0.+3.j]
  [ 1.+0.j  1.+1.j  1.+2.j  1.+3.j]
  [ 2.+0.j  2.+1.j  2.+2.j  2.+3.j]]

print(np.delete(a,10))           # 10番目の要素を取り除く
>>>
[ 0.+0.j  0.+1.j  0.+2.j  0.+3.j  1.+0.j  1.+1.j  1.+2.j  1.+3.j  2.+0.j
  2.+1.j  2.+3.j]

print(np.delete(a,1,0))          # 第1行目を取り除く
>>>
[[ 0.+0.j  0.+1.j  0.+2.j  0.+3.j]
 [ 2.+0.j  2.+1.j  2.+2.j  2.+3.j]]

print(np.delete(a,1,1))          # 第1列目を取り除く
>>>
[[ 0.+0.j  0.+2.j  0.+3.j]
 [ 1.+0.j  1.+2.j  1.+3.j]
 [ 2.+0.j  2.+2.j  2.+3.j]]
```

```
print(np.delete(a,np.s_[0::2],1))  # 第0列目から2列ごとに取り除く
>>>
[[ 0.+1.j  0.+3.j]
 [ 1.+1.j  1.+3.j]
 [ 2.+1.j  2.+3.j]]
```

insertは配列に新たな値を挿入する関数である．insert(arr, obj, values, axis)のように，arrで対象となる配列を指定，objで挿入する場所をインデックス（スカラー）またはインデックスのシーケンスまたはスライスで指定し，valuesで挿入する値，axisで軸を指定する．軸が与えられなかった場合は，配列はフラットにされる．なお指定場所の直前に挿入される．コード4.41に実行例を記す．

コード4.41 insertの例

```
a = np.arange(12).reshape(3,4)
print('a = \n',a)
>>>
a =
 [[ 0  1  2  3]
 [ 4  5  6  7]
 [ 8  9 10 11]]

print(np.insert(a,5,100))
>>>
[  0   1   2   3   4 100   5   6   7   8   9  10  11]

print(np.insert(a,0,a[:,3],axis=1))
>>>
[[ 3  0  1  2  3]
 [ 7  4  5  6  7]
 [11  8  9 10 11]]
```

appendは，要素を配列の最後に加える関数である．append(arr, values, axis)のように，arrで対象となる配列を指定，valuesで挿入する値，axisで軸を指定する．軸が与えられなかった場合は，arrとvaluesはともにフラットにされる．実行例は省略する．

tile, hstack, vstackはどれも，小さな行列（2次元配列）を繰り返し使い，より大きな配列を作るメソッドである．tile(a, reps)は，配列aをrepsの型だけ繰り返す．hstack(tup), vstack(tup)は，配列のタプルtupの成分をそれぞれ水平方向に（1軸に沿って），垂直方向に（0軸にそって）結合する．次のコード4.42は，それらの実行例である．

コード4.42 tile,hstack,vstackの例

```
a = np.arange(4).reshape(2,2)
print('tiled a = \n',np.tile(a,3))
print('tiled a = \n',np.tile(a,(2,1)))
```

```
>>>
tiled a =
 [[0 1 0 1 0 1]
  [2 3 2 3 2 3]]
tiled a =
 [[0 1]
  [2 3]
  [0 1]
  [2 3]]

b = np.identity(2)
print(np.hstack((a,b)))
print(np.vstack((a.T,b.T)))
>>>
[[ 0.  1.  1.  0.]
 [ 2.  3.  0.  1.]]
[[ 0.  2.]
 [ 1.  3.]
 [ 1.  0.]
 [ 0.  1.]]
```

copy は，文字通り配列の複製を返すメソッドである．copy(a,order) のように 2 つ引数をもっており，a は複製される多次元配列，order は，メモリーレイアウトオプションで，既定値は'K' であり，これはできるだけオリジナルの a に従うという意味である．alen は，引数として与えられた配列の 0 軸方向の長さを返す．コード 4.43 に copy と alen の例を挙げる．

コード 4.43　copy と alen の例

```
a = np.arange(10)
b = a
c = np.copy(a)

a[0] = -100
print(a[0] == b[0])
print(a[0] == c[0])
>>>
True
False

a.shape = (2,5)
print(np.alen(a))
>>>
2
```

最後に配列の中身を判定するための関数を表 4.9 にまとめた．

all, any, array_equal, allclose, nonzero は，配列の中身を判断したり，配列同士を比較したりする関数である．all(a) は配列 a の成分が全て True ならば True を返し，そうでなければ False を返す．any(a) は配列 a の成分のどれかが True ならば True を返し，そうでなければ False

4.3 NumPyの関数

表 4.9 配列の中身を判断する関数

all	成分が全て True ならば True を返す.
any	成分のどれかが True ならば True を返す.
array_equal	配列が等しければ True を返す.
allclose	配列の成分が全て近い数値かどうかを判断する.
unique	重複する成分の除去
nonzero	非ゼロ成分を取り出す.

を返す. array_equal(a1,a2) は, 配列 a1 と a2 の型と中身が完全に一致しているときのみ True でその他は False を返す.

allclose(a, b, rtol=1.e-5, atol=1.e-8) は, a と b が同じ型で, a と b の同じ位置の要素 a', b' について,

$$|a' - b'| \leq (\text{atol} + \text{rtol} \times b')$$

が成り立つときのみ True で, それ以外は False である. つまり atol は絶対誤差, rtol は相対誤差である. 次のコード 4.44 は, これらの関数をいくつか選んで実行した例である.

コード 4.44 all, any, array_equal, allclose の例

```
a = np.linspace(0,18,10)
print('a=',a)
print(np.all(a % 2 == 0))
print(any(a <0))
>>>
a= [ 0.  2.  4.  6.  8. 10. 12. 14. 16. 18.]
True
False

A = np.tri(3, 3)
B = np.linalg.inv(A)     # BにAの逆行列を計算する
C = np.dot(A,B)
print(np.array_equal(C,np.identity(3)))
print(np.allclose(C,np.identity(3)))
>>>
False
True
```

第5章 可視化モジュール matplotlib, seaborn, bokeh

5.1 概要

matplotlibは，Pythonで標準的に用いられるグラフ描画パッケージである．matplotlibは，MATLABを参考に作られており，使い方が似ている．そのため，MATLABの描画の資料や文献を参考にできるだろう．

5.2節で，利用前の設定などの準備の仕方を説明する．
5.3節で，簡単な例を見る．
5.4節で，描画をカスタマイズする引数の指定方法を説明する．
5.5節で，タイトル，軸ラベル，凡例の指定方法を説明する．
5.6節で，日本語フォントについて説明する．
5.7節で，LaTeXについて説明する．
5.8節で，いろいろなグラフについて説明する．
5.9節で，描画領域について説明する．
5.10節で，その他の機能について説明する．
5.11節で，関連パッケージ（seabornとbokeh）について説明する．

5.2 準備

本書では，`matplotlib.pyplot`を利用するので，これを次のようにimportしておく．また，NumPyも使うので，これもimportしておく．

コード5.1 パッケージのインポート

```python
import matplotlib.pyplot as plt
import numpy as np
```

グラフの作成コマンドは，続けて実行でき，最後に表示コマンド（`plt.show`）を実行すると表示される．この表示コマンドは毎回必要であるが，後述の例では省略している．また，Jupyter（IPython Notebook）では，`%matplotlib`マジックコマンドが用意されおり，グラフのインライン

第 5 章 可視化モジュール matplotlib, seaborn, bokeh

表示の ON/OFF の設定が可能である．この設定を行った場合，Jupyter (IPython Notebook) では `plt.show` は不要となり，セルの実行ごとに表示される．

コード 5.2 インライン表示の ON/OFF

```
# インライン表示のOFF
%matplotlib
または
# インライン表示のON
%matplotlib inline
```

5.3 使用例

まずは，サインカーブを書いてみよう（図 5.1）．

コード 5.3 サインカーブ

```
x = np.linspace(0, np.pi * 2)
y = np.sin(x)
plt.plot(x, y)
```

コード 5.3 の x = ··· では，$[0, 2\pi]$ の $2\pi/(50-1)$ 刻みの（既定値である）50 個のデータを作成している．

`plot` 関数に 2 つの引数を渡すとそれぞれ，横軸の値，縦軸の値とみなして線を書く．引数が 1 つであれば，縦軸の値とみなし，横軸は 0 からの通し番号となる．

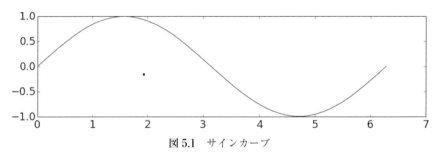

図 5.1 サインカーブ

5.4 引数指定

matplotlib では，様々な引数で表示方法をカスタマイズできる．ここでは，コード 5.4 に c, `marker`, `linestyle` などの引数指定方法の例を示す（図 5.2）．

コード 5.4 引数指定例

```
plt.subplot(131)                    # 左に表示
plt.plot(x, y, 'ro')                # (1)
```

5.4 引数指定

```
plt.subplot(132)                                    # 中央に表示
plt.plot(x, y, 'gD-')                               # (2)

plt.subplot(133)                                    # 右に表示
plt.plot(x, np.sin(x), c='navy', marker='*')        # (3) 色名で指定
plt.plot(x, np.sin(-x), c='#9400D3', linestyle='--') # (4) カラーコードで指定
plt.plot(x, np.cos(x), c=(1.0, 0.0, 0.0))           # (5) RGBで指定
```

- subplot でグラフの表示位置を指定している．詳細は，5.9 節を参照のこと．
- 数値列の後の引数では，色やマークや線種の内容をまとめて指定できる．それぞれの利用可能な文字列を表 5.1，表 5.2，表 5.3 に示す．
- (1) の 'ro' は，赤い (r) 丸 (o) を表す．
- (2) の 'gD-' は，緑の (g) ダイヤ (D) と実線 (-) を表す．
- (3),(4),(5) の c のように色を単独で指定でき，色名やカラーコードや RGB が利用できる．
- (3) のように marker でマークを単独で指定する．
- (4) のように linestyle で線種を単独で指定する．

他にも多数のオプションがあるが，詳細は，matplotlib の公式ドキュメント http://matplotlib.org/ を参照されたし．

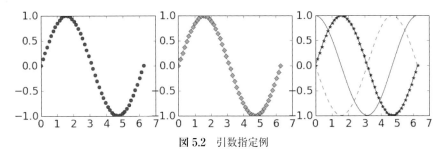

図 5.2 引数指定例

表 5.1 文字列と色

文字列	色
'b'	青
'g'	緑
'r'	赤
'c'	シアン
'm'	マゼンタ
'y'	黄
'k'	黒
'w'	白

表 5.2 文字列とマーク

文字列	マーク	文字列	マーク
'.'	点	','	ピクセル
'o'	丸	'*'	星
'v'	下向き△	'^'	上向き△
'<'	左向き△	'>'	右向き△
's'	正方形	'p'	五角形
'h'	六角形1	'H'	六角形2
'+'	+	'x'	X
'D'	ひし形1	'd'	ひし形2
'|'	縦棒	'_'	横棒

表 5.3 文字列と線種

文字列	線種
'-'	実線
'--'	破線
'-.'	1点鎖線
':'	点線

5.5 タイトルや軸ラベルや凡例

ここでは，コード5.5にタイトルや軸ラベルや凡例などの引数指定方法の例を示す（図5.3）．

コード5.5　タイトルなどの指定例

```
plt.title('Sin curve')                                          # (1)
plt.plot(x, np.sin(x), c='navy', marker='*', label='sin')       # (2)
plt.plot(x, np.sin(-x), c='#9400D3', linestyle='—', label='-sin') # (3)
plt.plot(x, np.cos(x), c=(1.0, 0.5, 0.0), label='cos')          # (4)
plt.xlabel('x value')                                           # (5)
plt.ylabel('y value', size=15)                                  # (6)
plt.xlim((0, 2 * np.pi))                                        # (7)
plt.xticks(np.linspace(0, 2 * np.pi, 5),
           ['0', 'pi/2', 'pi', '3 pi/2', '2 pi'])               # (8)
plt.legend(loc='upper right', shadow=True)                      # (9)
```

- (1)のように title は，タイトルを指定する．

- (2),(3),(4)のように label は，凡例の文字を指定する．

- (5),(6)のように xlabel，ylabel は，それぞれ横軸，縦軸のラベルを指定する．

- (7)のように xlim，ylim は，それぞれ横軸，縦軸の表示範囲を指定する．

- (8)のように xticks で各データのラベルを設定できる．

- (9)のように legend により凡例を表示させる．凡例の位置は，表5.4の通り，loc で指定できる．指定しない場合，なるべく邪魔にならない位置が自動で計算される．また，shadow で影を指定できる．

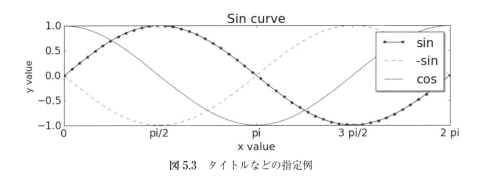

図5.3　タイトルなどの指定例

5.6 日本語フォントについて

matplotlibの既定値では英語フォントになっているため，日本語を用いると文字化けする．

5.6 日本語フォントについて

表 5.4　legend の loc 引数の種類

文字列	内容
'best'	位置を自動で探す（既定値）
'upper left'	左上
'upper center'	中央上
'upper right'	右上
'lower left'	左下
'lower center'	中央下
'lower right'	右下
'center left'	中央左
'center right'	中央右
'center'	中央
'right'	中央右（center right と同じ）

表 5.5　hlines または vlines の linestyles 引数の種類

文字列	内容
'solid'	実線（既定値）
'dashed'	破線
'dashdot'	1 点鎖線
'dotted'	点線

日本語フォントは，`plt.matplotlib.font_manager.FontProperties` 関数を用いて作成できるので，コード 5.6 のように指定すれば，日本語を表示できる（図 5.4）．コード 5.6 では，Windowsのフォントを指定している．Mac の場合は，2 行目のコメントの方を有効にすればよい．

コード 5.6　日本語フォント指定例

```
fp = plt.matplotlib.font_manager.FontProperties(fname=r'C:\Windows\Fonts\msgothic.ttc')
#fp = plt.matplotlib.font_manager.FontProperties(fname='/Library/Fonts/Osaka.ttf')
plt.plot(x, np.sin(x), label='サインカーブ')
plt.xlabel('X軸', fontproperties=fp)
plt.legend(prop=fp)
plt.title('3角関数', fontproperties=fp)
```

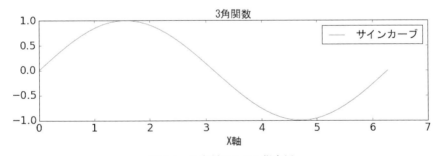

図 5.4　日本語フォント指定例

しかし，この方法は，各関数でフォントを指定するためわずらわしい．

`rcParams['font.family']` を用いれば，全体のフォントファミリーを設定できる．この方法であれば，Python 起動後に一度指定すればよいので，簡便である．

Windows では，`'Arial Unicode MS'` を指定すると日本語表示できる．

別の方法として，下記の独立行政法人情報処理推進機構（IPA，http://ipafont.ipa.go.jp/）で提供される日本語フォント（IPAex）を用いることもできる．各 OS でのインストール方法も記述してあるので，参考にしてもらいたい．インストールした IPAex を指定するには，例えば，コード 5.7

のようにする．この方法であれば，Windows でも Mac でも Linux でも有効である．

コード 5.7　日本語フォント一括指定例
```
plt.rcParams['font.family'] = 'IPAexGothic'
```

フォントを追加した場合，matplotlib のフォントキャッシュを削除しないと反映されないので注意が必要である．フォントキャッシュは "plt.matplotlib.font_manager.cachedir" で確認できるフォルダの fontList.py3k.cache である．

5.7　LaTeX と線

コード 5.8 のように，凡例に LaTeX 形式を用いることもできる（図 5.5）．

コード 5.8　LaTeX 形式の凡例指定例
```
plt.plot(x, 40 / (x + 1), label=r'需要$=\frac{40}{x+1}$')    # (1)
plt.plot(x, x**2, label='供給$=x^2$')                         # (2)
plt.legend()
plt.xlabel('価格')
plt.ylabel('人数')
plt.xlim((0, 6))
plt.ylim((1, 1000))
plt.yscale('log')                                             # (3)
plt.hlines(10, 0, 6, linestyles='dashed')                     # (4)
plt.vlines([3, 3.14, 3.28], 1, 1000, linestyles='dotted')     # (5)
```

- (1),(2) のように label では凡例を LaTeX を指定できる．

- (3) のように xscale('log')，yscale('log') は，それぞれ横軸，縦軸を**対数軸**にする．

- (4),(5) のように hlines，vlines は，それぞれ横や縦に線を引ける．第 1 引数は，1 つでも複数でもよい．線の種類は，表 5.5 のように指定できる．指定しない場合，実線となる．

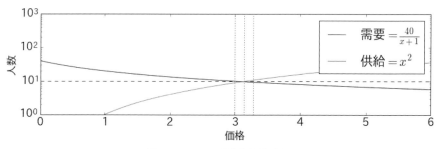

図 5.5　LaTeX 形式凡例指定例

LaTeX で「\」を記述するには，「\\」と記述する方法と，シングルクォートの前に「r」をつける方法がある．ここでは「r」をつけている．

5.8 いろいろなグラフ

5.8.1 散布図

plotで線を引かなければ**散布図** (scatter plot) となる（図5.6）．引数で'o'や'.'を指定すればよい．

コード5.9　散布図

```
x = np.random.rand(100)
y = np.random.rand(100)
plt.plot(x, y, 'o')
```

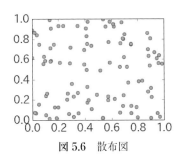

図5.6　散布図

5.8.2 ヒストグラム

histで**ヒストグラム** (histogram) を表示できる（図5.7）．binsで箱の数を指定できる．rangeで横軸の表示範囲を指定できる．

コード5.10　ヒストグラム

```
plt.hist(np.random.randn(100000) * 10 + 50, bins=60, range=(20, 80))
```

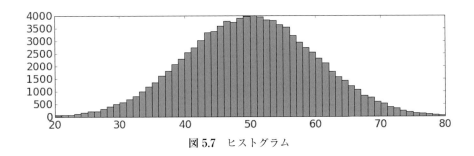

図5.7　ヒストグラム

5.8.3 棒グラフ

barで**棒グラフ** (bar graph) を表示できる（図5.8）．alignで表示場所を設定できる．既定値の'edge'では左端を，'center'では中央を基準に表示する．colorで色を設定できる．

第5章 可視化モジュール matplotlib, seaborn, bokeh

コード 5.11 棒グラフ

```
n = 11
plt.bar(np.arange(n), np.random.randint(100, 120, n), align='center', color='green')
plt.xticks(np.arange(n), [str(2010 + i) for i in range(n)])
```

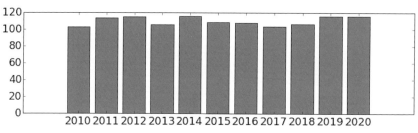

図 5.8 棒グラフ

5.8.4 箱ひげ図

`boxplot` で**箱ひげ図** (box plot) を表示できる（図 5.9）．四角は，4分位範囲（第 1・4 分位数（25%点）から第 3・4 分位数（75%点））を表す．中央の赤いバーは，平均ではなく，中央値（メディアン，第 2・4 分位数，50%点）であることに注意．`showmeans = True` とすれば平均を赤い四角で表示できる．上のバーは最大値と（第 3・4 分位数 + 1.5 × 4 分位範囲）の小さい方を，下のバーは最小値と（第 1・4 分位数 − 1.5 × 4 分位範囲）の大きい方を表す．数値の 1.5 は，`whis` 引数で変更できる．上下のバーを外れる値は，外れ値として + で表示される．

コード 5.12 箱ひげ図

```
plt.boxplot(np.random.randn(200).reshape(-1, 2))
```

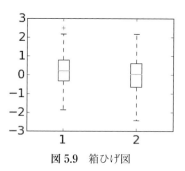

図 5.9 箱ひげ図

5.8.5 円グラフ

`pie` で**円グラフ** (pie chart) を表示できる（図 5.10）．`explode` で扇をずらすことができる．`startangle` で表示開始角度を指定できる．`shadow` で影を指定できる．`autopct` で割合表示フォーマットを指定できる．`labels` でラベルを指定できる．

　`plt.axis('equal')` で円を真円にする．

コード 5.13　円グラフ

```
plt.axis('equal')
plt.pie([3, 4, 2, 1], explode=(0, 0.05, 0, 0), startangle=90,
    shadow = True, autopct = lambda x: '{:.1f}
    %'.format(x), labels=['O', 'A', 'B', 'AB'])
```

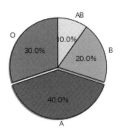

図 5.10　円グラフ

5.8.6　塗りつぶし

コード 5.14 のように fill_between でグラフの差を塗りつぶすことができる（図 5.11）．第 3 引数を指定しないと，0 との差分を塗りつぶす．alpha でアルファチャンネル（不透明度）を指定できる．

コード 5.14　塗りつぶし

```
x = np.linspace(0, np.pi * 2)
plt.fill_between(x, np.sin(x), -np.sin(x), alpha=0.3)
```

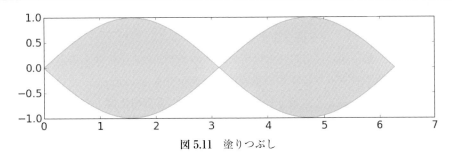

図 5.11　塗りつぶし

5.8.7　画像

コード 5.15 のように imshow で 2 次元配列を元に画像を表示できる（図 5.12）．cmap でカラーマップを指定できる．interpolation で補間方法を指定できる．既定値は None であり，この場合は補間をしてくれる．補間したくない場合は文字列の 'none' を指定する．

コード 5.15　画像

```
img = np.array([
[0,0,0,0,0],
[0,1,1,1,0],
```

```
[0,0,0,0,0],
[0,1,1,1,1],
[0,1,1,1,1],
])
plt.imshow(img, cmap='gray', interpolation='none')
```

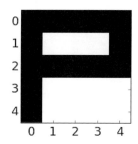

図 5.12　コード 5.15 で生成された画像

5.9　描画領域について

Jupyter (IPython Notebook) のグラフ画像の大きさは，次のように指定できる．ただし，この方法で指定できないグラフもある．

コード 5.16　グラフ画像の大きさ指定

```
from IPython.core.pylabtools import figsize
figsize(6, 4) # 既定値の大きさ：横=6インチ，縦=4インチ
plt.rcParams['figure.figsize'] = 6, 4 # 上記と同じ
```

1つの描画領域に複数のグラフを描くこともできる．

`subplot` を使うと，格子状に区切られた場所に現在のグラフの表示位置を指定できる．これを複数回用いることで，複数のグラフを1つの描画領域に表示できる．`subplot` では，表示場所を xyz と3桁の数字で指定をし，縦 x 行，横 y 列の表に分解し，z 番目の位置を表す．例えば 2×2 の表であれば，z は左上から右に1から4までとなる．3桁の数字の代わりに3つの数字を指定してもよい．

`subplot` では，1つの格子に1つのグラフしか表示できない．より自由に指定したい場合，`gridspec` を利用すれば可能である．また，`axes` オブジェクトを使うと，格子にとらわれずに表示位置を指定できる．詳細は http://matplotlib.org/contents.html を参照されたし．

5.10　その他の機能

5.10.1　ファイルへの保存

`savefig` でファイルへグラフの画像を保存することができる．拡張子で保存形式を自動選択する．

jpg, png, bmp, eps, svg, pdf 等が選択可能である．また，`dpi`引数で解像度を dpi(dot per inch) で指定できる．

コード 5.17　ファイルへの保存

```
savefig('ファイル名')
```

5.10.2　3次元プロット

`mpl_toolkits.mplot3d` パッケージで3次元プロットを表示できる．コード5.18に散布図の例（図5.13）を，コード5.19に曲面の例（図5.14）を示す．インライン表示でない場合，マウスドラッグで回転が可能である．

コード 5.18　3次元プロット（散布図）

```
from mpl_toolkits.mplot3d import Axes3D
fig = plt.figure()
ax = fig.add_subplot(111, projection='3d')
ax.scatter3D(np.random.rand(100), np.random.rand(100), np.random.rand(100))
```

コード 5.19　3次元プロット（曲面）

```
from mpl_toolkits.mplot3d import Axes3D
fig = plt.figure()
ax = fig.add_subplot(111, projection='3d')
X = Y = np.arange(-3.3, 3.3, 0.3)
X, Y = np.meshgrid(X, Y)
Z = np.cos(np.sqrt(X**2 + Y**2))
ax.plot_surface(X, Y, Z, rstride=1, cstride=1)
```

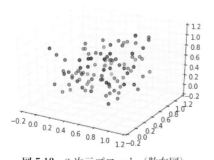
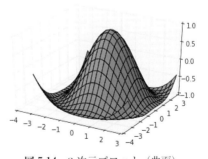

図 5.13　3次元プロット（散布図）　　図 5.14　3次元プロット（曲面）

多くのサンプルが，matplotlib のサイト http://matplotlib.org/ で紹介されている．その他の詳細な使用例についても，サイトを参照されたい．

第 5 章 可視化モジュール matplotlib, seaborn, bokeh

5.11 関連パッケージ

5.11.1 seaborn

seaborn は，matplotlib の統計データ解析に特化したラッパーパッケージであり，より簡潔なコマンドで，より美しい描画を行うことができるという特徴をもつ．matplotlib が主に NumPy（第 4 章）の配列データを用いた可視化であるのに対して，seaborn は pandas（第 7 章）の DataFrame に対して直接可視化を行うことができる．インストールは `conda install seaborn` または `pip install seaborn` でできる．

最初の例としてヒストグラムを描いてみよう．

コード 5.20　seaborn によるヒストグラムの描画

```python
import seaborn as sns
x = np.random.normal(size=100)
sns.set_style('dark')
sns.distplot(x)
```

上のコードでは，seaborn パッケージを sns という別名でインポートし，100 個の正規分布にしたがう乱数データ x を，seaborn の displot 関数で描画している．seaborn では統一的なテーマで描画を行うことができ，上の例では `set_style` 関数で dark スタイルに変更している．これによって図 5.15 (a) のような出力が得られる．通常のヒストグラムの他に，displot では**カーネル密度推定** (kernel density estimate) も描画する．これは正規分布へのあてはめであり，引数 kde で描画の有無を変更できる．また，displot 関数では引数 rug でデータの位置を下部に棒状に（敷物 (rug) のように）配置することもできる．図 5.15(b) に `sns.distplot(x,kde=False,rug=True)` としたときの結果を示す．カーネル密度関数を表示に設定したときには，縦軸が確率を表しているのに対して，非表示にしたときには頻度になっていることに注意されたい．

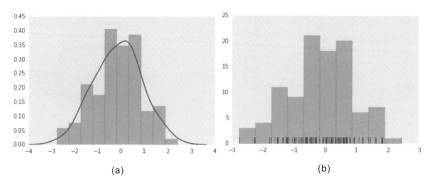

図 5.15　seaborn によるヒストグラムの描画の例 (a) 標準の描画 (b) カーネル密度推定を非表示，敷物 (rug) を表示に設定した描画

seaborn には様々なデータセットが準備されている．以下では幾つかのデータセットに対して seaborn を用いて可視化分析を行っていこう．

5.11 関連パッケージ

tips データ

最初の例としてチップの支払額を推定するためのデータセットを用いる．準備としてファイル'tips' を seaborn の `load_dataset` 関数を用いて読み込んでおく．

コード 5.21　tips データの読込み

```
tips = sns.load_dataset('tips')
tips.head()
>>>
     total_bill    tip    sex     smoker   day    time      size
0    16.99         1.01   Female  No       Sun    Dinner    2
1    10.34         1.66   Male    No       Sun    Dinner    3
2    21.01         3.50   Male    No       Sun    Dinner    3
3    23.68         3.31   Male    No       Sun    Dinner    2
4    24.59         3.61   Female  No       Sun    Dinner    4
```

読み込まれたデータは pandas の DataFrame（第7章参照）であり，上では pandas の head メソッドで最初の5つを表示させている．このデータは表5.6のような列から構成されている．

表 5.6　tips データ

列名	内容
total_bill	顧客の総支払額
tip	チップの額
sex	顧客の性別
smoker	喫煙者か否か
day	曜日
time	時間帯（昼食か夕食か）
size	人数

まずは顧客の総支払額とチップの関係を散布図で見てみよう．

コード 5.22　seaborn による散布図の描画

```
sns.jointplot( x='tip', y='total_bill', data=tips)
```

jointplot は散布図を描画するための seaborn の関数であり，これによって図5.16(a)のような出力を得る．散布図の他に右側に総支払額のヒストグラムが，上側にチップのヒストグラムが自動的に表示される．散布図の右上に小さく描かれているのは，Pearson の積率相関係数と p 値である．相関係数が 0.68 で p 値が小さいことから，チップと支払額にそこそこの相関があることが分かる（相関係数と p 値については 6.3.6 節を参照）．また，jointplot の引数 kind でプロットの種類を変えることができる．引数の種類としては，既定値の 'scatter' の他に，回帰分析と誤差の結果を示す 'reg'，2次元のカーネル密度推定を行う 'kde'，6角形格子の2次元ヒストグラムを示す 'hex' などがある．各引数に対する結果を図5.16(b),(c),(d) に示す．

さて，上の可視化でチップと支払額に何らかの関係があることが分かったが，tips データには他に

第 5 章 可視化モジュール matplotlib, seaborn, bokeh

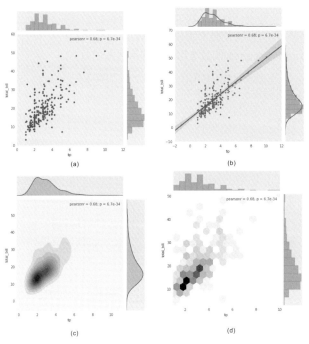

図 5.16 seaborn によるチップと支払額の描画 (a) 標準の散布図 (b) 回帰分析 (c) カーネル密度推定 (d) 6 角形格子

も顧客の性別，時間帯，喫煙情報などの情報が含まれていた．これらのデータ項目についても可視化をして分析をしてみよう．

複数のグラフを項目別に格子状に並べるためには，seaborn の `FacetGrid` クラスを用いると便利である．以下のコードでは，tips データを，行に性別，列に時間帯を並べた 2 × 2 の格子に，喫煙者か否かを**色調**(`hue`)で分類した格子を `FacetGrid` クラスで生成し，`map` メソッドでチップと総支払額の相関を相関プロット関数 `regplot` を用いて描画している．

コード 5.23 FacetGrid による tips データの分析

```
g = sns.FacetGrid(row='sex', col='time', hue='smoker', hue_kws={'marker': ['x', 'o']},
    data=tips)
g.map(sns.regplot, 'total_bill', 'tip')
```

ここで `hue_kws={'marker': ['x', 'o']}` では，色調データに対するマーカーを×印と丸印に変更している（本ではカラー表示ができないため）．結果は図 5.17 のようになる．

さらに曜日別のチップの分布を見てみよう．ここでは，箱ひげ図を高級にした**バイオリン図** (violin plot) を用いることにする．

コード 5.24 バイオリン図による tips データの分析

```
sns.violinplot(x='day', y='tip', hue='sex', split=True, data=tips)
```

バイオリン図はカーネル密度関数をバイオリンに見立てて描画する．seaborn の関数は

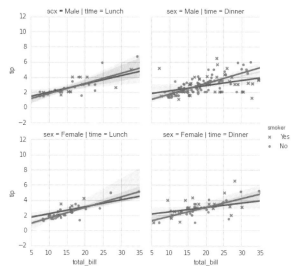

図 5.17　行に性別，列に時間帯を並べた相関図

violinplot であり，引数の split を True にすることで色調 (hue) を左右別々のバイオリンに描画することもできる．図 5.18 に，曜日を横軸，チップを縦軸に，性別を色調に設定したバイオリン図を示す．

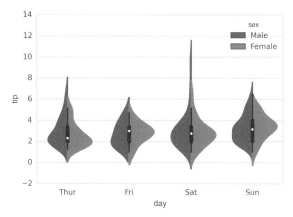

図 5.18　曜日別，性別のバイオリン図

これらの可視化した結果から，土曜日にバイトに行き，さらには男性のテーブルに対して率先してサービスを行うことによって，より多くのチップを得ることができることが分かる．

titanic データ

2 番目の例としてタイタニック号での生存者データセットを用いる．準備としてファイル 'titanic' を seaborn の load_dataset 関数を用いて読み込んでおく．

コード 5.25　titanic データの読込み

```
titanic = sns.load_dataset('titanic')
titanic.head()
>>>
```

	survived	pclass	sex	age	sibsp	parch	fare	embarke	class	...
0	0	3	male	22	1	0	7.2500	S	Third	
1	1	1	female	38	1	0	71.2833	C	First	
2	1	3	female	26	0	0	7.9250	S	Third	
3	1	1	female	35	1	0	53.1000	S	First	
4	0	3	male	35	0	0	8.0500	S	Third	

このデータは表 5.7 のような列から構成されている.

表 5.7　titanic データ（解析で用いる列のみ）

列名	内容
survived	生き残ったとき 1，それ以外のとき 0
sex	性別（男性 male と女性 female）
fare	運賃
class	客室のクラス（1 等 First，2 等 Second，3 等 Third）

まず，生き残った人たちがどのようなカテゴリーに分類されているかを分析してみよう．クラス別と性別の生き残り人数を factorplot 関数で描画する．

コード 5.26　factorplot によるクラス別と性別の生き残り人数の生成

```
sns.factorplot(x='class', y='survived', col='sex', data=titanic)
```

ここで factorplot は，FacetGrid クラスを用いてカテゴリーデータを描画するための関数であり，引数 kind を変えることによって箱ひげ図 (box) やバイオリン図 (violin) を含む様々な図を格子に描画することができる．ここでは列 col に性別を入れ，クラスと生き残り数を描画している（図 5.19）．この図から，客室のクラスが高い方が生存確率が高いことや，女性のほうが圧倒的に生き残っていることが分かるだろう．

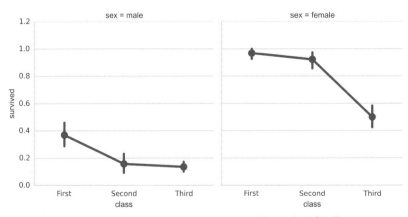

図 5.19　factorplot によるクラス別，性別の生き残り数

さらに男性，女性別の運賃と生存確率の関係を調べてみよう．生存したか否かは 0 か 1 で表されているので，通常の回帰分析ではなくロジスティック回帰を用いる（ロジスティック回帰については，付録 B.3 節を参照）．

5.11 関連パッケージ

FacetGrid クラスを用いて格子に回帰分析を表示するためには，線形モデルプロット関数 lmplot を用いる．ロジスティック回帰を適用するためには，引数の logistic を True にすればよい．

コード 5.27　lmplot による性別のロジスティック回帰

```
sns.lmplot(x='fare', y='survived', col='sex',data=titanic, logistic=True)
```

図 5.20 にように推定されたロジスティック曲線と誤差が描画される．このことから，今度タイタニック号に乗船する際には，運賃をケチってはいけないことが分かる．

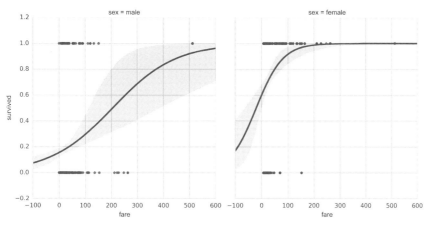

図 5.20　lmplot によるロジスティック回帰

iris データ

3 番目の例としてアヤメ（iris；菖蒲）のデータセットを用いる．準備としてファイル 'iris' を seaborn の `load_dataset` 関数を用いて読み込んでおく．

コード 5.28　iris データの読込み

```
iris = sns.load_dataset('iris')
iris.head()
>>>
```

	sepal_length	sepal_width	petal_length	petal_width	species
0	5.1	3.5	1.4	0.2	setosa
1	4.9	3.0	1.4	0.2	setosa
2	4.7	3.2	1.3	0.2	setosa
3	4.6	3.1	1.5	0.2	setosa
4	5.0	3.6	1.4	0.2	setosa

このデータは表 5.8 のような列から構成されている．

図 5.21 のように，これら 3 種類のアヤメは，外見だけでは見分けがつかない．以下では，萼（がく）と花びらの長さや幅のデータを可視化してみよう．

このデータを seaborn の `pairplot` 関数で描画してみよう．`pairplot` は DataFrame の各列を横軸，縦軸の分類基準とした格子を生成し，各格子ごとに散布図を描画する．また対角成分には列の

表 5.8 iris データ

列名	内容
sepal_length	がく片長
sepal_width	がく片幅
petal_length	花びら長
petal_width	花びら幅
species	アヤメの種類（檜扇（ひおうぎ）setosa, バーシクル versicolor, バージニカ virginica）

(a)　　　　　　　　(b)　　　　　　　　(c)

図 5.21　3 種類のアヤメ (a) 檜扇 (setosa) (b) バーシクル (versicolor) (c) バージニカ (virginica)

ヒストグラムを描画する．ここでは，色調 (hue) にアヤメの種類 'species' を指定し，引数のマーカー markers で○，×，◇（ダイヤモンド形）でプロットするように指定する．

コード 5.29　iris データの読み込み

```
sns.pairplot(iris,hue='species', markers=['o', 'x', 'D'])
```

結果は図 5.22 のようになり，各アヤメの種類には特徴があることが分かる．このデータセットは，後の章で例題として繰り返し用いられる．

seaborn には他にも様々な便利な機能がついている．詳細については http://stanford.edu/~mwaskom/software/seaborn/ を参照されたい．

5.11.2　bokeh

bokeh は，web ブラウザ上で対話形式で操作できる描画を出力するための Python パッケージである．インストールは，conda install bokeh または pip install bokeh でできる．

Jupyter(IPython Notebook) 上で bokeh を動かす簡単な例から始めよう．まず，以下のようにパッケージを読み込み，Jupyter への出力の準備をする．

コード 5.30　bokeh パッケージの読込みと準備

```
from bokeh.io import output_notebook, show
output_notebook()
>>>
BokehJS successfully loaded.
```

bokeh は Java Script(JS) を用いて対話形式の描画を行う．上のメッセージはその準備が整ったこ

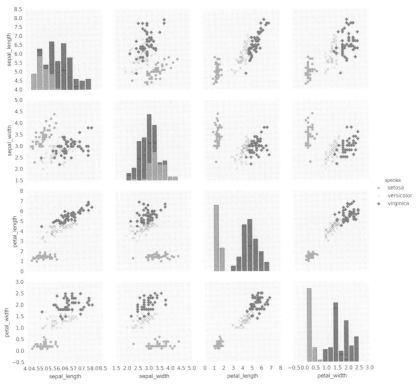

図 5.22 pairplot による iris データの描画

とを表している．

次に，サンプルデータの iris データセットを読み込む．bokeh では iris データは flowers という名前がついているが，中身は seaborn と同じデータである．

コード 5.31 iris データの読込み

```
from bokeh.sampledata.iris import flowers
```

試しに，花びらの長さ petal_length と幅 petal_width との散布図を描いてみる．色を表す引数 color に種類 'species' を指定して Scatter で描画インスタンス p を生成し，show 関数で表示する．

コード 5.32 bokeh による散布図の描画

```
from bokeh.charts import Scatter
p = Scatter(flowers, x='petal_length', y='petal_width', color='species', legend='
    top_left')
show(p)
```

結果は図 5.23 のようになるが，実際には Jupyter 内では拡大ボタンや保存ボタンなどの様々なツールが表示され，図を対話的に操作することができるようになっている．

図を web ブラウザ上に表示するためには，output_file 関数を用いる．以下のコードでは，点

第 5 章 可視化モジュール matplotlib, seaborn, bokeh

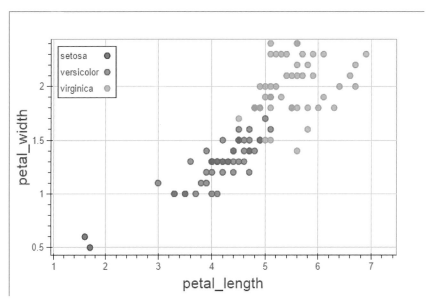

図 5.23 bokehn による iris データの描画

$(1,2)$, $(2,1)$, $(3,3)$ を通る直線を `sample.html` ファイルに出力し, web ブラウザで表示している. Jupyter の場合と同様に, JavaScript が html に埋め込まれるので, 対話的に図を操作することができるようになっている.

コード 5.33 bokeh による Web ブラウザへの描画例

```
from bokeh.plotting import figure, output_file, show
output_file('sample.html')
p = figure()
p.line([1, 2, 3], [2, 1, 3])
show(p)
```

bokeh はまだ発展途上のパッケージである. 最新版の情報や, 詳細な利用方法は `http://bokeh.pydata.org/` を参照されたい.

第6章 科学技術計算モジュールSciPy

SciPy(http://www.scipy.org/) は様々な科学技術計算のための実装を含むパッケージ（モジュール群）である．ライセンス形態はフリーソフトウェア対象の BSD であるので，ビジネスにも利用可能である．SciPy は以下のサブモジュールから構成されている．

optimize: 最適化と方程式の根

spatial: 計算幾何

stats: 確率・統計

interpolate: 補間

integrate: 積分

linalg: 線形代数

cluster: クラスタリング

sparse: 疎行列

fftpack: 高速フーリエ変換

signal: 信号処理

ndimage: 多次元画像処理

io: ファイル入出力

constants: 定数

special: 特殊関数

weave: C(++) インターフェイス

以下では，ビジネスで便利な幾つかのサブモジュールを紹介する．本章の構成は次の通り．6.1 節では，最適化のためのサブモジュール optimize について述べる．

6.2 節では，計算幾何のためのサブモジュール spatial について述べる．
6.3 節では，確率・統計についてのサブモジュール stats について述べる．
6.4 節では，データ補間のためのサブモジュール interpolate について述べる．
6.5 節では，積分のためのサブモジュール integrate について述べる．
6.6 節では，線形代数に関するサブモジュール linalg について述べる．

6.1 最適化

ここでは，SciPy の（非線形）最適化サブモジュール optimize について解説する．なお，最適化問題に対する一般論については，第 10 章で詳述し，線形・整数最適化ソルバー PuLP と非線形最適化ソルバー OpenOpt については，第 11 章で述べる．また，組合せ最適化とスケジューリング最適化に対する専用ソルバーについては，それぞれ第 13 章と第 14 章で解説する．

最適化の例として次の問題を考えよう．

> 表 6.1 のような位置と人数をもった 7 件の家がある．みんなで出資して新しく井戸を掘ることになったが，話し合いの末「各家が水を運ぶ距離 × 各家の水の消費量」の総和が最小になる場所に井戸を掘ることにした．ただし，各家の水の消費量は人数に比例するものとする．
> 1. どこを掘っても水が出るものとしたとき，どのようにして掘る場所を決めればよいだろうか？
> 2. $(50, 50)$ から半径 40 の円状の領域が砂漠になっていて，そこには井戸が掘れないときにはどうしたらよいだろうか？

表 6.1 家の位置と人数

家	x 座標	y 座標	人数
1	24	54	2
2	60	63	1
3	1	84	2
4	23	100	3
5	84	48	4
6	15	64	5
7	52	74	4

1. の問題は **Weber 問題** (Weber problem) とよばれ，一般的には以下のように書ける．

> Weber 問題
>
> 家の集合を H，家 $i\,(\in H)$ の位置を (x_i, y_i) とする．井戸の位置を (X, Y) とすれば，家 i から井戸までの距離は
>
> $$\sqrt{(x_i - X)^2 + (y_i - Y)^2}$$
>
> である．家 i が 1 日に必要とする水の量（人数）を w_i としたとき，
>
> $$\sum_{i \in H} w_i \sqrt{(x_i - X)^2 + (y_i - Y)^2}$$

を最小にする (X, Y) を求めよ．

砂漠を考慮する際には，(X, Y) が $(50 - X)^2 + (50 - Y)^2 \geq 40^2$ の制約を付加する必要があり，その場合には，Weber 問題は次のように定式化することができる．

$$
\begin{aligned}
\text{minimize} \quad & \sum_{i \in H} w_i \sqrt{(x_i - X)^2 + (y_i - Y)^2} \\
\text{subject to} \quad & (50 - X)^2 + (50 - Y)^2 \geq 40^2
\end{aligned}
\tag{6.1}
$$

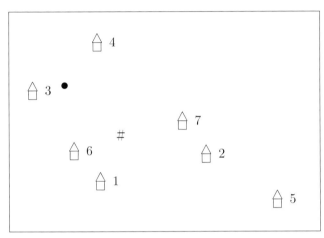

図 6.1 Weber 問題の例（# が制約なし問題の最適解，黒丸が砂漠の制約付き問題の最適解）

このような非線形最適化問題は，本節を最後まで読めば簡単に解くことができる（図 6.1）．

SciPy の最適化サブモジュール optimize は，非線形最適化ならびに非線形方程式の根を求めるための解法群をまとめたものである．optimize に含まれる非線形最適化のための関数は，1 変数用の minimize_scalar と多変数用の minimize である．

minimize_scalar(f) は 1 変数の関数 f の最小化を行う．返値は最適化の結果を表すオブジェクト OptimizeResult（詳細は後述）である．引数 method でアルゴリズムの選択が可能である．引数 method が 'Brent'（既定値）のとき **Brent 法** (Brent method) を適用する．このアルゴリズムは，黄金分割法の収束速度を高めるために，補間法を用いた解法である．引数 'Golden' のとき**黄金分割法** (golden section method) を適用する．このアルゴリズムは，最適解を求めるための 2 分探索を行う．引数 'Bounded' は最適解の範囲（限界値）を引数 bounds（順序型）で与えた場合の Brent 法である．

OptimizeResult は最適化の結果を保持するためのクラスである．以下に主要な属性を示す．

x は最適解を表す NumPy の配列である．

success は最適化が成功したか否かを表す論理値である．

message は終了判定について記述した文字列である．

fun は終了時の目的関数値を表す浮動小数点数である．

jac は終了時の勾配ベクトル (SciPy では Jacobian とよぶ) を表す NumPy の ndarray である．

nfev は関数の評価回数 (number of function evaluations) である．

nit は反復回数 (number of iterations) である．

maxcv は制約違反の最大値 (maximum constraint violation) を表す浮動小数点数である．

1 変数の最適化の例として，関数

$$f(x) = \frac{x}{1+x^2}$$

の最小化を行ってみよう．この関数は $x = -1$ のとき最小値 $-1/2$ をとる．Brent 法，黄金分割法，引数 bounds で範囲を与えた Brent 法を用いて最適化するコードを以下に示す．

コード 6.1　1 変数関数の最小化

```
from scipy.optimize import minimize_scalar

def f(x):
    return x/(1+x**2)

print( minimize_scalar(f, method='Brent') )
>>>
  fun: -0.5
 nfev: 10
  nit: 9
    x: -0.99999999152471086

print( minimize_scalar(f, method='Golden') )
>>>
  fun: -0.5
    x: -0.9999999904634918
 nfev: 45

print( minimize_scalar(f, bounds=(-2,0), method='Bounded') )
>>>
   status: 0
     nfev: 12
  success: True
      fun: -0.49999999999995526
        x: -0.99999957691832075
  message: 'Solution found.'
```

結果からどの場合にも最適解 -1 に収束していることが分かるが，関数の評価回数 nfev でくらべると黄金分割法が遅いことが確認できる．

`minimize(f,x0)` は，複数の変数をもつ関数 f を初期解 x0（タプルやリストなどの順序型）からの探索で最小化する．引数 method で探索のためのアルゴリズムを設定できる．返値は最適化の結果を表すオブジェクト OptimizeResult である．

以下に，`minimize(f,x0)` で用いることができる解法のための引数を表す文字列を示す．

`'Nelder-Mead'` は **Nelder–Mead 法**（Nelder–Mead method；非線形最適化用の単体法）である．

`'Powell'` は Powell の**共役方向法** (conjugate direction method) である．

`'CG'` は**共役勾配法** (conjugate gradient method) である．

`'BFGS'` は **Broyden–Fletcher–Goldfarb–Shanno(BFGS) 法** (Broyden–Fletcher–Goldfarb–Shanno method) を適用する．BFGS 法は**準 Newton 法** (quasi Newton method) の一種である．`'BFGS'` が無制約の問題に対する既定値である．

`'Newton-CG'` は **Newton 共役勾配法** (Newton conjugate gradient method) である．

`'L-BFGS-B'` は**記憶制限付き BFGS 法** (limited memory BFGS method) である．`'L-BFGS-B'` が限界値付きの問題に対する既定値である．

`'TNC'` は**打ち切り Newton 共約勾配法** (truncated Newton conjugate gradient method) であり，限界値付きの問題に対して適用可能である．

`'COBYLA'` は Constrained Optimization BY Linear Approximation の略であり，非線形関数の線形近似を用いた制約付きの問題に対する解法である．

`'SLSQP'` は Sequential Least SQuares Programming の略であり，逐次最小 2 乗法を用いた制約付きの問題に対する解法である．`'SLSQP'` が制約付きの問題に対する既定値である．

`'dogleg'` は，**ドッグレッグ信頼領域法** (trust region dogleg method) によって無制約問題の最適化を行う．この解法は 1 次微分 (Jacobian) と 2 次微分 (Hessian) の情報を用いる．

`'trust-ncg'` は**信頼領域 Newton 共約勾配法** (trust-region Newton conjugate gradient method) で無制約問題の最適化を行う．この解法は 1 次微分 (Jacobian) と 2 次微分 (Hessian) の情報を用いる．

1 次微分の情報 (Jacobian) ならびに 2 次の偏微分情報 (Hessian) は，以下に定義される引数 jac と hess で与える．

jac は勾配ベクトル (Jacobian) を返す関数である．jac を表す論理値が False の場合には，アルゴリズムは自動微分を行う．この引数は，アルゴリズムを表す引数が `'CG'`, `'BFGS'`, `'Newton-CG'`, `'L-BFGS-B'`, `'TNC'`, `'SLSQP'`, `'dogleg'`, `'trust-ncg'` のときに用いられる．

hess は Hesse 行列 (Hessian) を返す関数である．この引数は，アルゴリズムを表す引数が

'Newton-CG', 'dogleg', 'trust-ncg' のときに用いられる.

例として **Rosenbrock 関数** (Rosenbrock function) とよばれる関数の最小化を行う. この関数は非凸な非線形関数の例としてしばしば用いられるもので, 以下のように定義される.

$$f(x_1, x_2, \ldots, x_n) = \sum_{i=1}^{n-1}(100(x_i^2 - x_{i+1})^2 + (1 - x_i)^2)$$

これは NumPy の配列 x を入力として以下のように実装できる.

コード 6.2　Rosenbrock 関数

```
sum(100.0*(x[1:] - x[:-1]**2.0)**2.0 + (1 - x[:-1])**2.0)
```

2 次元の場合の Rosenbrock 関数を図 6.2 に示す.

Rosenbrock 関数は, SciPy では関数 rosen として実装されており, 勾配ベクトル (Jacobian) rosen_der と Hesse 行列 (Hessian) rosen_hess も利用できる.

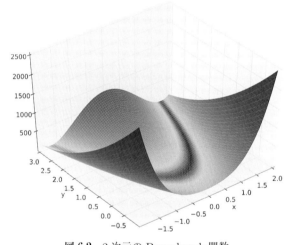

図 6.2　2 次元の Rosenbrock 関数

微分情報を用いない Nelder-Mead 法, 1 次微分 (Jacobian) の情報を用いた BFGS 法, 2 次微分 (Hessian) の情報を用いた信頼領域 Newton 共約勾配法で, Rosenbrock 関数の最小値を求めるためのコードは以下のようになる.

コード 6.3　Rosenbrock 関数の最小化

```
from scipy.optimize import minimize, rosen, rosen_der, rosen_hess
x0 = [2.0 for i in range(5)]
res = minimize(rosen, x0, method='Nelder-Mead')
print( res.x )
>>>
[ 1.00000047  1.00000079  1.0000027   1.00000292  1.00000473]

res = minimize(rosen, x0, jac=rosen_der, method='BFGS')
print( res.x )
>>>
```

```
[ 1.          1.00000001  1.00000001  1.00000003  1.00000005]

res = minimize(rosen, x0, jac=rosen_der, hess=rosen_hess, method='trust-ncg')
print( res.x )
>>>
[ 1.          1.          1.          0.99999999  0.99999993]
```

いずれの解法でも最適解 $(1,1,1,1,1)$ の近似値が得られるが，微分情報を用いた方が精度がよいことが分かる．

以下に，制約なし非線形最適化問題に対する解法のおおよその使い分けを示しておく．勾配情報がない場合には，自動微分を用いた準 Newton 法がよいが，変数が多い場合には微分情報を用いない Nelder-Mead 法や共役方向（勾配）法も推奨される．勾配情報を用いる場合には，やはり準 Newton 法がよいが，関数評価が容易な場合には共役勾配法も推奨される．2次微分の情報が使える場合には，Newton 法系列の解法がよい．局所的最適解がたくさんあるタイプの問題に対しては，Nelder-Mead 法や共役方向法，もしくは以下で述べる大域的最適化手法が推奨される．

制約は，以下に定義される引数 bounds と constraints で与えることができる．

bounds は上下限（限界値）制約を表す．変数ごとに下限と上限のタプルを入力した順序型（タプルやリスト）として与える．下限や上限がない場合には，None を入力する．例えば，最初の変数が0以上10以下，次の変数が0以上∞以下であることを入力するには，((0, 10), (0, None)) を引数として与えればよい．この引数は，アルゴリズムを表す引数が'L-BFGS-B', 'TNC', 'SLSQP'のときに有効である．

constraints は一般の制約式を表す．この引数は，アルゴリズムを表す引数が'COBYLA', 'SLSQP'のときに有効である．（ただし，'COBYLA'は不等式制約のみを取り扱うことができる．）

制約式は辞書の順序型（もしくは制約が1つのときは1つの辞書）として与える．1つの制約を表す辞書は，以下のように定義する．

制約の種類は文字列'type'をキーとし，値を制約の種類を表す文字列として指定する．値は，制約が等式のときは'eq'，関数が非負であることを表す不等式のときは'ineq'である．

目的関数は文字列'fun'をキーとし，制約を表す関数を値として指定する．

Jacobian は文字列'jac'をキーとし，Jacobian を表す関数を値として指定する．Jacobian の情報はアルゴリズムを表す引数が'SLSQP'のときに有効である．

例えば不等式 $x_0 + 2x_1 \geq 10$ を表す制約は，以下のように表すことができる．

{'type': 'ineq', 'fun': lambda x: x[0] + 2*x[1] -10}

例えば，半径 $\sqrt{2}$ の円内 $x^2 + y^2 \leq 2$ の制約の下で線形関数 $x + y$ を最大化する問題は，初期解 $(2,2)$ からの逐次最小2乗法による探索で簡単に解くことができる．

コード 6.4　制約付き最小化の例

```
from scipy.optimize import minimize
f = lambda x: -x[0]-x[1]
```

```
con = {'type': 'ineq', 'fun': lambda x: -x[0]**2 - x[1]**2 + 2 }
res = minimize(f, (2, 2), method='SLSQP', constraints=con)
print( res.x )
>>>
[ 1.00000005  1.00000005]
```

結果からおおよそ $(x, y) = (1, 1)$ 付近で最適になることが分かる.

表 6.2 は，非線形最適化問題の局所的最適解を求めるためのアルゴリズムをまとめたものである．○が入っている部分は取り扱いが可能なことを示す．

表 6.2 非線形最適化のアルゴリズム

手法名	引数	Jacobian	Hessian	限界値	制約
Nedler–Mead	'Nelder-Mead'				
共役方向	'Powell'				
共役勾配	'CG'	○			
BFGS	'BFGS'	○			
Newton 共役勾配	'Newton-CG'	○	○		
記憶制限付き BFGS	'L-BFGS-B'	○		○	
打ち切り Newton 共役勾配	'TNC'	○		○	
線形近似	'COBYLA'	○			○
逐次最小 2 乗	'SLSQP'	○		○	○
ドッグレッグ信頼領域	'dogleg'	○	○		
信頼領域 Newton 共役勾配	'trust-ncg'	○	○		

以下の関数は大域的最適化を行う．

basinhopping(f, x0) は "Basin-hopping" 法とよばれるメタヒューリスティクスを用いて大域的最適解の探索を行う．f は最小化する関数であり，x0 は初期解である．この解法は基本的には模擬焼き鈍し法の概念を用いた反復局所探索法であり，上で述べた局所最適解を求めるためのアルゴリズムを内部で用いる．局所探索アルゴリズムを指定するための引数は minimizer_kwargs であり，'method' をキーとした辞書の値でアルゴリズムを表す文字列を指定する．例えば，Nelder–Mead 法を用いる場合には，

   minimizer_kwargs={'method':'Nelder-Mead'}

とする．

brute(f, ranges) は探索領域内の格子点をすべて評価することによって大域的最適解の探索を行う**力ずく法** (brute force method) である．f は最小化する関数であり，ranges は，上下限（限界値）制約 bounds と同様に，変数ごとに下限と上限のタプルを入力した順序型である．

与えられたデータに対する曲線のあてはめには，以下の関数を用いる．

curve_fit(f,x,y) は配列 x,y で与えたデータに対して最小 2 乗和を最小にするような関数 f のパラメータを求める．返値は最小 2 乗和を最小にするような推定パラメータを表す配列と共分散行列を表す 2 次元配列のタプルである．

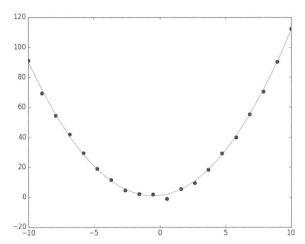

図 6.3 元のランダムな誤差を加えたデータ（点）とパラメータを推定した 2 次関数（実線）

曲線あてはめの例として，2 次関数 $ax^2 + bx + c$ へのあてはめを考える．以下の例では，xdata を -10 から 10 までの 20 個の均等な点とし，パラメータ a, b, c をすべて 1 にした上で，正規分布の誤差を加えたデータ ydata を作成し，それに対して curve_fit 関数を用いてパラメータ a, b, c を推定する．

コード 6.5　曲線のあてはめ

```
from scipy.optimize import curve_fit
def f(x, a, b, c):
    return a*x**2 + b*x+ c

xdata = np.linspace(-10, 10, 20)
ydata = f(xdata, 1, 1, 1) + np.random.normal(size=len(xdata))
param, cov = curve_fit(f, xdata, ydata)
print( param )
>>>
[ 0.99189398  0.98323102  1.16745016]
```

元のランダムな誤差を加えたデータとあてはめた曲線を図 6.3 に示す．

関数 $f(x)$ の根（$f(x) = 0$ を満たす x）や不動点（$f(x) = x$ を満たす x）を求めるためには，以下の関数を用いる．

brentq(f,a,b) は，**2 次外挿** (quadratic extrapolation) を用いた Brent 法によって，変数が 1 つの連続関数 f の a と b の間にある根を求める．a と b における関数 f の値の符号は異なっている必要がある．返値は解と収束情報オブジェクトのタプルである．実用上はこの解法が推奨される．

brenth(f,a,b) は，**双曲線外挿** (hyperbolic extrapolation) を用いた Brent 法の変形によって，変数が 1 つの連続関数 f の a と b の間にある根を求める．a と b における関数 f の値の符号は異なっている必要がある．返値は解と収束情報オブジェクトのタプルである．

`ridder(f,a,b)` は，Ridders 法によって変数が 1 つの関数 f の a と b の間にある根を求める．この解法は，以下の 2 分探索よりは高速であるが，Brent 法より遅い．a と b における関数 f の値の符号は異なっている必要がある．返値は解と収束情報オブジェクトのタプルである．

`bisect(f,a,b)` は，2 分探索法によって変数が 1 つの関数 f の a と b の間にある根を求める．a と b における関数 f の値の符号は異なっている必要がある．返値は解と収束情報オブジェクトのタプルである．

`newton(f,x0)` は，初期値 x0 から出発した Newton–Raphson 法によって変数が 1 つの関数 f の根を求める．

`fixed_point(f, x0)` は，関数 f の不動点を，初期値 x0 から始めた Aitken 収束加速を用いた Steffensen 法によって求める．変数は複数あってもよい．

`root(f,x0)` は，ベクトル関数 f に対して初期解ベクトル x0（タプルやリストなどの順序型）からの探索で根（非線形方程式系の解）を求める．引数 method で探索のためのアルゴリズムを設定できる．返値は最適化の結果を表すオブジェクト `OptimizeResult` である．
以下に，`root(f,x0)` で用いることができる解法のための引数を表す文字列を示す．

'hybr' は Powell のハイブリッド法である．これが引数の既定値である．

'lm' は，Levenberg–Marquardt 法の変形を用いて，非線形方程式系の誤差 2 乗和を最小にする根を求める．

'broyden1' は，Broyden による勾配の第 1 番目の近似を用いた Newton 法である．

'broyden2' は，Broyden による勾配の第 2 番目の近似を用いた Newton 法である．

'anderson' は，Anderson の混合法である．

'linearmixing' は勾配を線形近似した解法である．

'diagbroyden' は，対角 Broyden 近似を用いた解法である．

'excitingmixing' は，対角勾配近似を用いた解法である．

'krylov' は Krylov による勾配の近似を用いた解法である．この解法は大規模問題に適している．

例として，1 変数関数 $x^2 - 4\sin x$ の根を求めてみよう．この関数は $x = 0$ だけでなく，$x = 1.9$ 付近でも根をもつ．

コード 6.6　$x^2 - 4\sin x$ の根

```
from scipy.optimize import brentq, root
def f(x):
    return x**2 -4 * np.sin(x)
```

```
   print( brentq(f,1.0,3.0) )
>>>
1.93375376283

   print( root(f,2.0) )
>>>
   status: 1
  success: True
      qtf: array([ −1.96034300e−11])
     nfev: 7
        r: array([−5.28766996])
      fun: array([ −4.44089210e−16])
        x: array([ 1.93375376])
  message: 'The solution converged.'
     fjac: array([[−1.]])
```

Brent 法 brentq は 1 変数用の関数であり，[1,3] の範囲を指定して求解すると根 1.93 を返す．多変数用の関数 root を初期点 2 からの探索で求解すると，配列 x として根 1.93 を返す．

問題 1
Rosenbrock 関数の最小化を初期値を変えて行え．実は，Rosenbrock 関数は実行可能領域

$$-2.048 \leq x_i \leq 2.048, \quad i = 1, 2, \ldots, n$$

で定義されている関数である．この範囲外の初期値を与えるとどうなるか実験せよ．

問題 2（Beale 関数）
以下に定義される **Beale 関数** (Beale function) の最小値を初期解 $(1.0, 0.8)$ からの探索で求めよ．

$$f(x_1, x_2) = \sum_{i=1}^{3} \left\{ c_i - x_1(1 - (x_2)^i) \right\}^2$$

ただし $c_1 = 1.5, c_2 = 2.25, c_3 = 2.625$ とする．

問題 3（Powell 関数）
以下に定義される **Powell 関数** (Powell function) の最小値を初期解 $(3, -1, 0, 1)$ からの探索で求めよ．

$$f(x_1, x_2, x_3, x_4) = (x_1 - 10x_2)^2 + 5(x_3 - x_4)^2 + (x_2 - 2x_3)^4 + 10(x_1 - x_4)^4$$

問題 4
本節の最初に述べた（制約なしの）Weber 問題と砂漠の制約を考慮した Weber 問題を解け．

問題 5
鳥が放物線 $y = x^2 + 10$ を描いて飛んでいる．いま $(10, 0)$ の位置にいるカメラマンが，鳥との距離が最小の地点でシャッターを押そうとしている．鳥がどの座標に来たときにシャッターを押せばよいだろうか？

問題 6
たくさんの彗星が地球に接近している．地球を原点 $(0,0,0)$ としたとき彗星の描く軌道は曲面 $2x^2 + y^2 + z^2 = 1000$ 上にあることが予測されている．地球に最も接近するときの距離を求めよ．

問題 7
断面の面積の和が $100\,\mathrm{cm}^2$ の直方体で，体積最大のものは何か？また体積最小のものは何か？

98 第 6 章 科学技術計算モジュール SciPy

6.2 計算幾何

> 正方形の形状をしたあなたの町には 8 つの小学校があり，その位置は表 6.3 のようになっている．生徒たちが直線距離で最も一番近い学校に通えるような学区割りを求めたい．どのように町を分割すればよいだろうか？

表 6.3　小学校の位置

小学校	x 座標	y 座標
0	22	87
1	20	91
2	48	61
3	76	51
4	29	18
5	8	73
6	44	15
7	87	27

この問題は本節を最後まで読めば簡単に解くことができ，図 6.4 のような学区割りを得ることができる．

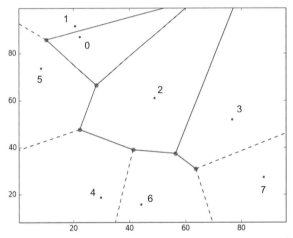

図 6.4　8 つの小学校の位置と最適な学区割り（Voronoi 図；無限遠点に延びる半直線は点線，その他の線分は実線）

spatial は SciPy の計算幾何とデータ構造に関するサブモジュールである．**計算幾何学** (computational geometry) とは，幾何的問題を効率よく解くための基本アルゴリズムの体系化をめざす学問分野である．1970 年代の中頃に生まれたこの分野は，その有用性のためその後急速に発展している．

spatial に含まれるクラスは，K-d 木，凸包，Delaunay 3 角形分割，そして上の問題を解くための Voronoi 図である．また，距離計算のためのサブモジュール distance も含まれている．

KDTree は K 次元の点データに対する K-d 木とよばれるデータ構造のクラスである．ここで **K-d**

木 (K-dimensional tree) とは，K 次元の Euclid 空間にある点を保管するための空間分割データ構造である．K-d 木を用いることによって，範囲探索や最近点探索などを高速に行うことができる．

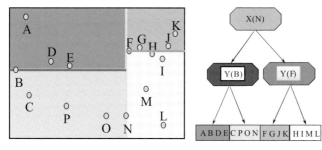

図 6.5　K-d 木の構成の参考図

K-d 木は 2 分木の一種である（図 6.5）．ここで 2 分木とは，根 (root) とよばれる点を 2 つの子点 (child node) に分割する操作を繰り返すことによって生成されるデータ構造である．2 次元を例にすると，K-d 木は以下のように構築される．点集合を含む領域（長方形）を x, y 軸のいずれか長い方の中央値で分割することによって 2 つの長方形を生成し，これらを子点とする．子点には長方形に含まれる点を保持する．各子点に対して同様の操作を繰り返し，長方形に含まれる点の数が一定数以下になったら，終了する．子点をもたない点を葉 (leaf) とよぶ．

K-d 木クラス KDTree のコンストラクタの引数は以下の通り．

points は NumPy の型 (npoints, ndim) をもつ浮動小数点数の配列である．これによって npoints 個の ndim 次元の点の座標を与える．

leafsize は葉（子をもたない点）に含まれる点数を表す自然数である．このパラメータはオプションであり，既定値は 10 である．このパラメータを大きくすると K-d 木の構築は速くなるが，探索が遅くなる．

K-d 木は再帰を用いて構築される．コンストラクタがエラー RuntimeError を起こしたときには，leafsize を大きく設定するか，以下のようにシステムモジュール sys で設定される再帰回数の上限を大きくする．

コード 6.7　再帰回数上限の再設定

```
import sys
sys.setrecursionlimit(10000)
```

K-d 木クラス KDTree は以下の属性とメソッドをもつ．

query(x) は，点（もしくは配列）x に含まれる各点からの最近点探索を行う．ここで x（の各要素）は，K-d 木と同じ次元をもつ点の座標を表す配列とする．返値は点 x から近い順に並べ替えられた距離（の配列）と近い点の位置（を表す配列）である．オプションで与えることができる引数は以下の通り．

k は近い点の数を表すパラメータであり，自然数を与える．既定値は1である．

eps は近似を表すパラメータであり，近い点への距離が真の距離の 1+eps 倍以下の点を探索する．非負の浮動小数点数を与え，既定値は 0 である．

p は距離を計算する際のノルムを表すパラメータである．n 次元の点 x, y 間の Minkowski p-ノルムは以下のように計算される．

$$\left(\sum_{i=1}^{n} |x_i - y_i|^p\right)^{1/p}$$

p は 1 以上の浮動小数点数を与え，1 のときは L_1（マンハッタン）ノルム，2 のときは Euclid ノルム，無限大のときは L_∞ ノルムになる．既定値は 2 である．（ノルムの詳細については本節の後半で解説する．）

distance_upper_bound は探索する点の距離の上限値を与えるパラメータである．非負の浮動小数点数を与え，既定値は無限大を表す NumPy の定数 inf である．

query_ball_point(x, r) は点（もしくは配列）x から距離 r 以内のすべての点のリスト（もしくはリストの配列）を返す．その他の引数（eps と p）の意味は query(x) と同じである．

query_ball_tree(other, r) は，K-d 木に含まれる各点に対して，別の K-d 木インスタンス other に含まれる距離 r 以内のすべての点のリストを返す．返値はリストのリストとなる．その他の引数（eps と p）の意味は query(x) と同じである．

query_pairs(r) は距離が r 以内のすべての点対を返す．返値はタプル (i, j) の集合であり，点の番号は $i < j$ のものだけである．その他の引数（eps と p）の意味は query(x) と同じである．

sparse_distance_matrix(other, max_distance) は，K-d 木に含まれる各点と別の K-d 木インスタンス other に含まれる距離 max_distance 以内の点の間の距離行列を返す．距離行列は，点対をキーとし距離を値とした辞書とした疎なデータ構造で返される．その他の引数（p）の意味は query(x) と同じである．

K-d 木の使用例として，$[0, 1]^2$ にランダムに発生させた 10000 個の 2 次元の点に対して，中心 $(0.5, 0.5)$ から距離 0.1 以内の点の探索を行う．

コード 6.8 　K-d 木の使用例

```
from scipy.spatial import KDTree
import numpy as np
import matplotlib.pyplot as plt
points = np.random.rand(10000, 2)
tree = KDTree(points)
```

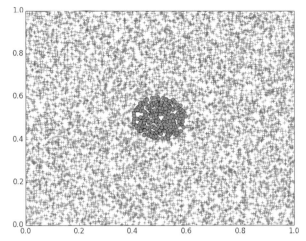

図 6.6 *K*-d 木による中心に近い点の探索（○が探索された点 ＋ がすべての点）

```
ball = tree.query_ball_point([0.5, 0.5], 0.1)
plt.plot(points[:,0], points[:,1], 'b+')
plt.plot(points[ball,0], points[ball,1], 'ro')
plt.show()
```

結果を図 6.6 に示す．中心付近に探索された点が○印で表示されていることが確認できる．ちなみに，Jupyter(IPython Notebook) 環境で%matplotlib inline と宣言している場合には，最後の plt.show() は省略できる．以下のコードでは，numpy と matplotlib モジュールはインポート済みと仮定して省略して記述する．

ConvexHull は点データに対する**凸包** (convex hull) を求めるためのクラスである．

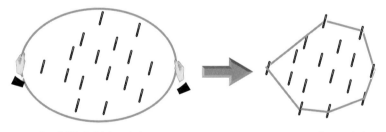

図 6.7 凸包の作り方

ここで凸包とは，計算幾何学の基本となる概念であり，与えられた n 次元 Euclid 空間内の点を含む最小の凸多面体と定義される．2 次元の点に対しては，点の位置に釘を打ち込んで，それを輪ゴムで囲んでから手を離したときにできる図形である（図 6.7）．n 次元の凸包は，$n-1$ 次元の面から構成される．例えば，2 次元の凸包は，1 次元の線分の集合から構成され，3 次元の凸包は 2 次元の面から構成される．面を構成する図形は**単体** (simplex) になる．ここで単体とは，点，線分，3 角形，4 面体といった基本的な図形を指す用語である．凸包クラス ConvexHull のコンストラクタの引数は以下の通り．

points は NumPy の型 (npoints, ndim) をもつ浮動小数点数の配列である．これによって

npoints 個の ndim 次元の点の座標を与える．

incremental は後で点を追加したいとき真 (True)，それ以外（最初に与えた点の凸包だけがほしい）とき偽 (False) である．既定値は偽である．

凸包クラス ConvexHull は以下の属性とメソッドをもつ．

points は入力された点の座標を表す配列である．

vertices は凸包を構成する点を表す配列である．2次元の場合には，反時計回りの順に保管されるが，3次元以上の場合には任意の順になる．

simplices は凸包を構成する面（単体）を保持する配列である．面の数の配列であり，配列の各要素は点の次元の長さの配列である．

neighbors は凸包を構成する面（単体）の隣接関係を表す配列である．配列の各要素は隣接する面の番号の配列である．

add_points(points) は点集合 points を追加するためのメソッドである．

close は，これ以上点の追加を行わないことを伝えるためのメソッドである．

また，2次元の凸包を描画するための関数 convex_hull_plot_2d も準備されている．これは凸包インスタンスを引数とし，matplotlib の図を返す．

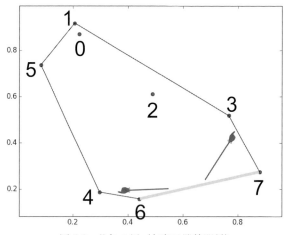

図 6.8　凸包の例（矢印は隣接関係）

例としてランダムに発生させた点に対する凸包を求め，それを描画する（図 6.8）．

コード 6.9　凸包の例

```
from scipy.spatial import ConvexHull, convex_hull_plot_2d
points = np.random.rand(8, 2)
hull = ConvexHull(points)
fig = convex_hull_plot_2d(hull)
print( hull.vertices )
```

```
>>>
[6 7 3 1 5 4]

print( hull.simplices )
>>>
[[6 7]
 [1 5]
 [4 5]
 [4 6]
 [3 7]
 [3 1]]

print( hull.neighbors )
>>>
[[4 3]
 [2 5]
 [1 3]
 [0 2]
 [0 5]
 [1 4]]
```

vertices は凸包に含まれる点を反時計回りに保管した配列であり，[6 7 3 1 5 4] である．simplices は凸包を構成する面（1次元単体）であり，第0番目の面は [6 7]，第1番目の面は [1 5] と，順番は任意に配列に保管されている．neighbors は隣接する面の情報であり，例えば最初の要素 [4 3] は，第0番目の面 [6 7] に隣接する面は3番目の面 [4 6] と4番目の面 [3 7] であることを表している．

Delaunay は点データに対する **Delaunay 3 角形分割** (Delaunay triangulation) を求めるためのクラスである．

2次元 Euclid 空間内の点集合に対する Delaunay 3 角形分割とは，領域を点を通る3角形（2次元単体）に分割したとき，どの3角形の頂点を通る円も，他の点を含まない3角形分割である．n 次元の場合も n 次元単体の頂点を通る超球が他の点を含まない n 次元単体分割と定義できる．Delaunay 3 角形分割は最大角を最小化する分割であり，（後で定義する）Voronoi 図と双対の関係にある．

Delaunay 3 角形分割クラス Delaunay のコンストラクタの引数は以下の通り．

points は NumPy の型 (npoints, ndim) をもつ浮動小数点数の配列である．これによって npoints 個の ndim 次元の点の座標を与える．

furthest_site は最遠点 Delaunay 3 角形分割を求めるときに真 (True)，それ以外（通常の最近点 Delaunay 3 角形分割が欲しい）とき偽 (False) のパラメータである．既定値は偽である．最遠点 Delaunay 3 角形分割は，どの3角形の頂点を通る円も他のすべての点を含む最小包囲円になっている3角形分割である（図 6.9 右図）．

incremental は後で点を追加したいとき真 (True)，それ以外（最初に与えた点の Delaunay 3

角形分割だけがほしい）とき偽 (False) である．既定値は偽である．

Delaunay 3 角形分割クラス Delaunay は以下の属性とメソッドをもつ．

points は入力された点の座標を表す配列である．

simplices は Delaunay 3 角形分割に含まれる単体（2 次元のときは 3 角形）を保持する配列である．単体の数の配列であり，各要素は次元 +1 の長さの配列に単体の頂点番号が保管される．

neighbors は Delaunay 3 角形分割に含まれる単体の隣接関係を表す配列である．配列の各要素は，単体内の各点の反対側に隣接する単体の番号の配列である．対応する単体がない場合には -1 が保管される．

add_points(points) は点集合 points を追加するためのメソッドである．

find_simplex(x) は座標 x を含む単体の番号を返すメソッドである．

close は，これ以上点の追加を行わないことを伝えるためのメソッドである．

また，2 次元の Delaunay 3 角形分割を描画するための関数 delaunay_plot_2d も準備されている．これは Delaunay 3 角形分割インスタンスを引数とし，matplotlib の図を返す．

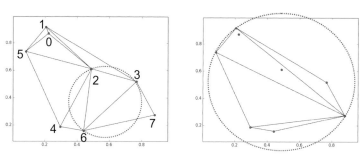

図 6.9　Delaunay 3 角形分割（左図；矢印は隣接関係）と最遠点 Delaunay 3 角形分割（右図）

例としてランダムに発生させた点に対する Delaunay 3 角形分割を求め，それを描画する（図 6.9 左図）．

コード 6.10　Delaunay 3 角形分割の例

```
from scipy.spatial import Delaunay, delaunay_plot_2d
np.random.seed(5)
points = np.random.rand(8, 2)
tri = Delaunay(points)
fig = delaunay_plot_2d(tri)
print( tri.simplices )
>>>
[[2 4 5]
 [6 2 4]
 [3 6 7]
```

```
     [3 6 2]
     [3 1 2]
     [0 2 5]
     [0 1 5]
     [0 1 2]]

 print( tri.neighbors )
 >>>
 [[-1  5  1]
  [ 0 -1  3]
  [-1 -1  3]
  [ 1  4  2]
  [ 7  3 -1]
  [ 0  6  7]
  [-1  5  7]
  [ 4  5  6]]
```

simplices は Delaunay 3 角形分割を構成する 3 角形（2 次元単体）であり，第 0 番目の単体の頂点は [2 4 5]，第 1 番目の単体の頂点は [6 2 4] と配列に保管されている．neighbors は隣接する単体の情報であり，例えば最初の要素 [-1 5 1] は，第 0 番目の単体 [2 4 5] に隣接する単体は，2 番目の頂点 4 の反対側に隣接する第 5 番目の単体 [0 2 5] と，3 番目の頂点 5 の反対側に隣接する第 1 番目の単体 [6 2 4] であることを表す．（1 番目の頂点 2 の反対側に隣接する単体はないので -1 が保管されている．）

Voronoi は点データに対する **Voronoi 図** (Voronoi diagram) を求めるためのクラスである．

2 次元 Euclid 空間内の点集合に対する Voronoi 図とは，各点に近い空間で領域分けされた図であり，これは上で定義した Delaunay 3 角形分割の双対である．与えられた点を母点とよび，各母点に近い空間から成る領域を Voronoi 領域とよぶ．Voronoi 領域の境界を Voronoi 境界とよび，Voronoi 境界の交点を Voronoi 点とよぶ．

Voronoi 図クラス Voronoi のコンストラクタの引数は以下の通り．

points は NumPy の型 (npoints, ndim) をもつ浮動小数点数の配列である．これによって npoints 個の ndim 次元の点の座標を与える．

furthest_site は最遠点 Voronoi 図を求めるときに真 (True)，それ以外（通常の最近点 Voronoi 図がほしい）とき偽 (False) のパラメータである．既定値は偽である．

incremental は後で点を追加したいとき真 (True)，それ以外（最初に与えた点の Voronoi 図だけがほしい）とき偽 (False) である．既定値は偽である．

Voronoi 図クラス Voronoi は以下の属性とメソッドをもつ．

points は入力された点の座標を表す配列である．

vertices は Voronoi 点の座標を表す配列である．

ridge_points は Voronoi 境界を垂直に横切る母点対を表す．実は，これは Delaunay 3 角形分割の枝（辺）に対応し，これが Voronoi 図と Delaunay 3 角形分割が互いに双対といわれる所以である．

ridge_vertices は Voronoi 境界を表す点対である．Voronoi 点の番号，もしくは点が Voronoi 図の外側にある場合には -1 を保管する．

regions は Voronoi 領域を表す点の配列である．点が Voronoi 図の外側にあるときには -1 を保管する．

point_region は各母点が含まれる Voronoi 領域の番号を表す．

add_points(points) は点集合 points を追加するためのメソッドである．

close は，これ以上点の追加を行わないことを伝えるためのメソッドである．

また，2 次元の Voronoi 図を描画するための関数 voronoi_plot_2d も準備されている．これは Voronoi 図インスタンスを引数とし，matplotlib の図を返す．

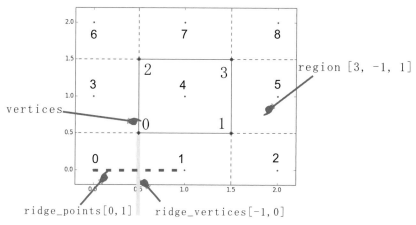

図 6.10　Voronoi 図の例

例として格子上に配置した点に対する Voronoi 図を求め，それを描画する（図 6.10）．

コード 6.11　Voronoi 図の例

```
from scipy.spatial import Voronoi, voronoi_plot_2d
points = np.array([[0, 0], [0, 1], [0, 2], [1, 0], [1, 1],
                   [1, 2], [2, 0], [2, 1], [2, 2]])
vor = Voronoi(points)
fig = voronoi_plot_2d(vor)
print( vor.vertices )
>>>
[[ 0.5  0.5]
 [ 1.5  0.5]
 [ 0.5  1.5]
 [ 1.5  1.5]]
```

```
print( vor.ridge_points )
>>>
[[0 1]
 [0 3]
 [6 3]
 [6 7]
 [3 4]
 [5 8]
 [5 2]
 [5 4]
 [8 7]
 [2 1]
 [4 1]
 [4 7]]

print( vor.ridge_vertices )
>>>
[[-1, 0], [-1, 0], [-1, 1], [-1, 1], [0, 1], [-1, 3], [-1, 2], [2, 3], [-1, 3], [-1, 2], [0, 2], [1, 3]]

print( vor.regions )
>>>
[[], [-1, 0], [-1, 1], [1, -1, 0], [3, -1, 2], [-1, 3], [-1, 2], [3, 2, 0, 1], [2, -1, 0], [3, -1, 1]]

print( vor.point_region )
>>>
[1 8 6 3 7 4 2 9 5]
```

vertices は Voronoi 点の座標を表し，ridge_points は Voronoi 境界を垂直に横切る母点対（Delaunay 3 角形分割の枝）を表す．ridge_vertices は Voronoi 境界を表す点対であり，点が Voronoi 図の外側にあるときには -1 を保管する．例えば，[-1, 0] は外側から Voronoi 点 0 へ向かう Voronoi 境界を表す．regions は Voronoi 領域を表す点の配列であり，点が Voronoi 図の外側にあるときには -1 を保管する．point_region は各母点がどの Voronoi 領域に含まれるのかを表す．例えば，最初の点 0 は 1 番目の Voronoi 領域 [-1, 0] に含まれる．

距離計算のためのサブモジュール distance に含まれている主要な関数を以下に示す．

euclidean(u,v) は 1 次元配列 u と v の間の **Euclid 距離**（Euclidean distance; 直線距離）

$$\|u - v\|_2 = \left(\sum_i (u_i - v_i)^2 \right)^{1/2}$$

を返す．

chebyshev(u,v) は 1 次元配列 u と v の間の **Chebyshev 距離**（Chebyshev distance; L_∞ ノルム）

$$\max_i |u_i - v_i|$$

を返す．

cityblock(u,v) は 1 次元配列 u と v の間の **Manhattan 距離**（Manhattan distance; L_1 ノルム）

$$\sum_i |u_i - v_i|$$

を返す．

minkowski(u,v,p) は 1 次元配列 u と v の間の **Minkowski 距離**（Minkowski distance; Minkowski p-ノルム）

$$\|u - v\|_p = \left(\sum_i |u_i - v_i|^p\right)^{1/p}$$

を返す．

問題 8（最近点）
2 次元 Euclid 平面 $[0,1]^2$ 上にランダムに分布した 10000 個の点に対して，最も近い点を求めることを考える．最も近い点は，点を母点とした Voronoi 図の隣接する領域の母点であることを利用すると探索が高速化できる．K-d 木を用いた場合と Voronoi 図を用いた場合の計算時間を比較せよ．

問題 9（Euclid 最小木）
2 次元平面 $[0,1]^2$ 上にランダムに分布した点に対する最小木問題（最小距離の全域木を求める問題：12.8.6 節参照）を考える．ただし点間の距離は Euclid 距離とする．このような問題を Euclid 最小木問題とよぶ．Euclid 最小木問題の最適解に含まれる枝は，必ず Delaunay 3 角形分割の枝集合に含まれる（理由を考えよ）．Delaunay 3 角分割の枝は，Voronoi 図の隣接する領域間の母点対であるので，`ridge_points` を用いて列挙できる．1000 点の Euclid 最小木問題をランダムに生成し，`ridge_points` に含まれる枝だけを用いて Euclid 最小木を求めた場合と，すべての点間の枝を用いて Euclid 最小木を求めた場合の計算時間を測定せよ．

ヒント：
最小木問題の求解には，NetworkX の関数 `minimum_spanning_tree` を用いよ．

問題 10（Euclid 最小費用完全マッチング）
2 次元平面 $[0,1]^2$ 上にランダムに分布した偶数個の点に対する最小費用の完全マッチング（すべての点の次数が 1 の部分グラフ；12.8.5 節参照）を求める問題を考える．ただし枝の費用は点間の Euclid 距離とする．このような問題を Euclid 最小費用マッチング問題とよぶ．K-d 木を用いて，各点に対して近い順に 10 個の点の間にだけ枝をひいた疎なグラフを作成し，それ上で最小費用マッチングを求める近似解法を考える．100 点の Euclid 最小費用マッチング問題をランダムに生成し，疎なグラフ上で求めた近似マッチングと，すべての点間の枝を用いて最適解を求めた場合の費用と計算時間を測定せよ．

ヒント：
最小費用マッチング問題の求解には，NetworkX の関数 `max_weight_matching` を用いることができる．この関数は負の重みには対応していない．したがって，費用の合計を最小化するためには，大きな数（例えば枝の費用の最大値）から枝の費用を減じた値を新たに枝の費用と定義して最大化を行う必要がある．

問題 11（Euclid 最短路）
$(0,0)$ の地点から $(1,1)$ の地点にロボットが移動する経路を考える．ロボットは平面上のどの地点でも通過できるようにプログラムできるが，平面 $[0,1]^2$ 上にランダムに配置された障害物を表す点の内側の領域は通過すること

ができない．ランダムに100個の障害物を配置し，その外側を通過する最短距離を求めよ．
ヒント：
$(0,0)$ と $(1,1)$ を加えた点に対する凸包を用いる．

6.3 確率・統計

> あなたはラーメン店の店長だ．需要予測を行うために過去1000日分の来店者数を調べたところ，図6.11のような度数分布表（ヒストグラム）を得た．どうやら常連がいるので最低10人の来客があるのがほとんどだが，日によっては20人を超える来客があることもあるようだ．シミュレーションを行うために扱いやすい連続分布で近似をしたいのだが，どのような確率分布を使えばよいだろうか？

この問題は本節を最後まで読めば簡単に解くことができ，図6.11のような対数正規分布に当てはめればよいことが分かる．

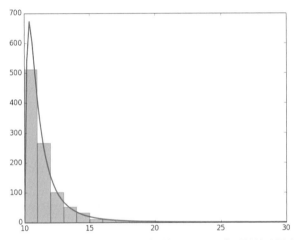

図6.11　来店者数の実績（度数分布表）と予測分布（対数正規分布）

statsはSciPyの確率・統計関係のサブモジュールである．

以下ではまず，確率分布の基礎，確率分布オブジェクトの共通メソッドと，それに付随する概念（期待値，密度関数，確率関数，分布関数など）を解説し，その後でSciPyに含まれる様々な確率分布の例を示す．

6.3.1　確率分布の基礎

例として，代表的な連続分布である正規分布（定義は後述）について考える．正規分布クラスnormのインスタンスを生成する際の重要な引数として，locとscaleがある．ここでlocは**位置** (location) を表すパラメータであり，正規分布の場合には平均を表す．一方，scaleは**尺度** (scale) を表すパラメータであり，正規分布の場合には標準偏差を表す．両者とも名前付き引数として与える．既定値はlocが0，scaleが1である．つまり，引数なしで正規分布インスタンスを生成すると標準正規分布 $N(0,1)$ になる．

例として平均100，標準偏差10の正規分布 $N(100, 10^2)$ の統計量を分布に付随するメソッド stat で表示してみる．引数の moments='mvsk' は平均，分散，歪度，尖度を表示させるためのものである（詳細は後述）．

コード 6.12　正規分布 $N(100, 10^2)$ の統計量

```
from scipy.stats import norm
print( norm(loc=100,scale=10).stats(moments='mvsk') )
>>>
(array(100.0), array(100.0), array(0.0), array(0.0))
```

ちゃんと平均100，分散 $100 = 10^2$，歪度0，尖度0になっていることが分かる．

分布のパラメータを引数として毎回指定するのが面倒な場合は，パラメータを**固定化** (freezing) した分布を生成できる．たとえば，パラメータを固定した正規分布インスタンスnを生成した後で，分布関数メソッド cdf を用いて確率変数が80以下になる確率を求めるコードは，以下のようになる．

コード 6.13　正規分布 $N(100, 10^2)$ の固定化

```
n = norm(loc=100,scale=10)
print( n.cdf(80) )
>>>
0.0227501319482
```

分布によっては，位置パラメータ loc，尺度パラメータ scale 以外のパラメータを引数として与える必要がある．位置・尺度パラメータ以外のパラメータを**形状** (shape) パラメータとよぶ．例えば，ガンマ分布は，形状パラメータ a と尺度パラメータ scale を与えることによって定義される．ガンマ分布についての詳細は後述するが，正のパラメータ λ, a で定義される分布であり，平均は a/λ，分散は a/λ^2 である．形状パラメータ a は a，尺度パラメータ scale は $1/\lambda$ に対応する．

例として，ガンマ分布の平均と分散を計算してみる．形状パラメータの引数の名前は分布によって異なるが，通常は第1引数になっているので gamma(1,scale=10) のように（尺度パラメータ scale だけを名前付き引数で与えて）よび出すのがよい．

コード 6.14　ガンマ分布の平均と分散

```
from scipy.stats import gamma
g = gamma(1,scale=10)
print( g.stats(moments='mv') )
>>>
(array(10.0), array(100.0))
```

scale が10であるので，$\lambda = 1/10$ となり，平均の理論値 $a/\lambda = 1/(1/10) = 10$，分散の理論値は $a/\lambda^2 = 1/(1/10)^2 = 100$ と一致していることが確認できる．

6.3.2 共通のメソッド

確率変数オブジェクトは，以下の共通のメソッドをもつ．

rvs は確率変数にしたがう擬似乱数を返す．引数 size で乱数の数を指定できる．既定値は1である．size > 1 のとき長さ size の ndarray（NumPy の n 次元配列オブジェクト）を返す．なお，タプルを引数としたときは配列を返す．

以下のコードでは，長さ5の配列と 2×3 の行列として，正規分布 $N(100, 10^2)$ にしたがう擬似乱数を出力している．

コード 6.15 正規分布 $N(100, 10^2)$ にしたがう擬似乱数

```
from scipy.stats import norm
n = norm(loc=100,scale=10)
print( n.rvs(size=5) )
>>>
 [ 113.56127155  112.06300173  92.19677466  98.86335531  108.26091799]

print( n.rvs(size=(2,3)) )
>>>
 [[ 111.62407421  133.43983279  95.12660572]
  [ 104.68133988  103.30796925  101.53033131]]
```

pdf は連続確率変数の（確率）**密度関数** (probability density function) を返す．任意の区間 $[a,b]$ に対して，確率変数 X が区間内に入る確率 $P(X \in [a,b])$ が，

$$P(X \in [a,b]) = \int_a^b f(x)dx$$

と表されるとき，$f(x)$ を密度関数とよぶ．密度関数で定義される連続な確率変数が1点をとる確率は0である．SciPy においては，pdf(a) は $P(X \in [a, a+1])$ を返す．

pmf は離散確率変数の**確率関数** (probability mass function) $p(x) = P(X = x)$ を返す．これは確率変数 X が x になる確率を表す．

cdf は（累積）**分布関数** (cumulative distribution function) を返す．（離散，連続）確率変数 X の分布関数 $F(x)$ は

$$F(x) = P(X \leq x)$$

と定義される．

stats は平均 (mean)，分散 (variance)，歪度 (skewness)，尖度 (kurtosis) を返す．どれを返すかは引数 moments で決まる．既定値は 'mv'（平均と分散）であり，歪度や尖度も得たい場合には（頭文字をとって）引数を 'mvsk' とする．

離散確率変数 X に対して X のとりうる値を a_i ($i = 1, 2, \ldots$) としたとき，X の**期待値** (expectation) を

と定義する．

$$E[X] = \sum_{i \geq 1} a_i P(X = a_i)$$

と定義する．期待値は平均ともよばれる．

密度関数 $f(x)$ をもつ連続な確率変数に対して，X の期待値（平均）を

$$E[X] = \int_{-\infty}^{\infty} x f(x) dx$$

と定義する．

確率変数 X と正数 k に対する k 次モーメント (moment) は，$m = E[X]$ としたとき，$E[(X - m)^k]$ で定義される．**分散** (variance) $\mathrm{Var}(X)$ は，2次モーメント $E[(X - m)^2]$ と定義される．分散は分布のばらつきを表す尺度である．$\sqrt{\mathrm{Var}(X)}$ を**標準偏差** (standard deviation) とよび σ と記す．**歪度** (skewness) は $E[(X - m)^3]/\sigma^3$，**尖度** (kurtosis) は $E[(X - m)^4]/\sigma^4$ で定義され，それぞれ分布の非対称性ならびに尖りを表す尺度である．正規分布の歪度は 0 であり左右対称である．歪度が正の分布は右側の裾野が長くなり，逆に負の分布は左側の裾野が長くなる．正規分布の尖度は 0（3 とする場合もあるが，SciPy では 0）であり，尖度が正の分布は，正規分布と比べて山の頂上付近で尖って，裾野が長い形状であり，尖度が負の分布は，頂上付近が丸く裾野が短い形状をもつ．

例として**右歪 Gumbel 分布** (right-skewed Gumbel distribution) に対する平均，分散，歪度，尖度を求めてみよう．ちなみにこの分布は色々な確率変数の最大値が漸近的にしたがう分布であり，パラメータ μ と $\eta > 0$ に対して，分布関数と密度関数は以下のように定義される．

$$F(x) = \exp\left[-\exp\left\{-\left(\frac{x - \mu}{\eta}\right)\right\}\right]$$

$$f(x) = \frac{1}{\eta} \exp\left\{-\left(\frac{x - \mu}{\eta}\right)\right\} \exp\left[-\exp\left\{-\left(\frac{x - \mu}{\eta}\right)\right\}\right]$$

パラメータを $\mu = 0, \eta = 1$ とした右歪 Gumbel 分布は，関数 `gumbel_r` を引数 `loc` を 0，`scale` を 1 としてよび出すことによって生成できる．

コード 6.16 右歪 Gumbel 分布に対する平均，分散，歪度，尖度

```
from scipy.stats import gumbel_r,
rv = gumbel_r(loc=0,scale=1)
print( rv.stats(moments='mvsk') )
>>>
(array(0.5772156649015329), array(1.6449340668482264), array(1.1395470994046486),
    array(2.4))
```

Gumbel 分布 X の平均と分散の理論値は，Euler 定数を $\gamma = 0.577\cdots$，円周率を $\pi = 3.14\cdots$ としたとき，

$$E(X) = \mu + \gamma \eta$$

$$V(X) = \frac{\pi^2 \eta^2}{6}$$

であるので，1番目と2番目の値が正しいことが確認できる．また，3番目の値（歪度）が正に

なっているので，右に長く裾をひく分布であることが分かる（図 6.12）．なお，図からは確認しにくいが，4 番目の値（尖度）が正であるので，正規分布より若干尖っている分布であることがいえる．

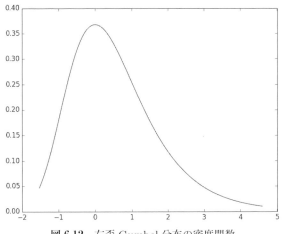

図 6.12　右歪 Gumbel 分布の密度関数

ppf はパーセント点関数 (percent point function) を返す．これは分布関数の逆関数である．

例として，平均 100，標準偏差 10 の正規分布にしたがう需要をもつ商品に対して品切れ率を 5% にするための在庫量を計算する．これは正規分布 $N(100, 10^2)$ の 95% のパーセント点を求めればよい．

コード 6.17　パーセント点関数の使用例

```
from scipy.stats import norm
print( norm.ppf(0.95,loc=100,scale=10) )
>>>
116.44853627
```

結果から 117 個の在庫をもてば，品切れは 5% 以下に抑えられることが分かる．

sf は生存関数 (survival function) を返す．これは $1 - F(x)$ で定義される関数である．

例として，平均 100，標準偏差 10 の正規分布にしたがう需要をもつ商品に対して，123 個仕入れたときの品切れ確率を求める．これは正規分布 $N(100, 10^2)$ の生存関数の 123 に対応する値を求めればよい．

コード 6.18　生存関数の例

```
from scipy.stats import norm
print( norm.sf(123,loc=100,scale=10) )
>>>
0.0107241100217
```

結果から品切れ確率は 1% 程度であることが分かる．

expect(func) は，引数として与えられた関数 func の分布に対する期待値を求める．関数 func の既定値は $f(x) = x$ である．関数以外の引数としては，下限 lb，上限 ub，分布のパラメータな

どがある．

例として，標準正規分布の人口密度をもつ直線上の町に住む人たちが，町の中心にある町役場まで歩いて行くときの平均距離を求めてみよう．これは，標準正規分布に対して，引数を絶対値を表す関数として与えたときの期待値になる．

コード 6.19　期待値計算の例 1

```
from scipy.stats import norm
print( norm.expect(lambda x: abs(x)) )
>>>
0.797884560803
```

結果から平均距離は約 0.8 であることが分かる．

分布のパラメータを引数として与える例として，再び商品の在庫問題を考えてみる．平均 100，標準偏差 10 の正規分布にしたがう需要をもつ商品に対して，120 個仕入れたとき，品切れ費用が 1 個当り 100 円，在庫費用が 1 個当り 10 円としたときの期待費用を求めるコードは，以下のようになる．

コード 6.20　期待値計算の例 2

```
from scipy.stats import norm
def f(x):
    if x>120:
        return 100*(x-120)
    else:
        return 10*(120-x)
print( norm.expect(f, loc=100, scale=10) )
>>>
209.33977288754554
```

在庫理論では，品切れ量を計算するために確率変数 x が k 以上になるときの期待値を用いる．これは**損出関数** (loss function) とよばれ，以下のように定義される．

$$G(k) = \int_k^\infty (x-k)f(x)dx$$

例えば，$k=0.1$ のときの標準正規分布の損出関数は，下限 lb を 0.1 としたときの $x-k$ の期待値として以下のように計算される．

コード 6.21　損出関数の計算

```
from scipy.stats import norm
k=0.1
print( norm.expect(lambda x: x-k, lb=0.10) )
print( norm.pdf(k)-k*norm.sf(k) )
>>>
0.35093533120471415
0.350935331205
```

これから，期待値を用いて計算した損出関数が，解析的に導かれる $G(k) = f(k) - k(1-F(k))$ と一致していることが確認できる．

6.3.3　代表的な連続確率変数

SciPy では以下の連続確率分布の確率変数オブジェクトを使うことができる．

uniform は**一様分布** (uniform distribution) である．$[\alpha, \beta]$ 上で定義された一様分布は密度関数 $1/(\beta - \alpha)$ をもつ．SciPy では離散な一様分布 randint も使うことができる．位置パラメータ loc は下限値 α を表し，尺度パラメータ scale は上限値と下限値の差 $\beta - \alpha$ を表す．平均は $(\beta - \alpha)/2$，分散は $(\beta - \alpha)^2/12$ である．

expon は**指数分布** (exponential distribution) である．指数分布とは，正のパラメータ λ に対して，密度関数が

$$f(x) = \lambda e^{-\lambda x}, \qquad x \geq 0$$

で与えられる分布である．引数として指定する尺度パラメータ scale は $1/\lambda$ である．分布関数は

$$F(x) = 1 - e^{-\lambda x}, \qquad x \geq 0$$

となる．平均は $1/\lambda$，分散は $1/\lambda^2$ である．指数分布は**無記憶性** (memoryless property) をもつ唯一の連続分布[1]として知られ，稀な現象の時間間隔として用いられる．

cauchy は **Cauchy 分布** (Cauchy distribution) である．Cauchy 分布とは，パラメータ x_0，γ に対して，密度関数が

$$\frac{1}{\pi \gamma \left[1 + \left(\frac{x - x_0}{\gamma}\right)^2\right]}$$

で与えられる分布である．分布関数は，

$$\frac{1}{\pi} \arctan\left(\frac{x - x_0}{\gamma}\right) + \frac{1}{2}$$

である．Cauchy 分布は平均をもたず，2次モーメントが無限大になる分布として知られている．

試しに SciPy で平均，分散，歪度，尖度を計算してみる．

コード 6.22　Cauchy 分布に対する平均，分散，歪度，尖度

```
from scipy.stats import cauchy
print( cauchy.stats(moments='mvsk') )
>>>
(array(inf), array(inf), array(nan), array(nan))
```

---
[1] 離散分布では，後述する幾何分布が無記憶性をもつ．

平均，分散は無限大 inf，歪度，尖度は数値ではないことを表す nan(not a number) が表示された．

norm は**正規分布** (normal distribution)[2]である．正規分布 $N(\mu, \sigma^2)$ は最も良く使われる連続分布であり，その密度関数は平均を表す位置パラメータ μ と標準偏差を表す尺度パラメータ σ を用いて，

$$f(x) = \frac{1}{\sqrt{2\pi\sigma^2}} \exp\left(-\frac{(x-\mu)^2}{2\sigma^2}\right)$$

と記述される．中心極限定理から（標準偏差をもつ）独立な分布の平均の分布は正規分布に近づくことがいえる．特に，平均 0，標準偏差 1 の正規分布 $N(0,1)$ は標準正規分布とよばれ，その密度関数と分布関数は，それぞれ

$$\phi(x) = \frac{1}{\sqrt{2\pi}} \exp\left(-\frac{x^2}{2}\right)$$

と

$$\Phi(x) = \int_{-\infty}^{x} \phi(t) dt = \frac{1}{2} + \frac{1}{2}\mathrm{erf}\left(\frac{x}{\sqrt{2}}\right)$$

で定義される．ここで $\mathrm{erf}(x)$ は誤差関数であり，

$$\mathrm{erf}(x) = \frac{2}{\sqrt{\pi}} \int_0^x e^{-t^2} dt$$

である．

lognorm は**対数正規分布** (log-normal distribution) であり，対数をとったときに正規分布になる分布である．正規分布にしたがう確率変数が負の値も許すのに対して，対数正規分布にしたがう確率変数は正の値しかとらないという性質をもつ．密度関数は位置パラメータ μ と形状パラメータ σ（正規分布と異なり尺度パラメータでないことを注意）を用いて，

$$f(x) = \frac{1}{\sqrt{2\pi\sigma^2}} \exp\left(-\frac{(\ln x - \mu)^2}{2\sigma^2}\right), \quad x > 0$$

と記述される．分布関数は標準正規分布の分布関数を Φ としたとき，$\Phi\left(\frac{\ln x - \mu}{\sigma}\right)$ となる．平均は $e^{\mu + \frac{\sigma^2}{2}}$，分散は $e^{2\mu + \sigma^2}(e^{\sigma^2} - 1)$ である．

SciPy の公式マニュアルでは記述が不完全だが，μ は引数 scale に e^μ で，σ は引数 s（第 1 引数）で入れる．

erlang は **Erlang 分布** (Erlang distribution) である．Erlang 分布は，独立で同一の指数分布の和の分布であり，パラメータ $\lambda > 0$ と自然数 n に対して，密度関数が

$$f(x) = \frac{\lambda^n x^{n-1} e^{-\lambda x}}{(n-1)!}, \quad x \geq 0$$

で与えられる分布である．ここで n は形状パラメータ，$1/\lambda$ は尺度パラメータである．分布関数は

---

[2]Gauss 分布ともよばれる．

$$F(x) = 1 - \sum_{k=0}^{n-1} \frac{(\lambda x)^k}{k!} e^{-\lambda x}, \qquad x \geq 0$$

となる．平均は n/λ，分散は n/λ^2 である．Erlang 分布は待ち行列理論に応用をもつ．

`gamma` はガンマ分布 (gamma distribution) である．ガンマ分布は，正のパラメータ λ, a に対して，密度関数が

$$f(x) = \frac{\lambda^a x^{a-1} e^{-\lambda x}}{\Gamma(a)}, \qquad x \geq 0$$

で与えられる分布である．ここで Γ はガンマ関数である．a が形状パラメータ，λ が尺度パラメータである．分布関数は

$$F(x) = \frac{\gamma(a, \lambda x)}{\Gamma(a)}, \qquad x \geq 0$$

となる．ここで γ は不完全ガンマ関数である．平均は a/λ，分散は a/λ^2 である．ガンマ分布は Erlang 分布のパラメータ n を実数値 a に一般化した分布である．

`logistic` はロジスティック分布 (logistic distribution) である．ロジスティック分布は，パラメータ μ, s に対して，密度関数が

$$f(x) = \frac{\exp(-\frac{x-\mu}{s})}{s(1 + \exp(-\frac{x-\mu}{s}))^2}$$

で与えられる分布である．分布関数は

$$F(x) = \frac{1}{1 + e^{-(x-\mu)/s}} = \frac{1}{2}\left\{\tanh\left(\frac{x-\mu}{2s}\right) + 1\right\}$$

となる．平均は μ，分散は $\pi^s \mu^2/3$ である．
ロジスティック分布は正規分布と同様に釣鐘型の密度関数と S 字（シグモイド）型の分布関数をもつが，ロジスティック分布の方が裾野が長いという特徴をもつ．ロジスティック分布の尖度は 1.2 であり，正規分布の 0 と比べて大きいので，より裾野が長いことが分かる．

`weibull_min` は **Weibull 分布** (Weibull distribution) である．Weibull 分布は正のパラメータ c, λ に対して，密度関数が

$$f(x) = c\lambda \left(\lambda x\right)^{c-1} \exp(-(\lambda x)^c), \qquad x \geq 0$$

で与えられる分布である．ここで c は形状パラメータ，$1/\lambda$ は尺度パラメータである．分布関数は

$$F(x) = 1 - \exp(-(\lambda x)^c)$$

であり，平均は $\Gamma(1 + 1/c)/\lambda$，分散は $(\Gamma(1 + 2/c) - \Gamma(1 + 1/c))^2/\lambda^2$ である．ここで Γ はガンマ関数である．Weibull 分布は故障現象や寿命を記述するために用いられる．パラメータ $c < 1$

のとき故障率が時間とともに小さくなり，$c>1$ のとき時間とともに大きくなる．$c=1$ のとき故障率は一定であり，この場合には指数分布と一致する．

beta はベータ分布 (beta distribution) である．ベータ分布は正のパラメータ a,b に対して，密度関数が

$$f(x) = \frac{\Gamma(a+b)}{\Gamma(a)\Gamma(b)} x^{a-1}(1-x)^{b-1}, \quad 0 \leq x \leq 1$$

で与えられる分布である．ここで Γ はガンマ関数であり，a,b はともに形状パラメータである．分布関数は

$$F(x) = I_x(a,b)$$

である．ここで I_x は正則不完全ベータ関数である．平均は $a/(a+b)$，分散は $ab/((a+b)^2(a+b+1))$ である．ベータ分布は特定の区間の値をとる確率分布を表すときに有効であり，パラメータ a,b を変えることによって様々な形状をとることができる．プロジェクト管理の手法として有名な PERT(Program Evaluation and Review Technique) においても確率的に変動する作業時間の近似としてこの分布を用いている．

t は **t 分布** (t distribution) である．t 分布は正のパラメータ ν に対して，密度関数が

$$f(t) = \frac{\Gamma((\nu+1)/2)}{\sqrt{\nu\pi}\,\Gamma(\nu/2)}(1+t^2/\nu)^{-(\nu+1)/2}$$

で与えられる分布である．ここで Γ はガンマ関数であり，ν は**自由度** (degree of freedom) とよばれる形状パラメータである．ちなみに ν の引数名は degree of freedom の略で df である．分布関数は

$$F(t) = I_x(\nu/2, \nu/2)$$

である．ここで I_x は正則不完全ベータ関数であり，

$$x = \frac{t+\sqrt{t^2+\nu}}{2\sqrt{t^2+\nu}}$$

とする．平均は 0，分散は $\nu>2$ のとき $\nu/(\nu-2)$，$1<\nu\leq 2$ のとき無限大である．

いま $x_1, x_2, \ldots, x_n$ を平均 μ の独立な正規分布のサンプルとする．標本平均と不偏分散を

$$\bar{x} = \frac{x_1 + x_2 + \cdots + x_n}{n}$$

$$s = \sqrt{\frac{1}{n-1}\sum_{i=1}^{n}(x_i - \bar{x})^2}$$

とする．このとき，

$$t = \frac{\bar{x} - \mu}{s/\sqrt{n}}$$

は，自由度 $\nu = n-1$ の t 分布にしたがう．この性質を利用して，t 分布は，標本値から母集団

の平均値を統計的に推定する区間推定や，母集団の平均値の仮説検定に利用される．平均との仮説検定は `ttest_1samp`，独立な2つのサンプル間の仮説検定は `ttest_ind`，対応がある2つのサンプル間の仮説検定は `ttest_rel` で行うことができる．

ちなみに t 分布は，$\nu = 1$ のとき Cauchy 分布になり，ν が無限大に近づくと正規分布に漸近する．

`chi2` は χ^2 分布 (χ^2 distribution) である（χ^2 はカイ2乗と読む）．χ^2 分布は正のパラメータ k に対して，密度関数が

$$f(x) = \frac{1}{2^{\frac{k}{2}} \Gamma\left(\frac{k}{2}\right)} x^{\frac{k}{2}-1} e^{-\frac{x}{2}}, \qquad x \geq 0$$

となる分布である．ここで Γ はガンマ関数であり，k は自由度を表す形状パラメータである．k の引数名は <u>d</u>egree of <u>f</u>reedom の略で `df` である．分布関数は

$$F(x) = \frac{1}{\Gamma\left(\frac{k}{2}\right)} \gamma\left(\frac{k}{2}, \frac{x}{2}\right), \qquad x \geq 0$$

である．ここで γ は不完全ガンマ関数である．平均は k，分散は $2k$ である．

$x_1, x_2, \ldots, x_k$ を独立な標準正規分布のサンプルとするとき，

$$\sum_{i=1}^{k} (x_i)^2$$

は自由度 k の χ^2 分布にしたがう．この性質を利用して χ^2 分布は χ^2 検定 `chisquare` や Friedman 検定 `friedmanchisquare` に用いられる．

`f` は F 分布 (F distribution) である．F 分布は正のパラメータ d_1, d_2 に対して，密度関数が

$$f(x) = \frac{\sqrt{\frac{(d_1 x)^{d_1} d_2^{d_2}}{(d_1 x + d_2)^{d_1 + d_2}}}}{x \, \mathrm{B}\left(\frac{d_1}{2}, \frac{d_2}{2}\right)}, \qquad x \geq 0$$

で与えられる分布である．ここで B はベータ関数であり，d_1, d_2 は自由度を表す形状パラメータである．d_1, d_2 の引数名は `dfn`,`dfd` である．分布関数は

$$F(x) = I_{\frac{d_1 x}{d_1 x + d_2}}\left(\frac{d_1}{2}, \frac{d_2}{2}\right), \qquad x \geq 0$$

である．平均は $d_2 > 2$ のとき $d_2/(d_2 - 2)$，分散は $d_2 > 4$ のとき

$$\frac{2 d_2^2 (d_1 + d_2 - 2)}{d_1 (d_2 - 2)^2 (d_2 - 4)}$$

である．

U_1, U_2 を独立な χ^2 分布にしたがう自由度 d_1, d_2 の確率変数としたとき，

$$\frac{U_1/d_1}{U_2/d_2}$$

は F 分布にしたがうことが知られている．この性質を利用して F 分布は F 検定 `f_oneway` に用いられる．

multivariate_normal は**多変量正規分布** (multivariate normal distribution) である．多変量正規分布は多次元の正規分布であり，平均を表す多次元ベクトル μ と共分散行列を表す尺度パラメータ Σ を用いて，

$$f(x) = \frac{1}{\sqrt{(2\pi)^k \det \Sigma}} \exp\left(-\frac{1}{2}(x-\mu)^T \Sigma^{-1}(x-\mu)\right)$$

と定義される．ここで $\det \Sigma$ は行列 Σ の行列式を表す．

平均と共分散行列を固定化した分布を生成するには，引数 mean と cov を用いる．平均が $(0,0)$ で共分散行列が単位行列の 2 次元多変量正規分布を生成するには，以下のように記述する（図 6.13）．

コード 6.23 多変量正規分布の固定化

```
n = multivariate_normal([0.0, 0.0], [[1.0, 0.0], [0.0, 1.0]])
```

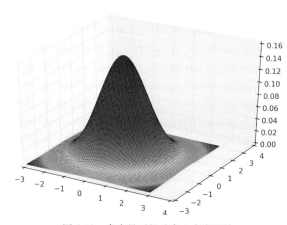

図 6.13 多変量正規分布の密度関数

多次元の分布に対しては使えるメソッドが限定される．1 次元の場合と同様に，分布にしたがう擬似乱数を生成するには，rvs を，密度関数に対しては pdf を用いることができる．

コード 6.24 多変量正規分布に対する 3 つの擬似乱数の生成と $(0,0)$ における密度関数

```
print(n.rvs(3))
>>>
[[ 0.0577095  -2.63911144]
 [-1.14501198  0.94204369]
 [ 0.96686906 -1.12066672]]

print(n.pdf([0.0,0.0]))
>>>
0.159154943092
```

6.3.4 代表的な離散確率変数

SciPy では以下の離散確率分布の確率変数オブジェクトを使うことができる.

poisson は **Poisson 分布** (Poisson distribution) である. Poisson 分布とは,パラメータ $\mu > 0$ に対して確率関数が

$$P(X = k) = \frac{\mu^k e^{-\mu}}{k!}, \qquad k = 0, 1, \cdots$$

で与えられる離散分布である.パラメータ μ は形状パラメータを表す引数 mu として入力する. Poisson 分布の確率関数 $P(X = k)$ は,単位時間中に平均で μ 回発生する稀な事象がちょうど k 回発生する確率を表す.平均,分散ともに μ である.

geom は **幾何分布** (geometric distribution) である.幾何分布とは,パラメータ $0 < p < 1$ に対して,確率関数が

$$P(X = k) = p(1-p)^{k-1}, \qquad k = 1, 2, \cdots$$

で与えられる離散分布である.(この分布をファーストサクセス分布とよび,幾何分布を $p(1-p)^k$ と定義することもある [5].) パラメータ p は形状パラメータ p として入力する.幾何分布は,独立なコイン投げ(表の出る確率を p とする)を行ったときの表が出るまでに投げる回数を表す.平均は $1/p$,分散は $(1-p)/p^2$ である.幾何分布は無記憶性[3]をもつ.

binom は **2 項分布** (binomial distribution) である. 2 項分布とは,パラメータ $0 < p < 1$,自然数 n に対して,確率関数が

$$P(X = k) = \binom{n}{k} p^k (1-p)^{n-k}, \qquad k = 0, 1, \ldots, n$$

で与えられる離散分布である.ただし,

$$\binom{n}{k} = \frac{n!}{k!(n-k)!}$$

である.パラメータ n, p は形状パラメータ n,p として入力する. 2 項分布は,n 回の独立なコイン投げ(表の出る確率を p とする)を行ったときの表の出る数を表す.平均は np,分散は $np(1-p)$ である.

nbinom は **負の 2 項分布** (negative binomial distribution) である.負の 2 項分布とは,パラメータ $p \leq 1$,正数 n に対して,確率関数が

$$\binom{k+n-1}{n-1} p^n (1-p)^k, \qquad k = 0, 1, \ldots$$

---

[3] $P(X > x + y \mid X > x) = P(X > y)$ がすべての $x, y = 1, 2, \cdots$ に対して成立すること.

で与えられる離散分布である．パラメータ n, p は形状パラメータ `n,p` として入力する．負の2項分布は，独立なコイン投げ（表の出る確率を p とする）を行ったとき，n 回表が出るまでに裏が出た回数を表す．平均は $n(1-p)/p$，分散は $n(1-p)/p^2$ である．

`hypergeom` は**超幾何分布** (hypergeometric distribution) である．超幾何分布とは，自然数 M, n, N に対して，確率関数が

$$P(X = k) = \frac{\binom{n}{k}\binom{M-n}{N-k}}{\binom{M}{N}}, \quad \max(0, N-(M-n)) \le k \le \min(n, N)$$

で与えられる離散分布である．パラメータ M, n, N は形状パラメータ `M, n, N` として入力する．超幾何分布は，N 個の当りをもつ M 個入りのくじから，n 個を非復元抽出したときに k 個の当りが含まれている確率を与える．平均は nN/M，分散は

$$\frac{(M-n)n(M-N)N}{(M-1)M^2}$$

である．

6.3.5 データのあてはめ

固定化されていない分布に対しては，パラメータの**最尤推定値** (maximum likelihood estimation) を計算することができる．

`fit(data)` は与えられたデータ `data` に対して最尤推定値（尤度関数を最大にするパラメータ）を求める．返値は，形状パラメータ `shape`，位置パラメータ `loc`，尺度パラメータ `scale` の最尤推定値を表す浮動小数点数のタプルである．ただし，形状パラメータがない分布の場合には位置パラメータと尺度パラメータのタプルを返す．

例として，平均 100，標準偏差 10 の正規分布に対して，10 個のランダムサンプルと 10000 個のランダムサンプルを用いてパラメータの推定をしてみよう．

コード 6.25　正規分布に対する最尤推定値

```
from scipy.stats import norm
rvs = norm(loc=100,scale=10).rvs(size=10)
print( norm.fit(rvs) )
>>>
(95.753904782189622, 8.3575610605102142)

rvs = norm(loc=100,scale=10).rvs(size=10000)
print( norm.fit(rvs) )
>>>
(99.948939025624099, 9.9089082759944969)
```

結果から，10000 個のサンプルの方が正しい平均と標準偏差に近い推定値を返していることが分かる．

平均や標準偏差を固定して推定することもできる．平均は位置パラメータ loc で与えたので，メソッド fit の引数 floc で固定する値を指定し，標準偏差は尺度パラメータ scale で与えたので，引数 fscale で値を指定する．例えば，平均を 100 に固定して推定を行うことによって，精度を上げることができる．

コード 6.26　正規分布に対する位置パラメータの固定

```
rvs = norm(loc=100,scale=10).rvs(size=10000)
print( norm.fit(rvs, floc=100) )
>>>
(100.0, 9.9532121919298557)
```

ガンマ分布のように形状パラメータを必要とする場合には，引数名は f0, f1, ... のように番号で指定する．

コード 6.27　ガンマ分布に対する最尤推定値

```
from scipy.stats import gamma
rvs = gamma(1,scale=10).rvs(size=10000)
print( gamma.fit(rvs) )
>>>
(0.9890002824686166, 0.0016179707988114146, 10.186757557396639)

rvs = gamma(1,scale=10).rvs(size=10000)
print( gamma.fit(rvs, f0=1) )
>>>
(1.0, 0.001617970100331767, 10.013201292197056)
```

尺度パラメータの最尤推定値（3 番目の返値）は，形状パラメータを 1 に固定することによって，真の値である 10 に近くなったことが確認できる．

6.3.6　相関と回帰

SciPy には相関係数を計算するための様々な関数が準備されている．ここで**相関** (correlation) とは，2 つの確率変数 x, y の類似性を示す統計学的指標であり，1 に近いほど相関（類似性）が強く，0 だと無相関（類似性がなく），-1 に近づくと負の相関が強くなるように正規化されている．

pearsonr(x,y) は，2 つのデータ（配列）x,y に対する Pearson の**積率相関係数** (product-moment correlation coefficient) を計算する．これが通常用いられる相関係数であり，「x, y の共分散 / (x の標準偏差・y の標準偏差)」で定義される値である．返値は相関係数と p 値のタプルである．ここで $\boldsymbol{p}$ **値** (p-value) とは，ランダムなデータが実際にデータから計算された相関よりも強い相関になる確率である．p 値はデータ数が 500 程度ないと信頼性がないので注意する必要がある．

spearmanr(a,b) は，2 つのデータ（配列もしくは行列）a,b に対する Spearman の**順位相関係数** (rank correlation coefficient) を計算する．積率相関係数が偏差の正規分布を仮定するパラメ

トリックな方法であるのに対して，順位相関係数はこのような仮定を置かないノンパラメトリックな方法である．返値は，Spearman の ρ とよばれる相関係数（もしくは行列）と p 値のタプルである．

`kendalltau(x,y)` は，2 つのデータ（配列）x,y に対する Kendall の順位相関係数を計算する．返値は，Kendall の τ とよばれる相関係数と p 値のタプルである．

`linregress(x,y)` は，2 つのデータ（配列）x,y に対する**線形回帰** (linear regression) を行う．返値は，傾き `slope`，y-切片 `intercept`，相関係数 `r-value`，p 値 `p-value`，誤差 `stderr` のタプルである．

6.3.7 分布テスト

SciPy にはデータが確率分布にしたがうかどうかを調べるための関数 `probplot` が準備されている．`probplot` は**確率プロット** (probability plot) を生成する．

引数は以下の通り．

`x` はデータを与える．

`sparams` は分布のパラメータ（形状，位置，尺度）を表すタプル (shape,loc,scale) である．

`dist` は分布の名称を表す文字列，もしくは分布オブジェクトを与える．既定値は正規分布を表す 'norm' である．

`fit` は，最小 2 乗回帰を行うか否かを表す論理値である．既定値は真 (True) である．

`plot` は図を表示するときに用い，`matplotlib.pyplot` オブジェクトを与えると図を表示する．既定値は `None`（図は非表示）である．

返値は以下の 2 つのタプルである．

x 軸の値と y 軸の値のタプル．x 軸は，順序統計中央値 (order statistic median) であり，これは与えられた分布にしたがう n 個の値を小さい順に並べたときの k 番目の値の中央値である．y 軸は与えられた入力データを小さい順に並べたものである．

最小 2 乗回帰の結果（傾き，y-切片，相関係数のタプル）．最小 2 乗回帰を行うと指定したときのみ返値をもつ．

例として正規分布にしたがってランダムに発生させたデータに対する確率プロットを作成する．

コード 6.28 確率プロット

```
from scipy.stats import norm, probplot
import matplotlib.pyplot as plt
rvs = norm(loc=100,scale=10).rvs(size=10000)
compare, corr = probplot(rvs, plot=plt)
print( corr )
```

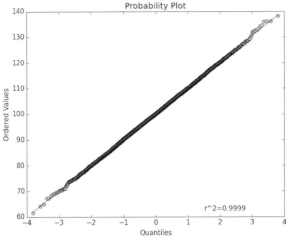

図 6.14 確率プロットの例

```
>>>
(10.121043313998515, 99.941215562775994, 0.999830101964268l4)
```

相関係数が 1 に近いので正規分布にしたがうデータであることが確認できる．生成されたプロットを図 6.14 に示す．

6.4 補間

> あなたはテーマパークからアトラクションの待ち時間[a]の調査を依頼された．待ち時間を 30 分おきに測定した結果は，開園時刻を 0 とした Python のリストとして，以下のように与えられている．開園から閉園までの任意の時刻における待ち時間を推定するには，どのようにしたらよいだろうか？
>
> ---
> [a] 待ち時間の測定方法には色々あるが，このテーマパークでは最後尾に並んでいる人が，アトラクションの会場に入場するまでの時間としている．

コード 6.29 待ち時間リスト

[80,90,90,100,110,110,90,90,90,90,90,80,80,60,60,60,60,70,70,70,60,35,40,50,45]

これは補間とよばれる問題の一例である．この問題は，本節を最後まで読めば簡単に解くことができ，図 6.15 のような様々な曲線で待ち時間の推定ができる．

SciPy のデータ補間サブモジュール interpolate は，データの補間を行うための手法群をまとめたものである．

ここで**補間** (interpolation) とは，特定の領域内に与えられた離散的なデータ点をもとに，同じ領域内の他の点を近似する連続関数を構築するための方法である．補間は**内挿**ともよばれる．ちなみに，与えられた領域外の点の近似を行うことを**外挿**もしくは**補外** (extrapolation) とよぶ．

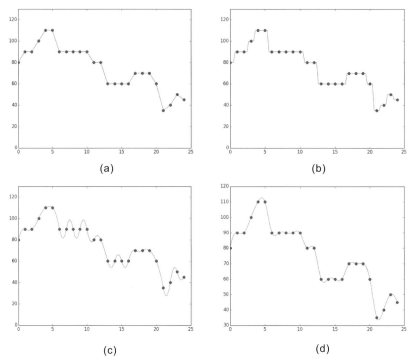

図 6.15　アトラクションの待ち時間の補間 (a) 線形補間 (b) 最近点補間 (c) スプライン 2 次補間 (d) スプライン 3 次補間

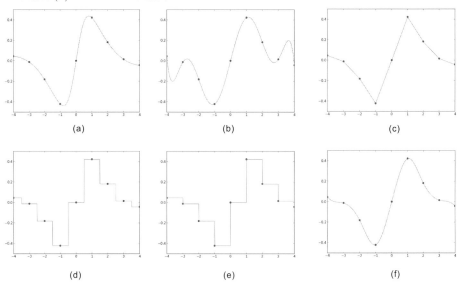

図 6.16　補間の例題 (a) 関数 $f(x) = \sin x/(1+x^2)$ とデータ点 (b) Lagrange 多項式 (c) 線形補間 (d) 最近点補間 (e) 0 次補間 (f) 3 次スプライン補間

1 次元の補間を関数 $f(x) = \sin x/(1+x^2)$ を例として説明する．図 6.16 (a) に関数 $f(x)$ と $[-4, 4]$ の整数に対応する 8 個のデータ点 $x_i, y_i = (f(x_i))$ を示す．与えられたデータ点だけを用いて，未知の関数を推定するのが補間の目的である．

一般に $k+1$ 個のデータ点 $(x_0, y_0), (x_1, y_1), \ldots, (x_k, y_k)$ が x_i の昇順に並んでいるものとする．補間は，すべての点を通る多項式を 1 つ決めるのか，区分 $[x_i, x_{i+1}]$ ごとに異なる多項式を用いるのか

によって大きく 2 つに分けられる．

前者の方法の 1 つとして，**Lagrange 多項式** (Lagrange polynomial) がある．これは，Lagrange 基多項式

$$\ell_j(x) = \prod_{\substack{0 \le m \le k \\ m \ne j}} \frac{x - x_m}{x_j - x_m} = \frac{(x - x_0)}{(x_j - x_0)} \cdots \frac{(x - x_{j-1})}{(x_j - x_{j-1})} \frac{(x - x_{j+1})}{(x_j - x_{j+1})} \cdots \frac{(x - x_k)}{(x_j - x_k)}$$

を用いて

$$L(x) = \sum_{j=0}^{k} y_j \ell_j(x)$$

と定義される．$\ell_j(x_j) = 1$ であり，かつ $\ell_j(x_i) = 0 (i \ne j)$ であるので，$L(x)$ はすべてのデータ点を通過することが分かる．図 6.16 (b) に例題に対する Lagrange 多項式による補間を示す．

区分ごとに異なる多項式を用いる場合には，自由度が増えるので様々な方法が考えられる．

最も簡単な方法は区分ごとに異なる線分で繋いだ（区分的線形）関数である．これは**線形補間** (linear interpolation) とよばれる．図 6.16 (c) に例題に対する線形補間を示す．線形補間と同様に線分を用いた補間として，**最近点補間** (nearest-neighbor interpolation) と **0 次補間** (zero-degree interpolation) がある．これらは両者とも区分的一定な関数を用いたものであり，同じ手法を表すことも多いが，SciPy では区別している．最近点補間は最も近いデータ点 x_i の値 y_i をとる関数（図 6.16 (d)）であり，0 次補間は $[x_i, x_{i+1}]$ の値を y_i とする関数（図 6.16 (e)）である．

区分ごとに異なる多項式を用いる方法として**スプライン補間** (spline interpolation) がある．ここでスプラインとは自在定規のことであり，スプライン補間は与えられた複数の点を通る「滑らかな」曲線で，データ点を繋ぐ．最も良く使われるのは 3 次のスプライン補間であり，各データ点において微分値と 2 次微分値が連続になるように，区分ごとに多項式を決める．図 6.16 (f) に例題に対する 3 次のスプライン補間を示す．

上では 1 次元のデータ点に対する補間を説明したが，2 次元のデータ点に対しても同様に補間が定義できる．

以下では，サブモジュール `interpolate` に含まれる代表的な関数として，Lagrange 多項式を用いた補間 `lagrange`，1 次元データに対する補間 `interp1d`，2 次元データに対する補間 `interp2d` について説明する．

`lagrange(x,y)` は 1 次元データに対する Lagrange 多項式を求める．これは，同じ長さをもつ 1 次元配列 x と y に対して，関数 y=f(x) を近似するような Lagrange 多項式を返す．返値は NumPy の多項式オブジェクトである．

例題として用いた関数 $f(x) = \sin x / (1 + x^2)$ のデータ点に対する Lagrange 多項式を求めるコードは，以下のようになる．

コード 6.30　例題に対する Lagrange 多項式

```
import numpy as np
from scipy import interpolate
```

```
x = np.arange(-4,5)
y = np.sin(x)/(1+x**2)
f = interpolate.lagrange(x, y)
print(f)
>>>
           8            7            6           5            4
-1.249e-19 x - 0.0006892 x - 6.583e-18 x + 0.02123 x + 5.436e-17 x
          3           2
 - 0.2016 x + 1.415e-17 x + 0.6018 x
```

この 8 次の多項式関数は，図 6.16 (b) のような曲線を表す．

interp1d(x,y) は 1 次元データに対する補間を行う．同じ長さをもつ 1 次元配列 x と y に対して，関数 y=f(x) を近似するような補間を行う．返値は，関数のように与えられた新しい点 x に対して値 y を返すオブジェクトである．点 x,y 以外の主な引数は以下の通り．

- kind は補間の種類を表す文字列であり，'linear'（線形補間；既定値），'nearest'（最近点補間），'zero'（0 次補間），'slinear'（スプライン線形補間），'quadratic'（スプライン 2 次補間），'cubic'（スプライン 3 次補間）から選択する．

- copy は，与えられたデータ x,y のコピーを作成してから処理するか否かを表す論理値である．既定値はコピーすることを表す True である．

- bounds_error は，領域外の点を与えたときに ValueError を発生させるか否かを表す論理値である．既定値は True でありエラーを発生させる．False のときには，以下の fill_value を割り当てる．

- fill_value は領域外の点を与えたときに割り当てられる値である．既定値は NaN である．

- assume_sorted は点を表すデータ x が昇順に並んでいるか否かを表す論理値である．既定値は昇順に並んでいるデータを仮定する True である．

例題として用いた関数 $f(x) = \sin x/(1+x^2)$ のデータ点に対するスプライン 3 次補間を求めるコードは，以下のようになる．

コード 6.31　例題に対するスプライン 3 次補間

```
f = interpolate.interp1d(x, y, kind= 'cubic')
```

interp2d(x,y,z) は 2 次元データに対する補間を行う．同じ長さをもつ 1 次元配列 x,y,z に対して，関数 z=f(x,y) を近似するような補間を行う．返値は，関数のように与えられた新しい点 x,y に対して値 z を返すオブジェクトである．点 x,y,z,kind 以外の主な引数は，interp1d(x,y) と同じである．

kind は補間の種類を表す文字列であり，'linear'（線形補間；既定値），'cubic'（スプライ

ン 3 次補間), 'quintic'(スプライン 5 次補間)から選択する.

データ点 x,y,z の入力の仕方は, 2 通りの方法がある.

1 つめは, 1 次元の場合と同様に配列を用いたものであり, 同じ長さをもつ 3 つの配列 x,y,z でデータ点 (x_i, y_i, z_i) を入力する. 2 つめは, 点 x と y で 2 次元の格子点の座標を定義し, 対応する z を行列で定義する方法である. x 軸が 3 つの座標 $0, 1, 2$, y 軸が 2 つの座標 $0, 1$ をもつ格子点に対する関数値 $z = f(x, y)$ は, 2 行 3 列の行列の y 行 x 列の要素で与える. 例えば, 以下の 2 通りの点データは, 同じ入力を表す.

コード 6.32 配列を用いた入力

```
x = [0,1,2,0,1,2]
y = [0,0,0,1,1,1]
z = [1,2,3,4,5,6]
```

コード 6.33 行列を用いた入力

```
x = [0,1,2]
y = [0,1]
z = [[1,2,3], [4,5,6]]
```

問題 12

ある新製品の毎日の需要量を調べたところ, 表 6.4 のようになっていることが分かった. ただし表内の - は需要を調べるのを忘れたことを表す. 適当な補間を用いて, 情報のない日の需要量を予測せよ.

表 6.4 新製品の日別の需要量(- は欠損値)

日	1	2	3	4	5	6	7
需要量	23	25	-	28	-	-	35

問題 13

例題とは別の日の別のアトラクションの待ち時間の調査を行った. 待ち時間を 30 分おきに測定した結果は, 開園時刻を 0 とした Python のリストとして, 以下のように与えられている. 開園から閉園までの任意の時刻における待ち時間を Lagrange 補間と 3 次スプライン補間を用いて推定せよ. ただし, リスト内の NaN は "Not a Number"(数でないもの)を意味し, アトラクションが休止中であったことを表す.

コード 6.34 待ち時間リスト

```
[5,55,80,60,70,60,50,60,70,55,40,55,55,NaN,NaN,80,80,80,70,80,80,70,60,45,30,25,20,15]
```

6.5 積分

> あなたはテーマパークからアトラクションの待ち時間の調査を依頼された．前節で解説したスプライン 3 次補間で得られた関数を用いて 1 日の平均待ち時間を計算したい．どのようにしたらよいだろうか？

待ち時間の平均値は，1 日の延べ待ち時間を総時間で割ることによって得られる．延べ待ち時間は関数を積分することによって得られる．この問題は，本節を最後まで読めば簡単に解くことができる．

関数 $f(x)$ の区間 $[a,b]$ に対する 1 重定積分は，以下のように定義される．

$$\int_a^b f(x)\,dx$$

これは関数 $f(x)$ を表す曲線と x-軸，$x=a$，$x=b$ で囲まれる部分の面積を表す．

関数 $f(x,y)$ の 2 重積分は，区間 $[a,b]$ 内の関数 $g(x)$ と関数 $h(x)$ で囲まれる部分の面積であり，

$$\int_a^b (h(x)-g(x))\,dx = \int_a^b \int_{g(x)}^{h(x)} dy\,dx$$

と定義される．

SciPy のサブモジュール `integrate` は，定積分を行うための関数をまとめたものである．以下では，基本的な 1 重積分 `quad` と 2 重積分 `dblquad` を紹介するが，他にも 3 重積分，n 重積分など様々な関数が含まれる．

`quad` は Fortran 言語で書かれた QUADPACK を用いて 1 重定積分を求める．引数は以下の通り．

- `func` は積分を行う関数 f である．複数の引数をもつ関数を入力した場合には，第 1 引数についてのみ積分を行う．

- `a` は積分範囲 $[a,b]$ の下限 a を表す．$-\infty$ にしたい場合には，NumPy の`-inf` を用いる．

- `b` は積分範囲 $[a,b]$ の上限 b を表す．`b>a` である必要がある．$+\infty$ にしたい場合には，NumPy の `inf` を用いる．

返値は積分値と誤差のタプルである．

例として底辺の半径 $r=10\,\mathrm{cm}$，高さ $h=10\,\mathrm{cm}$ の円錐の体積を求めてみよう．頂点から底辺の中心への距離 x での断面の面積は πx^2 であるので，これを区間 $[0,10]$ で積分することによって，円錐の体積は，

$$\int_0^{10} \pi x^2\,dx$$

と計算できる．`quad` を用いたコードは以下のようになる．

6.5 積分

コード 6.35 円錐の体積

```
from scipy import integrate
import math
f = lambda x: math.pi*x**2
print( integrate.quad(f, 0, 10) )
>>>
(1047.1975511965977, 1.162622832669544e-11)
```

積分値は約 1047 であり，理論値 $\frac{1}{3}\pi r^2 h$ と一致することが分かる．

dblquad は Fortran 言語で書かれた QUADPACK を用いて 2 重定積分を求める．引数は以下の通り．

func は，少なくとも 2 つの変数（例えば x, y）をもつ関数 $f(x,y)$ である．

a は，第 1 引数である変数 x の積分範囲 $[a,b]$ の下限 a を表す．$-\infty$ にしたい場合には，NumPy の-inf を用いる．

b は，第 1 引数である変数 x の積分範囲 $[a,b]$ の上限 b を表す．b > a である必要がある．$+\infty$ にしたい場合には，NumPy の inf を用いる．

gfun は，第 2 引数である変数 y の積分範囲の下限を規定する関数 $g(x)$ である．

hfun は，第 2 引数である変数 y の積分範囲の上限を規定する関数 $h(x)$ である．

返値は積分値と誤差のタプルである．

例として面積 1 の正方形の都市に一様に住んでいる人たちが，正方形の中心にあるスーパーに行くときの距離の期待値を求めてみよう．正方形 $[0,1]^2$ 内の座標 x,y に住んでいる人の中心への距離は

$$\sqrt{\left(x-\frac{1}{2}\right)^2 + \left(y-\frac{1}{2}\right)^2}$$

と計算できるので，これを区間 $[0,1]^2$ で積分することによって，期待値が計算できる．x の積分範囲は $[0,1]$ でよいが，y の積分範囲は x の関数として与える必要があるので，ダミーの関数 g,h を作成して引数として渡していることに注意されたい．dblquad を用いたコードは以下のようになる．

コード 6.36 正方形の都市

```
f=lambda x,y: math.sqrt( (x-0.5)**2 +(y-0.5)**2 )
g=lambda x: 0.0
h=lambda x: 1.0
print( integrate.dblquad(f,0,1,g,h) )
>>>
(0.3825978582314068, 9.03883494374246e-09)
```

期待値は約 0.38259 であり，理論値 $\frac{1}{6}\left(\sqrt{2} + \log(1+\sqrt{2})\right)$ と一致する．ちなみに理論値の導出は大変な計算を必要とする．詳細は拙著『はじめての確率論』[5, p. 33] を参照されたい．

問題 14（楕円の面積）
楕円 $x^2 + y^2/10 \leq 1$ の面積を求めよ．

問題 15（円状の都市）
面積 1 の円状の都市に一様に住んでいる人たちが，円の中心にあるスーパーに行くときの距離の期待値を求めよ．ちなみに理論値は $\frac{2}{2\sqrt{\pi}}$ である [5, p. 31]．

問題 16（高速道路の修理車と故障車の位置）
区間 $[0, 1]$ の高速道路上に故障車が一様に発生しているものとする．修理車は高速道路上に 1 台あり，前に修理した位置にいて，どこでも U ターンしてかけつけることができる．故障車と修理車の距離の期待値を求めよ．ちなみに理論値は 1/3 である [5, p. 88]．

6.6 線形代数

6.6.1 基本

複素数：実数 a, b と**虚数単位** (imaginary unit) $j = \sqrt{-1}$ で表される数 $a + bj$ を**複素数** (complex number) という．a を実部，b を虚部という．複素数 $z = a + bj$ に対し，虚部の符号を入れ替えた数を複素共役な数といい，$\bar{z} = a - bj$ で表す．実数を虚部が 0 である複素数とみれば，任意の実数 $a \in \mathbf{R}$ について $a = \bar{a}$ である．

この節では SciPy のサブモジュール linalg で提供されている線形代数関連の関数を紹介する．NumPy でも同様にサブモジュール linalg で，線形代数関連の関数を提供しているが，scipy.linalg の関数は numpy.linalg の関数を含んでおり，線形代数のための既存の計算ライブラリー LAPACK や BLAS を標準で使っているなどの利点があるので，numpy.linalg でなく scipy.linalg を使うよう推奨されている．本書でも numpy.linalg ではなく scipy.linalg を利用する．

なお本節で解説する内容は線形代数に関するもので，利用するものは 1 次元配列（ベクトル）または 2 次元配列（行列）である．また，この節での各コードでは，numpy と scipy.linalg モジュールを次の import コマンドでインポートすることを前提とする．重複を避けるために各コードでは省略してある．

```
import numpy as np
import scipy.linalg as linalg
```

逆行列 (inverse)：A を n 次正方行列とする．A の**逆行列** (inverse) とは，$AB = BA = I$ を満たす n 次正方行列 B のことを言い，通常 A^{-1} と書く．ただし I は n 次単位行列である．どんな n 次正方行列にも必ず存在するわけではなく，逆行列が存在するような正方行列 A のことを**正則行列**

(regular matrix) という．$A = \begin{bmatrix} 1 & -1 & -1 \\ -1 & 1 & -1 \\ -1 & -1 & 1 \end{bmatrix}$ は正則行列であるが，$B = \begin{bmatrix} 2 & -1 & -1 \\ -1 & 2 & -1 \\ -1 & -1 & 2 \end{bmatrix}$ は正則行列ではない．これらをコード 6.37 で確かめる．つかう関数は `linalg.inv` である．

コード 6.37　`linalg.inv` の使用例

```
A = np.array([[1,-1,-1],[-1,1,-1],[-1,-1,1]])
print(linalg.inv(A))
print(np.dot(A,linalg.inv(A)))
>>>
[[ 0.  -0.5 -0.5]
 [-0.5  0.  -0.5]
 [-0.5 -0.5  0. ]]
[[ 1.  0.  0.]
 [ 0.  1.  0.]
 [ 0.  0.  1.]]

B = np.array([[2,-1,-1],[-1,2,-1],[-1,-1,2]])
print(linalg.inv(B))
print(np.dot(B,linalg.inv(B)))
>>>
LinAlgError                Traceback (most recent call last)
・・・以下省略・・・
```

ここで `np.dot(a,b)` は行列としての積である．正則行列ではない行列でも行列式が値を持ってしまうと逆行列を計算しようとするようで，その場合には値が不安定になる．まず `linalg.det` で行列式を計算し（後述する），その値が非常に小さい場合は逆行列の計算をやめるなどの注意が必要である．

線形方程式 (linear equation)：`linalg.solve` という関数を用いて線形方程式を解くことができる．次のような例を考えよう．

$$\begin{cases} x + 3y - 2z = -2 \\ 2x + 2y - z = 1 \\ 3x - y + z = 5 \end{cases}$$

この問題は行列とベクトルを用いて以下のように書き表すことができる．

$$Ax = b, \quad A = \begin{bmatrix} 1 & 3 & -2 \\ 2 & 2 & -1 \\ 3 & -1 & 1 \end{bmatrix}, x = \begin{bmatrix} x \\ y \\ z \end{bmatrix}, b = \begin{bmatrix} -2 \\ 1 \\ 5 \end{bmatrix}$$

これを解くには式 $Ax = b$ の両辺に A の逆行列（存在するならば）を掛ける方法もあるが，数値的にも安定していてより高速な `linalg.solve` を利用する．コード 6.38 は実行例である．

第 6 章　科学技術計算モジュール SciPy

コード 6.38　linalg.solve の使用例

```
A = np.array([[1,3,-2],[2,2,-1],[3,-1,1]])
b = np.array([-2,1,5])

print(linalg.solve(A,b))
print(np.dot(linalg.inv(A),b))  # A^-1 b の計算
>>>
[ 1.  1.  3.]
[ 1.  1.  3.]
```

ヘルプで linalg.solve の引数を確認しておく．linalg.solve(a, b, sym_pos=False, lower=False, overwrite_a=False,debug=False, check_finite=True) である．a として $m \times m$ 行列を表す 2 次元配列，b として右側ベクトルを表す長さ m の 1 次元配列または，それらを集めた $m \times n$ 行列である．sym_pos は対称正定値行列のとき True で渡し，既定値は False である．lower を True で渡すと行列の下半分のデータしか使わない．a が下 3 角行列の場合などのときである．overwrite_a や overwrite_b を True にして渡すと a や b が書き変わり，パフォーマンスが上がる可能性がある．check_finite を True にすると行列の成分が有限の値かどうかチェックする．

右側定数 b として単位行列を指定すれば linalg.solve は逆行列を返す．次のコード 6.39 はその例である．

コード 6.39　linalg.solve を使った逆行列の計算

```
A = np.array([[1,3,-2],[2,2,-1],[3,-1,1]])
b = np.identity(3)

x = linalg.solve(A,b)
print(x)
print(np.dot(A,x))
>>>
[[ 0.5 -0.5  0.5]
 [-2.5  3.5 -1.5]
 [-4.   5.  -2. ]]
[[  1.00000000e+00   4.44089210e-16  -1.66533454e-16]
 [  4.44089210e-16   1.00000000e+00   5.55111512e-16]
 [  0.00000000e+00   0.00000000e+00   1.00000000e+00]]
```

行列式 (determinant)：A を n 次正方行列とする．A の**行列式** (determinant) は $\det(A)$ や $|A|$ で表す．linalg.det という関数で計算することができる．行列式の定義や計算方法は本書の範疇ではないので省略する．また，行列式が 0 でない A の部分正方行列のうち最大の次数を A のランクといい，$\text{rank}(A)$[4] で表す．逆行列，線形方程式，行列式，行列のランクについて以下が成り立つ．

A を n 次正方行列とする．次の 4 つは同値である．

---

[4] rank を計算する関数として scipy.linalg にはないが np.lialg.matrix_rank がある．

1. A は逆行列を持つ.

2. 任意の右側定数ベクトル b に対して,線形方程式 $Ax = b$ は唯一解を持つ.

3. $\det(A) \neq 0$ である.

4. A のランク:つまり $\mathrm{rank}(A) = n$ である.

SciPy の linalg モジュール内の関数 inv や solve は,多少数値的に不安定でも計算を実行してしまうようである.inv や solve の結果が十分信頼できるものかどうか,前もって det(A) を計算しておくとよいかもしれない.実際次のコード 6.40 での行列 A は,行列式が 0 となり逆行列を持たず,さらに線形方程式の解を持つかどうか分からないにも関わらず計算してしまう.

コード 6.40　数値的に不安定な例

```
A = np.array([[1,2,3],[4,5,6],[7,8,9]])
b = np.array([-2,1,5])

print(linalg.inv(A))
print(linalg.solve(A,b))
print(linalg.det(A))
>>>
[[ -4.50359963e+15   9.00719925e+15  -4.50359963e+15]
 [  9.00719925e+15  -1.80143985e+16   9.00719925e+15]
 [ -4.50359963e+15   9.00719925e+15  -4.50359963e+15]]
[ -4.50359963e+15   9.00719925e+15  -4.50359963e+15]
0.0
```

次のように,各行が初項 1 の等比数列になっているような行列を **Vandermonde 行列** (Vandermonde matrix) という (4.2.3 節参照).

$$\begin{bmatrix} 1 & x_1^1 & x_1^2 & \cdots & x_1^{N-1} \\ 1 & x_2^1 & x_2^2 & \cdots & x_2^{N-1} \\ 1 & x_3^1 & x_3^2 & \cdots & x_3^{N-1} \\ & & & \ddots & \\ 1 & x_n^1 & x_n^2 & \cdots & x_n^{N-1} \end{bmatrix}$$

np.verder(x,N=None, increasing=False) は,各行の公比を並べた配列 x と列数 N となる Vandermonde 行列を生成する.正方行列の場合つまり $N - 1 = n$ のとき,Vandermonde の行列式は以下の式で計算される.

$$\text{Vandermonde の行列式} = \prod_{j>i}(x_j - x_i)$$

次のコード 6.41 では,Vandermonde の行列式を 2 通りの方法で計算している.

コード 6.41　Vandermonde の行列式

```
L = np.arange(5.0)
a = np.array([L[j]−L[i] for i in range(len(L)) for j in range(len(L)) if j>i])
print(a.prod())
>>>
288.0

A = np.vander(L)
print(np.linalg.det(A))
>>>
288.0
```

ノルム (norm)：SciPy の `linalg.norm` 関数は，引数を調節することによって様々なノルムを計算する．`linalg.norm(x,ord)` は，x が 1 次元配列ならばベクトルとしてのノルムを返し，2 次元配列ならば行列としてのノルムを返す．ord によって次数を指定する．x の形と ord の値によって，`linalg.norm` がどのような値を返すかを表 6.5 に示す．

表 6.5　`linalg.norm` 関数の引数について

ord の値	x がベクトルのとき	x が行列のとき
None	Euclid ノルム	Frobenius ノルム
'fro'		Frobenius ノルム
inf	max(abs(x))	max(sum(abs(x), axis=1))
-inf	min(abs(x))	min(sum(abs(x), axis=1))
0	sum(x != 0)	
1	1-ノルム	max(sum(abs(x), axis=0))
−1	(−1)-ノルム	min(sum(abs(x), axis=0))
2	2-ノルム	最大特異値
−2	(−2)-ノルム	最小特異値
その他	ord-ノルム	

$x \in \mathbf{R}^n$ をベクトル，p を $1 \leq p < \infty$ となる実数とする．一般に p-ノルム $||x||_p$ は以下のように定義される．

$$||x||_p = \left(\sum_{i=1}^{n} |x_i|^p \right)^{\frac{1}{p}}$$

特に $p = \infty$ のとき，$||x||_p = \max_{1 \leq i \leq n} |x_i|$ となる．通常 $p < 1$ の範囲では定義されないが，便宜上表 6.5 のように計算する．地点 X と Y との Manhattan 距離はベクトル $\overrightarrow{XY}$ の 1-ノルムつまり，$||\overrightarrow{XY}||_1$ に対応する．

$A = [a_{ij}]$ を $m \times n$ 行列とする．A の **Frobenius ノルム** (Frobenius norm)$||A||_F$ とは次のように定義された値である．

$$||A||_\mathrm{F} = \sqrt{\sum_{i=1}^{m}\sum_{j=1}^{n}|a_{ij}|^2}$$

$||A||_\mathrm{F} = \mathrm{trace}(A^*, A)$ が成り立つことは容易に確かめられる．ここで $\mathrm{trace}(A)$ は A の固有和で，対角成分の和を表す．コード 6.42 に `linalg.norm` の実行例を示す．

コード 6.42　ベクトル，行列のノルム

```
x = np.array([0,0])
y = np.array([3,4])
A = np.arange(9).reshape(3,3)

print('Euclid-norm(x-y):',linalg.norm(x-y))
print('1-norm(x-y):',linalg.norm(x-y,1))
print('inf-norm(x-y):',linalg.norm(x-y,np.inf))
print('2-norm(A):',linalg.norm(A,2))
print('1-norm(A):',linalg.norm(A,1))
print('inf-norm(A):',linalg.norm(A,np.inf))
print('fro-norm(A):',linalg.norm(A,'fro'))
print('root(trace(A*A)):',np.sqrt(np.trace(np.dot(A.T,A))))
>>>
Euclid-norm(x-y): 5.0
1-norm(x-y): 7
inf-norm(x-y): 4
2-norm(A): 14.2267073908
1-norm(A): 15
inf-norm(A): 21
fro-norm(A): 14.2828568571
root(trace(A*A)): 14.2828568571
```

6.6.2　行列の分解

固有値 (eigenvalues)・**固有ベクトル** (eigenvectors)：固有値・固有ベクトルを求める問題は，線形代数の分野では最も頻繁に解かれる問題の 1 つである．正方行列 A をに対して

$$Ax = \lambda x$$

を満たすスカラー λ を**固有値** (eigen value) といい，x を固有値 λ に関する**固有ベクトル** (eigen vector) という．任意の $n \times n$ 正方行列 A に対して，固有値 λ は次の**特性多項式** (characteristic polynomial) の n 個の根である（すべて異なるとは限らない）．

$$|A - \lambda I| = 0$$

ここで I は $n \times n$ の単位行列である．固有ベクトルは，**右固有ベクトル**とよばれ次のような**左固有ベクトル**と区別されることがある．

$$y^T A = \lambda y^T$$

SciPyのlinalg.eigは固有値λと固有ベクトルxを返す．関数linalg.eigvalsは固有値λのみを返す．さらにlinalg.eig関数は，以下のようなより一般的な固有値問題を解くことができる．

$$Ax = \lambda Bx$$
$$A^T y = \lambda B^T y$$

$B = I$とすれば元々の固有値問題であるので，これらは一般化された固有値問題である．一般化された固有値問題を解くことができたとき正方行列Xを，固有ベクトルを列ベクトルとした行列とし，Λを対角に固有値をならべた行列とするとAは

$$A = BX\Lambda X^{-1}$$

と表すことができる．

固有ベクトルの定義から，xがある固有値λに対する固有ベクトルならば，定数倍したベクトルもまたλに対する固有ベクトルとなる．SciPyでは固有ベクトルをEuclidノルムが1になるようにつまり，$||x||_2 = (\sum_i |x_i|^2)^{\frac{1}{2}} = 1$となるように固有ベクトルを計算している．

$$A = \begin{bmatrix} 1 & 1 & 1 \\ 1 & 2 & 3 \\ 1 & 4 & 9 \end{bmatrix}$$

の固有値，固有ベクトルを，SciPyを使って計算してみよう．

コード 6.43　固有値・固有ベクトルを求める

```
A = np.array([[1,1,1],[1,2,3],[1,4,9]])

(v,X) = linalg.eig(A)
print(v)
>>>
[ 10.60311024+0.j   1.24543789+0.j   0.15145187+0.j]

print(X)
>>>
[[-0.132363   -0.72999807  0.57300039]
 [-0.34005127 -0.56448038 -0.76916357]
 [-0.9310452   0.38531119  0.28294516]]

V = np.diag(v)
B = np.dot(X,np.dot(V,linalg.inv(X)))
print(B)
>>>
[[ 1.+0.j  1.+0.j  1.+0.j]
 [ 1.+0.j  2.+0.j  3.+0.j]
```

```
 [ 1.+0.j  4.+0.j  9.+0.j]]
```

固有値はそれぞれ $\lambda_1 = 10.60311024$, $\lambda_2 = 1.24543789$, $\lambda_3 = 0.15145187$ であると計算された.また固有値を列ベクトルとした行列 X と固有値が対角に並んでいる行列 V によって $A = XVX^{-1}$ であることが確かめられている.この固有値・固有ベクトルによる分解で,A のベキ乗が効率よく計算され,初期値問題などに利用される.

特異値分解 (singular value decomposition):**特異値分解** (singular value decomposition, SVD) は,固有値・固有ベクトルによる分解を正方行列ではない行列 A に対して拡張したものと考えることができる.A を $m \times n$ 行列としよう.行列 A^*A と AA^* はどちらも正方行列で **Hermite 行列** (Hermitian matrix) となる.ここで行列 A に対して,A^* は共役転置行列であり,A が Hermite 行列であるとは,$A = A^*$ が成り立つことである.NumPy では A^* は `np.conj(A).T` で求められる.

Hermite 行列の固有値はすべて非負の実数であることが知られている.さらに異なる非ゼロの固有値は,せいぜい $\min(m, n)$ 個である.それら正の固有値を σ_i^2 としたとき,固有値の 2 乗根 σ_i を**特異値** (singular value) という.V を A^*A の固有ベクトルを列ベクトルとして並べた行列,U を AA^* の固有ベクトルを列ベクトルとして並べた行列,Σ を対角に特異値を並べた $m \times n$ 行列とすると,

$$A = U\Sigma V^*$$

が成り立つ.これを A の特異値分解と言う.コード 6.44 に例を示す.

コード 6.44 特異値分解の例

```
A = np.array([[1,2,3],[4,5,6]])
print('A =',A)
>>>
A = [[1 2 3]
 [4 5 6]]

m,n = A.shape
U, s, Vs = linalg.svd(A)
S = linalg.diagsvd(s,m,n)
print('U =',U);
print('S =',S)
print('V*=',Vs)
print('U . S. V*=\n', U @ S @ Vs)
>>>
U = [[-0.3863177  -0.92236578]
 [-0.92236578  0.3863177 ]]
S = [[ 9.508032    0.          0.        ]
 [ 0.          0.77286964  0.        ]]
V*= [[-0.42866713 -0.56630692 -0.7039467 ]
 [ 0.80596391  0.11238241 -0.58119908]
 [ 0.40824829 -0.81649658  0.40824829]]
U . S. V*=
```

```
[[ 1.  2.  3.]
 [ 4.  5.  6.]]
```

linalg.svd が特異値分解の関数である．行列を引数として，上の説明の行列 U，特異値の配列 s，V^* を返す．また linalg.diagsvd(s,m,n) は，特異値の配列から行列 Σ を作るための関数である．

LU 分解 (LU factorization)：関数 linalg.lu_factor は正方行列 A を LU 分解する．つまり任意の入力行列 A に対して，$A = PLU$ となる置換行列 P，対角成分がすべて 1 の下 3 角行列 L，上 3 角行列 U を求める．このように行列 A を LU 分解しておくと，線形方程式 $Ax = b$ を解く代わりに $PLUx = b$ を次のステップで解くと非常に効率よく解ける．

1. $LUx = y$ で置き換えて $Py = b$ を y について解く．

2. 1. で解いた y を b' として，$LUx = b'$ を考える．$Ux = z$ と置き換えて，$Lz = b'$ を z について解く．

3. 2. で解いた z を b'' として，$Ux = b''$ を解く．

1. に関して，P は置換行列なので n の線形オーダーの計算量で解ける．2. に関して，L は下 3 角行列なので n^2 のオーダーの計算量で解ける．3. に関して，U は上 3 角行列なので n^2 のオーダーの計算量で解ける．以上のように，一度行列 A を LU 分解してしまえばその行列を係数行列とする線形方程式は比較的効率よく（n^2 のオーダーの計算量で）解くことができるというメリットがある．係数行列 A を変えずに右側ベクトル b を変えて何度も線形方程式を解かなければならないときにメリットがある．LU 分解後の P, L, U 行列と右側ベクトル b を入力として方程式 $PLUx = b$ を解くための関数が linalg.lu_solve である．次の行列 A を考える．

$$A = \begin{bmatrix} 5 & 1 & 1 & 1 & 1 \\ 1 & 1 & 0 & 0 & 0 \\ 1 & 0 & 1 & 0 & 0 \\ 1 & 0 & 0 & 1 & 0 \\ 1 & 0 & 0 & 0 & 1 \end{bmatrix}$$

この A に対する LU 分解：$A = PLU$ は

$$P = I, L = \begin{bmatrix} 1 & 0 & 0 & 0 & 0 \\ \frac{1}{5} & 1 & 0 & 0 & 0 \\ \frac{1}{5} & -\frac{1}{4} & 1 & 0 & 0 \\ \frac{1}{5} & -\frac{1}{4} & -\frac{1}{3} & 1 & 0 \\ \frac{1}{5} & -\frac{1}{4} & -\frac{1}{3} & -\frac{1}{2} & 1 \end{bmatrix}, U = \begin{bmatrix} 5 & 1 & 1 & 1 & 1 \\ 0 & \frac{4}{5} & -\frac{1}{5} & -\frac{1}{5} & -\frac{1}{5} \\ 0 & 0 & \frac{3}{4} & -\frac{1}{4} & -\frac{1}{4} \\ 0 & 0 & 0 & \frac{2}{3} & -\frac{1}{3} \\ 0 & 0 & 0 & 0 & \frac{1}{2} \end{bmatrix}$$

となる．ここで I は単位行列である．さらに linalg.lu_solve を使って方程式を解いてみる．コード 6.45 は実行例である．

6.6 線形代数

コード 6.45 LU 分解の例

```
A = np.identity(5)
A[0,:] = 1; A[:,0] = 1; A[0,0] = 5;
b = np.ones(5)
print(A)
>>>
[[ 5.  1.  1.  1.  1.]
 [ 1.  1.  0.  0.  0.]
 [ 1.  0.  1.  0.  0.]
 [ 1.  0.  0.  1.  0.]
 [ 1.  0.  0.  0.  1.]]

(LU,piv) = linalg.lu_factor(A)
print((LU,piv))
>>>
(array([[ 5.        ,  1.        ,  1.        ,  1.        ,  1.        ],
        [ 0.2       ,  0.8       , -0.2       , -0.2       , -0.2       ],
        [ 0.2       , -0.25      ,  0.75      , -0.25      , -0.25      ],
        [ 0.2       , -0.25      , -0.33333333,  0.66666667, -0.33333333],
        [ 0.2       , -0.25      , -0.33333333, -0.5       ,  0.5       ]]),
 array([0, 1, 2, 3, 4], dtype=int32))

L = np.identity(5)+np.tril(LU,-1)
U = np.triu(LU)
P = np.identity(5)[piv]

print(np.dot(np.dot(P,L),U))
[[ 5.00000000e+00  1.00000000e+00  1.00000000e+00  1.00000000e+00
   1.00000000e+00]
 [ 1.00000000e+00  1.00000000e+00  0.00000000e+00  0.00000000e+00
   0.00000000e+00]
 [ 1.00000000e+00  0.00000000e+00  1.00000000e+00  0.00000000e+00
   1.38777878e-17]
 [ 1.00000000e+00  0.00000000e+00  0.00000000e+00  1.00000000e+00
   0.00000000e+00]
 [ 1.00000000e+00  0.00000000e+00  0.00000000e+00  0.00000000e+00
   1.00000000e+00]]

x = linalg.lu_solve((LU,piv),b)
print(x)
>>>
[-3.  4.  4.  4.  4.]
```

linalg.lu_factor(a,overwrite_a=False,check_finite=True) のように引数は 3 つである．a は入力行列，overwite_a=True とすると a の書き換えを許し，パフォーマンスが向上するかもしれないとしている．check_finite は有界な数のみを含む行列かどうかのチェックをする．

戻り値は P,L,U であるが注意が必要だ．まず L,U に関しては，L が対角が 1 の下 3 角行列で U が

上3角行列であるのでほぼ半分が冗長である．LとU別々の行列ではなく，対角部分でつなげて1つの行列 LU としたものが返される．またPに関しては，これも置換行列そのものではなく1〜nの順列 piv が返される．Pのi番目の行が単位行列の piv[i] 番目の行であるという意味である．LUとpiv のタプル (LU,piv) が返される．

linalg.lu_factor の戻り値が linalg.lu_solve の最初の引数となる．linalg.lu_solve((LU, piv),b) は先に説明した LU 分解された行列で方程式 $PLUx = b$ を解く．

Cholesky 分解 (Cholesky factorization)：A を実数値対称 n 次正方行列とする．A が正定値行列ならば，A は対角成分が全て正となる下3角行列 L とその転置行列 L^T の積：$A = LL^T$ に一意に分解される．これを実対称正定値行列の Cholesky 分解という．ただし A が正定値行列であるとは，任意の n 次元ベクトル $x(\neq 0)$ に対して $x^T A x > 0$ が成り立つことである．Cholesky 分解は，LU 分解の特殊ケースであると考えられる．

さらにこの考え方は，複素数を成分とする行列に自然に拡張できる．n 次正方行列 A を Hermite 行列とする．A が正定値行列ならば，A は対角行列が全て正となる下3角行列 L とその共役転置行列 L^* の積：$A = LL^*$ に一意に分解される．

コード 6.46 にこれらの例をあげる．使う関数は linalg.cholesky である．なお SciPy の Cholesky 分解は，$A = U^*U$ のように上3角行列 U を使った分解が既定値なので注意が必要である．

コード 6.46　linalg.cholesky の例

```
A = np.array([[2,1],[1,3]])
U = linalg.cholesky(A)
print(U)
print(np.dot(U.T,U))
>>>
[[ 1.41421356  0.70710678]
 [ 0.          1.58113883]]
[[ 2.  1.]
 [ 1.  3.]]


B = np.array([[2,1+1j],[1-1j,3]])
L = linalg.cholesky(B,lower=True)
print(L)
print(np.dot(L, np.conj(L).T))
>>>
[[ 1.41421356+0.j          0.00000000+0.j        ]
 [ 0.70710678-0.70710678j  1.41421356+0.j        ]]
[[ 2.+0.j  1.+1.j]
 [ 1.-1.j  3.+0.j]]
```

QR 分解 (QR decomposition)：$m \times n$ 行列 A の **QR 分解** (QR decomposition) とは，$A = QR$ を満たす $m \times m$ ユニタリ行列 Q と $m \times n$ の上3角行列 R を求めることである．ここで，Q がユニ

タリ行列 (unitary matrix) であるとは，$QQ^* = Q^*Q = I$ を満たすことを言う．$A = U\Sigma V^*$ となる A の特異値分解がわかっていれば，$Q = U$, $R = \Sigma V^*$ で求めることができる．SciPy の QR 分解を求めるための関数は `linalg.qr` であり，これは特異値分解を求めるための関数 `linalg.svd` とは独立である．コード 6.47 に QR 分解の例を示す．

コード 6.47 `linalg.qr` の例

```
A = np.array([[1,2,3],[4,5,6]])
print('A =',A)
>>>
A = [[1 2 3]
 [4 5 6]]

Q, R = linalg.qr(A)
print('Q =\n',Q)
print('R =\n',R)
print('Q.R =\n', Q @ R)
print('Q.Q *=\n', Q @ np.conj(Q).T)
>>>
Q =
 [[-0.24253563 -0.9701425 ]
  [-0.9701425   0.24253563]]
R =
 [[-4.12310563 -5.33578375 -6.54846188]
  [ 0.         -0.72760688 -1.45521375]]
Q.R =
 [[ 1.  2.  3.]
  [ 4.  5.  6.]]
Q.Q *=
 [[  1.00000000e+00   2.22044605e-16]
  [  2.22044605e-16   1.00000000e+00]]
```

6.6.3 その他

最小 2 乗解の計算 (least-squares solution)：A を $m \times n$ 行列とし，b を m 次元ベクトルとする．関数 `linalg.lstsq(A,b)` は，$Ax - b$ の l_2 ノルムが最小となる x を計算する．戻り値は (x,resid, rank,s) で，それぞれ x は A の列ベクトルの係数，resid は最小ノルムの 2 乗つまり $||Ax - b||^2$，rank は A のランク，s は A の特異値からなる配列である．

この関数 `linalg.lstsq` を使って，観測データへの関数近似が以下のように可能となる．通常これは最小 2 乗法とよばれる．ここでの例では，乱数により架空の 2 次元データを作り出し，それに多項式を最小 2 乗法で当てはめる．次のコードは乱数で架空のデータを作るものである．

コード 6.48 乱数で架空のデータを作る

```
%matplotlib inline
import numpy as np
import scipy.linalg as linalg
```

```
import matplotlib.pyplot as plt

np.random.seed(0)
a3, a2, a1, a0 = 1.0, -3.0, -6.0, 2.0
xi = np.linspace(-3,4,10)
yi = a3*xi**3 + a2*xi**2 + a1*xi + a0
zi = yi +2.0*np.max(yi)*np.random.randn(len(yi))
```

xi に等間隔のデータの x 座標が，zi に乱数で発生させた誤差を含めたデータの y 座標が入っている．

このデータ (xi,zi) に 3 次の多項式を最小 2 乗法であてはめることを考える．2 乗誤差の和

$$\sum_{i=1}^{n} |\text{a3xi}^3 + \text{a2xi}^2 + \text{a1xi} + \text{a0} - \text{zi}|^2$$

を最小にする係数 a3,a2,a1,a0 を求めればよい．そのために行列 A を各 i 行が [xi[i]**3, xi[i]**2,xi[i],1] からなる行列，b = zi として関数 linalg.lstsq(A,b) を呼び出す．行列 A を作るには np.vander(xi,4) とすればよい．戻り値として行列の係数を受け取り，得られた係数から当てはめられた 3 次関数のグラフを描く．これらを実行したのが次のコード 6.49 である．

コード 6.49　3 次関数の当てはめ

```
A = np.vander(xi,4)
c, resid, rank, sigma = linalg.lstsq(A,zi)

xi2 = np.linspace(-3,4,100)
yi2 = c[0]*xi2**3 + c[1]*xi2**2 + c[2]*xi2 + c[3]

plt.plot(xi,zi,'x',xi2,yi2)
plt.xlabel('$x_i$')
plt.title('Data fitting with linalg.lstsq')
plt.show()
```

最後の plt.show コマンドで図 6.17 が得られる．

なお係数 c については，次に説明する擬似逆行列と b の係数のドット積でも求められることが確かめられる．

擬似（一般化）逆行列 (pseudo-inverse matrix, generalized inverse matrix)：A を $m \times n$ 行列とする．A に対して

$$AA^+A = A$$

を満たす $n \times m$ 行列 A^+ を，**擬似（一般化）逆行列** (pseudo-inverse or generalized inverse matrix) 行列という．擬似逆行列のうちさらに次の 3 つの式を満たすものを **Moore–Penrose の擬似逆行列** (Moore–Penrose paeudo-inverse matrix) といい，任意の A に対して唯一に決まる．

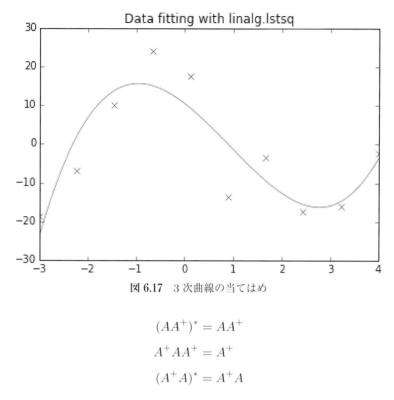

図 6.17　3 次曲線の当てはめ

$$(AA^+)^* = AA^+$$
$$A^+AA^+ = A^+$$
$$(A^+A)^* = A^+A$$

関数 linalg.pinv は上記の Moore-Penrose の擬似逆行列を最小 2 乗解を求めるための linalg.lstsq を用いて計算する．コード 6.50 に関数 linalg.pinv を使った最小 2 乗係数 c を求める例を示す．

コード 6.50　係数の別の求め方

```
np.allclose(c,np.dot(linalg.pinv(A),zi))
>>>
True
```

正規直交基底 (orthonormal basis)：長さがすべて 1 であり，異なるベクトル同士がすべて直交するような基底を**正規直交基底** (orthonormal basis) という．linalg.orth(A) は，行列 A の列ベクトルが張る部分空間の正規直交基底を特異値分解 (linalg.svd) を用いて求める．コード 6.51 に実行例を示す．

コード 6.51　linalg.orth の例

```
A = np.array([[1,1,2],[1,3,-1],[0,1,1]])
OA = linalg.orth(A)
U, S, V = linalg.svd(A)

print('A = ',A)
print('orth(A):', OA)
print('orth(A).T dot A \n',np.dot(OA.T,OA))
print('U: ',U)
```

```
>>>
A = [[ 1  1  2]
 [ 1  3 -1]
 [ 0  1 . 1]]
orth(A): [[-0.39543728   0.80500544  -0.44226191]
 [-0.87521453  -0.47631006  -0.08442901]
 [-0.27861961   0.35368767   0.89290321]]
orth(A).T dot A
 [[  1.00000000e+00   2.08166817e-16  -3.05311332e-16]
 [  2.08166817e-16   1.00000000e+00   0.00000000e+00]
 [ -3.05311332e-16   0.00000000e+00   1.00000000e+00]]
U: [[-0.39543728   0.80500544  -0.44226191]
 [-0.87521453  -0.47631006  -0.08442901]
 [-0.27861961   0.35368767   0.89290321]]
```

疎行列 (sparse matrix)：ほとんどの成分が 0 であるような行列を**疎行列** (sparse matrix) という．疎行列の計算を行う場合，非ゼロ成分のみのデータを蓄え扱うことによって，計算効率を改善することができる．scipy のサブモジュール scipy.sparse は，疎行列を格納するためのデータ構造や，それらデータ構造を有効に活用した計算手法を提供する．

疎行列を効率よく格納するためのデータ構造，疎行列クラスについて，その主だったものの格納方式と特徴を表 6.6 に示す．

表 6.6 主な疎行列クラスとその特徴

疎行列クラス	特徴
coo_matrix	COOrdinate format. i 番目の非ゼロ成分の行，列インデックスがそれぞれ row[i], col[i]．i 番目の非ゼロ成分のデータが data[i]．スライスや演算は行えない．生成と他クラスへの変換を想定している．
lil_matrix	LInked List format. rows に非ゼロ要素に対する列のインデックスが整列してある．data には，非ゼロ成分自体が rows にあうように．他の疎行列クラスへの変換が効率的に行える．スライスを用いた様々なデータ切出しに対応．行列の和や積などの演算は遅い．主に生成のために利用される．
csc_matrix	Compressed Sparse Column format. 列 j の非ゼロ成分に対応する行のインデックスが indices[indptr[j]:indptr[j+1]] に，データ自体が data[indptr[j]:indptr[j+1]] に格納されている．成分の重複が許される（(i,j) 成分に 2 つ以上のデータを許す）．列のスライスは効率がよい．算術演算は効率がよい（CSC+CSC, CSC*CSC など）．このクラスを使った行列とベクトル演算は効率がよい．
csr_matrix	Compressed Sparse Row format. 行 i の非ゼロ成分に対応する行のインデックスが indices[indptr[i]:indptr[i+1]] に，データ自体が data[indptr[i]:indptr[i+1]] に格納されている．成分の重複が許される（同じ成分に 2 つ以上のデータを許す）．行のスライスは効率がよい．算術演算は効率がよい（CSR+CSR, CSR*CSR など）．このクラスを使った行列とベクトル演算は効率がよい．

コード 6.52 と 6.53 で，これらの疎行列のデータ構造を確認する．

6.6 線形代数

コード 6.52 `coo_matrix` の例

```
from scipy import sparse
row = np.array([0,1,1,1,2,3,3])
col = np.array([2,0,1,2,2,1,3])
data = np.array([2j, 1, 1+1j,1+2j, 2+2j,3+1j,3+3j])
COO = sparse.coo_matrix((data,(row,col)))
print(COO)
print(COO.toarray())
>>>
  (0, 2)    2j
  (1, 0)    (1+0j)
  (1, 1)    (1+1j)
  (1, 2)    (1+2j)
  (2, 2)    (2+2j)
  (3, 1)    (3+1j)
  (3, 3)    (3+3j)
[[ 0.+0.j  0.+0.j  0.+2.j  0.+0.j]
 [ 1.+0.j  1.+1.j  1.+2.j  0.+0.j]
 [ 0.+0.j  0.+0.j  2.+2.j  0.+0.j]
 [ 0.+0.j  3.+1.j  0.+0.j  3.+3.j]]
```

まずコード 6.52 では，非ゼロ成分のデータ data とそれらに対応する行と列のインデックス row と col を NumPy の配列で準備している．タプル (data, (row,col)) でコンストラクタ sparse.coo_matrix に渡せば coo_matrix クラスの疎行列ができる．

コード 6.53 では，コード 6.52 で作った coo_matrix クラスの疎行列を，lil_matrix, csc_matrix, csr_matrix クラスに変換し，それぞれのクラスのデータ構造を参照している．表 6.6 の特徴に合致しているのがわかる．

コード 6.53 疎行列クラスのデータ構造

```
LIL = COO.tolil()
print(LIL.rows)
print(LIL.data)
>>>
[[2] [0, 1, 2] [2] [1, 3]]
[[2j] [(1+0j), (1+1j), (1+2j)] [(2+2j)] [(3+1j), (3+3j)]]

CSC = LIL.tocsc()
print(CSC.indices)
print(CSC.indptr)
print(CSC.data)
>>>
[1 1 3 0 1 2 3]
[0 1 3 6 7]
[ 1.+0.j  1.+1.j  3.+1.j  0.+2.j  1.+2.j  2.+2.j  3.+3.j]

CSR = LIL.tocsr()
print(CSR.indices)
```

```
print(CSR.indptr)
print(CSR.data)
>>>
[2 0 1 2 2 1 3]
[0 1 4 5 7]
[ 0.+2.j  1.+0.j  1.+1.j  1.+2.j  2.+2.j  3.+1.j  3.+3.j]
```

さらに次のコード 6.54 は，各疎行列のクラスのメモリ消費量を確認するためのコードである．非ゼロ成分が 1% である 3000×3000 の行列を格納するのに必要なメモリ容量を表示した．比較として NumPy の配列についても表示している．

コード 6.54　疎行列クラスのメモリ消費

```
N = 3000
m = sparse.rand(N, N, density=0.01)

COO = m.copy()
LIL = m.tolil()
CSC = m.tocsc()
CSR = m.tocsr()
AR = m.toarray()
print(COO.nonzero)

print('The sparse matrix: COO data size: ' + str(COO.data.nbytes/1000) + ' kbytes')
print('The sparse matrix: LIL data size: ' + str(LIL.data.nbytes/1000) + ' kbytes')
print('The sparse matrix: CSC data size: ' + str(CSC.data.nbytes/1000) + ' kbytes')
print('The sparse matrix: CSR data size: ' + str(CSR.data.nbytes/1000) + ' kbytes')
print('The numpy array: AR data size: ' + str(AR.nbytes/1000) + ' kbytes')
>>>
<bound method spmatrix.nonzero of <3000x3000 sparse matrix of type '<class 'numpy.float64'>'
    with 90000 stored elements in COOrdinate format>>
The sparse matrix: COO data size: 720.0 kbytes
The sparse matrix: LIL data size: 24.0  kbytes
The sparse matrix: CSC data size: 720.0 kbytes
The sparse matrix: CSR data size: 720.0 kbytes
The numpy array: AR data size: 72000.0 kbytes
```

最後に疎行列クラスを使った計算効率の測定を行う．異なる疎行列クラス同士の計算は非効率であることがわかっているので，`lil_matrix`, `csc_matrix`, `csr_matrix`, `ndarray` を対象に，それぞれの行列同士の和，積，1次方程式の計算効率の比較を行う．コード 6.55 は，非ゼロ成分が 1% である 5000×5000 の行列の和と積の計算時間を計測するコードである．

コード 6.55　疎行列の和，積の計算効率

```
import numpy as np
import scipy.sparse as sparse
from scipy.sparse.linalg import spsolve
```

```
from scipy.linalg import solve

N = 5000
m1 = sparse.rand(N, N, density=0.01)
m2 = sparse.rand(N, N, density=0.01)

LIL1 = m1.tolil(); LIL2 = m2.tolil();
CSC1 = m1.tocsc(); CSC2 = m2.tocsc();
CSR1 = m1.tocsr(); CSR2 = m2.tocsr();
AR1 = m1.toarray(); AR2 = m2.toarray();

print('和の計算時間')
%timeit LIL1+LIL2
%timeit CSC1+ CSC2
%timeit CSR1+ CSR2
%timeit AR1+ AR2
>>>
和の計算時間
10 loops, best of 3: 73.1 ms per loop
100 loops, best of 3: 4.53 ms per loop
100 loops, best of 3: 4.52 ms per loop
10 loops, best of 3: 110 ms per loop

print('積の計算時間')
%timeit LIL1.dot(LIL2)
%timeit CSC1.dot(CSC2)
%timeit CSR1.dot(CSR2)
%timeit AR1.dot(AR2)
>>>
積の計算時間
1 loops, best of 3: 220 ms per loop
10 loops, best of 3: 154 ms per loop
10 loops, best of 3: 154 ms per loop
1 loops, best of 3: 4.38 s per loop
```

　行列の和では，CSCとCSRクラス同士の和が効率的である．それに次いでLILクラスである．さらにNumPyの配列による行列の和は，CSCとCSRの20倍以上の時間がかかっている．行列の積でも傾向は同じである．

　次のコード6.56では，同様に非ゼロ成分が1%である，5000×5000の行列mと非ゼロ成分が1%である，5000×1のベクトルbに対して，m x = b となるベクトルxを求める．つまり1次方程式を解くアルゴリズムの計算効率を測っている．疎行列のデータ構造を用いたときよりも，NumPyの多次元配列 ndarray を使ったほうがおよそ18倍，計算時間が短い．これは，NumPyはFORTRANで書かれたLAPACKの関数を用いているのに対して，SciPyはC言語で書かれたumfpackを用いているためであると思われる．このように使用するモジュールにより計算速度が異なるので，速度が重要な応用に対しては，いくつかのライブラリを比較して最速のものを用いることを推奨する．

コード 6.56　1 次方程式の計算効率

```
m = sparse.rand(N, N, density=0.01)
b = sparse.rand(N, 1, density=0.01)

print('方程式を解く計算時間')
CSC = m.tocsc(); bcsc = b.tocsc();
CSR = m.tocsr(); bcsr = b.tocsr();
AR = m.toarray(); bar = b.toarray().reshape(-1)

%timeit spsolve(CSC, bcsc)
%timeit spsolve(CSR, bcsr)
%timeit solve(AR, bar)
>>>
方程式を解く計算時間
1 loops, best of 3: 20.6 s per loop
1 loops, best of 3: 20.3 s per loop
1 loops, best of 3: 2.39 s per loop
```

第7章 データ解析モジュール pandas, blaze, dask

pandas (PANel DAta System) はデータ分析を支援するための Python パッケージである．csv や Excel ファイルなどを扱える，欠損値処理が行える，時系列データに対応しているなどの特徴がある．

7.1 節では，pandas の基本データ構造であるデータフレーム (DataFrame) とシリーズ (Series) の作成方法や参照方法などを紹介する．

7.2 節では，標準的なデータセットである iris（アヤメ）データを用いて，計算や描画の方法を紹介する．

7.3 節では，アクセサについて紹介する．

7.4 節では，時系列データの扱いを紹介する．

7.5 節では，関連パッケージである blaze と dask を紹介する．

7.1 概要

pandas では，データの持ち方として，**データフレーム** DataFrame と**シリーズ** Series とがある．図 7.1 のように，それぞれ表と列に対応する．データフレーム DataFrame は複数のシリーズ Series で構成される．行はインデックス index で管理され，インデックスには 0 から始まる番号，もしくはラベルが付けられている．番号で管理されている場合には，NumPy の配列のようにふるまい，ラベルで管理されている場合には辞書のようにふるまう．インデックスを時間の型にすると，時系列データとなる．

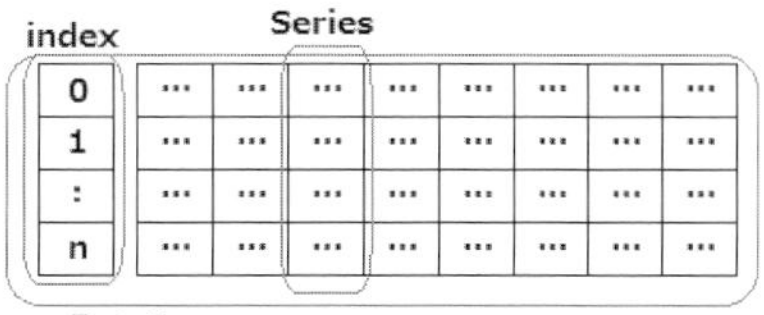

図 7.1 データフレームとシリーズの関係

第 4 章で解説した NumPy がベースのため，NumPy で用意されている様々な機能が利用できる．また，NumPy はベクトル演算の性能がよいため，pandas における処理も高速に計算できる．

7.1.1 シリーズの作成方法

シリーズ Series は，以下のようにリストや辞書から作成することができる．

コード 7.1　シリーズの作成方法

```
import pandas as pd
s = pd.Series(['Alice', 'Bob'])          # リスト
s = pd.Series({0:'Alice',1: 'Bob'})      # 辞書
s
>>>
0      Alice
1      Bob
dtype: object
```

7.1.2 データフレームの作成方法

データフレーム DataFrame も，以下のようにリストや辞書から作成することができる．

コード 7.2　データフレームの作成方法

```
d = pd.DataFrame([('Alice', 20), ('Bob', 24)], columns=['Name', 'Age'])   # リスト
d = pd.DataFrame({'Name':['Alice', 'Bob'], 'Age':[20, 24]})                # 辞書
d
>>>
       Name   Age
0      Alice  20
1      Bob    24
```

行や列には名前（ラベル）を付けることができる．行のラベルは index で指定し，列のラベルは columns で指定する．省略した場合には，0 から始まる番号が自動的に付けられる．辞書を元に作成するときに列の順番を指定したい場合は，columns を用いればよい．

ファイルから読込む方法については，7.1.4 節を参照のこと．

データフレームの各列はシリーズになっており，ラベルや番号で参照できる（7.1.5 節）．番号での参照は NumPy の配列に対応し，ラベルでの参照は辞書に類似する．言い換えれば，データフレームやシリーズは，配列と辞書の両方を兼ね備えたデータ構造であるといえる．

7.1.3 データフレームとシリーズの主な属性とメソッド

データフレームの主な属性とメソッドを表 7.1 に示す．

シリーズの主な属性とメソッドを表 7.2 に示す．

7.1.4 ファイル入出力

csv ファイルから読込む場合，ファイル名を指定して pd.read_csv(…) を用いる．ファイル形式が ShiftJIS の場合，次のように encoding が必要である．encoding をつけない場合，UTF8 形式とみなされる．他にも Excel ファイルや pickle ファイルなども扱える．pickle とは，Python 独自のバイナリ形式である．

7.1 概要

表 7.1 データフレームの主な属性とメソッド

属性・メソッド	内容	属性・メソッド	内容
列名	対応する Series を返す	insert	列を追加する
[]	NumPy に準じる	irow	行を返す
演算	シリーズ同士の演算[1]	iteritems	列のジェネレーター
T	転置したものを返す	iterrows	行のジェネレーター
abs	値を絶対値にして返す	ix	行や列で指定したものを取得や設定
append	他の DataFrame とつなげる	join	列を追加したものを返す
apply	各列(または各行)ごとに関数を適用	max(min)	最大(最小)を返す
boxplot	箱ひげ図を表示する	mean	平均を返す
columns	列を返す	median	メディアンを返す
copy	複製を返す	pivot	ピボットテーブルを作る
corr	相関係数を返す	plot	グラフを表示する
count	要素数を返す	prod,product	積を返す
cov	共分散を返す	reindex	指定された index のものを返す
describe	サマリを表示する	resample	時系列データに対しリサンプリング
drop	指定されたものを削除	sort_values	ソートしたものを返す
dropna	nan が含まれる行を削除	std	標準偏差を返す
dtypes	型を返す	sum	合計を返す
fillna	欠損値を指定した値で埋める	tail	最後を表示
groupby	指定された列でグループ化する	to_csv	csv 形式で保存する
head	先頭を表示	to_dict	辞書に変換する
hist	ヒストグラムを表示する	values	データを表す属性(NumPy の配列型)
index	インデックスを表す属性	var	分散を返す

コード 7.3 ファイル I/O

```
d = pd.read_csv(ファイル名, encoding='cp932')    # csv読込
d.to_csv(ファイル名, encoding='cp932')           # csv書出
d = pd.read_excel(ファイル名)                    # Excel読込
d.to_excel(ファイル名)                           # Excel書出
d = pd.read_pickle(ファイル名)                   # pickle読込
d.to_pickle(ファイル名)                          # pickle書出
```

ファイルの読み込み時間は,Excel ファイル ≫ csv ファイル ≫ pickle ファイルであり,何度も読み込むのであれば,pickle 形式を利用する方が効率がよい.

---

[1] +(add),−(sub),*(mul),/(div),**(pow),%(mod),<(lt),>(gt),<=(le),>=(ge),==(eq),!=(ne)

表7.2　シリーズの主な属性とメソッド

属性・メソッド	内容	属性・メソッド	内容
`[]`	NumPy に準じる	`index`	index を取得したり設定したりする
演算	対応するインデックス同士の演算	`max(min)`	最大（最小）を返す
`abs`	値を絶対値にして返す	`mean`	平均を返す
`append`	他のシリーズをつなげたものを返す	`median`	メディアンを返す
`apply`	各要素ごとに関数を適用する	`nunique`	重複していない値の数を返す
`argmax(argmin)`	最大（最小）の要素のインデックスを返す	`plot`	グラフを表示する
`argsort`	ソート結果のインデックスを返す	`prod,product`	積を返す
`copy`	複製を返す	`reindex`	指定された index のものを返す
`corr`	相関係数を返す	`resample`	時系列データに対しリサンプリング
`count`	要素数を返す	`round`	丸めて返す
`cov`	共分散を返す	`sort_values`	値でソートする
`describe`	サマリを表示する	`std`	標準偏差を返す
`dot`	内積を返す	`sum`	合計を返す
`drop`	指定されたものを削除	`tail`	最後を表示
`dropna`	nan が含まれる行を削除	`to_csv`	csv 形式で保存する
`dtype`	型を返す	`to_dict`	辞書に変換する
`fillna`	欠損値を指定した値で埋める	`unique`	ユニークな値を返す
`idxmax(idxmin)`	argmax(argmin) と同じ	`value_counts`	値をインデックスにした度数を返す
`head`	先頭を表示	`values`	numpy.array を返す
`hist`	ヒストグラムを表示する	`var`	分散を返す

7.1.5　データの参照

下記に様々な参照方法の例を示す．Python をインタープリタとして実行しているとし，結果は画面で確認できるものとする．

```
d = pd.DataFrame(np.random.randint(1, 6, (4, 3)),
              index=['First','Second','Third','Fourth'],
              columns=['dice1', 'dice2', 'dice3'])
d.head(2)              # 先頭2行
d[:2]                  # 先頭2行
d['First':'Second']    # 先頭2行
d.dice1                # 列dice1
d['dice1']             # 列dice1
d[[0, 2]]              # 0列目と2列目
d[['dice1', 'dice3']]  # 0列目と2列目
d.iloc[:, 0]           # 0列目
d.iloc[0]              # 0行目
```

```
d.ix[1000]              # 0行目
d.ix[:, 0]              # 0列目
i, j = 'First', 1
d.ix[i, j]              # i行目, j列目
i1, i2, j1, j2 = 'First', 'Second', 1, 3
d.ix[i1:i2, j1:j2]      # 範囲指定
i1, i2, j1, j2 = 'First', 'Second', 'dice2', 'dice3'
d.ix[i1:i2, j1:j2]      # 範囲指定
# リストによる指定
d.ix[ ['First','Third'], ['dice1','dice3'] ]
```

以下，詳細に見ていこう．上のコードでは，4行3列の配列にサイコロをランダムに振ったときの目の値を入れた`DataFrame`を作成している．`index`を省略すると，0から始まる通し番号となるが，ここでは`index`にラベルを指定する場合と，通し番号で指定する場合の区別をするために，'First','Second','Third','Fourth'から成るリストを入れている．`columns`を指定すると，列名のラベルを指定できる．ここでは，列名を'dice1', 'dice2', 'dice3'としている．

```
d = pd.DataFrame(np.random.randint(1, 6, (4, 3)),
            index=['First','Second','Third','Fourth'],
            columns=['dice1', 'dice2', 'dice3'])
d
>>>
        dice1   dice2   dice3
First     4       5       1
Second    2       4       1
Third     1       2       5
Fourth    5       2       3
```

`head(2)`で先頭のデータ2行を確認できる．（ちなみに`tail`を使うと末尾を確認できる．）スライスを用いても行の通し番号で同じことができる．通し番号は0から始まっていることに注意されたい．また，スライスは行のラベルを用いても行うことができる．（ただし，行のラベルが整数の場合には，通し番号とみなされる．）ラベルを用いた場合には，通常のPythonにおけるスライスと異なり，「start:end」ではendも含まれることに注意されたい．以下の3つの書き方は，同じ結果を返す．

```
d.head(2)               # 先頭2行
d[:2]                   # 先頭2行
d['First':'Second']     # 先頭2行
>>>
        dice1   dice2   dice3
First     4       5       1
Second    2       4       1
```

特定の列を参照するには，`d.dice1`のように`DataFrame`オブジェクトの後ろに列名をつければよい．ただし，列名が識別子としての要件を満たしていない場合は，列名を文字列として添字指定する

第 7 章　データ解析モジュール pandas, blaze, dask

必要がある[2]．以下の 2 つの書き方は，同じ結果を返す．

```
d.dice1      # 列dice1
d['dice1']   # 列dice1
>>>
First    4
Second   2
Third    1
Fourth   5
Name: dice1, dtype: int32
```

添字として列の通し番号のリストあるいは，列名のリストを指定すると部分列をコピーして取り出すことができる．以下の 2 つの書き方は，同じ結果を返す．

```
d[[0, 2]]                  # 0列目と2列目
d[['dice1', 'dice3']]      # 0列目と2列目
>>>
        dice1   dice3
First     4       1
Second    2       1
Third     1       5
Fourth    5       3
```

iloc を用いれば，ラベルではなく通し番号で 1 列または 1 行を指定できる．

```
d.iloc[:, 0]  # 0列目
>>>
First    4
Second   2
Third    1
Fourth   5
Name: dice1, dtype: int32
```

```
d.iloc[0]  # 0行目
>>>
dice1   4
dice2   5
dice3   1
Name: a, dtype: int32
```

ix を用いれば，行だけや列だけや 1 つのセルだけ，あるいは部分行列などを取り出すことができる．ラベルでも通し番号でもアクセス可能であるが，ラベルが整数値の場合にはラベルが優先される．ラベルの場合には，通常の Python の文法と異なり，スライスの両端点が含まれる．

---

[2] DataFrame と Series のメソッドで大文字で始まるのは，転置の T だけである．そこで，列名を大文字で始めれば，識別子と重なることは，ほぼなくなる．

```
d.ix['First'] # 0行目
>>>
dice1    4
dice2    5
dice3    1
Name: a, dtype: int32
```

```
d.ix[:, 0] # 0列目
>>>
First    4
Second   2
Third    1
Fourth   5
Name: dice1, dtype: int32
```

```
i, j = 'First', 1
d.ix[i, j] # i行目, j列目
>>>
5
```

```
i1, i2, j1, j2 = 'First', 'Second', 1, 3
d.ix[i1:i2, j1:j2] # 範囲指定
>>>
        dice2  dice3
First     5      1
Second    4      1
```

```
i1, i2, j1, j2 = 'First', 'Second', 'dice2', 'dice3'
d.ix[i1:i2, j1:j2] # 範囲指定
>>>
        dice2  dice3
First     5      1
Second    4      1
```

```
d.ix[ ['First','Third'], ['dice1','dice3'] ] # リストによる指定
        dice1  dice3
First     4      1
Third     1      5
```

7.1.6 条件による抽出

添字として条件を指定することもできる．条件は&(AND)や|(OR)や~(NOT)を用いれば複雑な条件も可能である[3]．

```
d[d.dice1 < 3] # 0列目が3以下
>>>
```

---

[3]条件で絞り込みをしたものに代入した場合，ilocで行および列を指定するとよい．

```
         dice1   dice2   dice3
Second    2       4       1
Third     1       2       5
```

```
# AND 条件は & を用いる
d[(d.dice1 < 3) & (d.dice2 < 3)]
>>>
         dice1   dice2   dice3
Third     1       2       5
```

```
# OR 条件は | を用いる
d[(d.dice1 < 3) | (d.dice2 < 3)]
>>>
         dice1   dice2   dice3
Second    2       4       1
Third     1       2       5
Fourth    5       2       3
```

```
# NOTは ~ を用いる
d[~(d.dice1 < 3)]
>>>
         dice1   dice2   dice3
First     4       5       1
Fourth    5       2       3
```

条件は query を用いて書くこともできる．query 中で変数を用いるには，@をつければよい．

```
d.query('dice1 < 3')
n = 3
d.query('dice1 < @n')
d.query('dice1 < 3 & dice2 < 3')
d.query('dice1 < 3 | dice2 < 3')
d.query('~(dice1 < 3)')
```

条件抽出では該当する部分を抜き出す．where や mask を使えば，抜き出すのではなく，nan で埋めることもできる．

```
d.where(d.dice1 < 3)
>>>
         dice1   dice2   dice3
First     NaN     NaN     NaN
Second    2       4       1
Third     1       2       5
Fourth    NaN     NaN     NaN
```

whereとmaskは，条件が逆になる．

```
d.mask(d.dice1 < 3)
>>>
         dice1    dice2    dice3
First        4        5        1
Second     NaN      NaN      NaN
Third      NaN      NaN      NaN
Fourth       5        2        3
```

埋めるのは，任意の値であったり，同じサイズのDataFrameを指定できる．

```
d.where(d.dice1 < 3, 0)
>>>
         dice1    dice2    dice3
First        0        0        0
Second       2        4        1
Third        1        2        5
Fourth       0        0        0
```

```
d.where(d.dice1 < 3, -d)
>>>
         dice1    dice2    dice3
First       -4       -5       -1
Second       2        4        1
Third        1        2        5
Fourth      -5       -2       -3
```

Seriesでも使える．次のようにすれば，dice1が3未満ならdice1をそうでなければdice2を使った新しいSeriesができる．

```
d.dice1.where(d.dice1 < 3, d.dice2)
>>>
First     5
Second    2
Third     1
Fourth    2
Name: dice1, dtype: int32
```

7.1.7 列の追加や連結と結合

`assign`を用いると，列を追加したDataFrameを新たに作成する．元のDataFrameは，変更されない．

```
d.assign(dice4=[6, 6, 6, 6], dice5=[1, 1, 1, 1])
>>>
         dice1    dice2    dice3    dice4   dice5
```

```
First    4    5    1    6  1
Second   2    4    1    6  1
Third    1    2    5    6  1
Fourth   5    2    3    6  1
```

元の DataFrame に追加するには次のようにする．d[新たな列名] = ⋯ のように，存在しない列名を指定して代入すれば，あらたな列を追加できる．

```
d['dice4'] = [6, 6, 6, 6]
d
>>>
         dice1   dice2   dice3   dice4
First    4       5       1       6
Second   2       4       1       6
Third    1       2       5       6
Fourth   5       2       3       6
```

DataFrame を連結するには，condat や append が使える．それぞれの方法で，先頭行と最終行を連結してみよう．

```
pd.concat([d[:1], d[-1:]])
>>>
         dice1   dice2   dice3   dice4
First    4       5       1       6
Fourth   5       2       3       6
```

```
d[:1].append(d[-1:])
>>>
         dice1   dice2   dice3   dice4
First    4       5       1       6
Fourth   5       2       3       6
```

どちらも，同じ index があってもエラーにはならない．verify_integrity=True とすれば，同じ index があるとエラーになる．また，どちらも，ignore_index=True とすれば，index を振り直してくれる．

condat では，axis=1 とすれば，列方向に連結する．先頭列と最終列を連結してみよう．

```
pd.concat([d.ix[:, [0]], d.ix[:, [-1]]], axis=1)
>>>
         dice1   dice4
First    4       6
Second   2       6
Third    1       6
Fourth   5       6
```

値がない場合は，np.nan になる．ただし，join='inner' を指定すると値がないところは連結され

ない．また，join_axes に index を指定すると，その範囲だけ連結される．

```
pd.concat([d.ix[:, [0]], d.ix[:, [-1]].reindex(['First', 'Zero'])], axis=1)
>>>
        dice1  dice4
First     4      6
Fourth    5     NaN
Second    2     NaN
Third     1     NaN
Zero     NaN    NaN
```

```
pd.concat([d.ix[:, [0]], d.ix[:, [-1]].reindex(['First', 'Zero'])], axis=1, join='inner'
    )
>>>
        dice1  dice4
First     4      6
```

```
pd.concat([d.ix[:, [0]], d.ix[:, [-1]].reindex(['First', 'Zero'])], axis=1, join_axes=[d
    .index])
>>>
        dice1  dice4
First     4      6
Second    2     NaN
Third     1     NaN
Fourth    5     NaN
```

DataFrame を同じキー同士で結合するには，merge や join が使える．merge はキーを指定できるが，join はキーを指定せずに index を使う．

左上の 3x2 の行列と右下の 3x3 の行列を dice2 をキーにして，連結してみよう．右下の行列の dice2 の値 2 が重複しているので，左上の行列の dice1 の値 1 が重複して作成される．

```
pd.concat([d.ix[:3, :2], d.ix[1:, 1:]], ignore_index=True)
>>>
   dice1  dice2  dice3  dice4
0    4      5    NaN    NaN
1    2      4    NaN    NaN
2    1      2    NaN    NaN
3   NaN     4     1      6
4   NaN     2     5      6
5   NaN     2     3      6
```

```
pd.merge(d.ix[:3, :2], d.ix[1:, 1:], on='dice2')
>>>
   dice1  dice2  dice3  dice4
0    2      4     1      6
1    1      2     5      6
2    1      2     3      6
```

mergeの結合方法は，howで指定する．以下の値を取ることができる．

- inner: 内部結合．両方のデータに含まれるキーだけを残す（デフォルト値）．
- left: 左外部結合．最初のデータのキーをすべて残す．
- right: 右外部結合．2番目のデータのキーをすべて残す．
- outer: 完全外部結合．すべてのキーを残す．

7.1.8 欠損値の処理

数値データに欠損があると非数値になる．非数値は，`np.nan`として表現されている．数値の1を非数値に変えてみよう．

```
d[d == 1] = np.nan
d
>>>
      dice1  dice2  dice3
1000    4      5     NaN
1001    2      4     NaN
1002   NaN     2      5
1003    5      2      3
```

`shape`プロパティで行数と列数がとれる．`count`メソッドでは欠損値を除いた数を数える．差分を取ることで，各列ごとの欠損数を確認できる．`axis=1`とすれば，各行ごとの欠損数を確認できる．

```
d.shape[0] - d.count()  # 各列ごとの欠損数
>>>
dice1    1
dice2    0
dice3    2
dtype: int64
```

```
d.shape[1] - d.count(axis=1)  # 各行ごとの欠損数
>>>
First     1
Second    1
Third     1
Fourth    0
dtype: int64
```

`isnull`メソッドを使うと，欠損値はTrueになる．

```
e = d.isnull()
e
>>>
      dice1  dice2  dice3
```

```
First    False   False   True
Second   False   False   True
Third    True    False   False
Fourth   False   False   False
```

True は 1 なので，これを数えても欠損値の数がわかる．

```
e.sum()
>>>
dice1   1
dice2   0
dice3   2
dtype: int64
```

```
e.sum(axis=1)
>>>
First    1
Second   1
Third    1
Fourth   0
dtype: int64
```

要素が 1 のダミー（"num"）を用意し 7.2.5 節の groupby で集計すれば，欠損値のパターンごとの度数もわかる．tolist では，index 型をリストに変換している．

```
e['num'] = 1
e.groupby(d.columns.tolist()).sum()
>>>
                         num
dice1 dice2 dice3
False False False         1
            True          2
True  False False         1
```

欠損値の処理する方法は，次の通り．

- `dropna`: 欠損値が含まれる行を削除する．axis=1 を指定すると，欠損値が含まれる列を削除する．

- `fillna`: 欠損値を指定の値で埋める．

```
d.dropna()  # 欠損値が含まれる行を削除
>>>
        dice1   dice2   dice3
Fourth  5       2       3
```

```
d.dropna(axis=1)  # 欠損値が含まれる列を削除
```

```
>>>
        dice2
First   5
Second  4
Third   2
Fourth  2
```

```
d.fillna(0) # 欠損値を0で埋める
>>>
        dice1  dice2  dice3
First   4      5      0
Second  2      4      0
Third   0      2      5
Fourth  5      2      3
```

```
d.fillna(d.mean()) # 欠損値を平均で埋める
>>>
        dice1     dice2  dice3
First   4.000000  5      4
Second  2.000000  4      4
Third   3.666667  2      5
Fourth  5.000000  2      3
```

dropna および fillna では，デフォルトでは新たなオブジェクトを作成する．元の DataFrame（あるいは Series）オブジェクトを置き換えたい場合は，inplace=True オプションを指定する．fillna では method オプションで，埋める値を指定できる．

- method='bfill':前の値で埋める．

- method='ffill':後ろの値で埋める．

7.1.9　その他のいろいろな機能

ユニークな値

unique を用いれば，重複なしの値の一覧を確認できる．

```
d.dice2.unique()
>>>
array([5, 4, 2], dtype=int64)
```

度数の算出

value_counts で値ごとの度数を多い順に確認できる．

```
d.dice2.value_counts()
>>>
2   2
```

```
5    1
4    1
Name: dice2, dtype: int64
```

ソート

`sort_values` で値によるソートが，`sort_index` で index によるソートができる．いずれの場合でも，次の指定が可能である．

- ascending: True（デフォルト値）の場合，昇順でソートする．
- inplace: False（デフォルト値）の場合，コピーを作成する．True の場合，元データを更新する．

`sort_values` で Series のソートができる．

```
d.dice2.sort_values()
>>>
Third     2
Fourth    2
Second    4
First     5
Name: dice2, dtype: int32
```

キーとなる列を指定して，DataFrame のソートができる．キーは複数でもよい．

```
d.sort_values('dice1')
>>>
        dice1  dice2  dice3
Third       1      2      5
Second      2      4      1
First       4      5      1
Fourth      5      2      3
```

```
d.sort_values(['dice2', 'dice3'])
>>>
        dice1  dice2  dice3
Fourth      5      2      3
Third       1      2      5
Second      2      4      1
First       4      5      1
```

`sort_index` で index でソートされる．

```
d.sort_index()
>>>
```

```
       dice1  dice2  dice3
First    4      5      1
Fourth   5      2      3
Second   2      4      1
Third    1      2      5
```

順序リストに従ってソートしたい場合は，`pd.Categorical` を使うことができる．第 2 引数に順序リストを指定して，Serise を作り直して `sort_values` を呼べばよい．

```
e = pd.DataFrame({'week'; ['Thu', 'Mon', 'Fri', 'Sun']})
e.sort_values('week') # 辞書順のソート
>>>
   week
2  Fri
1  Mon
3  Sun
0  Thu
```

```
e.week = pd.Categorical(e.week, ['Sun', 'Mon', 'Tue', 'Wed', 'Thu', 'Fri', 'Sat'])
e.sort_values('week') # 順序リストのソート
>>>
   week
3  Sun
1  Mon
0  Thu
2  Fri
```

重複削除

`drop_duplicates` で重複値を削除できる．`subset` で対象となる列を指定する．`subset` は複数でもよい．

```
d.drop_duplicates(subset='dice2')
>>>
        dice1  dice2  dice3
First     4      5      1
Second    2      4      1
Third     1      2      5
```

デフォルトでは，重複した値の中で残るのは最初の要素であるが，`keep='last'` 指定で最後の要素を残せる．また，`inplace=True` を指定すると元データを更新することもできる．

```
d.drop_duplicates(subset='dice2', keep='last')
>>>
        dice1  dice2  dice3
First     4      5      1
Second    2      4      1
Fourth    5      2      3
```

型変換

DataFrame の型は dtypes で, Series の型は dtype で確認できる. apply や astype で型を変換できる. ただし, apply は任意の関数を引数にできる.

```
print(d.dice3.dtype)
print(d.dice3.apply(float).dtype)
print(d.dice3.astype(float).dtype)
>>>
int32
float64
float64
```

to_datetime で文字列から時刻に, to_numeric で文字列から数字に変換できる.

```
pd.to_datetime(pd.Series(['2016/1/1']))
>>>
0    2016-01-01
dtype: datetime64[ns]
```

```
pd.to_numeric(pd.Series(['2016']))
>>>
0    2016
dtype: int64
```

x が DataFrame や Series のとき, f(x, ...) のかわりに, x.pipe(f, ...) とかける. pipe を使うことにより処理をつなげることも可能になる.

```
pd.Series(['2016']).pipe(pd.to_numeric)
>>>
0    2016
dtype: int64
```

to_frame を使うと Series から DataFrame に変換できる.

```
type(d.dice1.to_frame())
>>>
<class 'pandas.core.frame.DataFrame'>
```

メモリや速度

メモリや実行速度を効率よくするための情報を紹介する.

info や memory_usage で DataFrame のメモリの使用量を確認できる.

```
d.info()
>>>
```

```
<class 'pandas.core.frame.DataFrame'>
Index: 4 entries, First to Fourth
Data columns (total 3 columns):
dice1    4 non-null int32
dice2    4 non-null int32
dice3    4 non-null int32
dtypes: int32(3)
memory usage: 80.0+ bytes
```

```
d.memory_usage(index=True)
>>>
Index    32
dice1    16
dice2    16
dice3    16
dtype: int64
```

効率的にするためのポイントをあげる．

- pandas はベースに NumPy を使っている．NumPy のテクニックは，pandas でも有効なことが多い．

- コピーを作成すると非効率なので，inplace=True が可能であれば検討すべきである．

- index は，ユニークかつソートされている方が効率的になることがある．

- 文字列データはデフォルトで object 型であるが，astype('category') でカテゴリ型に変換できる．カテゴリ型は，一覧リストに対する整数の index で保持されるので，種類が少なければ効率的になることがある．

- DataFrame は Series の集合で構成されている．DataFrame を行で処理するのは，Series を行で処理するのに比べ非効率になる．

7.2 iris データを用いた計算や描画

seaborn（5.11.1 節参照）で用意されているアヤメ（iris）のデータを使って種々の計算や描画を見ていこう．データの読込は次のように行える．

```
from seaborn import load_dataset
d = load_dataset('iris')
d[:2]
>>>
   sepal_length  sepal_width  petal_length  petal_width species
0           5.1          3.5           1.4          0.2  setosa
1           4.9          3.0           1.4          0.2  setosa
```

7.2.1 要約統計量

describe で平均や 4 分位などの要約統計量を確認できる．

```
d.describe()
>>>
       sepal_length  sepal_width  petal_length  petal_width
count    150.000000   150.000000    150.000000   150.000000
mean       5.843333     3.057333      3.758000     1.199333
std        0.828066     0.435866      1.765298     0.762238
min        4.300000     2.000000      1.000000     0.100000
25%        5.100000     2.800000      1.600000     0.300000
50%        5.800000     3.000000      4.350000     1.300000
75%        6.400000     3.300000      5.100000     1.800000
max        7.900000     4.400000      6.900000     2.500000
```

他にも表 7.3 のように様々な統計量を計算できる．

表 7.3　様々な統計量

メソッド	内容	メソッド	内容
count	nan ではない要素数	var	分散
describe	複数の要約統計量	std	標準偏差
min, max	最小値，最大値	skew	歪度
idxmax	最大値が得られたインデックス	kurt	尖度
idxmin	最小値が得られたインデックス	cumsum	累積合計値
cummax	累積の最大値	cummin	累積の最小値
quantile	データのパーセント点	cumprod	累積の積
sum	合計	diff	1 次の階差
mean	平均値	pct_change	パーセントへの変換
median	中央値	cov	共分散
mad	平均値からの平均絶対偏差	corr	相関係数

7.2.2 相関係数

各列間の相関の強さを確認するには，corr を用いる．

```
d.corr()
>>>
              sepal_length  sepal_width  petal_length  petal_width
sepal_length      1.000000    -0.117570      0.871754     0.817941
sepal_width      -0.117570     1.000000     -0.428440    -0.366126
petal_length      0.871754    -0.428440      1.000000     0.962865
petal_width       0.817941    -0.366126      0.962865     1.000000
```

7.2.3 ピボットテーブル

`melt` を使うと複数列で持つ値を行方向に展開して作成できる．下記では，sepal_length, sepal_width, petal_length, petal_width の項目を target 列とし，その値を val 列として，その他の項目に species を持つ DataFrame を作成している．value_vars が省略されているので，id_vars 以外の項目が対象となっている．

```
e = pd.melt(d, id_vars=['species'], var_name='target', value_name='val')
e[:3]
>>>
  species        target  val
0  setosa  sepal_length  5.1
1  setosa  sepal_length  4.9
2  setosa  sepal_length  4.7
```

species と target の組みごとに，`groupby` を用いて値を平均を求める．また，複数キーを用いたので index も複数キーとなっている．次の処理で必要なため，`reset_index` でキーをリセットする．

```
f = e.groupby(['species', 'target']).mean().reset_index()
f
>>>
       species        target    val
0       setosa  petal_length  1.462
1       setosa   petal_width  0.246
2       setosa  sepal_length  5.006
3       setosa   sepal_width  3.428
4   versicolor  petal_length  4.260
5   versicolor   petal_width  1.326
6   versicolor  sepal_length  5.936
7   versicolor   sepal_width  2.770
8    virginica  petal_length  5.552
9    virginica   petal_width  2.026
10   virginica  sepal_length  6.588
11   virginica   sepal_width  2.974
```

準備ができたので，`pivot` を使ってピボットテーブルを作成する．

```
f.pivot(index='target', columns='species', values='val')
>>>
species       setosa  versicolor  virginica
target
petal_length   1.462       4.260      5.552
petal_width    0.246       1.326      2.026
sepal_length   5.006       5.936      6.588
sepal_width    3.428       2.770      2.974
```

ここから，文字列の列の分割や連結を試してみよう．`str.split` や `str.extract` で文字列の列の

分割ができる．

次に，先ほどの行に展開された DataFrame を使うことにする．

```
e[:3]
>>>
  species      target  val
0  setosa  sepal_length  5.1
1  setosa  sepal_length  4.9
2  setosa  sepal_length  4.7
```

この target 列を '_' で分解し，新たに 2 列を追加しよう．str は，文字列アクセサであり，詳細は，7.3.1 節を参照のこと．

```
e[['name', 'prop']] = e.target.str.split('_', expand=True)
e[:3]
>>>
  species      target  val   name    prop
0  setosa  sepal_length  5.1  sepal  length
1  setosa  sepal_length  4.9  sepal  length
2  setosa  sepal_length  4.7  sepal  length
```

逆の操作（すなわち 2 列を 1 列に）は，'+' 演算子でできる．name 列と prop 列から target2 を作成してみよう．

```
e['target2'] = e.name + '_' + e.prop
e[:3]
>>>
  species      target  val   name    prop     target2
0  setosa  sepal_length  5.1  sepal  length  sepal_length
1  setosa  sepal_length  4.9  sepal  length  sepal_length
2  setosa  sepal_length  4.7  sepal  length  sepal_length
```

str.extract を使えば正規表現を使って，文字列を分解できる．'(.*)_(.*)' は正規表現のパターンで，'.*' は，任意の 0 文字以上の文字に対応するので，'_' をはさんだ文字列にマッチする．また，extract で取り出す部分は，'()' で指定する．

```
e[['name2', 'prop2']] = e.target2.str.extract('(.*)_(.*)', expand=True)
e[:3]
>>>
  species      target  val   name    prop     target2    name2   prop2
0  setosa  sepal_length  5.1  sepal  length  sepal_length  sepal  length
1  setosa  sepal_length  4.9  sepal  length  sepal_length  sepal  length
2  setosa  sepal_length  4.7  sepal  length  sepal_length  sepal  length
```

7.2.4 サンプリング

DataFrame や Series の sample を使うと，下記のように指定した個数だけサンプリングができる．

```
d.sepal_length.sample(2)
>>>
92     5.8
63     6.1
Name: sepal_length, dtype: float64
```

```
d.sample(2)
>>>
     sepal_length  sepal_width  petal_length  petal_width    species
48            5.3          3.7           1.5          0.2     setosa
131           7.9          3.8           6.4          2.0  virginica
```

frac を指定するとその割合でサンプリングする．

```
d.sample(frac=0.02)
>>>
     sepal_length  sepal_width  petal_length  petal_width     species
133           6.3          2.8           5.1          1.5   virginica
28            5.2          3.4           1.4          0.2      setosa
79            5.7          2.6           3.5          1.0  versicolor
```

axis=1 とすると，行ではなく列のサンプリングをする．replace=True とすると，重複してサンプリングする．下記のようにすると，5列しかないデータから6列取るので，必ず重複する．

```
d[:3].sample(6, axis=1, replace=True)
>>>
   sepal_length  sepal_length  petal_length  sepal_length  sepal_width  \
0           5.1           5.1           1.4           5.1          3.5
1           4.9           4.9           1.4           4.9          3.0
2           4.7           4.7           1.3           4.7          3.2

   petal_width
0          0.2
1          0.2
2          0.2
```

7.2.5 グループ化

品種 species ごとにグループ化してみよう．グループ化するには，groupby(列名) を用いる．この結果はグループ化オブジェクトになるが，DataFrame の機能のいくつかが同じように使える．ここでは describe で品種ごとのサマリを表示している．

```
d.groupby('species').describe()
>>>
# 一部省略
              petal_length  petal_width  sepal_length  sepal_width
```

```
species
setosa     count    50.000000   50.000000   50.000000   50.000000
           mean      1.464000    0.244000    5.006000    3.418000
                      ...
versicolor count    50.000000   50.000000   50.000000   50.000000
           mean      4.260000    1.326000    5.936000    2.770000
           std       0.469911    0.197753    0.516171    0.313798
                      ...
virginica  count    50.000000   50.000000   50.000000   50.000000
           mean      5.552000    2.026000    6.588000    2.974000
                      ...
```

groupbyは，引数として列名だけでなく，リストに準じるものや関数や辞書も渡せる．リストに準じるものとしては，list, numpy.array, pandas.Series, pandas.Indexがある．
関数 lambda を使って同じようにできる．

```
d.groupby(lambda i: d.species[i]).describe()
>>>
省略
```

groupbyのgroupsを使うと，indexだけ取り出せる．

```
d.groupby('species').groups
>>>
{'setosa': [0, 1, 2, ...],
 'virginica': [100, 101, 102, ...],
 'versicolor': [50, 51, 52, ...]}
```

7.2.6 離散化

pandasでは，cutで等間隔区間による離散化が，qcutで等頻度区間による離散化ができる．sepal_lengthの値を使って，4分割してみよう．

```
pd.cut(d.sepal_length, 4)
>>>
0        (4.296, 5.2]
1        (4.296, 5.2]
2        (4.296, 5.2]
           ...
149       (5.2, 6.1]
Name: sepal_length, dtype: category
Categories (4, object): [(4.296, 5.2] < (5.2, 6.1] < (6.1, 7] < (7, 7.9]]
```

区間が値となるcategory型のSeriesが計算される．value_countsを使って度数を見ると，度数の

ばらつきがある.

```
pd.cut(d.sepal_length, 4).value_counts().sort_index()
>>>
(4.296, 5.2]    45
(5.2, 6.1]      50
(6.1, 7]        43
(7, 7.9]        12
dtype: int64
```

次に，qcut で sepal_length を4分割し，同じく度数を見てみる．ほぼ同じくらいの度数になることがわかる．

```
pd.qcut(d.sepal_length, 4).value_counts().sort_index()
>>>
[4.3, 5.1]    41
(5.1, 5.8]    39
(5.8, 6.4]    35
(6.4, 7.9]    35
dtype: int64
```

7.2.7　グラフ，散布図，ヒストグラム

matplotlib を利用して，折れ線グラフ（図 7.2），棒グラフ（図 7.3），散布図（図 7.4），ヒストグラム（図 7.5），全列間の散布図（図 7.6），各列の棒グラフ（図 7.7）などを表示できる．

```
import matplotlib.pyplot as plt
d.plot()                        # 折れ線グラフ
plt.show()                      # 表示
d.mean().plot(kind='bar')       # 平均の棒グラフ
plt.show()                      # 表示
# 散布図
d.plot('sepal_length', \
   'sepal_width', kind='scatter')
plt.show()                      # 表示
d.hist()                        # ヒストグラム
plt.show()                      # 表示
# 全列間の散布図
pd.tools.plotting.scatter_matrix(d)
plt.show()                      # 表示
# 各列の棒グラフ
d.sort_values('sepal_length').plot.barh(subplots=True,
    layout=(1, 4), sharex=False, legend=False, figsize=(12, 6))
plt.show()                      # 表示
```

barh で，subplots=True により各列ごとに別々のグラフに分かれる．layout=(1, 4) で，横に4つ並ぶようにしている．sharex=False で，各列ごとに軸を変更可にしている．legend=False で，凡

7.2 iris データを用いた計算や描画 175

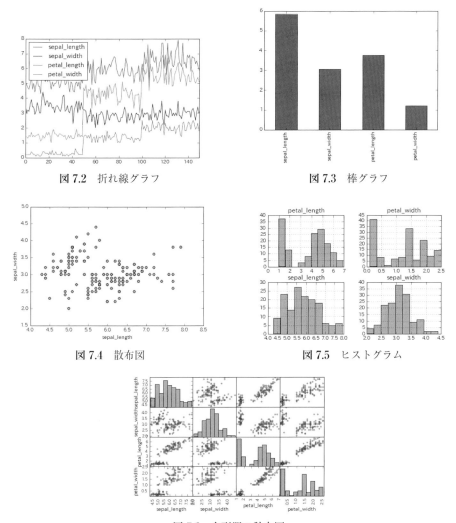

図 7.2　折れ線グラフ

図 7.3　棒グラフ

図 7.4　散布図

図 7.5　ヒストグラム

図 7.6　全列間の散布図

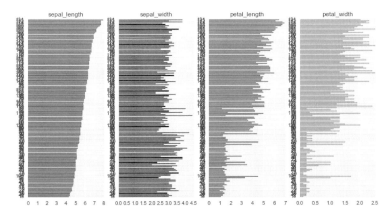

図 7.7　各列の棒グラフ

例を消している．figsizeで大きさを指定している．

plotはメソッドのようにも使えるし，オブジェクトのようにも使える．表7.4に両方の描画方法を載せる．方法1と方法2は，同じ描画になる．例えばコード7.4は，同じグラフが2つ表示される．

表 7.4 plot の指定方法

内容	方法1（メソッド）	方法2（オブジェクト）
領域	plot(kind='area')	plot.area()
棒	plot(kind='bar')	plot.bar()
箱ひげ	plot(kind='box')	plot.box()
ヒストグラム	plot(kind='hist')	plot.hist()
密度	plot(kind='kde')	plot.kde()
散布図	plot('x', 'y', kind='scatter')	plot.scatter('x', 'y')
円	plot(kind='pie', subplots=True)	plot.pie(subplots=True)

コード 7.4 メソッドとオブジェクトの例

```
d.mean().plot(kind='bar');  plt.show()
d.mean().plot.bar();         plt.show()
```

7.3 アクセサについて

アクセサとは，オブジェクト指向プログラミングの用語で，メンバ変数にアクセスできるように用意されたメソッドであり，メンバ変数のように利用できる．ここでは，文字列アクセサ，時刻アクセサ，スタイルアクセサについて簡単に紹介する．

7.3.1 文字列（str）アクセサ

Seriesが文字列型であれば，strアクセサを用いて，表7.5などの文字列に関したメソッドを利用できる．

以下にいくつかの例を示す．

extractは正規表現でグループ指定された部分を抜き出す．

```
d = pd.DataFrame(['test1@me.com', 'test2@your.com'], columns=['email'])
d.email.str.extract(r'@(.*)\.', expand=True)
>>>
0    me
1    your
Name: email, dtype: object
```

get_dummiesはセパレータで分割後に全列の文字列集合を新たな列として，対応関係を0-1で求める．

7.3 アクセサについて

表 7.5 str のメソッド

メソッド	内容	メソッド	内容	メソッド	内容
capitalize	先頭大文字	cat	列を連結	center	中央
contains	含むか	count	一致数	decode	デコード
encode	エンコード	endswith	終わるか	extract	後述
find	検索	findall	すべて検索	get	n 文字目
get_dummies	後述	index	位置	isalnum	英数字か
isalpha	英字か	isdecimal	数字か	isdigit	数字か[4]
islower	小文字か	isnumeric	数字か[5]	isspace	空白か
istitle	タイトルケースか	isupper	大文字か	join	連結
len	長さ	ljust	左詰	lower	小文字化
lstrip	左削除	match	正規表現	normalize	ユニコード正規化
pad	右詰	partition	分類	repeat	繰り返し
replace	置換	rfind	逆から検索	rindex	逆からの位置
rjust	右詰	rpartition	逆から分類	rsplit	逆から分割
rstrip	右削除	slice	スライス	slice_replace	位置指定で置換
split	分割	startswith	始まるか	strip	削除
swapcase	大小反転	title	タイトルケース化	translate	置換表で置換
upper	大文字化	wrap	折り返す	zfill	0 で詰める

```
d = pd.DataFrame(['a|b|c', 'a|x|y'], columns=['elem'])
d.elem.str.get_dummies()
>>>
   a  b  c  x  y
0  1  1  1  0  0
1  1  0  0  1  1
```

findall は正規表現でマッチする文字列を取り出しリストにする.

```
d = pd.DataFrame(['abcac', 'axy'], columns=['name'])
d.name.str.findall('a.')
>>>
0     [ab, ac]
1         [ax]
Name: name, dtype: object
```

partition により, 対象とその前後として, 新たに 3 列追加される.

```
d = pd.DataFrame(['123–456', '0–9'], columns=['name'])
```

---

[4] ローマ数字を含む
[5] 漢数字を含む

```
d.name.str.partition('-')
>>>
     0  1   2
0  123  -  456
1    0  -    9
```

upper は大文字に変換する．

```
d = pd.DataFrame(['Alice', 'Bob'], columns=['name'])
d.name.str.upper()
>>>
0    ALICE
1      BOB
Name: name, dtype: object
```

7.3.2 時刻 (dt) アクセサ

Series が時刻型であれば，dt アクセサを用いて，表 7.6 などの時刻に関した属性やメソッドを利用できる．なお，インデックスが時刻型の場合は，dt アクセサを用いずにインデックスに対して同様にこれらを利用できる．

表 7.6 dt または時刻型インデックスのオブジェクト

オブジェクト	内容	オブジェクト	内容	オブジェクト	内容
date	日付	day	日	dayofweek	週番号（月曜=0）
dayofyear	年始からの日数	days_in_month	月の日数	daysinmonth	月の日数
freq	間隔	hour	時	is_month_end	月の最後か
is_month_start	月の最初か	is_quarter_end	4 半期の最後か	is_quarter_start	4 半期の最初か
is_year_end	年の最後か	is_year_start	年の最初か	microsecond	マイクロ秒
minute	分	month	月	nanosecond	ナノ秒
normalize()	時間 0 の日に変換	quarter	4 半期	second	秒
strftime()	文字列化	time	時間	to_period()	Period 型に変換
to_pydatetime()	datetime 型に変換	tz	タイムゾーン	tz_convert()	タイムゾーンを変更
tz_localize()	タイムゾーンを設定	week	年始からの週数	weekday	週番号（月曜=0）
weekofyear	年始からの週数	year	年		

例えば，day で日付を取り出せる．

```
d = pd.DataFrame(pd.date_range('2016/2/10', periods=3), columns=['date'])
d.date.dt.day
>>>
0    10
1    11
2    12
```

```
Name: date, dtype: int64
```

7.3.3 スタイル (style) アクセサ

Jupyter (IPython Notebook) で `DataFrame` を表示しているときや，HTML にレンダリングする場合，`style` アクセサで見た目を変えることができる．

コード 7.5 のようにダミーの表を用意する（図 7.8）．

コード 7.5 ダミーの表

```
np.random.seed(2)
d = pd.DataFrame(np.random.rand(3, 4), columns=['a', 'b', 'c', 'd'])
d.ix[1, 2] = np.nan
d
```

	a	b	c	d
0	0.435995	0.025926	0.549662	0.435322
1	0.420368	0.330335	NaN	0.619271
2	0.299655	0.266827	0.621134	0.529142

図 7.8 ダミーの表

`highlight_null` により欠損値を確認できる（図 7.9）．

```
d.style.highlight_null()
```

	a	b	c	d
0	0.435995	0.025926	0.549662	0.435322
1	0.420368	0.330335	nan	0.619271
2	0.299655	0.266827	0.621134	0.529142

図 7.9 highlight_null

`highlight_max` により列の最大値を確認できる（図 7.10）．

```
d.style.highlight_max()
```

	a	b	c	d
0	0.435995	0.025926	0.549662	0.435322
1	0.420368	0.330335	nan	0.619271
2	0.299655	0.266827	0.621134	0.529142

図 7.10 highlight_max

`highlight_max` で `axis=1` により行の最大値を確認できる（図 7.11）．

```
d.style.highlight_max(axis=1)
```

180 第7章 データ解析モジュール pandas, blaze, dask

	a	b	c	d
0	0.435995	0.025926	0.549662	0.435322
1	0.420368	0.330335	nan	0.619271
2	0.299655	0.266827	0.621134	0.529142

図 7.11　highlight_max

highlight_min により列の最小値を確認できる（図 7.12）．

```
d.style.highlight_min()
```

	a	b	c	d
0	0.435995	0.025926	0.549662	0.435322
1	0.420368	0.330335	nan	0.619271
2	0.299655	0.266827	0.621134	0.529142

図 7.12　highlight_min

applymap でセルのスタイルを指定できる．コード 7.6 では，0.3 以下のセルを太字にしている（図 7.14）．

コード 7.6　セルのスタイル

```
d.style.applymap(lambda s: 'font-weight: bold' if s < 0.3 else '')
```

	a	b	c	d
0	0.435995	**0.025926**	0.549662	0.435322
1	0.420368	0.330335	nan	0.619271
2	**0.299655**	**0.266827**	0.621134	0.529142

図 7.13　applymap

apply で列に対し，セルのスタイルの配列を指定できる．コード 7.7 では，0.3 以下のセルを太字にしている（図 7.14）．

コード 7.7　列のスタイル

```
d.style.apply(lambda s: ['font-weight: bold' if c < 0.3 else '' for c in s])
```

	a	b	c	d
0	0.435995	**0.025926**	0.549662	0.435322
1	0.420368	0.330335	nan	0.619271
2	**0.299655**	**0.266827**	0.621134	0.529142

図 7.14　apply

7.4 時系列データ

pandas においてデータを時系列データとして扱うには，インデックスを時刻 (datetime) 型にすればよい．

時刻を計算して設定する場合は，`date_range` を用いる．`date_range` では，開始日時 (start)，終了日時 (end)，期間数 (periods) の 3 つのうち，ちょうど 2 つを指定する必要がある．また，引数 `freq` で時間の刻み幅を設定することができる．`freq` の既定値は日にちを表す文字列 'D' である．コード 7.8 のようにすると，データを 2016 年 1 月 1 日の 0 時から 10 分刻み（`freq` が '10min'）のデータとすることができる．

コード 7.8 計算して設定する場合

```
d = pd.read_csv(ファイル名)
d.index = pd.date_range(start='2016/1/1', periods=len(d), freq='10min')
```

時刻の入った csv ファイルを読込む方法はいくつかある．1 つの列に日時が入っている場合は，コード 7.9 のようにすればよい．この場合，自動的に列から取り除かれる．また，`parse_dates` を指定しないと文字列型になってしまうので注意されたし．

コード 7.9 1 つの列に日時が入っている場合

```
d = pd.read_csv( ファイル名, parse_dates=[列番号], index_col=列番号)
```

あるいは，既にある DataFrame に対して，`index` を指定することもできる．DATETIME という名前の列に日時が入っているのならば，コード 7.10 のようにする．元の列は `drop` で削除すると無駄にならない．

コード 7.10 1 つの列に日時が入っている場合

```
d = pd.read_csv(ファイル名)
d.index = pd.to_datetime(d.DATETIME)
d.drop('DATETIME', axis=1, inplace=True)
```

1 つの列に入っていても加工したい場合は，コード 7.11 のようにする．ここでは，DT という名前の列の各文字列に対し，先頭 2 文字を削除して日時変換 (datetime) している．`str` アクセサについては，7.3.1 節を参照のこと．

コード 7.11 1 つの列に日時が入っていて加工する場合

```
d = pd.read_csv(ファイル名)
d.index = pd.to_datetime(d.DT.str[2:])
d.drop('DT', axis=1, inplace=True)
```

複数の列を使って，指定することもできる．DATE という名前の列に日付が，TIME という名前の列

に時間が入っているならば，コード 7.12 のようにすればよい．

コード 7.12　複数の列に日時が入っている場合

```
d = pd.read_csv(ファイル名)
d.index = pd.to_datetime(d.DATE + ' ' + d.TIME)
```

コード 7.13 のように csv ファイルを読込むときに複数列を指定することもできる．

コード 7.13　複数の列に日時が入っている場合

```
d = pd.read_csv(ファイル名, parse_dates=[['DATE', 'TIME']], index_col='DATETIME')
```

時系列データの index は時刻の型（Timestamp 型）になっている．このデータを csv に保存して，parse_dates を指定せずに，もう一度読込むと文字列型になってしまう．7.1.4 節で説明した，pickle 形式を用いれば，保存前と同じ型で読込むことができる．

時系列データの DataFrame または Series では，表 7.7 などの時刻に関したメソッドを利用できる．

表 7.7　時系列データのメソッド

メソッド	内容
asfreq	時間間隔を指定して取り出す．数値以外の列も有効．
at_time	指定時間を取り出す．
between_time	指定した範囲の時間を取り出す．
tshift	index を次の index で置き換える．
resample[6]	時間間隔を変更する．数値以外の列は削除される．

使用例を表 7.8 に示す．

表 7.8　時間による参照

内容	方法 1	方法 2
1/2 の 12 時台	d.ix['2016/1/2 12']	d[(d.index.day == 2) & (d.index.hour == 12)]
1/1 から 1/4 まで	d.ix['2016/1/1 00':'2016/1/3 23']	d[(d.index.day >= 1) & (d.index.day < 4)]
任意の日の 10:00	d.at_time('10:00')	d[(d.index.hour == 10) & (d.index.minute ==0)]
任意の日の 10:00 から 11:59	d.between_time('10:00','11:59')	d[(d.index.hour >= 10) & (d.index.hour < 12)]

shift を用いるとデータをずらすことができる．また，tshift を用いると時刻をずらすことができる．例えば，前の時刻との差分の値を見たければ，コード 7.14 のようにすればよい．

コード 7.14　前の時刻との差分の値

```
(d - d.shift(1)).fillna(0)
(d - d.tshift(1)).fillna(0) # 時間幅が同じ場合
```

---

[6]resample は，時刻型の index を持つ DataFrame または時刻型の index を持ち数値型の Series で利用できる．

7.5 関連パッケージ

コード 7.15 にリサンプリングする前後のグラフ表示方法をのせる（図 7.15）．10 分刻みのデータを 1 時間（'1h'）刻みにすると，データ数は 1/6 になる．刻み幅の単位は，ミリ秒 (ms)，秒 (s)，分 (min)，時 (h)，日 (d)，週 (w)，月 (m) などがある．

`resample` の結果オブジェクトの `mean` をよべば，平均でリサンプリングできる．他にも，最小 (min)，最大 (max)，標準偏差 (std)，合計 (sum) などを利用できる．

`apply` に列名をキーとした辞書も指定すれば，列ごとに処理を変えることができる．

コード 7.15　リサンプリングによる違い

```
d.plot()                       # リサンプリング前(10分刻み)
d.resample('1h').mean().plot() # リサンプリング後(1時間刻み)
```

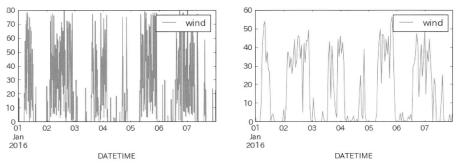

図 7.15　リサンプリングによる違い

時刻を変更するには，`pd.tseries.offsets` モジュールが利用できるが，詳細は省略する．

7.5 関連パッケージ

7.5.1 blaze について

blaze を使うと，ビッグデータを簡単に扱うことができる．インストールは「`conda install blaze`」または「`pip install blaze`」で行う．簡単に pandas と利用方法を比較してみよう．df に pandas の `DataFrame` を持たせる．`DataFrame` に対応する blaze のオブジェクトは，`Data` メソッドで作成できる．ここでは，db に持たせる．

```
import pandas as pd
import blaze as bz
df = pd.DataFrame({
    'name': ['Alice', 'Bob', 'Joe', 'Bob'],
    'amount': [100, 200, 300, 400],
    'id': [1, 2, 3, 4],
})
db = bz.Data(df)
```

pandas と blaze では，表（列）の型をそれぞれ `dtypes` (`dtype`) と `dshape` (`dshape`) で確認できる．

第 7 章　データ解析モジュール pandas, blaze, dask

表 7.9　pandas と blaze の比較

pandas	blaze	内容
`df.amount * 2 + 100`	`db.amount * 2 + 100`	列の計算
`df[['id', 'amount']]`	`db[['id', 'amount']]`	複数列の抽出
`df[db.amount > 300]`	`db[db.amount > 300]`	条件選択
`df.amount.mean()`	`db.amount.mean()`	列の平均
`df.name.value_counts()`	`db.name.count_values()`	個数計測
`df.groupby('name').amount.mean()`	`bz.by(db.name, amount=db.amount.mean())`	グループ化
`df.groupby(['name', 'id']) \` `    .amount.mean()`	`bz.by(bz.merge(db.name, db.id), \` `    amount=db.amount.mean())`	複数項目の グループ化
`df.amount.map(lambda x: x + 1)`	`db.amount.map(lambda x: x + 1, 'int64')`	写像
`df.rename(columns={'name': 'alias', \` `    'amount': 'dollars'})`	`db.relabel(name='alias', amount='dollars')`	列の名称変更
`df.drop_duplicates('name')`	`db.distinct('name')`	重複削除
`df.name.drop_duplicates()`	`db.name.distinct()`	上記と同じ
`pd.concat((df, df2))`	`bz.concat(db, db2)`	連結
`pd.merge(df, df2, on='name')`	`bz.join(db, db2, 'name')`	結合

```
df.dtypes
>>>
amount      int64
id          int64
name        object
dtype: object
```

```
db.dshape
>>>
dshape('4 * {amount: int64, id: int64, name: ?string}')
```

```
df.amount.dtype
>>>
dtype('int64')
```

```
db.amount.dshape
>>>
dshape('4 * int64')
```

　表や列に対する処理は，表 7.9 のように同様に記述できる．ただし，blaze では遅延評価となる．
　表の連結は，どちらも `concat` でできるが，下記のように（追加後のインデックスに）多少の違いがある．マージは，pandas と blaze では，それぞれ `merge` と `join` でできる．

```
df2 = pd.DataFrame([[500, 5, 'Joe']], columns=df.columns)
db2 = bz.Data(df2)
```

```
pd.concat((df, df2))
>>>
   amount  id  name
0     100   1  Alice
1     200   2  Bob
2     300   3  Joe
3     400   4  Bob
0     500   5  Joe
```

```
bz.concat(db, db2)
>>>
   amount  id  name
0     100   1  Alice
1     200   2  Bob
2     300   3  Joe
3     400   4  Bob
4     500   5  Joe
```

```
pd.merge(df, df2, on='name')
>>>
   amount_x  id_x  name  amount_y  id_y
0       300     3   Joe       500     5
```

```
bz.join(db, db2, 'name')
>>>
   name  amount_left  id_left  amount_right  id_right
0   Joe          300        3           500         5
```

blazeでも以下の様に直接csvファイルを扱うことができる．しかし，Dataメソッドでエラーが出る場合，dshapeにbz.dshape('var * {列1: int64, 列2: string, 列3:float64}')のように型を指定する必要がある．

blazeでは，複数のファイルや圧縮されたファイルもData('data2016*.csv.gz')のように一度に扱うことができる．Dataオブジェクトをcsvファイルに出力するには，odoを用いる．

```
df = pd.read_csv( csvファイル )
df.to_csv( csvファイル , index=None)
```

```
import odo
db = bz.Data( csvファイル ) # または, bz.Data( csvファイル , dshape=...)
odo.odo(db, csvファイル )
```

odoはデータ変換のためのパッケージであり，以下で解説するdaskと同様に，blazeプロジェクトの一部である．odoを用いることによって，csvだけでなく，AWS, JSON, HDF5, Hadoop File System, Hive Metastore, Mongo, Spark/SparkSQL, SAS, SQL, SSHなど様々な形式でデータのやりとりを行うことが可能になる．

7.5.2 dask について

daskを使うと，並列分散処理を簡単に行うことができる．インストールは，「conda install dask」または「pip install dask」で行う．

dask.arrayはNumPyに並列処理を追加したサブパッケージであり，dask.dataframeはpandasに並列処理を追加したサブパッケージである．ここでは，dask.dataframeについて簡単に解説する．

```
import pandas as pd, dask.dataframe as dd, sklearn.datasets
a = sklearn.datasets.load_iris()
hdr = ['sepal_length', 'sepal_width', 'petal_length', 'petal_width']
df = pd.DataFrame(a.data, columns=hdr)
da = dd.from_pandas(df, 4)
da.min().compute()
```

from_pandasを用いて，第1引数にpandas.DataFrameを，第2引数に分割数を指定して，dask.dataframe.DataFrameを作成できる．daskのオブジェクトは，pandasと同じようなメソッドを持っているが，よび出しただけでは実行されず，computeを行うことによって並列に実行される．また，2.3.4節で説明したgraphvizがインストールされていれば，computeの代わりにvisualizeとすれば，計算過程（図7.16）を表示する．

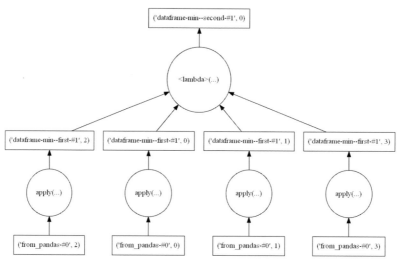

図7.16　daskの計算過程

第8章 統計モジュール statsmodels

本章では，statsmodels による様々な回帰の方法について，2つの単純な例を紹介した後，3つの事例を題材として説明する．

回帰とは，いくつかの独立変数を用いて，従属変数を表現するモデルである．回帰については付録Bも参照のこと．

8.1 節では，単純な線形回帰のやり方を説明する．
8.2 節では，単純なロジスティック回帰を説明する．
8.3 節では，ワインの価格を予測する線形回帰を説明する．
8.4 節では，救急車の出動回数を予測する Poisson 回帰を説明する．
8.5 節では，医療の質を予測するロジスティック回帰を説明する．

8.1 単純な線形回帰

線形回帰とは，予測したいもの（従属変数）を観測できるもの（独立変数）を使って推測する手法である．statsmodels では，線形回帰を3つの方法 (OLS, GLM, glm) で試すことができる．OLS は線形回帰用の回帰クラスであり，残りは**一般化線形モデル** (Generalized Linear Model: GLM) の回帰クラスである．大文字の GLM と小文字の glm では，クラスが異なることに注意されたし．

コード 8.1 で従属変数 y と独立変数 x_1 を定義している（図 8.1）．この例では，$y \sim 3.14\ x_1$ という関係になっている．

コード 8.1　y と x1

```python
import statsmodels.api as sm
import statsmodels.formula.api as smf
import numpy as np, pandas as pd, matplotlib.pyplot as plt
n = 20
x1 = np.linspace(1, n-1, n)
y = 3.14 * x1 + 1e-6 * np.random.random(n)
plt.plot(x1, y, '.')
plt.xlabel('x1')
plt.ylabel('y')
plt.xlim((0, x1.max()+1))
```

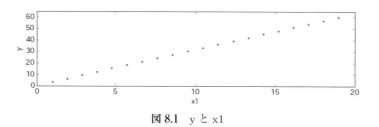

図 8.1　y と x1

```
plt.ylim((0, y.max()+5))
```

コード 8.2 に OLS を，コード 8.3 に GLM を，コード 8.4 に glm を示す．いずれも，回帰モデルを作成し (1)，パラメータ推定をし (2)，結果のサマリを表示している (3)．glm の引数については，表 8.4 も参考にされたし．

それぞれの出力は，図 8.2, 図 8.3, 図 8.4 となる．表示形式の違いはあるが，いずれも結果（x_1 の Coef.）は同じく，$y \sim 3.14\ x_1$ が推定できている．また，GLM と glm の結果は完全に一致している．これは，glm が内部で GLM を用いているためである．

コード 8.2　OLS による線形回帰

```
model1 = sm.OLS(y, x1)    # (1)
r1 = model1.fit()         # (2)
print(r1.summary2())      # (3)
```

コード 8.3　GLM による線形回帰

```
model2 = sm.GLM(y, x1)    # (1)
r2 = model2.fit()         # (2)
print(r2.summary2())      # (3)
```

コード 8.4　glm による線形回帰

```
model3 = smf.glm('y ~ x1 - 1', {'y':y, 'x1':x1})  # (1)
r3 = model3.fit()                                  # (2)
print(r3.summary2())                               # (3)
```

推定値を得るには，predict を用いる．コード 8.5 にそれぞれの線形回帰の予測結果の確認方法をのせる（図 8.5）．

コード 8.5　線形回帰の予測結果

```
for i, r in enumerate([r1, r2, r3]):
    plt.subplot(1, 3, i+1)
    plt.plot(x1, y, '.')
    if i < 2:
        plt.plot(x1, r.predict(x1))
    else:
        plt.plot(x1, r.predict({'x1':x1}))
```

Model:	OLS	Adj. R-squared:	1.000
Dependent Variable:	y	AIC:	-534.5720
Date:		BIC:	-533.5763
No. Observations:	20	Log-Likelihood:	268.29
Df Model:	1	F-statistic:	1.862e+17
Df Residuals:	19	Prob (F-statistic):	2.19e-153
R-squared:	1.000	Scale:	1.3750e-13

	Coef.	Std.Err.	t	P>|t|	[0.025	0.975]
x1	3.1400	0.0000	431526769.1772	0.0000	3.1400	3.1400

Omnibus:	1.017	Durbin-Watson:	1.348
Prob(Omnibus):	0.601	Jarque-Bera (JB):	0.805
Skew:	-0.165	Prob(JB):	0.669
Kurtosis:	2.074	Condition No.:	1

図 8.2　OLS による線形回帰

Model:	GLM	AIC:	-534.5720
Link Function:	identity	BIC:	-56.9189
Dependent Variable:	y	Log-Likelihood:	268.29
Date:		LL-Null:	-85.222
No. Observations:	20	Deviance:	2.6124e-12
Df Model:	0	Pearson chi2:	2.61e-12
Df Residuals:	19	Scale:	1.3750e-13
Method:	IRLS		

	Coef.	Std.Err.	z	P>|z|	[0.025	0.975]
x1	3.1400	0.0000	431526769.1772	0.0000	3.1400	3.1400

図 8.3　GLM による線形回帰

```
plt.title(['OLS', 'GLM', 'glm'][i])
plt.xlabel('x1')
plt.ylabel('y')
plt.xlim((0, x1.max()+1))
plt.ylim((0, y.max()+5))
```

8.2　単純なロジスティック回帰

　SPAM（迷惑メール）の判定を考える．予測したいものが，ありかなしかのような場合は，ロジ

Model:	GLM	AIC:	-534.5720
Link Function:	identity	BIC:	-56.9189
Dependent Variable:	y	Log-Likelihood:	268.29
Date:		LL-Null:	-85.222
No. Observations:	20	Deviance:	2.6124e-12
Df Model:	0	Pearson chi2:	2.61e-12
Df Residuals:	19	Scale:	1.3750e-13
Method:	IRLS		

	Coef.	Std.Err.	z	P>|z|	[0.025	0.975]
x1	3.1400	0.0000	431526769.1772	0.0000	3.1400	3.1400

図 8.4　glm による線形回帰

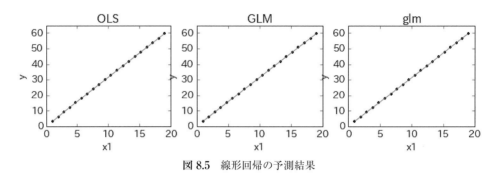

図 8.5　線形回帰の予測結果

スティック回帰を使うことができる．

> SPAM に使われやすい単語の数を使って，SPAM かどうか判定したい．

表 8.1 のように使われやすい単語の数は `numwords` に，SPAM かどうかは `spam` に入っている．コード 8.6 に spam かどうかごとのヒストグラムの表示方法を示す（図 8.6）．

コード 8.6　spam かどうか別ヒストグラム

```
a[a.spam == 0].numwords.hist(bins=3, label='not spam', alpha=0.5)
a[a.spam == 1].numwords.hist(bins=6, label='spam', alpha=0.5)
plt.xlabel('numwords')
plt.ylabel('number of cases')
plt.legend()
```

`numwords` が，1 つ以上か 2 つ以上ぐらいで判定できそうである．コード 8.7 を実行すると，しきい値が 1 の場合 83%($= 44 + 39$)，しきい値が 2 の場合 80%($= 35 + 45$) の正解率であることがわかる．

8.2 単純なロジスティック回帰

表 8.1 SPAM に関する情報

numwords	spam
0	1
0	0
0	0
...	...
2	1

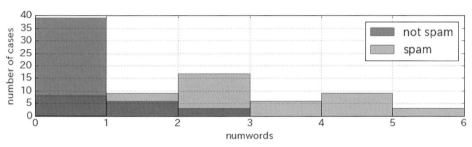

図 8.6 spam かどうか別ヒストグラム

コード 8.7 しきい値ごとの判定

```
th = 1
# SPAMであると正しく判定
print(sum((a.numwords >= th) & (a.spam == 1)) / len(a), end=' ')
# SPAMであると間違えて判定
print(sum((a.numwords >= th) & (a.spam == 0)) / len(a), end=' ')
# SPAMでないと正しく判定
print(sum((a.numwords < th) & (a.spam == 0)) / len(a), end=' ')
# SPAMでないと間違えて判定
print(sum((a.numwords < th) & (a.spam == 1)) / len(a))
>>>
0.44 0.09 0.39 0.08
```

```
th = 2
# SPAMであると正しく判定
print(sum((a.numwords >= th) & (a.spam == 1)) / len(a), end=' ')
# SPAMであると間違えて判定
print(sum((a.numwords >= th) & (a.spam == 0)) / len(a), end=' ')
# SPAMでないと正しく判定
print(sum((a.numwords < th) & (a.spam == 0)) / len(a), end=' ')
# SPAMでないと間違えて判定
print(sum((a.numwords < th) & (a.spam == 1)) / len(a))
>>>
0.35 0.03 0.45 0.17
```

ロジスティック回帰を使うと，独立変数 (numwords) に対する，SPAM の確率を出すことができる．コード 8.8 に，回帰後のデータ (spam) と予測の散布図 (図 8.7) の表示方法を示す．

第8章 統計モジュール statsmodels

コード 8.8 ロジスティック回帰

```
r = sm.GLM(a.spam, a.numwords, family=sm.families.Binomial()).fit()
plt.scatter(a.spam, r.predict(a.numwords))
plt.xlabel('データ')
plt.ylabel('予測')
```

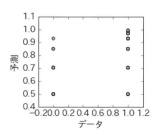

図 8.7 ロジスティック回帰

図 8.7 から，しきい値が 0.6 か 0.8 ぐらいがよさそうだとわかる．コード 8.9 に，SPAM のときに正しく SPAM と判定できる割合を計算を示す．これを見ると，しきい値が 0.6 以上の場合は `numwords` が 1 以上に，しきい値が 0.8 以上の場合は `numwords` が 2 以上に対応しているのがわかる．

コード 8.9 ロジスティック回帰

```
print(sum((r.predict(a.numwords) >= 0.6) & (a.spam == 1)) / len(a))
print(sum((r.predict(a.numwords) >= 0.8) & (a.spam == 1)) / len(a))
>>>
0.44
0.35
```

8.3 ワインの価格

例題を通して，単純な線形回帰の方法を確認する．ここでは，ワインの価格[1]について考えてみよう．

> あなたは，パリのワインを扱う商社から，今年のワインの価格調査を依頼された．早速，次のデータを得た．どのように計算すればいいだろうか．

まずは，`pandas` の `DataFrame` としてデータを読み込んで，価格の推移を確認する．

コード 8.10 データの読込とグラフ表示

```
a = pd.read_csv(入力データ, encoding='cp932')
a.価格.plot(title='価格')
```

---

[1] Orley Ashenfelter, "Predicting the Quality and Prices of Bordeaux Wines," American Association of Wine Economists AAWE Working Paper No.4, 2007. http://www.wine-economics.org/workingpapers/AAWE_WP04.pdf

8.3 ワインの価格

表 8.2 ワインに関する情報

価格	年	冬期降雨量	成長期平均気温	収穫期降雨量	熟成年数	消費者数
7.5	1952	600	17.1	160	31	43183.6
8.0	1953	690	16.7	80	30	43495.0
7.7	1955	502	17.2	130	28	44217.9
...	...	...	...	...	...	...
7.7	1955	502	17.2	130	28	44217.9

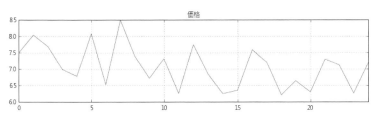

図 8.8 価格推移

価格を従属変数としたときに，独立変数を選ぶために，コード 8.11 により価格との相関係数を確認する．T で転置することで横長表示となる．

コード 8.11 価格との相関係数

```
a.corr()[['価格']][1:].T
```

表 8.3 価格との相関係数

	年	冬期降雨量	成長期平均気温	収穫期降雨量	熟成年数	消費者数
価格	−0.45	0.14	0.66	−0.56	0.45	−0.47

年と熟成年数の相関係数が，正負が異なるが同じである．「a.年.corr(a.熟成年数)」で相関係数を見ると −1 である．実は，熟成年数は，「年 − 1923」となっている．情報量としては同じなので，年と熟成年数のどちらかを使えばよいので，年は使わないものとする．相関が低いもの（0.3 程度以下）も独立変数としては弱いので，冬期降雨量も使わないものとする．

残りのものについて，価格との散布図を見てみよう．

コード 8.12 価格との散布図

```
import matplotlib.pyplot as plt
for i, c in enumerate(a.columns[3:7]):
    plt.subplot(141 + i)
    plt.title(c)
    plt.scatter(a[c], a.価格)
```

散布図に外れ点は認められないので，そのまま用いることとする．

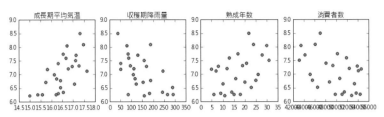

図 8.9 価格との散布図

表 8.4 モデル式

モデル式の文字列	内容
y ~ x_1	$y = \beta_0 + \beta_1 x_1 + \epsilon$
y ~ x_1 - 1	$y = \beta_1 x_1 + \epsilon$
y ~ x_1 + x_2	$y = \beta_0 + \beta_1 x_1 + \beta_2 x_2 + \epsilon$
y ~ x_1 + x_2 - 1	$y = \beta_1 x_1 + \beta_2 x_2 + \epsilon$
y ~ x_1:x_2	$y = \beta_0 + \beta_1 x_1 x_2 + \epsilon$
y ~ x_1 * x_2	$y = \beta_0 + \beta_1 x_1 + \beta_2 x_2 + \beta_3 x_1 x_2 + \epsilon$
y ~ pow(x1, 2)	$y = \beta_0 + \beta_1 x_1^2 + \epsilon$

8.3.1 残差平方和

当てはまり具合の数値を，**残差平方和** (Sum of Squared Errors: SSE) で計算することとする．残差平方和とは，元データと予測データの差分の 2 乗の合計で計算される．

8.3.2 推定用データと検証用データ

推定用データをそのまま用いて検証して残差平方和が少なくても，過剰適合している可能性がある．過剰適合していると，推定用データと別のデータを用いたときに，当てはまりが悪くなる．一般的に，回帰の善し悪しを見るためには，データを推定用データと検証用データに分ける．

今回，元データが 25 個あるので，`train_test_split` を利用して約半分ずつの 13 個と 12 個に分けよう．

コード 8.13 推定用データと検証用データ

```
from sklearn.cross_validation import train_test_split
a_train, a_test = train_test_split(a, train_size=13, random_state=1)
```

8.3.3 glm 関数について

線形回帰は，最小 2 乗法を用いる `OLS` 関数を用いることもできる．ここでは，より汎用的に枠組みである一般化線形モデルの `statsmodels.formula.api.glm` 関数を用いる．

`glm` 関数では，モデル式を用いて，モデルを指定する．モデル式の例としては，表 8.4 がある．モデル式の中の「−1」とは，定数項を持たないことを表している．

独立変数の数を増やしていった時に，残差平方和がどのように変わるかを見てみよう．追加は，相関係数の大きい順とする．

コード 8.14　独立変数が 1 つの場合

```
import statsmodels.formula.api as smf
m = smf.glm('価格 ~ 成長期平均気温', a_train)
r1 = m.fit()
p1 = r1.predict(a_test)
sse1 = np.sum((a_test.価格 - p1)**2)
print('SSE', sse1)
>>>
SSE 3.4969929593
```

コード 8.15　独立変数が 2 つの場合

```
m = smf.glm('価格 ~ 成長期平均気温 + 収穫期降雨量', a_train)
r2 = m.fit()
p2 = r2.predict(a_test)
sse2 = np.sum((a_test.価格 - p2)**2)
print('SSE', sse2)
>>>
SSE 2.34714675638
```

コード 8.16　独立変数が 3 つの場合

```
m = smf.glm('価格 ~ 成長期平均気温 + 収穫期降雨量 + 消費者数', a_train)
r3 = m.fit()
p3 = r3.predict(a_test)
sse3 = np.sum((a_test.価格 - p3)**2)
print('SSE', sse3)
>>>
SSE 1.80044812929
```

コード 8.17　独立変数が 4 つの場合

```
m = smf.glm('価格 ~ 成長期平均気温 + 収穫期降雨量 + 消費者数 + 熟成年数', a_train)
r4 = m.fit()
p4 = r4.predict(a_test)
sse4 = np.sum((a_test.価格 - p4)**2)
print('SSE', sse4)
>>>
SSE 1.92306824154
```

残差平方和を棒グラフ（図 8.10）で確認してみよう．

コード 8.18　残差平方和

```
plt.title('残差平方和(SSE)')
plt.bar(range(4), [sse1, sse2, sse3, sse4])
```

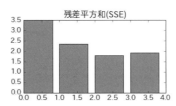

図 8.10　独立変数の個数ごとの残差平方和

　残差平方和で見ると，独立変数として，成長期平均気温，収穫期降雨量，消費者数を用いたものが一番よいことがわかる．

8.3.4　赤池情報量規準

　モデルの良さの尺度として，よく用いられるものに，**赤池情報量規準** (Akaike's Information Criterion: AIC) がある．

　簡単に説明すると，モデルの複雑さと，データとの適合度とのバランスを取った指標となる．

　同じように，独立変数ごとの AIC（図 8.11）を確認してみよう．

コード 8.19　AIC

```
plt.title('AIC')
plt.bar(range(4), [r1.aic, r2.aic, r3.aic, r4.aic])
```

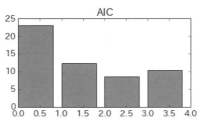

図 8.11　独立変数の個数ごとの AIC

　AIC では，残差平方和と同じように小さい方がよいモデルとなる．しかし，絶対値としての意味を気にする必要はなく，相対的な大小をみればよい．

　AIC では，独立変数の数が増えると悪くなる．今回は，独立変数の個数が 3 の場合の AIC が最もよい．この AIC は，推定用データに対して計算されたことに注意されたし．

　今回は，独立変数の個数を 3 個とした場合に，検証用データと予測値の関係を見てみよう（図 8.12）．

コード 8.20　検証用データと予測値

```
plt.scatter(a_test.価格, p3)
plt.xlabel('データ')
plt.ylabel('予測')
```

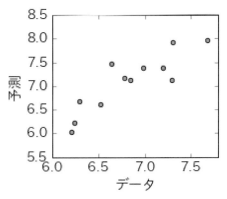

図 8.12 検証用データと予測値

コード 8.21 のようにして，誤差の分布が確認できる．モデルが妥当であれば，誤差分布は正規分布に近くなるが，図 8.13 では，負の値が多くなっており，偏っている．このような場合，誤差に含まれている要素を検討し，モデルを見直すべきであるが，ここでは省略する．

コード 8.21　誤差分布の確認

```
plt.title('誤差分布')
plt.hist(a_test.価格 - p3)
```

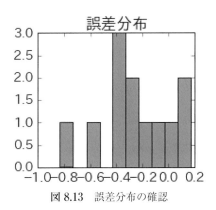

図 8.13　誤差分布の確認

8.4　救急車の出動回数

Poisson 回帰の例を見てみよう．

> 救急車の出動回数を予測したい．救急隊員によると，平日だったり暑かったり寒かったりすると増えるらしい．ただし，毎日の出動回数自体はそれほど多くない．これまで通りのやり方で結果を整数に丸めてもいいのだろうか？

多くの独立した事象の発生回数は，大数の法則から正規分布となる．事象の発生頻度が小さいと，事象の発生回数は，Poisson 分布となる．Poisson 分布に従うと考えられるデータについては **Poisson 回帰** (Poisson regression) を使うことができる．

pandas の DataFrame としてデータを読込む.

コード 8.22　救急車の出動回数データの読込

```
a = pd.read_csv(入力データ)
```

表 8.5　救急車の出動回数データ

no	temp	wkday
1	19.4	1
1	18.2	1
3	18.5	1
…	…	…
3	18.5	1

no は出動回数，temp は温度，wkday は平日かどうかを表している．出動回数のヒストグラムを確認する．

コード 8.23　出動回数のヒストグラム

```
a.no.hist(bins=5)
```

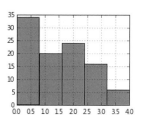

図 8.14　出動回数のヒストグラム

温度を独立変数とする方法もあるが，ここでは，「暑い」や「寒い」を表す 0-1 の独立変数を用意して用いることにしよう．具体的には，平均気温が 25 度以上を暑い，15 度以下を寒いとする．describe の結果を表 8.6 に示す．

コード 8.24　暑い，寒いフラグの追加

```
a['le15'] = (a.temp <= 15).apply(int)
a['ge25'] = (a.temp >= 25).apply(int)
a.describe().T
```

Poisson 回帰をするには，glm 関数のオプション family に Poisson（リンク関数=log）を指定すればよい．

データを推定用と検証用に分け，Poisson 回帰を行い，相関係数と散布図（図 8.15）を見てみよう．

表 8.6 暑い，寒いフラグの追加

	count	mean	std	min	25%	50%	75%	max
no	100.0	1.4	1.27	0.0	0.0	1.0	2.0	4.0
temp	100.0	20.39	3.77	11.9	17.65	20.15	23.8	28.0
wkday	100.0	0.72	0.45	0.0	0.0	1.0	1.0	1.0
le15	100.0	0.11	0.31	0.0	0.0	0.0	0.0	1.0
ge25	100.0	0.13	0.34	0.0	0.0	0.0	0.0	1.0

コード 8.25　Poisson 回帰

```
import statsmodels.api as sm
a_train, a_test = train_test_split(a, train_size=50, random_state=1)
r = smf.glm('no ~ wkday + le15 + ge25', a_train, family=sm.families.Poisson()).fit()
plt.scatter(a_test.no, r.predict(a_test))
plt.xlabel('データ')
plt.ylabel('予測')
print('相関係数', np.corrcoef(a_test.no, r.predict(a_test))[0, 1])
>>>
相関係数 0.677922797004
```

相関係数は 0.68 と計算され，それなりに予測できることがわかる．

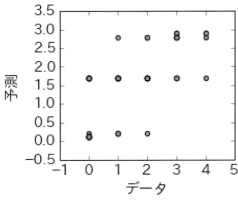

図 8.15　相関係数と散布図

8.5　医療の質

ロジスティック回帰を見てみよう．ロジスティック回帰で分類するのは，「あり=1」，「なし=0」となる事象である．

> 病院の副院長から，クレームの調査の依頼が来た．訪問回数などのデータとクレームの有無（0-1 データ）を使うことができる．

第 8 章 統計モジュール statsmodels

クレームデータをファイルから読み込んで，独立変数を確認する．

コード 8.26 クレームデータの読込み

```
a = pd.read_csv(入力データ)
for c in a.columns[:-1]: print(c)
>>>
InpatientDays
ERVisits
OfficeVisits
Narcotics
DaysSinceLastERVisit
Pain
TotalVisits
ProviderCount
MedicalClaims
ClaimLines
StartedOnCombination
AcuteDrugGapSmall
```

従属変数は，PoorCare である．独立変数は，12 個ある．最初の 6 個の独立変数と従属変数の相関を見てみる（図 8.16）．

コード 8.27 独立変数ごとの散布図

```
for i, c in enumerate(a.columns[:6]):
    plt.subplot(161 + i)
    plt.title(c)
    plt.scatter(a[c], a.PoorCare)
```

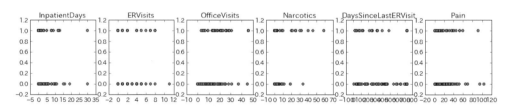

図 8.16 独立変数ごとの散布図

ロジスティック回帰を行うには，GLM 関数でオプション family に Binomial（リンク関数＝ logit）を指定すればよい．独立変数が多いと，過剰適合してしまうので，12 個の独立変数から有効なものを選びたい．

ここでは，ステップワイズ法を利用しよう．

ステップワイズ法

1 独立変数候補を空とする

2 独立変数候補に新たな独立変数を 1 つ追加したとき，最も基準値 (AIC) がよくなるものを追加し更新する

3 独立変数候補から 1 つ独立変数を削除したとき，最も基準値 (AIC) がよくなるものを削除し

更新する
4 削除が可能な間，ステップ3を繰返す
5 更新がない場合，もしくは全ての独立変数を候補にした場合終了し，そうでない場合ステップ2へ行く

基準値は AIC 以外の指標が使われることもある．ステップワイズ法は，局所探索を行っているので，得られる独立変数の組は，近似解となる．

コード 8.28 ステップワイズ法

```
fml = sm.families.Binomial()
a_train, a_test = train_test_split(a, train_size=66, random_state=1)
cv = a_train.ix[:, :-3]
vv = cv.ix[:, []]  # 空から始める
pra, flag = np.inf, True
while flag and len(vv.columns) < len(cv.columns):
    flag, best = False, None
    for c in cv:
        if c not in vv:
            vv[c] = cv[c]
            r = sm.GLM(a_train.PoorCare, vv, family=fml).fit()
            vv.drop(c, axis=1, inplace=True)
            if r.aic < pra:
                flag, best, pra = True, c, r.aic
    if best:
        vv[best] = cv[best]
    best = True
    while best and len(vv.columns) > 1:
        best = None
        for c in vv:
            vv.drop(c, axis=1, inplace=True)
            r = sm.GLM(a_train.PoorCare, vv, family=fml).fit()
            vv[c] = cv[c]
            if r.aic < pra:
                flag, best, pref = True, c, r.aic
        if best:
            vv.drop(best, axis=1, inplace=True)
```

得られた独立変数 (vv) に対し，相関係数と残差平方和を計算し，散布図（図 8.17）を確認する．

コード 8.29 相関係数と残差平方和

```
r = sm.GLM(a_train.PoorCare, vv, family=fml).fit()
p = r.predict(a_test[vv.columns])
print('相関係数', np.corrcoef(a_test.PoorCare, p)[0, 1])
print('SSE', np.sum((a_test.PoorCare - p)**2))
plt.scatter(a_test.PoorCare, p)
plt.xlabel('データ')
plt.ylabel('予測')
```

```
>>>
相関係数 0.302083672512
SSE 14.4166494066
```

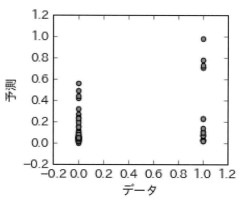

図 8.17　散布図

散布図を見ると，0.7 ぐらいで分類すると良さそうである．そのときの，正解率を見てみよう．

コード 8.30　相関係数と残差平方和

```
print('正解率', sum((p < 0.7) == (a_test.PoorCare == 0)) / len(p))
>>>
正解率 0.769230769231
```

このように，予測値としきい値を比較すれば，ロジスティック回帰を使って分類できる．

第9章 機械学習モジュール scikit-learn

9.1 概要

機械学習 (machine learning) とは，コンピュータに，人間が自然に行っている学習の能力を持たせるための技術の総称であり，大きく教師あり学習と教師なし学習に分類できる．これらの用語の詳細や機械学習の理論的背景については，付録Bを参照されたい．

Pythonモジュールである scikit-learn は，機械学習での分析手法をライブラリとして使いやすい形で提供する．本章では，それら分析手法の基本的な考え方と具体的な計算方法を，Pythonのコードを用いて説明する．

第8章で述べた回帰や分類も教師あり学習と考えることができるが，ここでは教師あり学習の高度な手法として，サポートベクトルマシンを紹介する．まず，サポートベクトルマシンの基本的な考えを概説し，続いて scikit-learn によるサポートベクトル回帰，サポートベクトル分類，交差検証，交差検証を使ったグリッドサーチを数値例と Python プログラムで解説する．

教師なし学習では，クラスタリングと次元削減について解説する．

scikit-learn は，分析のための関数だけでなくテスト用のサンプルデータも提供する．scikit-learn の下の datasets パッケージにあるので，from sklearn.datasets import * などのコマンドでインポートすれば使えるようになる．次の表9.1には，非常に小さなデータセット (toy datasets とよばれる) を読み込むための関数をリストアップした．機械学習のアルゴリズムがパラメータの違いでどのような振舞いをするのかを見るなど，便利なデータセットである．より本格的なデータを乱数により作成する関数も用意されている．表9.2にリストアップする．

9.2 教師あり学習 (supervised learning)

9.2.1 サポートベクトルマシンの概要

サポートベクトルマシン (support vector machine, SVM):
まずはサポートベクトルマシンの仕組みを簡単に説明しよう．正の整数 p, n に対して，p 次元の n 個のデータ $x_i \in \mathbf{R}^p$, $i = 1, 2, \ldots, n$, と 2値数 $y_i \in \{1, -1\}$, $i = 1, 2, \ldots, n$, が与えられているとする．これらは p 個の成分からなる n 個の特徴ベクトルと，それらを2つに分類するものと考えるこ

表 9.1　Toy データセット

関数	内容
`load_boston`	ボストンの住宅価格のデータを読み込んで返す（回帰用）.
`load_iris`	iris データを読み込んで返す（分類用）.
`load_diabetes`	diabetes データセットを読み込んで返す（回帰用）.
`load_digits`	digits データセットを読み込んで返す（分類用）.
`load_linnerud`	linnerud データセットを読み込んで返す（多変量回帰用）.

表 9.2　データセット生成関数

関数	内容
`make_classification`	分類用ランダムなデータセットを作成する.
`make_multilabel_classification`	同じく分類用データセット（多クラス）を作成する.
`make_regression`	回帰用のランダムなデータセット作成する.

とができる ($y_i = 1$ と $y_i = -1$ による分類). この与えられたデータを教師データあるいは**トレーニングデータ** (training data) とよぶ.

SVM の目的は, これらのトレーニングデータをもとに空間を 2 つに分類し, 新たな未学習のデータがどちらの分類に所属するのかを決定することである. 分類するための最も分かりやすいものは, **超平面** (hyperplane), つまり 2 次元ならば直線, 3 次元ならば平面である. 図 9.1 は, $n=10, p=2$ の場合のサンプルである. 点線のような分類のための超平面は数多く存在することに注意しよう.

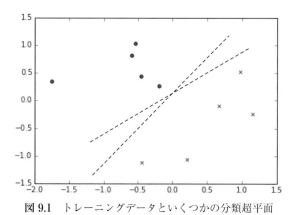

図 9.1　トレーニングデータといくつかの分類超平面

ハードマージン SVM: 図 9.1 に示してあるように, 分類が 1 つ決まったとき, その分類超平面に最も近い点との距離を**マージン** (margin) という. 数ある分類超平面の中からマージンを最大化するようなものを求める手法をハードマージン SVM という. ハードマージン SVM の分類超平面 $H = \{x | w^T x = b\}$ は次の凸 2 次計画問題を解くことによって求められる.

$$\begin{aligned} & \text{minimize}_{w,b} && \tfrac{1}{2} w^T w \\ & \text{subject to} && y_i(w^T x_i + b) \geq 1, \ i = 1, 2, \ldots, n \end{aligned} \tag{9.1}$$

図 9.2 はこのハードマージンの考え方を図示したものである.

ソフトマージン SVM：実際にはトレーニングデータが超平面で分類可能な場合は少ないかもし

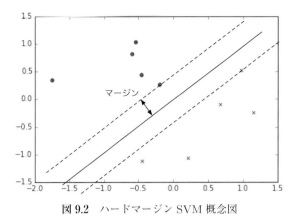

図 9.2　ハードマージン SVM 概念図

れない．分類不可能でも超平面が見つかるように，問題 (9.1) の不等式の条件をある程度緩めて，しかしその替わりに目的関数に緩めた分のペナルティを科すという**ソフトマージン SVM** が考えられている．

$$\begin{vmatrix} \text{minimize}_{w,\zeta} & \frac{1}{2} w^T w + C \sum_{i=1}^n \zeta_i \\ \text{subject to} & y_i(w^T x_i + b) \geq 1 - \zeta_i \\ & \zeta_i \geq 0, \ i = 1, 2, \ldots, n \end{vmatrix} \tag{9.2}$$

ここで C は正定数である．

カーネル法：分類するための関数として常に線形関数（直線や平面）を考えなければならないのは無理がある．曲線や曲面などで分類する必要が生じてくる．そのような場合は，データ x_i を高次元の空間に射影してから線形分離を考え，もとの空間に戻すという手続きをとる．x_i を高次元のデータに射影する写像を ϕ とすると問題 9.2 は次のように表現できる．ここで注意が必要なのは，式 (9.2) での w と次式 (9.3) での w は次元が異なることである．

$$\begin{vmatrix} \text{minimize}_{w,\zeta} & \frac{1}{2} w^T w + C \sum_{i=1}^n \zeta_i \\ \text{subject to} & y_i(w^T \phi(x_i) + b) \geq 1 - \zeta_i \\ & \zeta_i \geq 0, \ i = 1, 2, \ldots, n \end{vmatrix} \tag{9.3}$$

この問題の双対問題は

$$\begin{vmatrix} \text{minimize}_\alpha & \frac{1}{2} \alpha^T Q \alpha - e^T \alpha \\ \text{subject to} & y^T \alpha = 0 \\ & 0 \leq \alpha_i \leq C, \ i = 1, 2, \ldots, n \end{vmatrix}$$

となる．ただし Q は $n \times n$ 非負定値行列で $Q_{ij} = \phi(x_i)^T \phi(x_j)$ を満たし，e はすべての成分が 1 のベクトルである．また最大化は目的関数に -1 を掛けて最小化にしてある．これらの最適化問題のペアを考えるメリットは，移った先の空間（特徴空間という）での内積：$\phi(x_i)^T \phi(x_j)$ さえ計算できればよいことである．

$$k(x, x') = \phi(x)^T \phi(x')$$

となるような x と x' の関数，つまり移り先での内積を形成するような x, x' の関数を**カーネル関数** (kernel function) という．カーネル関数には以下のようなものが知られている．

$$\text{線形カーネル (linear kernel):} \quad x^T x'$$
$$\text{多項式カーネル (polynomial kernel):} \quad (\gamma(x^T x') + r)^d \; \gamma, r, d \text{ は定数}$$
$$\textbf{RBF カーネル} \text{ (radial basis function kernel):} \quad \exp(-\gamma \|x - x'\|^2) \; \gamma > 0 \text{ は定数}$$
$$\text{シグモイドカーネル (sigmoid kernel):} \quad \tanh(\gamma x^T x' + r) \; r \text{ は定数}$$

これらのカーネル関数の特徴を以下にまとめた．

- **線形カーネル:** 文字通りデータを線形関数で分類する．2 次元ならば直線，3 次元ならば平面，一般には超平面が得られる．テキストデータのように大規模で疎なデータによく用いられる．

- **多項式カーネル:** 多項式による分類が得られる．d は次数，γ はスケール，r はオフセットで，これらはモデルのユーザーが決定する．例えば $d = 1$，$\gamma = 1$，$r = 0$ とすれば線形カーネルと等価である．画像を分析するときによく用いられる．

- **RBF カーネル**（Radial base function kernel, Gauss カーネル）: データに対する事前知識がない場合によく用いられる汎用的なカーネルである．γ はユーザーが決定する．

- **シグモイドカーネル:** 主にニューラルネットの代りとして用いられる．

これら以外にも数多くのカーネルが考案されていたり，また既存のカーネルを組み合わせることによっても新しいカーネルを作り出せることが知られている．

SVM の説明が一通り終わったので，scikit-learn モジュールを使って一連の手法を試してみる．必要モジュールを読み込んで，`make_classification` メソッドで 2 次元の問題を作成し，matplotlib の plot で描画する．

コード 9.1　SVM，サンプルデータ作成とグラフ描画

```python
%matplotlib inline
import numpy as np
import scipy.linalg as linalg
from sklearn.datasets import *
import matplotlib.pyplot as plt
import sklearn.svm as svm

np.random.seed(0)
X, Y = make_classification(n_features=2, n_redundant=0, n_informative=2)
iy = (Y == 1)
iny = (Y == 0)
plt.scatter(X[iy, 0], X[iy, 1], marker='o')
```

```
plt.scatter(X[iny, 0], X[iny, 1], marker='x')
```

すると図9.3のようにプロットされる．直線による分類は不可能のようである．

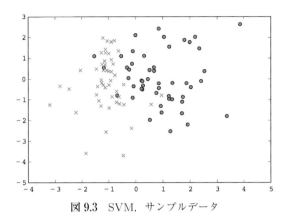

図 9.3　SVM．サンプルデータ

分析自体のプログラムは非常にシンプルである．次のコード9.2のようにSVCというオブジェクトを作り，fitメソッドで分類する．

コード 9.2　SVM 分類

```
clf = svm.SVC(kernel='linear', C=1.0)
clf.fit(X, Y)
>>>
SVC(C=1.0, class_weight=None, dual=True, fit_intercept=True,
    intercept_scaling=1, loss='l2', multi_class='ovr', penalty='l2',
    random_state=None, tol=0.0001, verbose=0)
```

svm.SVCの引数で，kernel='linear'で線形カーネルを指定．ペナルティ項の係数をCで指定する（既定値は1.0）．線形カーネルを選んだ場合，内部ではSVCが呼び出される．

一度計算がすんでしまえば決定関数値を求めることで分析が可能となる．領域をメッシュで切ってそれぞれのグリッドで決定関数値を求め，決定関数 = 0 の等高線をグラフにすればよい．次のコード9.3に例を示す．

コード 9.3　分析結果

```
# 領域をメッシュで切って，グリッド上で決定関数値を計算
xx, yy = np.meshgrid(np.linspace(-3, 3, 500), np.linspace(-3, 3, 500))
Z = clf.decision_function(np.c_[xx.ravel(), yy.ravel()])
Z = Z.reshape(xx.shape)

ctr = plt.contour(xx, yy, Z, levels=[0], linetypes='—')
plt.scatter(X[iy, 0], X[iy, 1], marker='o')
plt.scatter(X[iny, 0], X[iny, 1], marker='x')
plt.axis([xx.min(), xx.max(), yy.min(), yy.max()])
plt.show()
```

コード9.3を実行すると図9.4のように分類超平面が描かれる．

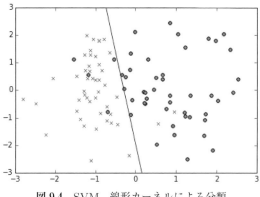

図 9.4　SVM，線形カーネルによる分類

　カーネルを RBF カーネルにして計算し，決定関数値をグラデーションで表示すると図 9.5 のように分類境界が描かれた．

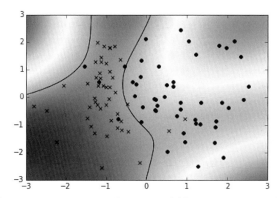

図 9.5　SVM，RBF カーネルによる分類のグラデーション表示

9.2.2　例 1：サポートベクトル回帰

　サポートベクトルマシンは回帰分析にも利用することができ，それを**サポートベクトル回帰** (support vector regression) という．この節では，**scikit-learn** によるサポートベクトル回帰の例を挙げる．

　まずは必要なライブラリの読込みと架空のデータの作成とプロットを次のコード 9.4 で行う．

コード 9.4　架空の回帰データ作成と描画

```
%matplotlib inline
import numpy as np
import matplotlib.pyplot as plt

# 学習データ作成
np.random.seed(1000)
n = 50
x = np.sort(np.random.uniform(-np.pi,np.pi,n))
y = np.sin(x)+np.random.randn(n)*0.2
plt.plot(x, y, 'o')
```

9.2 教師あり学習 (supervised learning)

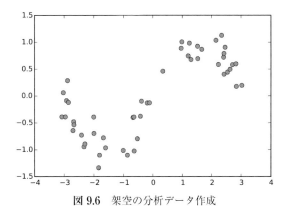

図 9.6 架空の分析データ作成

架空のデータは，まず x 軸にそって $-\pi$ から π の範囲で一様乱数を50個発生させ，その値の sin（正弦）をとりさらに標準正規分布に従って誤差を加えたものである．コード9.5では，この架空データについて，(i) 線形カーネル，(ii)RBF カーネル，(iii) 多項式カーネルをそれぞれ用いたサポートベクトル回帰を行っている．

コード 9.5 回帰分析

```
# モデルの定義
svr_rbf = svm.SVR(kernel='rbf', C=1000, gamma=0.1)
svr_lin = svm.SVR(kernel='linear', C=1000)
svr_poly = svm.SVR(kernel='poly', C=1000, degree=3)

# 分析
x = x.reshape(-1, 1)
y_rbf = svr_rbf.fit(x, y).predict(x)
y_lin = svr_lin.fit(x, y).predict(x)
y_poly = svr_poly.fit(x, y).predict(x)

# 結果のグラフ化
plt.scatter(x, y, c='k', label='data')
plt.plot(x, y_rbf, c='g', label='RBF model')
plt.plot(x, y_lin, c='r', label='Linear model')
plt.plot(x, y_poly, c='b', label='Polynomial model')
plt.xlabel('data')
plt.ylabel('target')
plt.title('Support Vector Regression')
plt.legend(loc='upper center', bbox_to_anchor=(1.4,0.7))
plt.show()

# 分析結果
print('R^2(pred)-rbf: %f' % svm.SVR.score(svr_rbf, x, y))
print('R^2(pred)-lin: %f' % svm.SVR.score(svr_lin, x, y))
print('R^2(pred)-poly: %f' % svm.SVR.score(svr_poly, x, y))
>>>
R^2(pred)-rbf: 0.899732
R^2(pred)-lin: 0.551171
R^2(pred)-poly: 0.260095
```

「# モデル定義」以下の3行では，カーネルのパラメータを指定したモデルオブジェクトを生成している．分析自体は「# 分析」の部分である．「# 結果のグラフ化」以下の部分で，分析結果をグラフに描画している．実線がRBFカーネル，破線が線形カーネル，点線が多項式カーネル（3次）による回帰の結果である．最後に「# 分析結果」の部分では，決定係数（R^2値）を出力しており，RBFカーネルが最もよくフィットしていることがわかる．

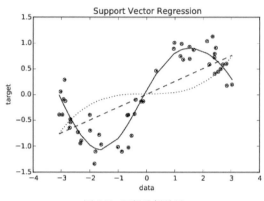

図 9.7　回帰分析結果

9.2.3　例2: サポートベクトルマシン分類

9.2.1節で紹介したサポートベクトルマシンでは，教師データを模範としてデータを2クラスに分類した．ここでは，これを多クラスに拡張した分類の例を示す．用いるデータはscikit-learnモジュールが提供するのiris（アヤメ）に関するものである．次のコード9.6では，必要なモジュールのインポートと，irisデータの読込みとデータのプロットを行っている．ここでirisデータとは，付属するサンプルデータであり，3種のiris（アヤメ）の萼（がく）片の長さと幅，花弁の長さと幅の計測結果（センチメートル単位）がそれぞれ50の個体について記されてある．d.DESCR属性を出力すると，データの詳細を見ることができる．

コード 9.6　iris データの読込みと散布図

```
%matplotlib inline
import numpy as np
import matplotlib.pyplot as plt
from sklearn import svm, datasets

iris = datasets.load_iris()
X = iris.data[:, 0:2]
y = iris.target

iy0 = (y == 0); iy1 = (y == 1); iy2 = (y == 2)
plt.scatter(X[iy0, 0], X[iy0, 1], marker='x')
plt.scatter(X[iy1, 0], X[iy1, 1], marker='2')
plt.scatter(X[iy2, 0], X[iy2, 1], marker='o')
```

X = iris.data[:,0:2] なので，irisデータの最初の2つ，つまりがく片の長さと幅に関しての

9.2 教師あり学習 (supervised learning)

データのみを扱う．3種類のirisについてそれぞれ'0','1','2'でラベル付けされている．図9.8は散布図である．これがトレーニングデータである．種類'0'はその他の種類とはっきり分かれているが，種類'1'と'2'は混在していることが見てとれる．

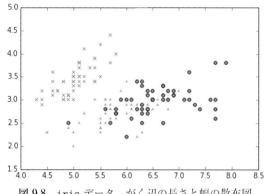

図 9.8 iris データ．がく辺の長さと幅の散布図

このデータを3つのクラスに分類してみよう．次のコード9.7のように，分類に必要なパラメータをもとにSVCオブジェクトを作りfitメソッドで分類する．

コード 9.7 iris の分類

```
C = 1.0
svc_lin  = svm.SVC(kernel='linear', C=C);              svc_lin.fit(X, y)
svc_rbf  = svm.SVC(kernel='rbf', gamma=1.0, C=C);      svc_rbf.fit(X, y)
svc_poly = svm.SVC(kernel='poly', degree=3, C=C);      svc_poly.fit(X, y)
```

分析手法として，SVCの線形カーネル，RBFカーネル，3次の多項式カーネルの3種類を用いた．コード9.8で，分類結果の散布図をそれぞれの手法について出力している．図9.9は分類の結果である．

コード 9.8 iris の分類

```
x_min, x_max = X[:, 0].min - 0.5, X[:, 0].max + 0.5
y_min, y_max = X[:, 1].min - 0.5, X[:, 1].max + 0.5
xx, yy = np.meshgrid(np.linspace(x_min, x_max, 300),
                     np.linspace(y_min, y_max, 300))

# タイトル
titles = ['Linear', 'RBF', 'Polynomial(3)']

for i, clf in enumerate((svc_lin, svc_rbf, svc_poly)):
    plt.subplot(2, 3, i+1)
    plt.subplots_adjust(wspace=0.6, hspace=0.6)

    Z = clf.predict(np.c_[xx.ravel(), yy.ravel()])

    Z = Z.reshape(xx.shape)
    plt.contourf(xx, yy, Z, cmap='binary', alpha=0.8)
```

```
plt.scatter(X[iy0, 0], X[iy0, 1], marker='x')
plt.scatter(X[iy1, 0], X[iy1, 1], marker='2')
plt.scatter(X[iy2, 0], X[iy2, 1], marker='o')
plt.xlabel('Sepal length')
plt.ylabel('Sepal width')
plt.xlim(xx.min(), xx.max())
plt.ylim(yy.min(), yy.max())
plt.title(titles[i])
```

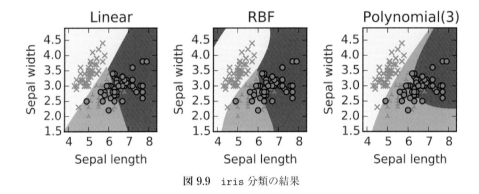

図 9.9　iris 分類の結果

9.2.4　交差検証とグリッドサーチ

トレーニングデータだけを用いて学習すると，他のデータに対して役に立たない危険性があったり，採用したモデルが正しくなかったり，モデルのパラメータが適当でなかったりする場合がある．このような問題を解決するための，**交差検証** (cross validation) と**グリッドサーチ** (grid search) という技術を説明する．

交差検証 (cross validation) とは，データを幾つかに分割して，その一部をトレーニングデータとしてモデル分析し，残りのデータをテストデータとして，得られたモデルの評価を行うという手法である．データを K 個に分割するとき特に，**K-分割交差検証**という．K 個に分けたデータのうち 1 つをテストデータとして用い，残りの $K-1$ をトレーニングデータとして用いる．学習（費用関数を最小化する重み w の決定）はトレーニングデータで行い，評価（正解データとの誤差を計算）はテストデータで行う．さらにテストデータを残りの $K-1$ のデータと交換してモデルを評価する．

コード 9.9 に scikit-learn で交差検証を実行した例を示す．なおこのコードは，iris の分類（コード 9.8）を実行した直後に実行することを前提とする．

コード 9.9　iris 分類の交差検証

```
# 交差検証
from sklearn.cross_validation import cross_val_score

print('訓練誤差:')
for i, clf in enumerate((svc_lin, svc_rbf, svc_poly)):
    print(u'%s Kernel での訓練誤差: %f' % (titles[i], clf.score(X,y)))
    cv = cross_val_score(clf, X, y, cv=3)
```

```
        print(u'   交差検証でのスコア:   ', cv)
>>>
訓練誤差:
Linear Kernel での訓練誤差: 0.820000
    交差検証でのスコア:   [ 0.74509804  0.82352941  0.83333333]
RBF Kernel での訓練誤差: 0.826667
    交差検証でのスコア:   [ 0.78431373  0.80392157  0.83333333]
Polynomial(3) Kernel での訓練誤差: 0.813333
    交差検証でのスコア:   [ 0.74509804  0.8627451   0.79166667]
```

このコードの主要な部分は,

```
cv = cross_val_score(clf, X, y, cv=3)
```

である.`clf` はそれぞれのモデルを表すオブジェクト変数であり,この部分でモデルを評価している.引数 cv=3 はデータの分割数,つまり K である.

'>>>' 以下は出力結果の部分であり,それぞれのモデルに対する評価値(訓練誤差)と,交差検証を 3 回行ったそれぞれの場合の評価値が出力されている.これらの値が極端に異なっているようなモデルや,そのモデルのパラメータに関しては大いに疑う必要がある.この例ではどれも大差ないので,モデルとして適当であると考えられる.

グリッドサーチ (grid search) とは,交差検証を利用したモデル(カーネル)選定,モデルのパラメータ設定の手法である.例の方がわかりやすいので,`scikit-learn` を使ったグリッドサーチを説明しよう.コード 9.10 に,グリッドサーチの例を示す.なお前節で用いた誤差を加えたサインカーブのデータを扱っているので,このコードを実行する直前に,コード 9.4 とコード 9.5 を実行しておく必要がある.

コード 9.10 誤差つきサインカーブでのグリッドサーチ

```
from sklearn.grid_search import GridSearchCV

params = [{ 'kernel': ['rbf','poly'], 'gamma': [0.001,0.01,0.1,1], 'C': [1,10,100,1000],
            'degree':[2,3,4,5]}]
gscv = GridSearchCV(svm.SVR, params, cv=5)
gscv.fit(x, y)

print(gscv.best_estimator_)
print(gscv.best_score_)
print(gscv.best_params_)
>>>
SVR(C=10, cache_size=200, coef0=0.0, degree=2, epsilon=0.1, gamma=0.1,
   kernel='rbf', max_iter=-1, shrinking=True, tol=0.001, verbose=False)
-0.587422038509
{'gamma': 0.1, 'kernel': 'rbf', 'C': 10, 'degree': 2}
```

まず必要な `GridSearchCV` をインポートし,変化させたいパラメータを `params` という辞書で指定している.キーはパラメータ名,値は変化させたい値のリストという形式である.'kernel' をキー

に，値としてカーネルの名前を指定することで，モデル（カーネル）を変えて評価することもできる．`gscv = GridSearchCV(svm.SVR, params, cv=5)` が主要なコマンドで，それぞれのパラメータの組み合わせに対して，cv = 5 で交差検証での分割数を与える．`print` 文 3 行が結果の出力である．RBF カーネル（'rbf'）で，パラメータが gamma = 0.1，C = 10 のときベストである．これを踏まえて，コードは省略し，サポートベクトル回帰によって得られた RBF カーネルを用いた回帰曲線と合わせて図 9.10 に描いてみる．C=1000，gamma = 0.1 とほぼ変わらず，どちらもよい評価値となっていることがわかる．

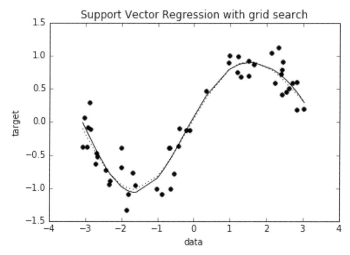

図 9.10　誤差つきサインカーブの回帰におけるグリッドサーチ

9.3　教師なし学習 (unsupervised learning)

9.3.1　k-平均法によるクラスタリング

クラスタリング (clustering) とは，データの集合をいくつかの**クラスタ** (cluster) という互いに素な部分集合に分割することである．クラスタリングのアルゴリズムの中で，おそらく最も広く使われている手法が **k-平均法**（k-means method）であると考えられている．

データセットを $X = \{x_i : i = 1, 2, \ldots, n\}$ とし，k 個のクラスタを $C_j (j = 1, 2, \ldots, k)$ とする．k-平均法の目的は，サンプルデータを次のような特徴をもつ k 個のクラスタに分割することである．

1. 各 $x_i (i = 1, 2, \ldots, n)$ は，クラスタのどれか 1 つだけに含まれている．

2. $c_j (j = 1, 2, \ldots, k)$ を各クラスタの代表点（通常，重心とよばれるクラスタ内の点の算術平均）としたとき次の式を最小化する．

$$\sum_{j=1}^{k} \sum_{x_i \in C_j} d(x_i, c_j)^2 \tag{9.4}$$

ただし $d(x_i, c_j)$ は点 x_i と c_j との Euclid 距離を表す．残念ならがこれらを満たす最適なクラスタリ

9.3 教師なし学習 (unsupervised learning)

ングを見つけることは非常に難しい問題である．そこで次のような k-平均法とよばれる貪欲アルゴリズムが発案された．

Step 0: 各点 $x_i(i=1,2,\ldots,n)$ をランダムに $C_j(j=1,2,\ldots,k)$ に割り当てる．

Step 1: 各クラスタ C_j の代表点（通常は算術平均）$c_j(j=1,2,\ldots,k)$ を計算する．

Step 2: 各点 $x_i(i=1,2,\ldots,n)$ を x_i にもっとも近い代表点に対するクラスタに割り当てし直す．

Step 3: k 個のクラスタに変化がないか，目的関数を表す式 (9.4) の変化が十分小さくなったら終了する．それ以外は **Step 1** を繰り返す．

この k-平均法は，局所探索をして極小解に収束するが，収束先は初期値としてのランダムな割り当てに依存する．よって通常は初期値を変更して極小解を何度も計算し，その中から最も小さな解を選ぶという手続きをとる．

Python の scikit-learn モジュールでは，sklearn.cluster をインポートすると k-平均法が使えるようになる．次のコード 9.11 では，必要なモジュールのインポートとサンプルデータとしての iris データの読込みを行っている．

コード 9.11 必要なモジュールと iris データの読込み

```
%matplotlib inline
from matplotlib.pyplot import *
import sklearn.datasets, sklearn.cluster

# irisデータの読込
d = sklearn.datasets.load_iris()
print(d.DESCR)
>>>
iris| Plants Database

Notes
-----
Data Set Characteristics:
    :Number of Instances: 150 (50 in each of three classes)
    :Number of Attributes: 4 numeric, predictive attributes and the class
    ・・・以下省略・・・
```

データを読み込んだあとは，次のコードで k-平均法を実行し結果を表示する．

コード 9.12 k-平均法の実行

```
km = sklearn.cluster.KMeans(n_clusters=3,init='random',n_jobs=10)
km.fit(d.data)
for i, e in enumerate(d.data):
    scatter(e[0], e[2], marker='xos'[km.labels_[i]])
```

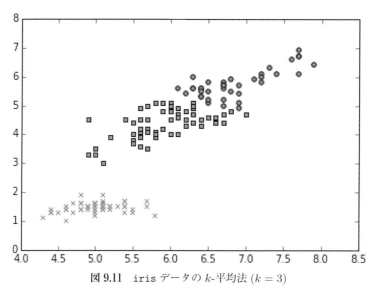

図 9.11 iris データの k-平均法 ($k=3$)

sklearn.sluseter.KMeans は，k-平均法オブジェクトの作成である．主要な引数として，クラスタの個数を表す n_clusters（既定値は 8），初期のクラスタを選ぶ方法を表す init（既定値は k-means++，後に詳しく説明），繰り返し最大数を表す max_iter（既定値は 300），最適化を何度実行するかを示す n_jobs（既定値は 1）などがある．k-平均法オブジェクトを作成した後，fit メソッドでクラスタリングを実行する．km.labels_ にそれぞれのデータがどのクラスタに属するか 0〜$k-1$ の値が得られる．それをもとに，matplotlib でデータを描くと，図 9.11 のような分布図が得られた．

9.3.2 k-平均++法 (k-means++ method)

k-平均法は k 個のクラスタの重心を求める手法であり，最悪計算時間は超多項式のオーダーである．さらに得られた極小解の精度は保証されておらず，また得られる極小解は初期のランダムなクラスタリングに依存する．

k-平均++法では，初期の k 個のクラスタの重心はなるべく離れている方がよいという考えに基づいて次のように作られる．

Step 0: データセットからランダムに 1 つ x_0 を選びそれをクラスタの重心とする．

Step 1: 各データ x と既に決まったクラスタの重心との距離の中で最小のものを $d(x)$ とする．

Step 2: $d(x)^2$ に比例する確率を x に与え，その中から新しいクラスタの重心を選ぶ．

Step 3: k 個の中心が決まるまで，**Step 1, 2** を繰り返す．k 個の重心が決まったら，**Step 4** へ．

Step 4: 通常の k-平均法を上の方法で設定したクラスタの重心を初期値として実行する．

scikit-learn での k 平均++法は，k 平均法の引数パラメータを変えることによって簡単に実行できる．下のコード 9.13 が実行例である．

コード 9.13 *k*-平均++法の実行

```
km = sklearn.cluster.KMeans(n_clusters=3,init='k-means++',n_jobs=10)
km.fit(d.data)
for i, e in enumerate(d.data):
    scatter(e[0], e[2], marker='xos'[km.labels_[i]])
```

なお上のコードによる出力は図 9.12 である．ほぼ違いはないようである．

9.3.3 次元縮約

高次元の特性をもったデータを低次元に落とすための古典的な統計手法として**主成分分析** (principal component analysis: PCA) がある．これは，**次元削減** (dimension reduction) の 1 つであり，相関をもったトレーニングデータを集約することによって，データを圧縮したり，可視化したりする際の前処理としてよく使われる．

主成分分析は，n 次元実数ベクトル $x^{(i)} \in \mathbf{R}^n$ を要素とするトレーニング集合 $\{x^{(1)}, x^{(2)}, \ldots, x^{(m)}\}$ を，$k \, (< n)$ 次元平面上に射影したときの距離の 2 乗和を最小にするような k 次元平面を求めることによって次元削減を行う．

アルゴリズムを適用する前にデータの正規化を行っておく．つまり，各特性の平均値 $m_j (j = 1, 2, \ldots, n)$ を

$$\mu_j = \frac{1}{m} \sum_{i=1}^{m} x_j^{(i)}$$

と計算し，新たな $x_j^{(i)}$ を $x_j^{(i)} - \mu_j$ と設定する．これはデータの平均を原点に移動させたことに相当する．

次にデータの共分散行列

$$\Sigma = \frac{1}{m} \sum_{i=1}^{m} (x^{(i)})(x^{(i)})^T$$

の固有値分解 $\Sigma = USV^T$ を求める．ここで U, V は直交行列であり，S は固有値を対角成分にもつ対角行列である．$n \times n$ 行列 U の（固有値が大きい順に並べた）最初の k 個の列が，求めたい平面への射影を表すベクトルになる．

もちろんこれらの手順を順に実行する必要はなく，scikit-learn が用意する関数に任せればよい．以下では，数値例として scikit-learn が提供する 0～9 のアラビア数字の手書き文字のデジタルデータを使って，次元削減の例をみてみよう．

まず，次のコード 9.14 で必要なモジュールとデータを読込み，読み込んだデータの一部を表示してみる．

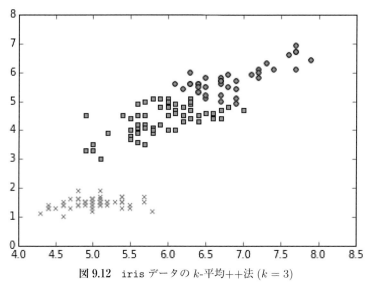

図 9.12　iris データの k-平均++法 ($k = 3$)

コード 9.14　次元削減で必要なモジュールとデータの読込み

```
# モジュールの読込み
%matplotlib inline
import sklearn.datasets, sklearn.decomposition, sklearn.metrics
from sklearn.svm import LinearSVC
import matplotlib.pyplot as plt
import numpy as np

# 画像データの読込み
d = sklearn.datasets.load_digits()

print('データの数: %d' % len(d.data))

print('0番目の画像データに関する情報')
print(d.target[0])
print(d.data[0])
print(d.images[0])

plt.gray() # colorマップをグレースケールにして画像を出力
for i in range(10):
    plt.subplot(2,5,i+1)
    plt.matshow(d.images[i], 0)
>>>
データの数: 1797
0番目の画像データに関する情報
0
[  0.   0.   5.  13.   9.   1.   0.   0.   0.   0.  13.  15.  10.  15.   5.
   0.   0.   3.  15.   2.   0.  11.   8.   0.   0.   4.  12.   0.   0.   8.
   8.   0.   0.   5.   8.   0.   0.   9.   8.   0.   0.   4.  11.   0.   1.
  12.   7.   0.   0.   2.  14.   5.  10.  12.   0.   0.   0.   0.   6.  13.
  10.   0.   0.   0.]
[[  0.   0.   5.  13.   9.   1.   0.   0.]
```

```
[ 0.  0. 13. 15. 10. 15.  5.  0.]
[ 0.  3. 15.  2.  0. 11.  8.  0.]
[ 0.  4. 12.  0.  0.  8.  8.  0.]
[ 0.  5.  8.  0.  0.  9.  8.  0.]
[ 0.  4. 11.  0.  1. 12.  7.  0.]
[ 0.  2. 14.  5. 10. 12.  0.  0.]
[ 0.  0.  6. 13. 10.  0.  0.  0.]]
```

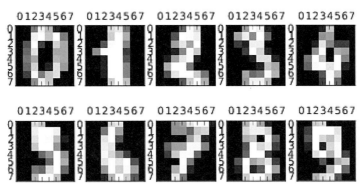

図 9.13 読み込んだデジタル画像の一部

画像データはd.dataに格納されており，全部で1797個ある．それぞれのデータ d.data[i] は64次元の数値 (0以上15以下の整数) である．これらを 8×8 の行列にしたものがd.image[i] であり，8×8 ピクセル上の値であるとみて，plt.matshow 関数で描画してみると図9.13が得られる．これらの図は，それぞれ数値d.target[i]を手書きしたものをデジタルデータにしたものである．

さてこのデータに対して次元削減の処理を施してみよう．scikit-learn で提供された関数の呼び出しで実行できる．コード9.15は実行例である．データそれぞれは64次元のベクトルなので，それを32次元まで削減してみる．pca = sklearn.decomposition.PCA(32) で，次元を32に落とすモデルを定義する．r = pca.fit_transform(d.data) で次元削減を実行し，結果をrへ代入する．削減すると当然32次元のベクトルになる．そうなると，元々のデータと比較できないので，rd = pca.inverse_transform(r) でそれをまた64次元のベクトルに戻す．画像データとして描画し，元々の画像と比較してみる．

コード 9.15 次元削減：32次元まで落とす

```
pca = sklearn.decomposition.PCA(32)     # モデル指定。次元は３２。
r = pca.fit_transform(d.data)           # 次元削減を実行。結果をrに。
rd = pca.inverse_transform(r)           # r をもとの64次元に戻し、
# 画像を描画
for i in range(10):
    plt.subplot(2,5,i+1)
    plt.matshow(rd[i].reshape(8,8), 0)
```

図9.14に次元削減後のデータを描画する．肉眼ではほぼ区別がつかないくらい情報は保たれている．さらに，8次元まで落としてみよう．コードはほぼ同じなので省略し，結果の画像のみを掲載す

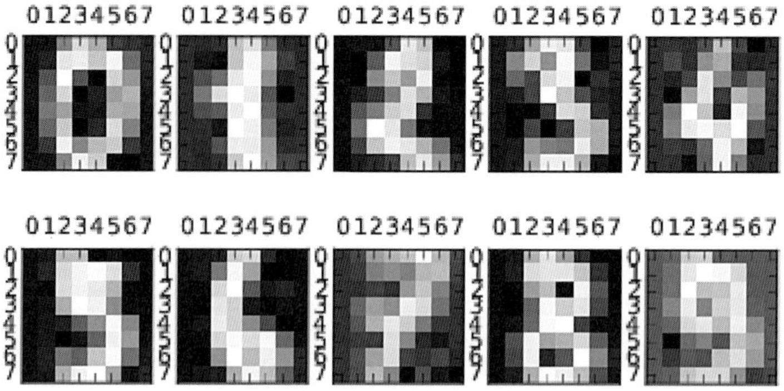

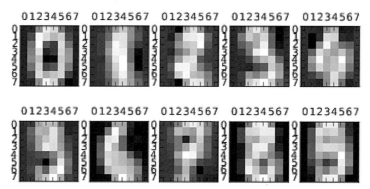

図 9.14 32 次元へ次元削減後の画像

る．目視によると若干情報が失われ，中には数値を認識しづらくなったものもある．

図 9.15 8 次元へ次元削減後の画像

次元削減を数値により客観的に評価する関数も用意されている．次のコード 9.16 は，次元を 2,3, 4,8,16,32,64 としたときにどのくらい情報が保たれているかを計算するものである．

コード 9.16　次元削減の評価

```
res, rng = [], [2,3, 4, 8, 16, 32, 64]
for i in rng:
    pca = sklearn.decomposition.PCA(i)
    r = pca.fit_transform(d.data)
    svc = LinearSVC()
    svc.fit(r, d.target)
    res.append(sklearn.metrics.accuracy_score(svc.predict(r), d.target))

print([str(int(i*100))+'%' for i in res])
plt.plot(rng, res)
```

図 9.16 のグラフは，横軸が次元数 (2,3,4,8,16,32,64)，縦軸が保たれた情報の割合を表す．4 次元でも約 0.75（75％）の情報が保たれることが読みとれる．

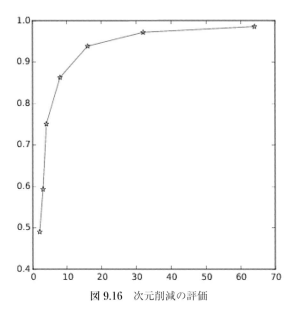

図 9.16 次元削減の評価

第10章 最適化

10.1 最適化問題とは

ここでは，一般の最適化問題についての展望を与える．

集合 $\mathcal{F}$，$\mathcal{F}$ から実数への写像 $f: \mathcal{F} \to \mathbf{R}$（$\mathbf{R}$ は実数全体の集合）が与えられたとき

$$\begin{aligned} \text{minimize} \quad & f(x) \\ \text{subject to} \quad & x \in \mathcal{F} \end{aligned}$$

を与える $x \in \mathcal{F}$ を求める問題を**最適化問題** (optimization problem) とよぶ．ここで "minimize" と "subject to" は，それぞれ「最小化」と「制約条件」を表す記号である．$\mathcal{F}$ が有限集合のときには，"minimize" は要素の中の最小値を表す min を意味し，無限集合の場合には下界の最大値を表す inf を意味する．inf は min を一般化した関数である．例えば $\inf\{(0,1]\}$ は 0 である．また，$\inf\{\emptyset\}$ は ∞ と定義する．$\mathcal{F}$ を実行可能解の集合，その要素 $x \in \mathcal{F}$ を**実行可能解** (feasible solution) または単に**解** (solution) とよぶ．

上式における関数 $f(x)$ を**目的関数** (objective function) とよぶ．目的関数の最小値を**最適値** (optimal value) とよぶ．最適値 z^* は以下のように定義される．

$$z^* = \inf\{f(x) | x \in \mathcal{F}\}$$

$z^* = \infty$ のとき，問題は**実行不可能** (infeasible) とよばれ，$z = -\infty$ のとき**非有界** (unbounded) とよばれる．

最適値 z^* を与える解 $x \in \mathcal{F}$ を**大域的最適解** (globally optimal solution) とよび，その集合を $\mathcal{F}^*$ と記す．大域的最適解の集合 $\mathcal{F}^*$ は以下のように定義される．

$$\mathcal{F}^* = \{x \in \mathcal{F} \mid f(x) = z^*\}$$

ある実行可能解 $x \in \mathcal{F}$ の「近所」にある解の集合を x の**近傍** (neighborhood) とよぶ．近傍の定義は対象とする問題によって異なるが，一般には，実行可能解の集合 $\mathcal{F}$ を与えたとき，近傍 N は以下の写像と定義される．

$$N : \mathcal{F} \to 2^{\mathcal{F}}$$

すなわち，実行可能解の集合から，そのベキ集合（部分集合の集合）への写像が近傍である．実行可能解 $x \in \mathcal{F}$ で

$$f(x) = \inf\{f(y) \mid y \in N(x)\}$$

を満たすものを（近傍 N に対する）**局所的最適解** (locally optimal solution) とよぶ．

目的関数が実数値関数 $f : \mathbf{R}^n \to \mathbf{R}$ のときには，$\epsilon > 0$ に対する解 x の ϵ 近傍

$$N(x, \epsilon) = \{y \in \mathbf{R}^n \mid \|x - y\| \leq \epsilon\}$$

を用いる．ここで $\|x - y\|$ は Euclid ノルム $\sqrt{\sum_{i=1}^{n}(x_i - y_i)^2}$ を表す．

問題によっては大域的最適解でなく，局所的最適解を求めることを目的とすることもある．

本章の概要は以下の通り．

10.2 節では，最適化問題の分類について述べる．

10.3 節では，問題別の解法の概要について述べる．

10.4 節では，Python で最適化を行うためのモジュール（ソルバーとモデラー）についてまとめるとともに，代表的なライセンス形態について述べる．

10.2 最適化問題の分類

以下では，最適化問題を幾つかの基準にしたがい分類する．実際には，これらの分類基準は正確なものではなく，解法を考えていくときに便利だからということに過ぎないことを付記しておく．完全な分類とは言えないが NEOS の分類 http://neos-guide.org/content/optimization-taxonomy

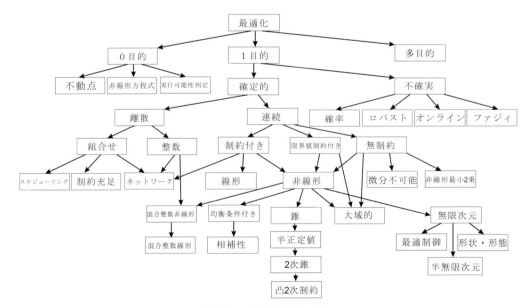

図 10.1　最適化問題の分類

を参考にした図10.1を示し，以下で分類基準について，実務上重要であると思われる順に解説する．

10.2.1 連続か離散か

問題に内在する変数が連続値をとるか，離散値をとるかによって最適化問題を分類する．連続値をとる最適化問題は，**連続最適化** (continuous optimization)，離散値をとる最適化問題は**離散最適化** (discrete optimization) とよばれる．多くの場合，連続値は適当な精度で打ち切られた有理数として計算されるので，理論的には離散最適化によって連続最適化を解くことができる．実際には連続最適化では，変数が連続値であることを利用した最適化手法を用いて効率的に解くことができるので，連続最適化と離散最適化を分けて考えるのである．

離散最適化問題は，変数が数値か否かによってさらに2つに分類される．数値に限定した離散最適化問題を**整数最適化** (integer optimization) とよび，数値でなく組合せ構造をもつ有限集合から解を選択する問題を**組合せ最適化** (combinatorial optimization) とよぶ．整数を用いて組合せ構造を表すことができ，逆に整数値をとる解の組も組合せ構造として表すことができるので，この2つの問題は実質的に同値である．実際には整数最適化では，整数値を実数に緩和した連続最適化問題を基礎として解法を組み立て，組合せ最適化では組合せ構造を利用して解法を組み立てるので，分けて考えるのである．なお，整数に限定された変数と連続最適化で取り扱う実数をとる変数の両者が含まれる問題を特に，**混合整数最適化** (mixed integer optimization) とよぶ．多くの数理最適化ソルバーはこの混合整数最適化に特化したものである．

変数が数値で表されている問題を特に**数理最適化** (mathematical optimization)[1] とよぶ．数理最適化には連続最適化と（混合）整数最適化が含まれる．

10.2.2 線形か非線形か

連続最適化は，大きく線形と非線形に分類される．目的関数や制約条件がすべてアフィン関数（線形関数を平行移動して得られる関数）として記述されている問題を**線形最適化** (linear optimization)，そうでない問題を**非線形最適化** (nonlinear optimization) とよぶ．非線形最適化には様々なクラスがある．目的関数だけが2次関数の**2次最適化** (quadratic optimization)，制約にも2次関数が含まれる**2次制約最適化** (quadratic constrained optimization) の他にも，より一般的な**2次錐最適化** (second-order cone optimization)，**半正定値最適化** (semi-definite optimization)，**多項式最適化** (polynomial optimization) などがある．

変数が整数に限定された線形最適化問題を**整数線形最適化** (integer linear optimization) とよぶ．任意の非線形関数は，整数変数を用いて区分的線形関数として近似できるので，理論的には（効率を度外視すれば）非線形最適化は整数線形最適化で解くことができる．一方，$x(1-x)=0$ という形の多項式制約によって変数 x が0か1かに限定でき，このような2進の整数変数を用いれば任意の整数変数を表現できるので，理論的には整数最適化は多項式最適化で解くことができる．原理的には同値である問題に対して分類が必要なのは，個々の問題に特化した解法が必要であるからである．

---

[1] 数理最適化はちょっと前まで**数理計画** (mathematical programming) とよばれていたものと同じである．学会の投票で"programming"（計画）ではなく"optimization"（最適化）に変更することが決まったので，本書でも「最適化」の用語を用いるものとする．

10.2.3 凸か非凸か

非線形最適化は，目的関数ならびに制約領域が**凸** (convex) であるか否かによって問題が分類できる．図 10.1 の分類では，凸か否かは明示的には示されていないが，凸性は問題の解きやすさに対する本質的な分類を与えるので重要である．

凸（凹）関数は以下のように定義される（図 10.2）．

定義 1 関数 $f: \mathbf{R}^n \to \mathbf{R}$ は，すべての $x, y \in \mathbf{R}^n$ と $\lambda \in [0, 1]$ に対して

$$f(\lambda x + (1 - \lambda)y) \leq \lambda f(x) + (1 - \lambda)f(y)$$

が成立するとき，**凸関数** (convex function) とよばれ，

$$f(\lambda x + (1 - \lambda)y) \geq \lambda f(x) + (1 - \lambda)f(y)$$

が成立するとき，**凹関数** (concave function) とよばれる．

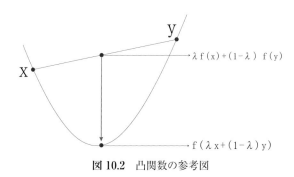

図 10.2 凸関数の参考図

また，凸集合は以下のように定義される（図 10.3）．

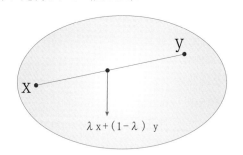

図 10.3 凸集合の参考図

定義 2 集合 S は，すべての $x, y \in S$ と $\lambda \in [0, 1]$ に対して

$$\lambda x + (1 - \lambda)y \in S$$

が成立するとき，**凸集合** (convex sex) とよばれる．

凸集合で表される制約領域内で凸関数を最小化（もしくは凹関数を最大化）する場合には，大域的最適解と局所的最適解が一致するため，探索が容易になる．そのような問題を**凸最適化** (convex optimization) とよび，そうでない問題を**非凸最適化** (nonconvex optimization) とよぶ．整数最適化や

組合せ最適化も（特殊な場合を除いては）非凸最適化の範疇に含まれるが，一般に大域的最適化という用語は，非線形な非凸最適化問題を対象として用いられる．非凸最適化に対して大域的最適解を求める際には何らかの列挙法か近似解法に頼ることが多い．

ちなみに線形関数は凸でもあり凹でもあるので，線形最適化は凸最適化に分類される．他にも半正定値最適化，2次錐最適化，凸2次制約最適化も凸最適化であるので，その性質を利用した効率的な解法が構築できる．

10.2.4　大域的最適解か局所的最適解か

ほとんどの非線形最適化の目的は，局所的最適解を求めることである．凸最適化問題に対しては局所的最適解が大域的最適解になるので，それで十分である．非凸な問題の場合には，本来ならばすべての実行可能解の中で最も目的関数がよい大域的最適解を求めたいのであるが，それが困難であるので，大域的最適解の必要条件を満たす解（局所的最適解）を求める訳である．

非線形最適化問題に対する主流の解法は，初期解を改善していく反復法であるので，初期解を変えて何度も局所的最適解を求めることによって大域的最適解に近い解を求めることができる．一方，厳密な意味での大域的最適解を求める問題を**大域的最適化** (global optimization) とよぶ．大域的最適化は本質的に難しい問題となるが，問題の構造を利用した厳密解法の研究が進められている．

10.2.5　不確実性の有無

問題に内在するパラメータに不確実性が含まれている問題を**確率最適化** (stochastic optimization) とよぶ．また，不確実性をパラメータの範囲に変換して，範囲内での最悪のパラメータに対する最適解を求める問題を**ロバスト最適化** (robust optimization) とよぶ．将来発生する事象に対して何の情報ももたない問題を**オンライン最適化** (online optimization) とよぶ．確率のかわりに主観的な可能性の概念を用いたものを**ファジイ最適化** (fuzzy optimization) とよぶ．一方，すべてのパラメータが確定値の問題を，特に**確定最適化** (deterministic optimization) とよんで区別する場合もある．

10.2.6　目的関数の数が0か1か多数か

制約が与えられたとき，実行可能解があるか否かを判定する問題を**実行可能性判定問題** (feasibility problem) とよぶ．この問題には目的関数は存在しないが，制約を加えながら，実行可能性判定問題を何度も解くことによって，目的関数を最適化することができる．方程式系の根を求める問題も実行可能性判定問題の一種である．（非線形）方程式系の根は SciPy（第 6 章）の `optimize` サブモジュールを用いて求めることができる．

複数の目的関数をもつ問題を**多目的最適化** (multi-objective optimization) とよぶ．多目的最適化は実務からの要請で生まれたものである．実際問題においては，意思決定者が複数の目的関数から自分の選好するものを選択するために，単一の最適解でなく，複数の解を準備しておくことが重要である．意思決定者の効用関数が与えられている場合には，単一の目的関数に帰着できる．効用関数が与えられていない場合には，すべての非劣解（他の解に優越されてない解）の列挙が目的となる．これは最適化ではなく数え上げ問題になり，さらに膨大な数の非劣解を列挙することは現実的ではない．効用関数のかわりに意思決定者が，複数の目的関数にスカラー値で重みを付けることができれば，重

み付き和をとることによって単一の目的関数に変換することができる．凸最適化の場合には，重みを変えることによってすべての非劣解が生成できる．非凸最適化の場合でも，適当な制約を加えながら1目的最適化を何回も解くことによって理論的には非劣解の列挙が可能である．実際には，意思決定者が欲する目的関数ベクトルの周辺を，目的関数に関する制約を加えながら1目的の最適化を行う解法や，意思決定者が理想とする解からの距離を最小化することで，実務的に「使える」解を探索することができる．

10.2.7 制約の有無

制約がなく目的関数だけが与えられている場合を**無制約最適化** (unconstrained optimization) とよび，変数のとりうる組の集合が制約として与えられている場合を**制約付き最適化** (constrained optimization) とよぶ．また，変数に対する上下限制約だけを有する問題を限界値制約付き最適化とよぶ．制約付き最適化問題は，制約をペナルティ関数として目的関数に組み込み，ペナルティ関数を調節することによって無制約最適化に帰着することができるので，理論的には制約の有無は関係ない．しかし，制約をうまく利用して解を探索することによって，より効率的な解法が構築できるので，分けて考えるのである．

10.2.8 変数の数が1つか多数か

1変数の最適化に対しては特別な解法が構築可能である．多変数の非線形最適化は，1変数に対する最適化を繰り返し利用して探索を行う場合が多い．1変数に対する最適化問題に対する探索を特に**直線探索** (line search) とよぶ．直線探索のアルゴリズムである黄金分割法やBrent法は，SciPy（第6章）のサブモジュール optimize の関数 minimize_scalar で実装されている．

10.2.9 微分可能か否か

対象とする関数がすべての点において微分可能な場合には，関数の勾配の条件が使えるので効率的な解の探索が可能になる．このような問題を**微分可能最適化** (differential optimization) とよぶ．幾つかの点で微分ができない問題を**微分不可能最適化** (nondifferential optimization) とよぶ．この場合には，勾配の代用品である**劣勾配** (subgradient) の概念を用いて探索を行う．

10.2.10 変数・制約の数が有限個か無限個か

ある最適化問題では変数の数が無限個存在する場合がある．例えば，変数が関数であったり物体の形状である場合がこれに相当する．このように無限次元の自由度をもつ変数を対象とした最適化問題を**無限次元最適化** (infinite-dimensional optimization) とよぶ．この範疇に含まれる問題として**変分問題** (variational problem)，**最適制御** (optimal control)，**形状最適化** (shape optimization) などがある．

一方，変数の数は有限であるが，無限個の制約式を有する最適化問題を**半無限最適化** (semi-infinite optimization) とよぶ．この問題は以下で述べる2レベル最適化の特殊形である．

10.2.11 制約が均衡条件か否か

通常の制約は実行可能領域を等式・不等式制約で記述するが，特別な制約として均衡条件を用いる場合がある．そのような最適化問題を**均衡制約付き数理最適化** (mathematical optimization with equilibrium constraints) とよぶ．この問題の特殊形として**相補制約付き数理最適化** (mathematical optimization with complementarity constraints) がある．

10.2.12 レベル数

通常，最適化問題は目的関数と制約領域で定義される．このとき，制約領域が別の最適化問題を解くことによってはじめて得られるタイプの最適化問題を **2 レベル最適化** (bilevel optimization) とよぶ．同様に，$3, 4, \cdots$ レベルの最適化問題が定義できる．上で述べた均衡制約付きの最適化や半無限最適化は，2 レベル最適化の特殊形と考えられる．

10.2.13 ネットワーク構造をもつか否か

ネットワーク構造をもつ最適化問題に対しては，その構造を生かした解法が設計できる場合がある．そのような最適化問題を**ネットワーク最適化** (network optimization) とよぶ．ネットワーク上の幾つかの最適化問題は，線形最適化に帰着できる．しかし，多くの場合，ネットワークの構造を利用した，より高速なアルゴリズムを用いることができる．ネットワーク最適化のためには，NetworkX とよばれるモジュールが準備されている．詳細については，第 12 章を参照されたい．

10.3 個別問題と解法

ここでは，上で分類した基本的な最適化問題を紹介するとともに，個々の問題に対する代表的な解法を解説する．

10.3.1 線形最適化問題

線形最適化問題 (linear optimization problem) の一般形は以下のように書ける．

$$\begin{aligned} \text{minimize} \quad & c^T x \\ \text{subject to} \quad & Ax \leq b \\ & x \in \mathbf{R}^n \end{aligned}$$

ここで，x は変数を表す n 次元実数ベクトル，A は制約の左辺係数を表す $m \times n$ 行列，c は目的関数の係数を表す n 次元ベクトル，b は制約式の右辺定数を表す m 次元ベクトルである．

この問題に対する有効な解法としては**単体法** (simplex method) と**内点法** (interior point method) がある．線形最適化問題の**実行可能領域** (feasible region) は，線形不等式の共通部分であり**多面体** (polyhedron) とよばれる．単体法は多面集合の端点を辿っていく解法であり，内点法は名前の通り多面集合の内部から最適解に近づいていく解法である（図 10.4）．内点法は，**障壁関数** (barrier function) とよばれるペナルティ関数を用いて制約を目的関数に組み込んだ最適化手法とも考えられるので，**障壁法** (barrier method) ともよばれる．

230　第 10 章　最適化

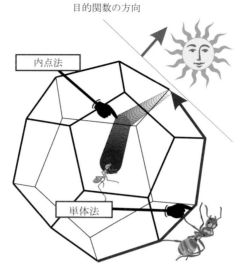

図 10.4　単体法と内点法（障壁法）の概念図．単体法では蟻が（太陽のある）暖かい方向へ多面体の縁を辿ってたどり着くが，内点法では多面体の中心を食い破って暖かい方向へ向かう．

　単体法は多項式時間で終了するという保証はないが大抵の場合には高速である．単体法の双対版である**双対単体法** (dual simplex method) は，新たに制約が追加された場合に元の（制約を追加する前の）問題例の最適解から探索を開始することができるので，分枝限定法における限界値の計算に適している．単体法も双対単体法も，問題例が退化している場合には遅い場合があるので，そのような場合には内点法を用いる．内点法は問題例が疎構造をもっている場合に適した解法である．内点法は多項式時間で終了する保証をもったアルゴリズムである．内点法は並列計算に適した構造をもっているので，複数の演算装置をもった計算機においては高速化が可能になる．一方，単体法は並列計算に向いていないので，1 つの演算装置で計算を行うことが推奨される．モダンな数理最適化ソルバーでは，複数コアを有する計算機で線形最適化問題を解く際には，1 つのコアで単体法を用い，残りのコアで内点法を並列で計算し，早く終了した方を出力する**並流最適化** (concurrent optimization) を行っている．

10.3.2　無制約非線形最適化問題

　無制約非線形最適化問題 (unconstrained nonlinear optimization problem) は，以下のように定義される．

$$\begin{aligned}\text{minimize} \quad & f(x) \\ \text{subject to} \quad & x \in \mathbf{R}^n\end{aligned}$$

ここで x は変数を表す n 次元実数ベクトル，$f: \mathbf{R}^n \to \mathbf{R}$ は目的関数を表す非線形関数である．x は $\mathbf{R}^n$ 全体をとれるので，省略して記される場合も多い．

　多くの解法は，非線形関数 $f(x)$ の微分の情報を用いて探索を行う．以下では，実数値関数 f が何回でも微分可能と仮定する．

　f の**勾配ベクトル** (gradient vector) ∇f を以下のように定義する．

$$\nabla f = \left(\frac{\partial f}{\partial x_1}, \frac{\partial f}{\partial x_2}, \ldots, \frac{\partial f}{\partial x_n}\right)^T$$

これを m 次元のベクトル値関数 $(f_1, f_2, \ldots, f_m)$ に拡張したものを **Jacobi 行列** (Jacobian) とよぶ．SciPy（第 6 章）では勾配ベクトルも Jacobian とよんでいることに注意されたい．

ある解 $x_0 \in \mathbf{R}^n$ における勾配ベクトルを $\nabla f(x_0)$ と記す．無制約非線形最適化問題における最適解 x の必要条件は，勾配ベクトルが以下の条件を満たすことである．

$$\nabla f(x) = 0$$

これは，1 次の最適性条件とよばれる．

f が凸関数のとき，以下の式が成立する．

$$f(x) \geq f(x_0) + \nabla f(x_0)^T(x - x_0), \quad \forall x \in \mathbf{R}^n$$

微少量 $\epsilon > 0$ に対して $x = x_0 - \epsilon \nabla f(x_0)$ とすると，上式の右辺は

$$f(x_0) - \epsilon \|\nabla f(x_0)\|$$

となる．つまり，勾配ベクトル $\nabla f(x_0)$ の逆方向に少し進むと目的関数 f は減少するのである．これを用いた反復法が，以下の**最急降下法** (steepest descent method) である

探索方向 d を

$$d = -\nabla f(x_0)$$

で決定し，次の解 x は 1 変数最適化問題

$$\min_{\alpha \geq 0} f(x + \alpha d)$$

を直線探索（10.2.8 節参照）によって決め，これを $\nabla f(x) = 0$ になるまで繰り返す．

f の 2 次偏微分を行列に保管したものを **Hesse 行列** (Hessian) Hf とよぶ．Hesse 行列の i 行，j 列の成分 $(Hf)_{ij}$ は，以下のように定義される．

$$(Hf)_{ij} = \frac{\partial^2 f}{\partial x_i \partial x_j}$$

2 次の最適性の必要条件は，Hesse 行列 $Hf(x)$ が半正定値であるという条件である．ここで**半正定値行列** (positive semidefinite matrix, nonnegative definite matrix) とは，$n \times n$ の対称行列 M で，すべての n ベクトル x に対して，

$$x^T M x \geq 0$$

を満たすものを指す．関数 f が凸関数なら，これが大域的最適解であるための十分条件になる．

勾配ベクトルと Hesse 行列を用いた素朴な反復法が **Newton 法** (Newton method) である．解 x における Newton 法の探索方向 d は，以下のように計算される．

$$d = -Hf(x)^{-1}\nabla f(x)$$

Newton 法は，局所的な収束が速いという特徴をもつが，大域的収束に難点をもつ．

探索方向が与えられたとき，直線探索を行うことによって次の解を得る方法と，ある領域内で最もよい解を探索する方法が考えられる．後者をが**信頼領域法** (trust-region method) とよぶ．

Newton 法の弱点を克服するために提案された解法の 1 つとして**準 Newton 法** (quasi Newton method) がある．Hesse 行列を対称正定置行列 B で近似を行うのが準 Newton 法のアイディアである．解 x における準 Newton 法の探索方向 d は，以下のように計算される．

$$d = -B\nabla f(x)$$

重要なのは行列 B の更新方法であるが，これは k 反復における解を x_k と記すとき，以下の式を満たすように決められる．

$$\nabla f(x_{k+1}) - \nabla f(x_k) = B(x_{k+1} - x_k)$$

最も有名な準 Newton 法は，Broyden-Fletcher-Goldfarb-Shanno が提案した BFGS 更新を用いたものであり，**Broyden-Fletcher-Goldfarb-Shanno(BFGS) 法** (Broyden-Fletcher-Goldfarb-Shanno method) とよばれる．

準 Newton 法は実装が容易であるため広く使われていたが，大規模問題に対しては不向きである．BFGS 法を大規模問題用に改善したものとして**記憶制限付き BFGS 法** (limited memory BFGS method) がある．大規模問題に対しては，共役方向の概念を用いた**共役勾配法** (conjugate gradient method) が有効であると言われている．

SciPy（第 6 章）のサブモジュール optimize の関数 minimize では，他にも様々な解法が実装されている．

10.3.3 制約付き非線形最適化問題

制約付き非線形最適化問題 (constrained nonlinear optimization problem) は，以下のように定義される．

$$\begin{aligned}&\text{minimize} \quad f(x)\\&\text{subject to} \quad g_i(x) \leq 0, \quad i=1,2,\ldots,m\\&\qquad\qquad\quad x \in \mathbf{R}^n\end{aligned}$$

ここで x は変数を表す n 次元実数ベクトル，$f : \mathbf{R}^n \to \mathbf{R}$ は目的関数，$g_i : \mathbf{R}^n \to \mathbf{R}$ ($i = 1, 2, \ldots, m$) は制約の左辺を表す関数である．

目的関数 f が凸関数であり，制約の左辺を表す関数 g_i がすべて凸関数である場合に非線形最適化問題は**凸最適化問題** (convex optimization) とよばれる．凸最適化では局所的最適解が大域の最適解になるので，関数が微分可能なら以下に定義される KKT 条件を満たす解を探索することが目的となる．

非負の実数 y_i ($i = 1, 2, \ldots, m$) で以下を満たすものが存在するとき，解 x^* は **KKT 条件** (Karush-Kuhn-Tucker condition) を満たす．

$$-\nabla f(x^*) = \sum_{i=1}^{m} y_i \nabla g_i(x^*)$$

$$g_i(x^*) \leq 0, \quad i = 1, 2, \ldots, m$$

$$y_i g_i(x^*) = 0, \quad i = 1, 2, \ldots, m$$

最後の条件は**相補性条件** (complementarity slackness condition) とよばれる.

制約付き非線形最適化問題に対しては，SciPy（第6章）のサブモジュール optimize の関数 minimize では，逐次最小2乗法と非線形関数の線形近似を用いた解法が実装されている.

10.3.4 錐最適化問題

2次錐最適化や半正定値最適化は，錐最適化の枠組みを用いると統一的に記述できる.

凸集合 $C \subseteq \mathbf{R}^n$ は，任意の $x \in C$ と任意の $\lambda > 0$ に対して $\lambda x \in C$ となるとき，**凸錐** (convex cone) とよばれる. 凸錐 C を用いると，**錐線形最適化問題** (cone linear optimization problem) は以下のように定義される.

$$\begin{aligned} \text{minimize} \quad & c^T x \\ \text{subject to} \quad & Ax \leq b \\ & x \in C \end{aligned}$$

ここで，x は変数を表す n 次元実数ベクトル，A は制約の左辺係数を表す $m \times n$ 行列，c は目的関数の係数を表す n 次元ベクトル，b は制約式の右辺定数を表す m 次元ベクトルである.

$C = \mathbf{R}^n_+$（$\mathbf{R}_+$ は非負実数全体）のとき線形最適化問題になり，C が以下に定義される n 次元空間の2次錐 K_2^n のとき **2次錐最適化問題** (second-order cone optimization problem) になる.

$$K_2^n = \{x \in \mathbf{R}^n \mid \|(x_2, x_3, \ldots, x_n)\| \leq x_1\}$$

$p \times p$ の実対称行列の集合を以下のように定義する.

$$S^p = \{X \in \mathbf{R}^{p \times p} \mid X = X^T\}$$

$n \times n$ の正方行列 X は任意のベクトル $\lambda \in \mathbf{R}^n$ に対して $\lambda^T X \lambda \geq 0$ のとき**半正定値** (positive semidefinite) とよばれ，$X \succeq 0$ と書かれる. 以下に定義される対称半正定値行列の集合 S^n_+ は凸錐になる.

$$S^p_+ = \{X \in S^p \mid X \succeq 0\}$$

対称性から $p(p+1)/2$ 個の実数値を定めれば実対称行列が定まる. $n = p(p+1)/2$ としたとき，1つの行列は n 次元実数ベクトル x とみなすことができる. 錐 C を半正定値行列の集合 S^p_+ としたとき，錐最適化問題は**半正定値最適化問題** (semidefinite optimization problem) とよばれる.

これらの線形錐最適化問題に対しては，**自己整合障壁関数** (self-concordant barrier function) を用いた内点法が適用できる. ここで自己整合障壁関数とは，例えば $-\log(x)$ のような関数である.

10.3.5 整数最適化問題

一般の**整数最適化問題** (integer optimization problem) は，以下のように書ける．

$$\begin{aligned}
& \text{minimize} && f(x) \\
& \text{subject to} && g_i(x) \leq 0, \quad i=1,2,\ldots,m \\
& && x \in \mathbf{Z}^n
\end{aligned}$$

ここで $\mathbf{Z}$ は整数全体の集合，x は変数を表す n 次元ベクトル，$f: \mathbf{R}^n \to \mathbf{R}$ は目的関数，$g_i: \mathbf{R}^n \to \mathbf{R}$ $(i=1,2,\ldots,m)$ は制約の左辺を表す関数である．

一般の整数最適化問題は解くことが困難であるが，目的関数と制約関数が線形である**整数線形最適化問題** (integer linear optimization problem) ならびにその拡張に対しては，汎用のソルバーが準備されている．一般の整数線形最適化問題は以下のように書ける．

$$\begin{aligned}
& \text{minimize} && c^T x \\
& \text{subject to} && Ax \leq b \\
& && x \in \mathbf{Z}^n
\end{aligned}$$

ここで，x は変数を表す n 次元ベクトル，A は制約の左辺係数を表す $m \times n$ 行列，c は目的関数の係数を表す n 次元ベクトル，b は制約式の右辺定数を表す m 次元ベクトルである．

変数が一般の整数でなく，0 もしくは 1 の 2 値をとることが許される場合，整数最適化問題は特に **0-1 整数最適化問題** (0-1 integer linear optimization problem) とよばれる．整数変数に 0 以上 1 以下という制約を付加すれば 0-1 整数最適化問題になり，さらに任意の整数は 2 進数で表現することができる（つまり 0-1 整数最適化問題を解ければ一般の整数最適化問題を解くことができる）ので，この 2 つは（少なくとも計算量の理論においては）同値である．

変数の一部が整数でなく実数であることを許した問題を**混合整数最適化問題** (mixed integer optimization problem) とよぶ．多くの数理最適化ソルバーはこの問題を対象としている．また，モダンな数理最適化ソルバーは凸 2 次の目的関数や凸 2 次制約，さらには 2 次錐制約を取り扱うことができる．基本となる解法は整数条件を緩和した問題を解くことによって限界値を算出した**分枝限定法** (branch-and-bound method) であり，それに様々な工夫を加えることで効率化をはかっている．

10.3.6 多目的最適化問題

以下に定義される m 個の目的をもつ**多目的最適化問題** (multi-objective optimization problem) を考える．

解の集合 $\mathcal{F}$ ならびに $\mathcal{F}$ から m 次元の実数ベクトル全体への写像 $f: \mathcal{F} \to \mathbf{R}^m$ が与えられている．ベクトル f を目的関数ベクトルとよび，その第 i 要素を f_i と書く．ここでは，ベクトル f を「何らかの意味」で最小にする解（の集合）を求めることを目的とする．

2 つの目的関数ベクトル $f, g \in \mathbf{R}^m$ に対して，f と g が同じでなく，かつベクトルのすべての要素に対して f の要素が g の要素以下であるとき，ベクトル f がベクトル g に優越しているとよび，$f \prec g$ と記す．

すなわち，順序 $\prec$ を以下のように定義する．

$$f \prec g \Leftrightarrow f \neq g, f_i \leq g_i, \quad \forall i$$

例えば，2つのベクトル $f = (2,5,4)$ と $g = (2,6,8)$ に対しては，第1要素は同じであるが，第2,3要素に対しては g の方が大きいので $f \prec g$ である．

2つの解 x, y に対して，$f(x) \prec f(y)$ のとき，解 x は解 y に優越しているという．以下の条件を満たすとき，x は**非劣解** (nondominated solution) もしくは **Pareto最適解** (Pareto optimal solution) とよばれる．

$$f(y) \prec f(x) \text{ を満たす解 } y \in \mathcal{F} \text{ は存在しない．}$$

多目的最適化問題の目的は，すべての非劣解（Pareto最適解）の集合を求めることである．非劣解の集合から構成される境界は，金融工学における株の構成比を決める問題（ポートフォリオ理論）では**有効フロンティア** (efficient frontier) とよばれる．ポートフォリオ理論のように目的関数が凸関数である場合には，有効フロンティアは凸関数になるが，一般には非劣解を繋いだものは凸になるとは限らない．

非劣解の総数は非常に大きくなる可能性がある．そのため，実際にはすべての非劣解を列挙するのではなく，意思決定者の好みにあった少数の非劣解を選択して示すことが重要になる．

意思決定者の選好を効用関数として表現することは，実務的には極めて難しい．通常は，限られた入力項目をもとに，意思決定の助けになるような非劣解を提示し，さらなる入力項目を追加することによって，好みの解に近づけていく反復過程が用いられる．

1目的だけを扱うことができる最適化ソルバーを用いて，多目的の実際問題を扱うには，幾つかの方法がある．

1つめの方法は，複数の目的関数を何らかのテクニックを用いて単一の目的関数にすることである．これを**スカラー化** (scalarization) とよぶ．

最も単純なスカラー化は複数の目的関数を適当な比率を乗じて足し合わせることである．m 次元の目的関数ベクトルは，m 次元ベクトル λ を用いてスカラー化できる．通常，パラメータ λ は

$$\sum_{i=1}^{m} \lambda_i = 1$$

を満たすように正規化しておく．

この λ を用いて重み付きの和をとることにより，以下のような単一の（スカラー化された）目的関数 f_λ に変換できる．

$$f_\lambda(x) = \sum_{i=1}^{m} \lambda_i f_i(x)$$

また，意思決定者が理想点を表すベクトル f^* を示したときには，理想点からの（λ で重み付けした）距離

$$f_\lambda(x) = \sqrt{\sum_{i=1}^m \lambda_i (f_i(x) - f^*)^2}$$

を最小化する方法も有効である．もちろん，最適化するのは平方根の中身だけでよいので，

$$f_\lambda(x) = \sum_{i=1}^m \lambda_i (f_i(x) - f^*)^2$$

を目的関数とした最適化を行えばよい．

スカラー化された問題は，通常の（単一目的の）最適化問題になるので，より扱いやすくなるが，一方では，有効な（意思決定者が欲しい）非劣解を見落とす危険性がある．

2つめの方法は，第1目的関数以外を「第 $j (\geq 2)$ 目的関数 $\leq b_j$」の形式で制約として扱い，制約の右辺 b_j を色々と変えて単一目的の最適化を行うことである．第 $j (\geq 2)$ 番目の目的関数値がある範囲内の整数値であることが分かっている場合には，その範囲内の b_j をすべて探索することによって，原理的にはすべての非劣解を得ることができる．

10.3.7 ネットワーク最適化問題

代表的な問題として，最短路問題，最小木問題，最大流問題，最小費用流問題などがある．これらの問題は目的関数が線形なら線形最適化問題に帰着されるが，ネットワーク構造を利用したより高速な解法が準備されている．このタイプの問題に対しては，問題ごとに設計されたアルゴリズムを用いることによって，巨大な大きさの問題でも効率的に最適解を求めることができる．実務でこのタイプの問題に帰着できる場合には，線形最適化ソルバーに頼るのではなく，専用のアルゴリズムを使用することが推奨される．

種々のネットワーク最適化問題については，第12章で解説する．

10.3.8 確率最適化

2段階の**確率最適化問題** (stochastic optimization problem) は，以下のように書ける．

$$\begin{aligned}
\text{minimize} \quad & f(x) + E[Q(x,w)] \\
\text{subject to} \quad & g_i(x) \leq 0, \quad i = 1, 2, \ldots, m_1 \\
& x \in \mathbf{R}^{n_1}
\end{aligned}$$

$$Q(x,w) = \begin{aligned}
\text{minimize} \quad & q(y) \\
\text{subject to} \quad & h_i(x,w,y) \leq 0, \quad i = 1, 2, \ldots, m_2 \\
& y \in \mathbf{R}^{n_2}
\end{aligned}$$

ここで x は第1段階の意思決定変数を表す n_1 次元実数ベクトル，$f : \mathbf{R}^{n_1} \to \mathbf{R}$ は目的関数，$g_i : \mathbf{R}^{n_1} \to \mathbf{R} (i = 1, 2, \ldots, m_1)$ は制約の左辺を表す関数，$w \in W (\subset \mathbf{R}^k)$ は確率変数ベクトル，$E[\cdot]$ は期待値をとる演算子である．x と w を与えたとき，$Q(x,w)$ は2段階目の最適化問題（リコース問題）を解くことによって定まる．ここで，y は第2段階の意思決定変数を表す n_2 次元実数ベク

トル，$q: \mathbf{R}^{n_2} \to \mathbf{R}$ は目的関数，$h_i: \mathbf{R}^{n_1+n_2+k} \to \mathbf{R}(i=1,2,\ldots,m_2)$ は制約の左辺を表す関数である．第 1 段階の意思決定変数 x を**即時決定変数** (hear and now variable)，第 2 段階の意思決定変数 y を**リコース変数** (recourse variable) とよぶ．リコース変数は確率変数 w の実現値を知った後で行う修正行動を表す．

上の説明では変数を実数に限定したが，変数に整数を含んだ確率最適化問題も同様に定義できる．

不確実性が離散的な**シナリオ** (scenario) で表現されている場合には，確率最適化は確定的な最適化に帰着できる．有限なシナリオの集合を S で表し，シナリオ $s \in S$ の発生確率を p_s とする．上と同様に 2 段階の場合を考え，即時決定変数ベクトルを x, (シナリオに依存して決めてよい) リコース変数ベクトルを y_s とする．シナリオ s における確率変数ベクトルの実現値を w_s とすると，確率最適化問題は以下のように書ける．

$$\begin{aligned}
\text{minimize} \quad & f(x) + \sum_{s \in S} p_s q(y_s) \\
\text{subject to} \quad & g_i(x) \leq 0, \quad && i = 1, 2, \ldots, m_1 \\
& h_i(x, w_s, y_s) \leq 0, \quad && i = 1, 2, \ldots, m_2, s \in S \\
& x \in \mathbf{R}^{n_1} \\
& y_s \in \mathbf{R}^{n_2} \quad && s \in S
\end{aligned}$$

この問題は，規模は元の問題に対して大きくなるが確定的な最適化問題である．このような確定的最適化問題への変形は，原理的には多段階の問題にも拡張できる．

制約を逸脱する確率を一定値以下に抑えることを表す**確率制約** (chance constraint) を用いた定式化も可能である．この場合にはリコース変数は用いず，制約を満たす確率が閾値 $\beta(>0)$ 以上であるという確率制約を付加する．

$$\begin{aligned}
\text{minimize} \quad & f(x) \\
\text{subject to} \quad & P\{g(x, w) \leq 0\} \geq \beta \\
& x \in \mathbf{R}^n
\end{aligned}$$

ここで x は変数を表す n 次元実数ベクトル，$f: \mathbf{R}^n \to \mathbf{R}$ は目的関数，$w \in W(\subset \mathbf{R}^k)$ は確率変数ベクトル，$g: \mathbf{R}^{n+k} \to \mathbf{R}^m$ は制約の左辺ベクトルを表す関数，$P\{\cdot\}$ は事象・が発生する確率を表す．

一般の多段階の確率最適化は，動的システムの最適化となり，最適解そのものより，システムの状態に依存して意思決定を行う最適方策を求めることが目的となる．動的システムに対する最適化手法である動的最適化ついては，第 15 章で詳述する．

10.3.9 ロバスト最適化

ロバスト最適化問題 (robust optimization problem) の一般形は以下のように書ける．

$$\begin{aligned}
\text{minimize} \quad & f(x) \\
\text{subject to} \quad & g_i(x, y) \leq 0, \quad y \in Y; i = 1, 2, \ldots, m \\
& x \in \mathbf{R}^{n_1}
\end{aligned}$$

ここで $x(y)$ は変数（不確実なパラメータ）を表す $n_1(n_2)$ 次元実数ベクトル，$f : \mathbf{R}^{n_1} \to \mathbf{R}$ は目的関数，$g_i : \mathbf{R}^{n_1+n_2} \to \mathbf{R} (i = 1, 2, \ldots, m)$ は制約の左辺を表す関数，$Y \subset \mathbf{R}^{n_2}$ は変数 y のとりうる範囲であり，**不確実性集合** (uncertainty set) とよばれる．定義から分かるように，ロバスト最適化問題は以下で述べる半無限最適化問題の一種であるが，Y の特殊構造を仮定して，等価な確定最適化問題に帰着する点が特徴である．

例として，元の問題が線形最適化問題の場合を考える．不確実性集合が多面体で表される場合には，等価な確定最適化問題は線形最適化問題になり，不確実性集合が楕円で表される場合には，等価な確定最適化問題は 2 次錐最適化問題になる．

10.3.10 半無限最適化問題

一般化半無限最適化問題 (generalized semi-infinite optimization problem) は，以下のように定義される．（ただし，ここでは記述を簡略化するため制約式が 1 本の場合について考える．）

$$\begin{aligned} &\text{minimize} \quad f(x) \\ &\text{subject to} \quad g(x, y) \leq 0, \quad y \in Y(x) \\ &\quad\quad\quad\quad\quad x \in \mathbf{R}^n \end{aligned}$$

ここで $x(y)$ は変数を表す $n(m)$ 次元実数ベクトル，$f : \mathbf{R}^n \to \mathbf{R}$ は目的関数，$g : \mathbf{R}^{n+m} \to \mathbf{R}$ は制約の左辺を表す関数，$Y : \mathbf{R}^n \to \mathbf{R}^m$ は制約の添え字を規定する（値域が集合の）関数である．

いま，$Y(x)$ が s 次元のベクトルを値域にもつ関数 $h : \mathbf{R}^{n+m} \to \mathbf{R}^s$ を用いて

$$Y(x) = \{ y \in \mathbf{R}^m \mid h_\ell(x, y) \leq 0 \ (\ell \in L) \}$$

と定義されているものとする．すると問題は，下位レベル問題

$$\begin{aligned} &\text{maximize} \quad g(x, y) \\ &\text{subject to} \quad h_\ell(x, y) \leq 0, \quad \ell \in L \\ &\quad\quad\quad\quad\quad y \in \mathbf{R}^m \end{aligned}$$

を用いて，

$$\begin{aligned} &\text{minimize} \quad f(x) \\ &\text{subject to} \quad g(x, y) \leq 0, \quad y \text{ は下位問題の最適解} \\ &\quad\quad\quad\quad\quad x \in \mathbf{R}^n \end{aligned}$$

と書くことができる．これは 2 レベル最適化問題への帰着である．

さらに，下位レベルの問題が連続で微分可能な非線形最適化問題であると仮定して，KKT 条件を適用して変形すると，

$$\begin{aligned}
\text{minimize} \quad & f(x) \\
\text{subject to} \quad & g(x,y) \leq 0 \\
& -\nabla_y g(x,y) = \sum_{\ell \in L} \lambda_\ell \nabla_y h_\ell(x,y) \\
& h_\ell(x,y) \leq 0, \quad \ell \in L \\
& \lambda_\ell h_\ell(x,y) = 0, \quad \ell \in L \\
& \lambda_\ell \geq 0, \quad \ell \in L \\
& x \in \mathbf{R}^n
\end{aligned}$$

と変形でき，後述する相補制約付き数理最適化問題に帰着される．

半無限最適化問題 (semi-infinite optimization problem) は，一般化半無限最適化問題における $Y(x)$ を無限集合 $Y \subset \mathbf{R}^m$ で置き換えた特殊形である．半無限最適化問題に対しては，無限集合 Y を有限集合で近似する**離散化法** (discretization method)，**中心切除平面法** (central cutting plane method) などの 2 段階法や **KKT 帰着法** (KKT reduction method) や**逐次 2 次最適化帰着法** (sequential quadratic optimization reduction method) などの直接法が提案されている．

10.3.11 変分問題

ある区間 $[a,b] \subseteq \mathbf{R}$ において関数 f およびその導関数 f' が連続である関数全体の集合を $C^1[a,b]$ と記す．このとき，与えられた関数 F と $S \subseteq C^1[a,b]$ に対して，

$$\begin{aligned}
\text{minimize} \quad & \int_a^b F(x,f,f')dx \\
\text{subject to} \quad & f \in S
\end{aligned}$$

を**変分問題** (variational problem) とよぶ．

変分問題は最適な「関数」を求めるので，無限最適化問題の一例である．

10.3.12 均衡制約付き最適化問題

均衡制約付き数理最適化 (mathematical optimization with equilibrium constraints) は，以下のように定義される．

$$\begin{aligned}
\text{minimize} \quad & f(x) \\
\text{subject to} \quad & g_i(x,y) \leq 0, \quad i=1,2,\ldots,m \\
& x \in \mathbf{R}^{n_1} \\
& y \geq 0 \\
& F(x,y) \geq 0 \\
& y^T F(x,y) = 0
\end{aligned}$$

ここで $x(y)$ は変数を表す $n_1(n_2)$ 次元実数ベクトル，$f: \mathbf{R}^{n_1} \to \mathbf{R}$ は目的関数，$g_i: \mathbf{R}^{n_1+n_2} \to \mathbf{R}(i=1,2,\ldots,m)$ は制約の左辺を表す関数，$F: \mathbf{R}^{n_1+n_2} \to \mathbf{R}^{n_2}$ は均衡制約を規定する関数である．

均衡制約付き数理最適化問題は非凸な制約をもつ問題になるので，難しい非線形最適化問題となり，理論的な最適化が難しい．

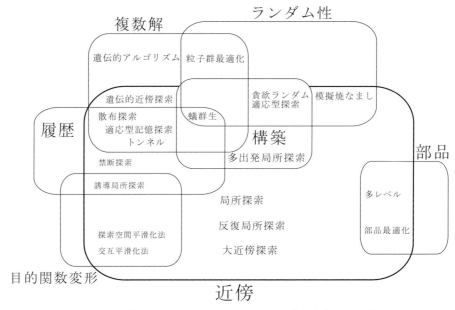

図 10.5 代表的なメタヒューリスティクスの基本戦略による分類

この問題の特殊形として**相補制約付き数理最適化** (mathematical optimization with complementarity constraints) がある.

$$\begin{aligned}
\text{minimize} \quad & f(x) \\
\text{subject to} \quad & g_i(x,y) \leq 0, \quad i=1,2,\ldots,m \\
& x \geq 0 \\
& y \geq 0 \\
& x^T y = 0
\end{aligned}$$

相補制約に対しては,$xy=0$ という制約が

$$x + y = \sqrt{x^2 + y^2}$$

と書けることを利用した**再定式化法** (reformulation method) や微分不可能関数の理論を用いた平滑化法,一般化ニュートン法などが提案されている.

10.3.13 微分不可能最適化問題

関数が微分不可能な場合には**劣勾配法** (subgradient method) とよばれる一連の解法が適用できる.

無制約の微分不可能最適化問題を考える.解 x_0 において以下の式が成立するとき,d を**劣勾配** (subgradient) とよぶ.

$$f(x) \geq f(x_0) + d(x - x_0) \quad \forall x \in \mathbf{R}^n$$

f が凸関数のとき,d は必ず存在する.関数 f が微分不可能な場合には,上式を満たす d は無数に存在する.上式を満たす d の集合を**劣微分** (subdifferential) とよぶ.

最急降下法における勾配ベクトルのかわりに劣勾配を用いた解法が劣勾配法である．有限収束性は証明されているが，挙動が安定しないので実務で使用する際には注意をする必要がある．

10.3.14　大域的最適化問題

関数の凸性を仮定しない非線形最適化問題においては，局所的最適解を求めることを目的とするものと，大域的最適化を目指すものに分けられる．**大域的最適化** (global optimization) は，大域的最適解を探索するための方法論である．

大域的最適化のための解法としては，格子探索法，列挙法，逐次近似法，ホモトピー法，分枝限定法などがある．また近年では，制約や目的関数を多項式に限定することによって大域的最適解を求める多項式最適化が注目を浴びており，実務では，メタヒューリスティクスによる近似的な解の探索が実用化されつつある．

代表的なメタヒューリスティクスを分類すると，図 10.5 のように整理される．図から分かるように，ほとんどのメタヒューリスティクスは近傍（局所探索法）の概念を中心に，様々な工夫（ランダム性，複数解，探索の履歴，構築法，部品，目的関数変形など）を追加したものであると解釈できる．メタヒューリスティクスの詳細については，[2] を参照されたい．

大域的最適化では，局所的最適解を求めるための非線形最適化アルゴリズムは局所探索法のかわりに用いることができ，メタヒューリスティクスの自由なアイディアでそれを強化する研究が多くなされている．

10.3.15　組合せ最適化問題

組合せ最適化問題 (combinatorial optimization problem) は実行可能解の集合が有限集合である最適化問題である．正確に言うと，ある空でない有限集合 $\mathcal{F}$，$\mathcal{F}$ から実数への写像 $f : \mathcal{F} \to \mathbf{R}$ が与えられたとき

$$\min\{f(x) \mid x \in \mathcal{F}\}$$

を与える $x \in \mathcal{F}$ を求める問題である．

解 $x \in \mathcal{F}$ は何らかの構造をもつ有限集合であり，必ずしも数値の集合でなくてもよい．有界な整数最適化問題は，実行可能領域内の整数格子点を $\mathcal{F}$ と定義することによって組合せ最適化問題に帰着できる．逆に，多くの組合せ最適化問題は，整数最適化問題として定式化できる．したがって両者はほぼ同値とみてかまわない．しかし，整数最適化問題が，連続緩和問題を解くことによる限界値を用いて解かれることが多いのに対して，組合せ最適化問題は，組合せ的な構造を利用することを考える．典型的な例をあげよう．

解 $x_j (j = 1, 2, \ldots, n)$ に対して有限集合から成る**領域** (domain) D_j を定義する．制約 $C_i (i = 1, 2, \ldots, m)$ は変数の n 組の部分集合として定義される．**制約充足問題** (constraint satisfaction problem) は，制約を満たすように，変数に領域の中の 1 つの値を割り当てることを目的とした問題である．この問題は実行可能性判定問題の範疇に含まれるが，これに制約からの逸脱ペナルティを付加することによって，以下の組合せ最適化問題になる．解ベクトル x が制約 C_i から逸脱している量を表すペナルティ関数を $g_i(x)$ とする．各制約 C_i の重みを w_i としたとき，**重み付き制約充足問**

題 (weighted constraint satisfaction problem) は以下のように書ける．

$$\begin{aligned}\text{minimize} \quad & \sum_{i=1}^{m} w_i g_i(x) \\ \text{subject to} \quad & x_j \in D_j, \quad j=1,2,\ldots,n\end{aligned}$$

この問題に対してはメタヒューリスティクスに基づく制約最適化ソルバー SCOP がある．詳細については，第 13 章で解説する．

10.3.16 スケジューリング最適化問題

組合せ最適化問題の特殊形としてスケジューリング最適化問題がある．スケジューリングとは，様々な制約が付加された活動（作業，ジョブ，タスク）を資源制約を考慮して時間軸上に配置する問題の総称であるが，実務的に極めて重要であるため，多くの研究が成されている．この問題は，通常の混合整数最適化ソルバーで求解することが難しいので，問題例ごとに工夫をするか，他の枠組みを用いたソルバーが適用される．この問題に対するメタヒューリスティクスに基づくソルバーである OptSeq については，第 14 章で解説する．

10.4 代表的なモデラーとソルバー

ここでは数理最適化問題をモデル化する際に使用する Python モジュール（以下ではモデラーとよぶ）と，実際に求解を行うための数理最適化ソルバーについて述べる．代表的なモデラーを表 10.1

表 10.1 代表的な数理最適化モデラー

名称	ホームページ	ライセンス	ソルバー	コメント
OpenOpt	openopt.org	BSD	rlag, rlog, knitro, SciPy, interalg, de, pswarm, GLPK, lp_solve, CPLEX	多くのソルバーと接続可能
PuLP	pythonhosted.org/PuLP	MIT	GLPK, lp_solve, CBC, Gurobi, CPLEX	MPS ファイル経由で混合整数最適化を求解
Picos	picos.zib.de	GPL	cvxopt, smcp, zibopt, Mosek, Gurobi, CPLEX	
cvxpy	www.cvxpy.org	GPL	cvxopt	
pyOpt	www.pyopt.org	LGPL	多くの非線形最適化ソルバー	
PYOMO	www.pyomo.org	BSD	CBC, CPLEX, GLPK, Gurobi, Pico	AMPL に似た文法，確率最適化を記述可能
python-zibopt	code.google.com/p/python-zibopt	GPL	SCIP, soplex (zipopt)	

10.4 代表的なモデラーとソルバー

表 10.2 代表的な数理最適化ソルバー

名称	ホームページ	ライセンス	対応する問題	コメント
SciPy	www.scipy.org	BSD	非線形	
cvxopt	www.cvxpy.org	GPL	非線形, 2次錐, 半正定値	内点法
smcp	smcp.readthedocs.org	GPL	疎行列をもつ2次錐, 半正定値	内点法
ipopt	projects.coin-or.org/Ipopt	EPL	非線形	内点法, COIN-OR
GLPK	www.gnu.org/software/glpk	GPL	混合整数	
lp_solve	lpsolve.sourceforge.net/5.5	LGPL	混合整数	
SCIP	scip.zib.de	Zib アカデミック	混合整数非凸2次制約	
CBC	projects.coin-or.org/Cbc	EPL	混合整数線形	COIN-OR
CONOPT	www.conopt.com	商用	非線形	ARKI Consulting & Development
MINOS	ccom.ucsd.edu/õptimizers	商用	非線形	Stanford University
SNOPT	ccom.ucsd.edu/õptimizers	商用	非線形	Stanford University
knitro	www.knitro.com	商用	非線形整数, 均衡条件付き非線形	Ziena Optimization
Mosek	mosek.com	商用	線形, 2次, 2次錐, 半正定値, 混合整数線形	Mosek
CPLEX	www-01.ibm.com/software/commerce/optimization/cplex-optimizer	商用	混合整数線形, 凸2次制約, 2次錐	IBM
Gurobi	www.gurobi.com	商用	混合整数線形, 凸2次制約, 2次錐	Gurobi

にまとめ,代表的なソルバーを表 10.2 にまとめる.各モデラーに対しては,モデリング可能な問題のタイプと,接続可能なソルバーが与えられている.同様に,各ソルバーに対しては求解可能な問題のタイプが決められている.

表 10.1 と表 10.2 に示したソフトウェアのライセンスについて簡単に説明しておく.

商用: 著作権に保護されたもので,利用にはその対価を支払う必要があるソフトウェアの総称である.数理最適化ソルバーに関しては,大学などの教育機関に対しては無償で利用を可能としたアカデミックフリー版が準備されている場合が多い.その際,求解可能な問題例の大きさに制限を設けることもある.Zib アカデミックライセンスも商用の一種と位置づけられる.

GPL(General Public License): 複製物を自由に実行可能．ソースコードを見て内容を改変可能．複製物を再配布可能．ただし，改変したものを再配布する場合には，GPL でライセンスする必要がある．この仕組みはコピーレフトとよばれ，GPL でライセンスされた著作物は，その2次的著作物に関しても GPL でライセンスされなければならないことを規定する．以下のライセンス形態は，このコピーレフト性を弱めていったものである．

LGPL(Lesser General Public License): 社内など私的組織内部や個人で利用するにあたってのソースコード改変ならびに再コンパイルには制限がない．GPL と同様に，LGPL で頒布されたプログラムを再頒布する際にはソースコードを公開する必要がある．

EPL(Eclipse Public License): GPL のコピーレフト性を弱めたライセンスである．EPL ライセンスされたプログラムの受領者は，修正したバージョンを配布する場合はソースコードの入手方法を示すなどの義務が生じる．

BSD(Berkeley Software Distribution License): BSD ライセンスでは，2次的著作物の利用についてのライセンスを，原著作物のライセンスと同一にする必要がない．そのため，BSD スタイルのライセンスはより自由なライセンスである．

MIT: 名前の通りマサチューセッツ工科大学 (MIT) で生まれたライセンス．誰でも無償で無制限に使ってよいが，著作権表示および本許諾表示をソフトウェアのすべての複製または重要な部分に記載しなければならない．また，作者または著作権者はソフトウェアに関してなんら責任を負わない．BSD ライセンスをベースに作成されたライセンスの1つであり，非常に制限の緩いライセンス形態である．

実務上重要な数理最適化問題は，大きく混合整数最適化と非線形最適化に分けられる．ここでは，ライセンス形態ならびにインストールのし易さ，安定性を考慮して，混合整数最適化に関しては，PuLP[2] と Gurobi[3] の2つを，非線形最適化に関しては OpenOpt[4] を用いることにする．非線形最適化については，SciPy（第6章参照）を用いてモデリングを行うことも可能である．

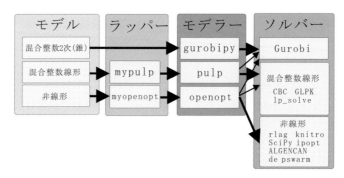

図 10.6 ラッパー，モデラー，ソルバーの関係

---

[2] COIN プロジェクトの混合整数最適化モデラー．MIT ライセンスなので自由に使える．

[3] Zonghao Gu, Edward Rothberg, Robert Bixby によって開発された数理最適化ソルバー．Bixby 氏は，BiGuRo とすべきだったと嘆いていたが，Rothberg 氏の方が身体が大きいので諦めたそうだ．商用だが，アカデミックは無償．

[4] 多くの非線形最適化ソルバーと接続可能なモデラー．OpenOpt は混合整数線形最適化ソルバーにも接続可能だが，安定性から PuLP を推奨する．BSD ライセンスなので，割と自由に使える．

また，混合整数最適化問題と非線形最適化問題の両者を同じ記述法でモデル化できるように，接続用のモジュールを開発した．PuLP 経由で混合整数最適化問題を解くための mypulp モジュールと OpenOpt 経由で非線形最適化問題を解くための myopenopt である．これらのモジュールは pip でインストールできる．図 10.6 に示すように，この 2 つのモジュールはラッパー (wrapper) であり，PuLP や OpenOpt を Gurobi の Python インターフェイスと同じ書式でよび出すためのものである．これらのモジュールを用いることによって，混合整数最適化も非線形最適化も同じような書式でモデルを書くことができる．mypulp モジュールと myopenopt モジュールを用いることによって，PuLP 経由で無償のソルバーである CBC[5]，GLPK[6]，lp_solve[7]に接続し求解することができ，大規模な問題例や 2 次（錐）整数最適化問題に対しては，商用の Gurobi で（同じプログラムを用いて）解くことができ，さらに，OpenOpt を経由して様々な非線形最適化ソルバーに（同じプログラムを用いて）接続することが可能になる．

第 11 章では，線形最適化，（混合）整数最適化，非線形最適化の 3 つの代表的な数理最適化問題に対するモデリングの仕方や注意について述べる．また，組合せ最適化問題やスケジューリング問題に特化したソルバー（SCOP と OptSeq）に対しても，できるだけ同じ書式でモデリングを行うことができるインターフェイスを設計した．それらについては，第 13 章（制約最適化ソルバー SCOP）と第 14 章（スケジューリング最適化ソルバー OptSeq）で解説する．

---

[5] COIN-OR Branch and Cut の略．PuLP と同様に COIN プロジェクトの混合整数最適化ソルバー．
[6] GNU Linear Programming Kit の略．最近は開発が止まっているようだ．名前から分かるように GPL ライセンスなので，ビジネス利用の際には注意が必要．
[7] 昔からある混合整数最適化ソルバー．最近ではユーザーインターフェイスを備えた開発環境も提供されている．LGPL ライセンスなので，これもビジネスでは使いにくい．

第11章 数理最適化モジュールPuLPとOpenOpt

本章では，代表的な数理最適化問題をソルバーを用いて求解するための方法について述べる．ここでは，実務上重要であると考えられる以下の3つの数理最適化問題をとりあげる．

1. 線形最適化問題（10.3.1節）

2. 整数最適化問題（10.3.5節）

3. 非線形最適化問題（10.3.2節，10.3.3節）

前章の最後で述べたように，線形最適化問題と整数最適化問題に対しては，混合整数最適化モデラー PuLP を用い，非線形最適化問題に対しては，非線形最適化モデラー OpenOpt を用いてモデリングを行う．使用する Python モジュールは PuLP と OpenOpt のラッパーである mypulp と myopenopt であり，これらを用いることによって商用の混合整数2次錐最適化ソルバーである Gurobi の Python インターフェイスと同じ文法で数理最適化のモデル化を行うことが可能になる．

なお，非線形最適化問題に対しては，SciPy の optimization サブモジュール（6.1節）を用いることもできるが，制約付きの非線形最適化問題に対しては，myopenopt の方が記述が容易である．また，整数最適化に関連した最適化問題である組合せ最適化（10.3.15節）とスケジューリング最適化（10.3.16節）に対する専用ソルバーについては，それぞれ第13章と第14章で解説する．

本章の構成は以下の通り．

11.1節では，線形最適化問題に対する簡単な例題を通してモデルの記述方法（定式化）の基本を紹介する．

11.2節では，線形最適化における重要な理論的背景である双対問題について，11.1節と同じ例題を用いて解説する．

11.3節では，整数最適化問題の簡単な例題（ナップサック問題）によって，より一般的な定式化の方法について学ぶ．

11.4節では，実務において重要な実行不可能性の取扱い方法について，栄養問題とよばれる古典的な例題を用いて解説する．

11.5節では，実務で重要な論理条件の定式化の方法について述べる．

11.6節では，非線形最適化問題のモデル化について解説する．

11.1 線形最適化

ここでは，線形最適化の簡単な例題を通して Python からソルバーをよび出す方法について詳述する．

> あなたは丼チェーン店の店長だ．店の主力商品は，豚肉と鶏肉と牛肉を絶妙にブレンドしたトンコケ丼，コケトン丼，ミックス丼の3種類である．トンコケ丼を1杯作るには，200グラムの豚肉と100グラムの鶏肉が必要であり，コケトン丼を1杯作るには，100グラムの豚肉と200グラムの鶏肉が必要となる．また，ミックス丼は，豚肉，鶏肉，牛肉を100グラムずつミックスして作られる．使用する肉は，自社農場で特別に飼育された豚，鶏，牛のものを使うので，1日あたりそれぞれ6キログラム，6キログラム，3キログラムしか使うことができない．販売価格は，トンコケ丼1杯1500円，コケトン丼1杯1800円，ミックス丼1杯3000円である．お店の人気は上々であるので売れ残りの心配をする必要はなく，仕入れの価格も自社農場なので無視できるものとする．さて，お店の利益を最大にするためには，あなたは丼を何杯ずつ作るように指示を出せばよいのだろうか？

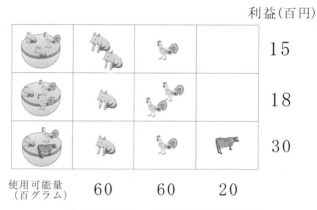

図 11.1 丼チェーン店の線形最適化問題

丼チェーン店の店長を悩ませている問題を，数学的に記述してみよう．まず，求めたい未知数を適当な記号で表す．ここでは，トンコケ丼の数を x_1 杯，コケトン丼の数を x_2 杯，ミックス丼の数を x_3 杯と書くことにしよう．これらの x_1, x_2, x_3 は，色々変えてよい値を求めるために導入された**数**であるので，**変数** (variable) とよばれる．

数字を簡略化するために，お金 100 円を 1 単位とすると，利益の合計を表す式は $15x_1 + 18x_2 + 30x_3$（百円）と記述できる．店長の**目的**は，この**関数**を最大にすることであった．このように，最大化したい（ときには最小化したい）関数を，**目的関数** (objective function) とよぶ．

同じように，肉 100 グラムを 1 単位とすると，豚肉の使用量は $2x_1 + x_2 + x_3$（百グラム），鶏肉の使用量は $x_1 + 2x_2 + x_3$（百グラム），牛肉の使用量は x_3（百グラム）と記述できる．豚肉，鶏肉，牛肉の使用可能量の上限は，それぞれ $60, 60, 30$（百グラム）であったので，変数 x_1, x_2, x_3 は

$$2x_1 + x_2 + x_3 \leq 60$$
$$x_1 + 2x_2 + x_3 \leq 60$$
$$x_3 \leq 30$$

の 3 つの不等式を満たす必要がある．また，丼の数は負にはなれない（これは，トンコケ丼を分解しても 200 グラムの豚肉と 100 グラムの鶏肉はできないことを意味する）ので，

$$x_1 \geq 0, \quad x_2 \geq 0, \quad x_3 \geq 0$$

という式も満たす必要がある．これらは，変数 x_1, x_2, x_3 の範囲を**制約**するための**式**であるので，一般に**制約式** (constraints) とよばれる．本来ならば，丼の数は整数でなければならないが，ここでは簡単のため半端な数の丼も許すことにしよう．すなわち，トンコケ丼を半分売れば 750 円儲かるものと仮定する．

さて，目的関数と制約をまとめて書くと，丼チェーンの店長の問題は，

$$
\begin{array}{rlrrrcr}
\text{maximize} & 15x_1 & +18x_2 & +30x_3 & & & \\
\text{subject to} & 2x_1 & +x_2 & +x_3 & \leq & 60 \\
& x_1 & +2x_2 & +x_3 & \leq & 60 \\
& & & x_3 & \leq & 30 \\
& & & x_1, x_2, x_3 & \geq & 0
\end{array}
$$

となる．目的関数も制約式も，変数 x_1, x_2, x_3 を定数倍したものを足したり引いたりしたものから構成されている．このような関数を**線形** (linear) とよぶ．何本かの線形な制約式の下で，線形の目的関数を最大化（もしくは最小化）する問題が，本節の主題である**線形最適化問題** (linear optimization problem) である．以下では，主に目的関数を最大化する問題（最大化問題）を取り扱うものとする．

変数の組 x_1, x_2, x_3 を**解** (solution) とよび，すべての制約式を満たす解を**実行可能解** (feasible solution) とよぶ．実行可能解の中で目的関数を最大化するものを**最適解** (optimal solution) とよぶ．一般には最適解は複数ある可能性があるが，通常は最適解のうちの 1 つを求めることが線形最適化問題の目的となる．最適解における目的関数の値を，**最適目的関数値** (optimal objective function value) または単に**最適値** (optimal value) とよぶ．

最初に行うことは，mypulp のモジュールを読み込むことである．モジュールを読み込むためには，`import` というコマンドを使うが，ここでは mypulp のモジュール（ファイル名は `mypulp`）のすべてを自分のプログラムからよび出して使えるようにするために，以下のように最初に記述しておく．

```
from mypulp import *
```

これはモジュールからすべてを import せよという意味である（計算機プログラムの世界では *（アスタリスク）は，「すべて」を意味する）．

Gurobi を使いたい場合には `gurobipy` モジュールを import する．

```
from gurobipy import *
```

mypulpはGurobiとほぼ同じ文法でPuLPのモジュールを使用できるようにするためのラッパーモジュールである．これを使うことによって，以下に示す文法でプログラムを記述すれば，商用のGurobiソルバーと無料のソルバー（PuLPの標準はCBC）を同じように呼び出して使用することが可能になる．また，拙著『あたらしい数理最適化-Python言語とGurobiで解く-』（近代科学社）[3]のプログラムも，ほぼ（列生成法や切除平面法などの特殊解法を除いて）mypulp経由で解くことができる．

次に，モデルを定義する．正確に言うと，モデルインスタンスを生成するのであるが，これは，モデルクラス Model にモデル名を引数として渡すことによってできる．

model = Model('lo1')

ここでmodelというのがモデルのインスタンスである．また，'lo1'というのがモデルにつけた名前である（ちなみに'lo'は "linear optimization" の略である）．これは何でもかまわないし，省略しても大丈夫である．

次に変数 x_1, x_2, x_3（プログラム内では x1,x2,x3）を定義する．変数を生成するには，上で作成したモデルインスタンス model の addVar メソッド（クラスに付随する関数のことである）を用いる．例えば，変数 x1 を生成するには，以下のように記述する．

x1 = model.addVar(vtype='C',name ='x1')

正確に言うと x1 は変数インスタンスである．addVar の後ろの小括弧内に書かれているのがメソッドの引数である．Pythonの引数には何通りかの記述方法があるが，一番分かりやすいのは名前付き引数といって，「引数の名前=引数の値」と書く方法である．ここで，vtype='C' は変数の種類が**連続変数** (continuous variable) であること，name='x1' は変数の名前が'x1'という文字列であることを表している．また，vtypeは'C'と書く代わりに GRB.CONTINUOUS と書いてもかまわない．GRBは定数を保管したクラスで，その中身をみると GRB.CONTINUOUS='C' と定義されている．以下では覚えやすくかつ短い'C'の記法を用いることにする．

addVar メソッドの引数には，他にも，下限 (lb)，上限 (ub) がある．下限 (lb) の既定値は0，上限 (ub) の既定値は無限大を表す GRB.INFINITY なので，省略して記述しても問題はない．実は，変数のタイプも連続変数が既定値であるので，以下のように簡潔に書くこともできる．

x1 = model.addVar(name ='x1')

後で変数名を参照する必要がない場合には，すべての引数を省略してもよい．

```
x1 = model.addVar()
```

他の変数も同様に生成しておく．

```
x2 = model.addVar(name ='x2')
x3 = model.addVar(name ='x3')
```

Gurobi を使う場合には，変数の宣言が終了したら，必ず以下のように update メソッドを実行する．

```
model.update()
```

これは，Gurobi にモデルが変更されたことを伝えるメソッドで，制約を追加する前には必ず行わなくてはならない．これは**怠惰な更新** (lazy update) とよばれ，モデルが変更されるたびに Gurobi 内のデータ構造を変更していると時間を要するために導入された Gurobi の重要な「仕様」である．PuLP の場合には update は行う必要はないが，Gurobi との互換性をもたせるために念のため update をしておくとよい．

続いて制約の記述に入る．制約 $2x_1 + x_2 + x_3 \leq 60$ は，`addConstr` メソッドを用いて，以下のように記述する．

```
model.addConstr(2*x1 + x2 + x3 <= 60)
```

これは，より単純な方法で入力することもできる．制約 $2x_1 + x_2 + x_3 \leq 60$ は，左辺が $2x_1 + x_2 + x_3$，右辺が 60，制約の向きが「以下」であると分解できる．まず，左辺を**線形表現** (linear expression：線形式) を表すクラス `LinExpr` を用いて，以下のように生成する．

```
L1 = LinExpr([2,1,1],[x1,x2,x3])
```

`LinExpr` の引数は 2 つのリスト [2,1,1] と [x1,x2,x3] である．最初のリストは線形表現の係数のリストを表し，2 番目のリストは対応する変数のリストを表す．

この線形表現は，以下のように生成してもよい．

```
1  L1 = LinExpr()
2  L1.addTerms(2,x1)
3  L1.addTerms(1,x2)
4  L1.addTerms(1,x3)
```

まず 1 行目で空の線形表現のインスタンス L1 を 1 行目で作り，2,3,4 行目で各項 $2x_1, x_2, x_3$ を `addTerms` メソッドで追加する．`addTerms` メソッドの最初の引数は，項の係数であり，2 番目の引

数は変数である．

この線形表現が60以下であることを表す制約式をモデルに追加するには，addConstrメソッドを用いて，以下のように記述する．

```
model.addConstr(L1, '<', 60)
```

最初の引数は左辺 (lhs) で，次の引数は制約の向き (sense) で，最後の引数が右辺 (rhs) である．向き'<'は定数クラスGRBを用いてGRB.LESS_EQUALと書いてもよい．また，名前付き引数を用いて，

```
model.addConstr(lhs=L1, sense='<', rhs=60)
```

としても大丈夫である（というよりこちらの方が分かりやすい）．

同様に，制約 $x_1 + 2x_2 + x_3 \leq 60$ と $x_3 \leq 30$ は，以下のように記述できる．

```
model.addConstr(x1 + 2*x2 + x3 <= 60)
model.addConstr(x3 <= 30)
```

目的関数はsetObjectiveメソッドを用いて記述する．

```
model.setObjective(15*x1 + 18*x2 + 30*x3, GRB.MAXIMIZE)
```

setObjectiveメソッドの最初の引数は，線形表現であり，2番目の引数は目的関数の方向を表す定数である．ここでは，GRB.MAXIMIZEと最大化を指定している（最小化の場合にはGRB.MINIMIZEと指定する）．

最適化を行うには，モデルインスタンスのoptimizeメソッドを使い，

```
model.optimize()
```

とする．optimizeメソッドの実行前には，自動的にupdateメソッドを行うので，最適化の前にモデルの更新をGurobiに伝える必要はない．

求解が終わった後に，目的関数値を出力するには，モデルのObjVal属性を用いて，

```
print('Opt. Value=', model.ObjVal)
```

とする．また最適解を出力したい場合には，getVarsメソッドで変数のインスタンスのリストを呼び出し，その要素vに対し変数名の属性 (VarName) や最適値の属性 (X) を使って，以下のようにすればよい．

```
for v in model.getVars():
    print(v.VarName, v.X)
```

上のプログラムを実行すると

Opt. Value= 1230.0

x_1 10.0

x_2 10.0

x_3 30.0

と出力される.

これは，丼チェーンの店長は，トンコケ丼を10杯，コケトン丼を10杯，ミックス丼を30杯作るように指示することによって，1日当り123000円の利益をあげることができることを意味する.

プログラム全体を記述すると以下のようになる.

コード 11.1 丼チェーン店の問題

```
from gurobipy import *
model = Model('lo1')
x1 = model.addVar(name ='x1')
x2 = model.addVar(name ='x2')
x3 = model.addVar(name ='x3')
model.update()
model.addConstr(2*x1 + x2 + x3 <= 60)
model.addConstr(x1 + 2*x2 + x3 <= 60)
model.addConstr(            x3 <= 30)
model.setObjective(15*x1 + 18*x2 + 30*x3, GRB.MAXIMIZE)
model.optimize()
print('Opt. Value=', model.ObjVal)
for v in model.getVars():
    print(v.VarName, v.X)
```

11.2 双対問題

> あなたは248ページで紹介した丼チェーン店の店長だ．今日，丼チェーンの本社から，自社農場で飼育している豚，鶏，牛の肉の価値を算出するよう指令が届いた．さて，トンコケ丼，コケトン丼，ミックス丼の販売価格から考えたとき，豚肉，鶏肉，牛肉の百グラムあたりの価値は何円と考えればよいのだろうか？

この問題をスマートに解決するためには，**双対問題** (dual problem) の概念が有用である．ここで双対問題とは，もとの問題と表裏一体を成す線形最適化問題のことである．

もとの問題は以下のような最大化問題であった．これを双対問題と対比させて**主問題** (primal problem) とよぶ.

$$
\begin{array}{rlrrrl}
\text{maximize} & 15x_1 & +18x_2 & +30x_3 & & \\
\text{subject to} & 2x_1 & +x_2 & +x_3 & \le & 60 \\
& x_1 & +2x_2 & +x_3 & \le & 60 \\
& & & x_3 & \le & 30 \\
& & & x_1, x_2, x_3 & \ge & 0
\end{array}
$$

この問題の双対問題を導こう．まず，もとの線形最適化問題の制約から，実行可能解 x_1, x_2, x_3 に対しては，$60 - 2x_1 - x_2 - x_3 \ge 0$ が成立する．したがって，$60 - 2x_1 - x_2 - x_3$ に $\pi_1 (\ge 0)$ を乗じて，目的関数に加えても，目的関数値は小さくなることはない．同様に，2番目の制約式から得られる $60 - x_1 - 2x_2 - x_3 (\ge 0)$ に $\pi_2 (\ge 0)$ を乗じたものと，3番目の制約式から得られる $30 - x_3 (\ge 0)$ に $\pi_3 (\ge 0)$ を乗じたものを目的関数に加えても目的関数値は小さくならないので，線形最適化問題

$$
\begin{array}{rlrrrl}
\text{maximize} & 15x_1 & +18x_2 & +30x_3 & & \\
& \multicolumn{5}{l}{+(60 - 2x_1 - x_2 - x_3)\pi_1} \\
& \multicolumn{5}{l}{+(60 - x_1 - 2x_2 - x_3)\pi_2} \\
& \multicolumn{5}{l}{+(30 - x_3)\pi_3} \\
\text{subject to} & 2x_1 & +x_2 & +x_3 & \le & 60 \\
& x_1 & +2x_2 & +x_3 & \le & 60 \\
& & & x_3 & \le & 30 \\
& & & x_1, x_2, x_3 & \ge & 0
\end{array}
$$

は，もとの問題の**上界**（upper bound; 最適値以上であることが保証されている値）を与える．

目的関数を x_1, x_2, x_3 ごとに整理すると，

$$
\begin{array}{rlllll}
\text{maximize} & (15 - 2\pi_1 - \pi_2)x_1 & +(18 - \pi_1 - 2\pi_2)x_2 & +(30 - \pi_1 - \pi_2 - \pi_3)x_3 & & \\
& & & +60\pi_1 + 60\pi_2 + 30\pi_3 & & \\
\text{subject to} & 2x_1 & +x_2 & +x_3 & \le & 60 \\
& x_1 & +2x_2 & +x_3 & \le & 60 \\
& & & x_3 & \le & 30 \\
& & & x_1, x_2, x_3 & \ge & 0
\end{array}
$$

となる．さらに，この問題から非負条件 $x_1, x_2, x_3 \ge 0$ 以外の制約を除いた以下の問題を考える．

$$
\begin{array}{rl}
\text{maximize} & (15 - 2\pi_1 - \pi_2)x_1 + (18 - \pi_1 - 2\pi_2)x_2 + (30 - \pi_1 - \pi_2 - \pi_3)x_3 \\
& +60\pi_1 + 60\pi_2 + 30\pi_3 \\
\text{subject to} & x_1, x_2, x_3 \ge 0
\end{array}
$$

制約式を除くということは，実行可能領域を大きくすることに相当するので，この問題の最適値は，もとの問題の最適値と等しいか，より大きくなることが保証される．これを**緩和問題** (relaxation problem) とよぶ．緩和問題は，任意の $\pi_1, \pi_2, \pi_3 (\ge 0)$ に対してもとの問題の上界を与える．

変数 x でなく，π を変数とみて色々と動かすことを考えよう．目的は，もちろんなるべくよい

(すなわち小さい) 上界を得ることである．変数 x_1 に関する制約式が $x_1 \geq 0$ だけであることに注意すると，x_1 の目的関数の係数 $15 - 2\pi_1 - \pi_2$ が 0 より大きい値であると，目的関数値が ∞ になってしまうことに気づく．したがって，$15 - 2\pi_1 - \pi_2$ は 0 以下でなければ，意味のある（有限の値をもつ）上界を得ることはできない．同様に，x_2 の目的関数の係数 $18 - \pi_1 - 2\pi_2$ も 0 以下でなければならず，x_3 の目的関数の係数 $30 - \pi_1 - \pi_2 - \pi_3$ も 0 以下でなければならない．この 3 つの条件と変数 π_1, π_2, π_3 が非負であるという条件の下で，目的関数の x に依存しない部分

$$60\pi_1 + 60\pi_2 + 30\pi_3$$

を最小にする問題は，

$$\begin{array}{rlrrrl}
\text{minimize} & 60\pi_1 & +60\pi_2 & +30\pi_3 & & \\
\text{subject to} & 2\pi_1 & +\pi_2 & & \geq & 15 \\
& \pi_1 & +2\pi_2 & & \geq & 18 \\
& \pi_1 & +\pi_2 & +\pi_3 & \geq & 30 \\
& & \pi_1, \pi_2, \pi_3 & & \geq & 0
\end{array}$$

という線形最適化問題になる．これが双対問題であり，変数 π_1, π_2, π_3 を**双対変数** (dual variable) とよぶ．双対変数は，制約を資源とみなしたときの価値を表すため，**双対価格** (dual price) もしくは**潜在価格** (shadow price) とよばれることもある．

主問題か双対問題のいずれか一方が最適解をもつならば，他方も最適解をもち，最適値が一致することが示される．これは強双対定理とよばれ，線形最適化の骨子を成す理論である．

Gurobi/PuLP においては，主問題を解いたついでに双対問題の最適解も得ることができる．制約インスタンスのリストは，モデルの getConstr メソッドで得ることができる．以下に各制約の名前（ConstrName 属性），最適双対変数（Pi 属性）を出力させるプログラムを示す．

```
for c in model.getConstrs():
    print( c.ConstrName, c.Pi )
```

前節のプログラムに上のコードを付加して実行すると，以下の結果を得る．

```
c_1 4.0
c_2 7.0
c_3 19.0
```

制約には名前をつけなかったので，自動的に名前 c_1, c_2, c_3 がつけられており，その値 4, 7, 19 は最適双対変数を表す．したがって，肉の 1 単位は百グラム，お金の 1 単位は百円であったことを思い起こすと，豚肉は百グラム 400 円，鶏肉は百グラム 700 円，牛肉は百グラム 1900 円の価値をもつことが分かる．

図 11.2 に線形最適化モデルを記述する際に用いられる主要なクラス間の関係を示しておく．以下で述べる整数最適化や非線形最適化についても同様のクラスを用いてモデリングを行うことができる．

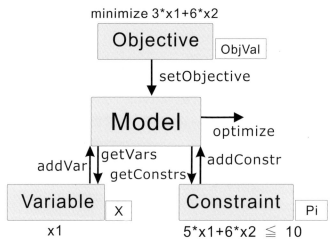

図 11.2　数理最適化のモデリングのためのクラスと属性

11.3 整数最適化

あなたは，ぬいぐるみ専門の泥棒だ．ある晩，あなたは高級ぬいぐるみ店にこっそり忍び込んで，盗む物を選んでいる．狙いはもちろん，マニアの間で高額で取り引きされているクマさん人形だ．クマさん人形は，現在 4 体販売されていて，それらの値段と重さと容積は，図 11.3 のようになっている．あなたは，転売価格の合計が最大になるようにクマさん人形を選んで逃げようと思っているが，あなたが逃走用に愛用しているナップサックはとても古く，7 kg より重い荷物を入れると，底がぬけてしまうし，10000 cm^3（10 ℓ）を超えた荷物を入れると破けてしまう．さて，どのクマさん人形をもって逃げればよいだろうか？

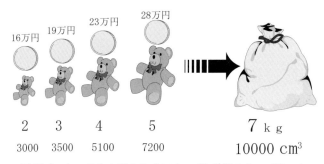

図 11.3　クマさん人形のラインアップと愛用のナップサック

この問題は，**多制約 0-1 ナップサック問題** (multi-constrained 0-1 knapsack problem) とよばれる整数最適化問題の一種であり，制約が 1 本の問題（0-1 ナップサック問題）でも $\mathcal{NP}$-困難である．

多制約 0-1 ナップサック問題は，以下のように定義される．

多制約 0-1 ナップサック問題

n 個のアイテム，m 本の制約，各々のアイテム $j = 1, 2, \ldots, n$ の価値 v_j (≥ 0)，アイテム j の制約 $i = 1, 2, \ldots, m$ に対する重み a_{ij} (≥ 0)，および制約 i に対する制約の上限値 b_i (≥ 0) が与えられた

とき，選択したアイテムの重みの合計が各制約 i の上限値 b_i を超えないという条件の下で，価値の合計を最大にするようにアイテムを選択せよ．

アイテムの番号の集合を $I = \{1, 2, \ldots, n\}$，制約の番号の集合を $J = \{1, 2, \ldots, m\}$ と記す．多制約ナップサック問題は，アイテム j をナップサックに詰めるとき 1，それ以外のとき 0 になる 0-1 変数 x_j を使うと，以下のように整数最適化問題として定式化できる．

$$\begin{aligned}
\text{maximize} \quad & \sum_{j \in J} v_j x_j \\
\text{subject to} \quad & \sum_{j \in J} a_{ij} x_j \leq b_i, \quad \forall i \in I \\
& x_j \in \{0, 1\}, \quad \forall j \in J
\end{aligned}$$

上の泥棒の例題を混合整数最適化ソルバーを用いて求解してみよう．ここでは，どんな問題例でも解けるような関数を作成していく．

まず，問題のデータを生成する関数を準備しておく．

モデルのデータを記述する際には，辞書を用いると便利である．その際，同じ添え字をもつ複数のデータを一度に設定できると便利である．gurobipy(mypulp) モジュールに含まれる multidict は，k (≥ 1) 個の要素をもつリストを値とした辞書を引数として入力すると，第 1 の返値としてキーのリスト，2 番目以降の返値として各々の要素を値とした k 個の辞書を返す関数である．

例として，名前をキーとし，身長と体重から成るリストを値とした辞書は，multidict 関数によって，名前のリスト name，身長を表す辞書 height，体重を表す辞書 weight に分解される．

```
name, height, weight=multidict({'Taro':[145,30],'Hanako':[138,34],'Simon':[150,45]})
```

これは，以下のように個別にリストと辞書を定義するのと同じであるが，multidict 関数を用いた方が，より簡潔であり，入力ミスを避けることができる．

```
name   =['Hanako', 'Simon', 'Taro']
height={'Hanako': 138, 'Simon': 150, 'Taro': 145}
weight={'Hanako': 34, 'Simon': 45, 'Taro': 30}
```

multidict を使うと，データを生成する関数 example は，以下のように記述できる．

```
def example():
    J,v = multidict({1:16, 2:19, 3:23, 4:28})
    a = {(1,1):2,    (1,2):3,    (1,3):4,    (1,4):5,
         (2,1):3000, (2,2):3500, (2,3):5100, (2,4):7200,
         }
    I,b = multidict({1:7, 2:10000})
    return I, J, v, a, b
```

返値は，2 つのリスト I,J ならびに 3 つの辞書 v,a,b のタプルである．ここで，I はアイテムの番

号のリスト，Jは制約の番号のリスト，vは価値vを表す辞書，aは重みaを表す辞書，bは制約の上限値bを表す辞書である．

> **注意:**
> プログラムの作法としては，上のように v,a,b のような 1 文字の変数を用いることは好ましくない．ここでは，定式化とプログラムで同じ記号を用いるという方針で敢えてこのような記述をしたが，実際のプログラムでは value,requirement,upperbound のように意味の分かる変数を用いることが推奨される．

次に，多制約ナップサック問題のモデルインスタンス model を返す関数 mkp を記述する．

```
 1  def mkp(I, J, v, a, b):
 2      model = Model('mkp')
 3      x = {}
 4      for j in J:
 5          x[j] = model.addVar(vtype='B', name='x(%d)'%j)
 6      model.update()
 7      for i in I:
 8          model.addConstr(quicksum(a[i,j]*x[j] for j in J) <= b[i])
 9      model.setObjective(quicksum(v[j]*x[j] for j in J), GRB.MAXIMIZE)
10      model.update()
11      return model
```

上のプログラムの 2 行目では，モデルインスタンス model を生成している．変数は辞書 x に保管するものとし，model インスタンスの addVar メソッドを用いて変数インスタンスを生成する（5 行目）．ここでは，変数名に x(1) などと小括弧（パーレン）を用いている．これは，x[1] のように大括弧（ブラケット）を用いると，後述する LP(MPS) フォーマットが，他のソルバーで読めなくなる可能性があるためである．Gurobi では変数を宣言した後で update メソッドを用いて「怠惰な更新」を行う（6 行目）．

7 行目からの for ループでは，制約をモデルに追加している．また 2 行目の quicksum 関数は，Python の合計をとる関数 sum の強化版であり，線形表現を高速に求めるときに用いられる．quicksum 関数は，ジェネレータ内包表記を用いて for 文による反復を入力とすることもできる．上の例では，quicksum(a[i,j]*x[j] for j in J) によって，変数インスタンス x[j] とパラメータ a[i,j] の積を，J 内の要素 j に対して合計した線形表現を計算している．

例として $2x_1 + x_2 + x_3$ という線形表現インスタンス L1 を生成する方法を以下に示す．

```
L1=quicksum([2*x1, x2, x3])
```

これは，以下のように線形表現クラス LinExpr を用いて生成するのと同じであるが，多少簡潔に表記できる．

L1 = LinExpr([2,1,1],[x1,x2,x3])

quicksumは，リストを引数として与えるかわりに，for文で定義した反復を用いることもできる．例えば，変数インスタンスが長さ3のリストx，各々の変数に対応する係数がリストa=[2,1,1]に保管されているとき，上の線形表現インスタンスは，以下のように生成できる．

L1=quicksum(a[i]*x[i] for i in range(3))

最後に，上で作成した関数exampleとmkpを用いて求解を行うメインプログラムを作成する．以下のプログラムの1行目は，メインプログラムが始まることを表すPythonのおまじないであり，2行目ではデータを作成し，3行目ではモデルを作成している．

```
1  if __name__ == '__main__':
2      I, J, v, a, b = example()
3      model = mkp(I, J, v, a, b)
```

前節までの例では，ここですぐに最適化を実行していたが，ここでは定式化が正しいかどうかの確認（デバッグ）をしてみよう．Gurobi/PuLPでは，作成したモデルをファイルに書き出すことができ，そのためには，モデルのwriteメソッドを用いる．

```
1      model.update()
2      model.write('mkp.lp')
```

ここで1行目のupdateは制約を加えたことをモデルに伝えるためで，Gurobiにおいてはファイルに書き出す前に実行しておく必要がある（これを忘れると変数しか書き出されない）．2行目でファイルに書き出しているが，ここでファイル名'mkp.lp'の属性にlpを指定すると**LPフォーマット** (Linear Programming (LP) format) とよばれる書式でファイルに出力される．

```
Maximize
  16 x(1) + 19 x(2) + 23 x(3) + 28 x(4)
Subject To
 R0: 2 x(1) + 3 x(2) + 4 x(3) + 5 x(4) <= 7
 R1: 3000 x(1) + 3500 x(2) + 5100 x(3) + 7200 x(4) <= 10000
Bounds
Binaries
 x(1) x(2) x(3) x(4)
End
```

書式についての詳しい説明はしないが，データを展開した式で記述されており，これを読むことによって，定式化が正しいかどうかが確認できる．

また，属性に mps を指定すると **MPS フォーマット** (Mathematical Programming System (MPS) format) とよばれる書式で出力される．

```
model.update()
model.write('mkp.mps')
```

```
NAME          mkp
* Max problem is converted into Min one
ROWS
 N  OBJ
 L  R0
 L  R1
COLUMNS
    MARKER      'MARKER'                 'INTORG'
    x(1)        OBJ            -16
    x(1)        R0             2
    x(1)        R1             3000
    x(2)        OBJ            -19
    x(2)        R0             3
    x(2)        R1             3500
    x(3)        OBJ            -23
    x(3)        R0             4
    x(3)        R1             5100
    x(4)        OBJ            -28
    x(4)        R0             5
    x(4)        R1             7200
    MARKER      'MARKER'                 'INTEND'
RHS
    RHS1        R0             7
    RHS1        R1             10000
BOUNDS
ENDATA
```

こちらは可読性はないが，ほとんどの最適化ソルバーが対応している古典的な書式である．ちなみに Gurobi と PuLP では LP(MPS) フォーマットの出力の書式が多少異なる．上で示したのは Gurobi の出力である．

定式化が正しいことが確認できたので，最適化を行い結果を出力する．

```
model.optimize()
print('Optimum value=', model.ObjVal)
```

```
    EPS = 1.e-6
    for v in model.getVars():
        if v.X > EPS:
            print(v.VarName, v.X)
```

上のプログラムを実行した結果は，以下のようになる．

```
Optimum value= 42.0
x(2) 1.0
x(3) 1.0
```

したがって，2番目と3番目のクマをもって逃げることによって，泥棒は42万円の利益をあげることができる．

11.4 栄養問題

ここでは，**栄養問題** (diet problem) とよばれる古典的な最適化問題を例として，実行不可能な問題に対する現実的な対処法について考える．

以下のシナリオを考える．

> あなたは，某ハンバーガーショップの調査を命じられた健康オタクの諜報員だ．あなたは任務のため，毎日ハンバーガーショップだけで食事をしなければならないが，健康を守るため，なるべく政府の決めた栄養素の推奨値を遵守しようと考えている．考慮する栄養素は，カロリー (Cal)，炭水化物 (Carbo)，タンパク質 (Protein)，ビタミン A(VitA)，ビタミン C(VitC)，カルシウム (Calc)，鉄分 (Iron) であり，1日に必要な量の上下限は，表 11.1 の通りとする．現在，ハンバーガーショップで販売されている商品は，CQPounder, Big M, FFilet, Chicken, Fries, Milk, VegJuice の6種類だけであり，それぞれの価格と栄養素の含有量は，表 11.1 のようになっている．さらに，調査費は限られているので，なるべく安い商品を購入するように命じられている．さて，どの商品を購入して食べれば，健康を維持できるだろうか？

いままでは，常に最適化問題が最適解をもつ場合について考えてきた．しかし，一般には最適化問題は常に最適解をもつとは限らない．特に，現実的な問題を考える場合には，（制約条件がきつすぎて）解が存在しない場合も多々ある．

実行可能解が存在しない場合を**実行不可能**（もしくは**実行不能**）(infeasible) とよぶ．例えば，以下の線形最適化問題は，すべての制約を満たす領域（実行可能領域）が空なので，実行不可能である（図 11.4(a)）．

$$\begin{array}{rrcl} \text{maximize} & x_1 + x_2 & & \\ \text{subject to} & x_1 - x_2 & \leq & -1 \\ & -x_1 + x_2 & \leq & -1 \\ & x_1, x_2 & \geq & 0 \end{array}$$

表 11.1 某ハンバーガーショップで販売されている商品の価格と含まれている栄養素，ならびに 1 日に摂取すべき栄養素の上下限

商品名	栄養素							価格
	Cal	Carbo	Protein	VitA	VitC	Calc	Iron	
CQPounder	556	39	30	147	10	221	2.4	360
Big M	556	46	26	97	9	142	2.4	320
FFilet	356	42	14	28	1	76	0.7	270
Chicken	431	45	20	9	2	37	0.9	290
Fries	249	30	3	0	5	7	0.6	190
Milk	138	10	7	80	2	227	0	170
VegJuice	69	17	1	750	2	18	0	100
上限	3000	375	60	750	100	900	7.5	
下限	2000	300	50	500	85	660	6.0	

また，目的関数値が無限に良くなってしまう場合を**非有界** (unbounded) とよぶ．例えば，以下の線形最適化問題は，目的関数値がいくらでも大きい解が存在するので，非有界である（図 11.4(b)）．

$$
\begin{aligned}
\text{maximize} \quad & x_1 + x_2 \\
\text{subject to} \quad & x_1 - x_2 \geq -1 \\
& -x_1 + x_2 \geq -1 \\
& x_1, x_2 \geq 0
\end{aligned}
$$

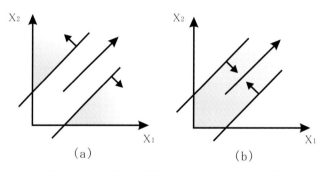

図 11.4 実行不可能ならびに非有界な線形最適化問題の例 (a) 実行不可能 (b) 非有界

上で示した実行不可能な例題を Gurobi/PuLP で定式化すると，以下のようになる．

```
model = Model('lo infeas')
x1 = model.addVar(vtype='C', name ='x1')
x2 = model.addVar(vtype='C', name ='x2')
model.update()
model.addConstr(x1–x2 <= −1)
model.addConstr(x2–x1 <= −1)
model.setObjective(x1 + x2, GRB.MAXIMIZE)
model.optimize()
```

optimize メソッドで最適化を行った後で，いつものように最適値を表示させようとすると，エ

ラー表示が出力される．エラーの原因は，問題が実行不可能なためである．これを避けるためには，最適化した後のモデルの状態を表す属性 Status を見る必要がある．最適解が見つかった場合には，model の Status 属性が定数 GRB.Status.OPTIMAL に設定されるので，以下のようにすればエラーは表示されなくなる．

```
if model.Status == GRB.Status.OPTIMAL:
    print('Opt. Value=', model.ObjVal)
    for v in model.getVars():
        print(v.VarName, v.X)
```

さて，実行不可能な問題に対する現実的な対処法を，栄養問題を用いて解説していこう．古典的な栄養問題は線形最適化問題であるので，半端な数の商品を購入することも許されている．

商品の集合を F（Food の略），栄養素の集合を N（Nutrient の略）とする．栄養素 i の 1 日の摂取量の下限を a_i，上限を b_i とし，商品 j の価格を c_j，商品 j が含んでいる栄養素 i の量を n_{ij} とする．商品 j を購入する個数を非負の実数変数 x_j で表すと，栄養問題は以下のように定式化できる．

$$\begin{aligned}
\text{minimize} \quad & \sum_{j \in F} c_j x_j \\
\text{subject to} \quad & a_i \leq \sum_{j \in F} n_{ij} x_j \leq b_i \quad i \in N \\
& x_j \in \mathbf{R}_+ \quad\quad\quad\quad\quad j \in F
\end{aligned}$$

ここで $\mathbf{R}_+$ は非負の実数全体の集合を表す．

Gurobi/PuLP でモデルを作成するために，以下のように multidict 関数を用いてデータを準備しておく．

```
F, c, n = multidict({
    'CQPounder': [ 360, {'Cal':556, 'Carbo':39, 'Protein':30, 'VitA':147,'VitC': 10, '
        Calc':221, 'Iron':2.4}],
    'Big M'    : [ 320, {'Cal':556, 'Carbo':46, 'Protein':26, 'VitA':97, 'VitC':  9, '
        Calc':142, 'Iron':2.4}],
    'FFilet'   : [ 270, {'Cal':356, 'Carbo':42, 'Protein':14, 'VitA':28, 'VitC':  1, '
        Calc': 76, 'Iron':0.7}],
    'Chicken'  : [ 290, {'Cal':431, 'Carbo':45, 'Protein':20, 'VitA': 9, 'VitC':  2, '
        Calc': 37, 'Iron':0.9}],
    'Fries'    : [ 190, {'Cal':249, 'Carbo':30, 'Protein': 3, 'VitA': 0, 'VitC':  5, '
        Calc':  7, 'Iron':0.6}],
    'Milk'     : [ 170, {'Cal':138, 'Carbo':10, 'Protein': 7, 'VitA':80, 'VitC':  2, '
        Calc':227, 'Iron': 0}],
    'VegJuice' : [ 100, {'Cal': 69, 'Carbo':17, 'Protein': 1, 'VitA':750,'VitC':  2, '
        Calc': 18, 'Iron': 0}]
})
N, a, b = multidict({
    'Cal'     : [ 2000, 3000],
    'Carbo'   : [  300,  375 ],
    'Protein' : [   50,   60 ],
```

```
            'VitA'  : [ 500,  750 ],
            'VitC'  : [  85,  100 ],
            'Calc'  : [ 660,  900 ],
            'Iron'  : [ 6.0,  7.5 ]
          })
```

ここで，Fは商品のリストであり，cは商品の価格，nは商品に含まれる栄養素の量を表す辞書（の辞書）である．例えば，商品 'Milk' の栄養素 'Calc'（カルシウム）の含有量は，n['Milk']['Calc']でアクセスできる．また，Nは栄養素のリスト，aとbはそれぞれ栄養素の下限と上限である．

上のデータを用いて最適化を行うためのモデルは，以下のように構築できる．

コード 11.2 栄養問題

```
model = Model('modern diet')
x = {}
for j in F:
    x[j] = model.addVar(vtype='C', name ='x({0})'.format(j))
model.update()
for i in N:
    model.addConstr(quicksum(n[j][i]*x[j] for j in F) >= a[i],'NutrLB({0})'.format(i))
    model.addConstr(quicksum(n[j][i]*x[j] for j in F) <= b[i],'NutrUB({0})'.format(i))
model.setObjective(quicksum(c[j]*x[j]   for j in F),GRB.MINIMIZE )
```

実行不可能な例で行ったのと同様に，最適化を行った後で，Status属性を用いて判定すると，上の問題例は，実行不可能であることが分かる．実行不可能な場合には，制約条件に無理がある場合が多い．この例題では，政府が推奨する栄養素の量の制約がきつすぎるのである．

制約の逸脱を許すことによって，実行不可能な問題例を実行可能な問題例に変換することができる．GurobiもPuLPも自動的に実行不可能な問題を実行可能にする仕組みを提供しているが，融通が利かない．ここでは，自分でどの制約の逸脱をどの程度許すのかを考えて再定式化を行うことを考える．この方法は万能であり，すべてをユーザーが制御でき，最も推奨される方法である．

一般には，最小限の制約だけ逸脱を許すように設定することを考えるとよい．ここでは，各栄養素ごとに下限と上限の逸脱を許すことにする．

まず，各栄養素 $i \in N$ に対する上限，下限制約を逸脱した量を表す超過 (surplus) 変数 s_i と不足 (deficit) 変数 d_i を導入する．次に，下限を表す制約の左辺から不足変数 d_i を減じ，同様に上限を表す制約の右辺に超過変数 s_i を加えることによって，上下限制約を以下のように変更する．

$$a_i - d_i \leq \sum_{j \in F} n_{ij} x_j \leq b_i + s_i \quad i \in N$$

最後に目的関数に超過ならびに不足量に対するペナルティ項を加える．この際，制約の逸脱を元の問題の費用に対して優先させるためにペナルティにはある程度大きな値を与える．ただし，不必要に大きな値を設定すると数値誤差の問題が発生するので，元の問題の目的関数値より多少大きめに設定する．ペナルティを定数 M としたとき，目的関数を以下のように変更する．

11.4 栄養問題

$$\text{minimize} \quad \sum_{j \in F} c_j x_j + \sum_{i \in N} M(d_i + s_i)$$

制約の逸脱をペナルティとして許した場合の栄養問題のコードは以下のようになる.

コード 11.3 栄養問題（改訂版）

```python
model = Model('revised modern diet')
x,s,d = {},{},{}
for j in F:
    x[j] = model.addVar(vtype='C', name ='x({0})'.format(j))
for i in N:
    s[i] = model.addVar(vtype='C', name ='surplus({0})'.format(i))
    d[i] = model.addVar(vtype='C', name ='deficit({0})'.format(i))
model.update()
for i in N:
    model.addConstr(quicksum(n[j][i]*x[j] for j in F) >= a[i]-d[i], 'NutrLB({0})'.format(
        i))
    model.addConstr(quicksum(n[j][i]*x[j] for j in F) <= b[i]+s[i], 'NutrUB({0})'.format(
        i))
model.setObjective(quicksum(c[j]*x[j]    for j in F)+
                   quicksum(9999*d[i]+9999*s[i]  for i in N), GRB.MINIMIZE )
model.optimize()
status = model.Status
if status == GRB.Status.OPTIMAL:
    print ('Optimal value:',model.ObjVal)
    for j in F:
        if x[j].X > 0:
            print (j,x[j].X)
    for i in N:
        if d[i].X > 0:
            print ('deficit of {0} ={1}'.format(i,d[i].X))
        if s[i].X > 0:
            print ('surplus of {0} ={1}'.format(i,s[i].X))
```

結果は以下のようになる.

```
Fries 10.422665
Milk 2.5154631
VegJuice 0.72910549
CQPounder 0.013155307
deficit of VitC =26.265987
```

上の結果は半端な個数を購入するので現実的ではないが，ビタミン C の摂取量が不足するだけで，まずまず健康な食事をとれることが分かる.

問題 17

あなたは業務用ジュースの販売会社の社長だ．いま，原料のぶどう原液 200 リットルとりんご原液 100 リットルを使って 2 種類のミックスジュース（商品名は A,B）を作ろうと思っている．ジュース A を作るにはぶどう 3 リ

ットルとりんご 1 リットルが必要で，ジュース B を作るにはぶどう 2 リットルとりんご 2 リットルが必要である．（なんとジュースは 4 リットル入りの特大サイズなのだ！）ジュース A は 3 千円，ジュース B は 4 千円の値段をつけた．さて，ジュース A とジュース B をそれぞれ何本作れば，利益が最大になるだろうか？

問題 18
A さんと B さんと C さんがいくらかずつお金を持っている．A さんが B さんに 100 円をわたすとすると，A さんと B さんの所持金が等しくなる．また，B さんが C さんに 300 円わたすと，B さんと C さんの所持金が等しくなる．上の条件を満たす中で，3 人の所持金の和が最小になるものを求めよ．

問題 19
マラソン大会に出場した裕一郎君の証言をもとに，彼がどれくらい休憩していたかを推定せよ．ただし時間はすべて整数でなく実数で測定するものとする．

証言 1: フルマラソンの 42.195 km はきつかったです．でもタイムは 6 時間 40 分と自己ベスト更新です．

証言 2: できるだけ走ろうと頑張りましたが，ときどき歩いたり，休憩をとっていました．

証言 3: 歩いている時間は走ってる時間のちょうど 2 倍でした．

証言 4: 僕の歩く速度は分速 70 メートルで，走る速度は分速 180 メートルです．

問題 20（丼チェーン店長の悩み（改））
あなたは丼チェーンの店長だ．店の主力製品は，トンコケ丼，コケトン丼，ミックス丼，ビーフ丼の 4 種類で，トンコケ丼を 1 杯作るには，200 グラムの豚肉と 100 グラムの鶏肉，コケトン丼を 1 杯作るには，100 グラムの豚肉と 200 グラムの鶏肉，ミックス丼を 1 杯作るには，豚肉，鶏肉，牛肉を 100 グラムずつ，最後のビーフ丼は，牛肉だけを 300 グラム使う．ただし，ビーフ丼は限定商品のため 1 日 10 杯しか作れない．原料として使用できる豚，鶏，牛の肉は，最大 1 日当り 9 キログラム，9 キログラム，6 キログラムで，販売価格は，トンコケ丼 1 杯 1500 円，コケトン丼 1 杯 1800 円，ミックス丼 1 杯 2000 円，そしてビーフ丼は 5000 円だ．さて，お店の利益を最大にするためには，あなたは丼を何杯ずつ作るように指示を出せばよいのだろうか？

問題 21（双対性 1）
上の丼チェーン店長の悩み（改）問題において，豚肉，鶏肉，牛肉の 100 グラムあたりの価値はいくらになるか計算せよ．

問題 22（鶴亀蛸キメラ算）
鶴と亀と蛸とキメラ[1]が何匹ずつかいる．頭の数を足すと 32，足の数を足すと 99 になる．キメラの頭の数は 2，足の数は 3 としたときに，鶴と亀と蛸の数の和を一番小さくするような匹数を求めよ．

問題 23（倉庫経由の輸送問題）
あなたは，スポーツ用品販売チェーンのオーナーだ．あなたは，店舗展開をしている 5 つの顧客（需要地点）に対して，3 つの自社工場で生産した 1 種類の製品を運ぶ必要がある．工場の生産可能量（容量）と顧客の需要量は表 11.2 のようになっている．ただし，工場から顧客へ製品を輸送する際は必ず 2 箇所の倉庫のいずれかを経由しなければならない．工場と倉庫間，倉庫と顧客間の輸送費用は，表 11.3 のようになっているとしたとき，どのような輸送経路を選択すれば，総費用が最小になるであろうか？

---
[1] 伝説に出てくる空想生物．

11.4 栄養問題

表 11.2 工場の生産可能量と顧客の需要量

工場生産可能容量			顧需要客				
1	2	3	1	2	3	4	5
500	500	500	80	270	250	160	180

表 11.3 工場から倉庫と倉庫から顧客までの輸送費用

倉庫	工場			顧客				
	1	2	3	1	2	3	4	5
1	1	2	3	4	5	6	8	10
2	3	1	2	6	4	3	5	8

問題 24（双対性 2）
上の輸送問題において，各顧客の追加注文は 1 単位当りいくらの費用の増加をもたらすのか，双対性の概念を用いて計算せよ．また，費用削減のためには，どの工場を拡張すればよいかを，やはり双対性を用いて考えよ．

問題 25（実行不可能性）
上の輸送問題において，各顧客の需要がすべて 2 倍になった場合を考えよ．この問題は実行不可能になるので，それを回避する定式化を示せ．
ヒント：工場容量の逸脱を許すか，顧客需要の不足を許す定式化を考えればよい．

問題 26（混合戦略）
サッカーの PK（ペナルティキック）の最適戦略を考える．いま，ゴールキーパーは（キッカーから見て）左に飛ぶか右に飛ぶかの 2 つの戦略を持っており，キッカーは左に蹴るか右に蹴るかの 2 つの戦略を持っているものとする．得点が入る確率は，両選手の得意・不得意から以下のような確率になっているものとする（行がキーパーで，列がキッカーの戦略である）．

	左	右
左	0.9	0.5
右	0.6	0.8

キーパーは得点が入る確率を最小化したいし，キッカーは得点が入る確率を最大化したい．さて，両選手はどのような行動をとればよいだろうか？
ヒント：これは，ゼロ和ゲームの混合戦略を求める問題となり，確率的な行動をとることが最適戦略となる．キーパーが左に行く確率を変数 L，右に行く確率を変数 R として線形最適化問題として定式化を行う．キーパーのキッカーの戦略を（例えば左に）固定した場合には，ゲームの値（お互いが最適戦略をとったときにゴールが決まる確率）V は，

$$V \leq 0.9L + 0.6R$$

を満たす．キーパーはなるべく V が小さくなるように変数を決め，キッカーは V の値を最大化する．

問題 27
上の問題において，キッカーの戦略を変数として定式化を行い求解せよ．元の（キーパーの戦略を変数とした）問題の最適双対変数が，この問題の最適解になっていることを確認せよ．

11.5 論理条件の定式化

本節では，0-1の整数変数を用いて，様々な論理条件を定式化する方法を簡単な例題を通して示す．

11.5.1 離接制約

実際問題を扱う際に，2本の制約の何れかが満たされていなければならないという条件がしばしば現れる．これを**離接制約** (disjunctive constraint) とよぶ．

例として

$$2x_1 + x_2 \leq 30, \quad x_1 + 2x_2 \leq 30$$

の2本の制約の何れかが成立するという条件を考えよう．この条件が表す領域は，図 11.5 (a) のように非凸になる．これは，非常に大きな数 M と 0-1 変数 y を用いて，

$$2x_1 + x_2 \leq 30 + My, \quad x_1 + 2x_2 \leq 30 + M(1-y)$$

と書くことができる．つまり，$y=0$ の場合には最初の式が有効になり，2番目の式は右辺が非常に大きな数になるので無視され，逆に $y=1$ の場合には2番目の式が有効になり，最初の式は右辺が非常に大きな数になるので無視されるのである．

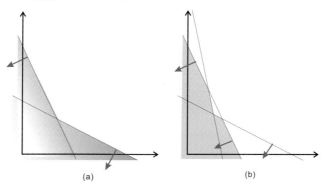

図 11.5 離接制約の参考図 (a) $2x_1 + x_2 \leq 30$ もしくは $x_1 + 2x_2 \leq 30$ (b) $2x_1 + x_2 \leq 30, x_1 + 2x_2 \leq 30, 5x_1 + x_2 \leq 50$ のうち少なくとも 2 本が成立

3本の制約でも同じである．例えば，

$$2x_1 + x_2 \leq 30, \quad x_1 + 2x_2 \leq 30, \quad 5x_1 + x_2 \leq 50$$

の3本の制約の何れかが成立するという条件は，3つの 0-1 変数 y_1, y_2, y_3 を用いて，

$$2x_1 + x_2 \leq 30 + M(1-y_1), \quad x_1 + 2x_2 \leq 30 + M(1-y_2), \quad 5x_1 + x_2 \leq 50 + M(1-y_3)$$

$$y_1 + y_2 + y_3 \geq 1$$

とすればよい．上の式は2本の場合と同じように，$y_i (i=1,2,3)$ が1のときに対応する式が成立する．下の式は何れかの y_i が1になることを規定する．

また，3本の制約のうち少なくとも2本の制約が成立することを表したい場合には，下の制約を以下のように変更すればよい．

$$y_1 + y_2 + y_3 \geq 2$$

この条件が表す領域は，図 11.5 (b) のようになる．

11.5.2 if A then B 条件

離接制約は，様々な論理条件を表す際にも用いることができる．例えば，「制約 A が成立している場合には，制約 B も成立しなければならない」という条件は，以下に示すように離接制約を用いて表現できる．「制約 A が成立している場合には，制約 B も成立しなければならない (if A then B)」は，A が成立している場合には B が真でなければならず，A が成立していないときには B は真でなくてもよいので，NOT A or B と同値である．if A then B と NOT A or B が同値であることは，以下の真偽表をみれば理解できるだろう．

A	B	if A then B	NOT A	NOT A or B
偽	偽	真	真	真
偽	真	真	真	真
真	偽	偽	偽	偽
真	真	真	偽	真

つまり，if A then B の条件は，A を表す制約を逆にした制約 (NOT A) と B を表す制約の離接制約 (or) によって表現できる．例として，

$$\text{if } x_1 + x_2 \leq 10 \text{ then } x_1 \leq 5$$

を考えよう．この条件が表す領域は，図 11.6 のように非凸になる．この条件は，

$$x_1 + x_2 > 10 \quad \text{or} \quad x_1 \leq 5$$

と同値であるので，0-1 変数 y と大きな数 M を用いて離接制約として表現すると，

$$x_1 + x_2 > 10 - My, \quad x_1 \leq 5 + M(1-y)$$

と書くことができる．

ここで問題になるのは $x_1 + x_2 = 10$ の場合である．これは A の条件を満たすので，B の条件 ($x_1 \leq 5$) を満たさなければならない．しかし，一般に数理最適化ソルバーでは，より大きい ($>$) と以上 ($\geq$) の制約を区別しないので，$x_1 + x_2 > 10$ は $x_1 + x_2 \geq 10$ と同値である．したがって，$y = 0$ となり $x_1 \leq 5$ の制約は破ってもよいことになる．

これを避けるためには，微少な値 $\epsilon > 0$ を用いて，

$$x_1 + x_2 \geq 10 + \epsilon - My$$

とすればよいが，ϵ の設定が難しい．x_1, x_2 が整数の値をとることが分かっていれば，$\epsilon = 1$ として，制約

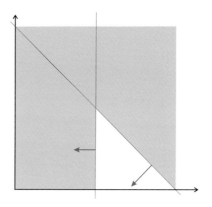

図 11.6 if $x_1 + x_2 \leq 10$ then $x_1 \leq 5$ が表す領域

$$x_1 + x_2 \geq 11 - My$$

を用いることができる．

11.5.3 最大値の最小化

実数変数 x_1, x_2 に対する 2 つの線形関数 $3x_1 + 4x_2$ と $2x_1 + 7x_2$ の大きい方を小さくしたい場合を考える．これは最大値の最小化問題であり，新しい実数変数 z を導入し，

$$3x_1 + 4x_2 \leq z, \quad 2x_1 + 7x_2 \leq z$$

の制約を加えた後で，z を最小化することによって，通常の線形最適化に帰着できる．これは，制約が何本あっても同じである．また，最大値の最小化も同様に定式化できる．

整数変数に対する線形式に対しては，「最大値の最小化」をしたいときに上のアプローチをとることは推奨されない．（小規模な問題例は別である．）これは，混合整数最適化ソルバーで用いている分枝限定法が，このタイプの制約に対して弱く，限界値の改善が難しいためである．

最小値の最小化はさらにやっかいである．最大値の最小化の場合と同様に，新しい実数変数 z を導入し，今度は最小値と一致するように以下の制約を加える．

$$3x_1 + 4x_2 \geq z, \quad 2x_1 + 7x_2 \geq z$$

これらの制約だけで z を最小化すると目的関数値は $-\infty$ になる．これを避けるためには，上の制約において，左辺の小さい方と z が等しくなるという条件が必要になる．大きな数 M と 0-1 変数 y を用いると，この条件は以下の制約で記述することができる．

$$3x_1 + 4x_2 \leq z - My, \quad 2x_1 + 7x_2 \leq z - M(1-y)$$

$y = 0$ のときには，左側の制約だけが意味をもち，$3x_1 + 4x_2 \leq z$ となる．これを元の制約 $3x_1 + 4x_2 \geq z$ と合わせることによって，$3x_1 + 4x_2 = z$ を得る．$y = 1$ のときには，右側の制約だけが意味をもち，$2x_1 + 7x_2 \leq z$ となる．これを元の制約 $2x_1 + 7x_2 \geq z$ と合わせることによって $2x_1 + 7x_2 = z$ を得る．

一般に m 本の線形関数

$$\sum_j a_{ij} x_j, \quad i=1,2,\ldots,m$$

の最小値を最小化したい場合には，m 個の0-1変数 $y_i (i=1,2,\ldots,m)$ を用いて以下のように定式化すればよい．

$$\sum_j a_{ij} x_j \geq z, \quad i=1,2,\ldots,m$$

$$\sum_j a_{ij} x_j \leq b_i - M(1-y_i), \quad i=1,2,\ldots,m$$

$$\sum_i y_i = 1$$

$y_i = 1$ となる不等式制約は，必ず等号が成立するので，最小値の最小化が実現できる．最大値の最大化も同様に定式化できる．

11.5.4 絶対値

実数変数 x の絶対値 $|x|$ を「最小化」したいという要求は実務でしばしば現れる．「最小化」なら，変数を1つ追加するだけで処理できる．まず，$|x|$ を表す新しい変数 z を追加し，$z \geq x$ と $z \geq -x$ の2つの制約を追加する．z を最小化すると，x が非負のときには $z \geq x$ の制約が効いて，x が負のときには $z \geq -x$ の制約が効いてくるので，z は $|x|$ と一致する．

別の方法もある．この方法は，後述するように絶対値の「最大化」にも拡張できる．2つの新しい非負の実数変数 y と z を導入する．まず，変数 x を $x = y - z$ と2つの非負条件をもつ実数変数の差として記述する．x の絶対値 $|x|$ を $y + z$ と記述すると，$y \geq 0, z \geq 0$ の制約が付加されているので，x が負のときには z が正（このとき y は0）となり，x が正のときには y が正（このとき z は0）になる．つまり，定式化内の x をすべて $y - z$ で置き換え，最小化したい目的関数内の $|x|$ をすべて $y + z$ で置き換えればよい．

絶対値を「最大化」したい場合には，y と z のいずれか一方だけを正にすることができるという制約が必要になる．そのためには，大きな数 M と0-1変数 ξ を使い，以下の制約を付加する．

$$y \leq M\xi$$
$$z \leq M(1-\xi)$$

変数 ξ が1のときには，y が正になることができ，0のときには z が正になることができる．

11.5.5 半連続変数

実数変数 x が0もしくは $[LB, UB]$ の範囲の値をとるとき，この変数は**半連続変数** (semi-continuous variable) とよばれる．これは，0-1変数 y を用いて

$$LBy \leq x \leq UBy$$

とすることによって表現できる．y が1のときには，x は $[LB, UB]$ の範囲の値をとることができ，y が0のときには0に固定される．

問題 28

256 ページの多制約 0-1 ナップサック（クマさん泥棒）問題の例題に対して，以下の付加条件をつけた問題を定式化して解を求めよ．

1. 極小クマと大クマは仲が悪いので，同時に持って逃げてはいけない．
2. 極小クマは小クマが好きなので，極小クマを持って逃げるときには必ず小クマももって逃げなければならない．
3. 極小クマ，小クマ，中クマのうち，少なくとも 2 つは持って逃げなければならない．

問題 29（スーパー配置問題）

2 次元の格子上にある 4 つの点 $(0,1), (2,0), (3,3), (1,3)$ に住んでいる人たちが，最もアクセスが良くなる地点にスーパーを配置しようと考えている．格子上での移動時間が，x 座標の差と y 座標の差の和で与えられるとしたとき，最適なスーパーの位置を求めよ．

ヒント：スーパーの位置を X, Y としたとき，(例えば) 点 $(1,3)$ からの距離は，$|X - 1| + |Y - 3|$ と絶対値を用いて計算できる．

問題 30（消防署配置問題）

上と同じ地点に住む人たちが，今度は消防署を作ろうと考えている．最も消防署から遠い地点に住む人への移動時間を最小にするには，どこに消防署を配置すればよいだろうか？

表 11.4 丼チェーン店の価格改定候補

候補	トンコケ	コケトン	ミックス
1	1500	1800	3000
2	1800	2200	2900
3	1300	1700	3300

問題 31（最大値の最大化）

248 ページの丼チェーン店の例題において，店長は新たに 3 通りの値段改定を考えている（表 11.4）．どの価格の組合せでもすべての商品を売り切ることができると仮定したときに，利益を最大にするには，どの組合せを選択するのがよいだろうか？ 3 通りの問題を解くのではなく，最大値を最大化することによる定式化によって問題を解決せよ．

問題 32（正直族，嘘つき族と狼男 1）

ある島には正直族と嘘つき族とよばれる 2 種類の人たちが仲良く住んでいる．正直族は必ず本当のことを言い，嘘つき族は必ず嘘をつく．またこの島には，夜になると狼に変身して人を襲う狼男が紛れ込んでいる．狼男もこの島の住民なので，正直族か嘘つき族の何れかに属する．あなたは，この島の人たちが狼男なのかの調査を依頼された．3 人のうち 1 人が狼男であることが分かっている．A,B,C の 3 人組への証言は以下の通りである．

A：「わたしは狼男です．」

B：「わたしも狼男です．」

C：「わたしたちの中の高々 1 人が正直族です．」

さて，狼男は誰か？また誰が正直族で誰が嘘つき族か？

問題 33（正直族，嘘つき族と狼男 2）

同じ島でまた別の 3 人組 A,B,C の証言を得た．

A：「わたしたちの中の少なくとも 1 人が嘘つき族です．」

B:「C さんは正直族です．」

この 3 人組も彼らのうちの 1 人が狼男で，彼は正直族であることが分かっているとき，狼男は誰か？また誰が正直族で誰が嘘つき族か？

問題 34（座席割当問題）

7 組の家族がみんなで食事会をしようと考えている．4 人がけのテーブルが 7 卓であり，親睦を深めるために，同じ家族の人たちは同じテーブルに座らないようにしたい．家族の構成は以下の通りとしたとき，各テーブルの男女比をなるべく均等にする（女性と平均人数との差の絶対値の和を最小化する）座り方を求めよ．ただし，女性には (F) の記号を付してある．

磯野家: 波平，フネ (F)，カツオ，ワカメ (F)

バカボン家: バカボンパパ，バカボンママ (F)，バカボン，ハジメ

野原家: ひろし，みさえ (F)，しんのすけ，ひまわり (F)

のび家: のび助，玉子 (F)，のび太

星家: 一徹，明子 (F)，飛雄馬

レイ家: テム，カマリア (F)，アムロ

ザビ家: デギン，ナルス (F)，ギレン，キシリア (F)，サスロ，ドズル，ガルマ

11.6 非線形最適化

非線形最適化については，すでに SciPy の optimization サブモジュール（6.1 節）で述べたが，ここではラッパーモジュール myopenopt を経由して OpenOpt を用いる方法について解説する．

まず，無制約の問題の例として，6.1 節で用いた **Rosenbrock 関数** (Rosenbrock function) を最小化してみよう．

Rosenbrock 関数

$$f(x_1, x_2, \ldots, x_n) = \sum_{i=1}^{n-1}(100(x_i^2 - x_{i+1})^2 + (1 - x_i)^2)$$

は，

$$-2.048 \leq x_i \leq 2.048, \quad i = 1, 2, \ldots, n$$

で定義され，最適値は 0，最適解は $x_i = 1 (i = 1, 2, \ldots, n)$ であることが知られている．

線形最適化の場合と同様に，最初に行うことは myopenopt モジュールを import することである．

```
from myopenopt import *
```

myopenopt は Gurobi の Python インターフェイスとほぼ同じ文法で OpenOpt モジュールを使用できるようにするためのラッパーモジュールである．定式化の方法は線形最適化の場合とほぼ同じであり，変数を宣言した後で，目的関数を設定する．

```
1  model=Model(name='Resenbrock')
2  n=5
3  x={}
4  for i in range(n):
5      x[i]=model.addVar(name='x{0}'.format(i), init =3.0 )
6  model.setObjective( sum( 100*(x[i]**2-x[i+1])**2 + (1-x[i])**2 for i in range(n-1)),GRB.MINIMIZE )
```

OpenOpt では，Gurobi のように update を行う必要はない．また，5 行目で変数をモデルに追加する際に，引数 init で初期値を設定していることに注意されたい．非線形最適化問題では，与えられた初期値から（局所的）最適解を探索する手法が主に用いられるので，初期解を与えることが必要になる．この引数は省略できるが，その場合には変数の初期値はすべて 0.0 に設定される．

念のためモデルを print 関数で書き出してみる．

print(model)

すると，以下の出力が得られる．

```
Problem Name=Resenbrock
minimize  100*((x[0]^2 -  x[1])^2) + (- x[0] + 1)^2 + 100*((x[1]^2 -  x[2])^2) +
         (- x[1] + 1)^2 +
         100*((x[2]^2 -  x[3])^2) + (- x[2] + 1)^2 + 100*((x[3]^2 -  x[4])^2) +
         (- x[3] + 1)^2
```

ベキ乗が Python の演算子 ** でなく，数学者ならびに LaTeX ユーザーが慣れ親しんでいるベキ乗演算子 ^ で記述されていることに注意されたい．

最適化を行う際には，optimize メソッドを用いる．最適化は OpenOpt の既定値のソルバーで

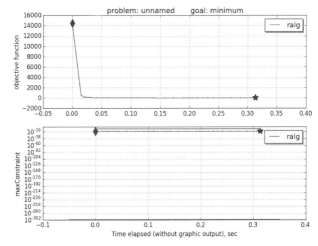

図 11.7 Rosenbrock 関数の最小化の過程（上が目的関数値の変化，下が制約の逸脱量であるが，この問題例は無制約であるので無視してよい．）

ある ralg によって行われる．その際，引数 plot を True にすると，探索の途中経過が matplotlib の図オブジェクトとして出力される（図 11.7）．

```
result = model.optimize(plot=True)
for v in model.getVars():
    print(v.VarName,v.X)
```

上のプログラムを実行した結果は，以下のようになる．

```
------------------------ OpenOpt 0.5501 ------------------------
solver: ralg   problem: unnamed    type: NLP   goal: minimum
 iter    objFunVal    log10(maxResidual)
    0    1.442e+04         -100.00
   10    4.678e+01         -100.00
   20    1.181e-01         -100.00
   30    4.780e-03         -100.00
   40    4.019e-04         -100.00
   50    8.077e-06         -100.00
   58    3.415e-07         -100.00
istop: 4 (|| F[k] - F[k-1] || < ftol)
Solver:   Time Elapsed = 0.27   CPU Time Elapsed = 0.27436241705132747
Plotting: Time Elapsed = 1.27   CPU Time Elapsed = 1.2556375829486726
objFunValue: 3.4150106e-07 (feasible, MaxResidual = 0)

x[0] 1.00000791776
x[1] 1.00003710501
x[2] 1.00004699024
x[3] 1.00013621119
x[4] 1.00028715063
```

次に，無制約の問題の例として，6.1 節で用いた Weber 問題を解いてみよう．

Weber 問題の例題は，以下のように定式化されていた．

$$\begin{aligned}\text{minimize} \quad & \sum_{i \in H} w_i \sqrt{(x_i - X)^2 + (y_i - Y)^2} \\ \text{subject to} \quad & (50 - X)^2 + (50 - Y)^2 \geq 40^2\end{aligned}$$

これを myopenopt モジュールを用いて求解するコードは，以下のようになる．

```
from myopenopt import *
n = 7
I = range(1,n+1)
x = {1: 24, 2: 60, 3: 1, 4: 23, 5: 84, 6: 15, 7: 52}
```

```
y = {1: 54, 2: 63, 3: 84, 4: 100, 5: 48, 6: 64, 7: 74}
w = {1: 2, 2: 1, 3: 2, 4: 3, 5: 4, 6: 5, 7: 4}
model = Model()
X = model.addVar(name ='X')
Y = model.addVar(name ='Y')
model.addConstr( (X–50)**2+(Y–50)**2>=1600 )
model.setObjective(sum( w[i]* sqrt( (x[i]–X)**2 +(y[i]–Y)**2 )  for i in I),GRB.MINIMIZE
    )
result = model.optimize(plot=True)
print('Result=',model.Status)
for v in model.getVars():
    print(v.VarName,v.X)
```

上のプログラムを実行した結果は，以下のようになる．

Result= || X[k] - X[k-1] || < xtol

X 16.5375106626

Y 71.9148765872

問題 35

A 町から B 町までは 4 本の道が通っている．これらの道は交わることなく 2 つの町を繋いでいるのだが，それぞれ移動時間と交通容量が異なっている．各道の移動時間は，基本移動時間（台数 0 のときの移動時間），交通容量と通過する車の台数 x に対する非線形関数になっており，以下の式で得られるものとする．

$$\text{移動時間} = \text{基本移動時間} \times \left(1 + \left(\frac{\text{台数}}{\text{交通容量}}\right)^4\right)$$

調査の結果，表 11.5 のようなデータが得られたとき，5000 台の車が移動する総時間を最小化するには，どのように車を道に割り振ったらよいだろうか？またそのとき，道ごとの移動時間はどのようになっているだろうか？また，通過する車の台数が増えたときにはどのようになるだろうか？

表 11.5 基本移動時間と交通容量

道	基本移動時間	交通容量
1	15	1000
2	20	2000
3	30	3000
4	35	4000

問題 36

あなたの町に新しく 2 つの学校を作ろうと考えている．現在の学区は 5 つに分かれており，その中心位置と学生数は表 11.6 のようになっている．学生たちの歩く距離の合計を最小にするように新しい学校の位置と学生の学校への割当を決めたい．学区の中心から学校までの距離は Euclid 距離で測定し，それに学生数を乗じた値が歩く距離だとすると，平面上のどこに学校を作ればよいだろうか？また各学区内の学生をどの学校に割り当てればよいだろうか？

注意：
これは非凸関数の最適化問題である．したがって，適切な初期解を与えないと妥当な解が得られない可能性がある．

11.6 非線形最適化

表 11.6 学区の中心位置と学生数

学区	x 座標	y 座標	人数
1	0	0	40
2	0	100	40
3	100	0	40
4	100	100	40
5	50	50	40

問題 37（ポートフォリオ最適化）

100 万円のお金を 5 つの株に分散投資したいと考えている．株の価格は，現在はすべて 1 株当り 1 円だが，証券アナリストの報告によると，それらの株の 1 年後の価格と標準偏差はそれぞれ表 11.7 のように確率的に変動すると予測されている．目的は 1 年後の資産価値を最大化することである．しかしながら，よく知られているように，1 つの株式に集中投資するのは危険であり，大損をすることがある．期待利回りを 5% 以上としたとき，標準偏差の 2 乗和を最小にするように投資するにはどうすればよいだろうか？

表 11.7 各株式の 1 年後の価格の期待値と分散

株式	1	2	3	4	5
期待値 (r_i)	1.01	1.05	1.08	1.10	1.20
標準偏差 (σ_i)	0.07	0.09	0.1	0.2	0.3

問題 38（経済発注量問題）

以下の仮定に基づく**経済発注量問題** (economic lot sizing problem) を考える．

1. 品目（商品，製品）は一定のスピードで消費されており，その使用量（これを需要量とよぶ）は 1 日当り $d\ (>0))$ 単位である．

2. 品目の品切れは許さない．

3. 品目は発注を行うと同時に調達される．言い換えれば発注リード時間（注文してから品目が到着するまでの時間）は 0 である．

4. 発注の際には，発注量によらない固定的な費用（これを発注費用とよぶ）$F\ (>0)$ 円が課せられる．

5. 在庫保管費用は保管されている在庫量に比例してかかり，品目 1 個当りの保管費用は 1 日で $h\ (>0)$ 円とする．

6. 考慮する期間は無限期間とする．

7. 初期在庫は 0 とする．

最適方策は周期的に発注を繰り返すことを示すことができる．発注間隔を T としたとき，1 日当りの平均費用は以下のようになる．

$$\frac{F}{T} + \frac{hdT}{2}$$

発注固定費用 $F = 300$，在庫費用 $h = 1$，需要量 $d = 100$ としたとき，費用を最小にする発注間隔を求めよ．

第12章 ネットワークモジュール NetworkX

NetworkX は，Python 言語で使用可能なグラフ・ネットワーク関連のモジュールの事実上の標準モジュールである．NetworkX の本体は http://networkx.github.io/ からダウンロードできるが，グラフの描画には matplotlib を利用するので，前もってインストールしておく必要がある（Anaconda には両方とも標準で含まれている）．ライセンス形態は BSD であるので，ビジネスにも利用可能である．

本章では，NetworkX の基本的な使用方法について解説する．

以下の構成は次の通り．

12.1 節では，グラフとネットワークの基本について述べる．
12.2 節では，グラフの生成法について解説する．
12.3 節では，グラフに点や枝を追加する方法について述べる．
12.4 節では，点と枝に関する情報にアクセスする方法について述べる．
12.5 節では，グラフの描画方法を解説する．
12.6 節では，グラフに対する基本操作について述べる．
12.7 節では，グラフに関連した行列について述べる．
12.8 節では，NetworkX に含まれる様々なアルゴリズムについて解説する．

12.1 グラフ理論の基本

応用数学者たちが発明した「グラフ」は，現実の問題を分かりやすく表すのに非常に便利な道具である．現実の問題を「グラフ」とよばれる抽象概念に変換すると，見通しが良くなるのと同時に，既存のアルゴリズムが利用できるようになる．例えば，道路の地図，地下鉄の路線図，水道管網，友人関係，インターネットのリンク関係など，ありとあらゆるものがグラフとして表現できる．

グラフの概念を説明するために簡単な例から始めよう．

> あなたは日本の首相に任命された．初仕事として世界の平和のため 6 人のお友達から何人か選んで一緒にピクニックに行こうと思っている．しかし，図 12.1 (a) で線で結んである人同士はとても仲が悪く，彼（彼女）等が一緒にピクニックに行くとせっかくの楽しいピクニックが台無しになってしまう．なるべくたくさんの仲間でピクニックに行くには誰を誘えばいいんだろう？

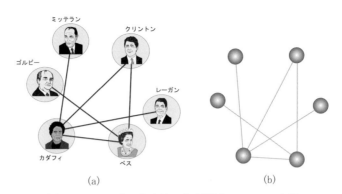

図 12.1 (a) 6 人のお友達の友人関係 (b) グラフ表現

この現実（？）問題を「グラフ」に置き直して考えていこう．ここでグラフとは，「点」と「枝」から構成される抽象概念である．例として図 12.1 (a) の友人関係をグラフで表現してみよう．

あなたには 6 人の友達がいる．まず，友達の顔写真を丸で囲んでおく．グラフ理論では，この丸のことを**点** (node, vertex, point) とよぶ．世の中の常として，友達たちには仲良し同士もいるし，仲が悪い同士もいる．複雑な友人関係を整理するために，仲の悪い者同士を線で結んでみよう．グラフ理論では，この線のことを**枝** (edge, arc, link) とよぶ．この点と枝をあわせて描画すると，友人関係が大変わかりやすくなる．これが**グラフ** (graph) である．友人関係をグラフで記述すると，図 12.1 (b) のようになる．

友達全体の集合を**点集合** (node set, vertex set) とよび，V と記す[1]．仲の悪い友達のペアを表した線の集合を**枝集合** (edge set, arc set) とよび，E と記す．グラフは点集合 V と枝集合 E から構成されるので，$G = (V, E)$ と記される．点集合の要素を $u, v (\in V)$ などの記号で表す．枝集合の要素を $e (\in E)$ と表す．2 点間に複数の枝がない場合には，両端点 u, v を決めれば一意に枝が定まるので，枝を両端にある点の組として (u, v) もしくは uv と表すことができる．

枝の両方の端にある点は，互いに**隣接** (adjacent) しているとよばれる．例えば，図 12.1 のグラフにおいては，レーガンはカダフィに隣接している．また，枝は両端の点に**接続** (incident) しているとよばれる．

点に接続する枝の本数を**次数** (degree) とよぶ．友人関係を表すグラフにおいては，仲の悪い人の数が次数になる．例えば，ベスはクリントンとゴルビーとカダフィの 3 人と仲が悪いので，ベスを表す点の次数は 3 になる．

日本の首相が悩んでいるのは，どのお友達をピクニックに誘うかであった．誘う友達は友達全体の部分集合であるので，これを $S (\subseteq V)$ と書く．仲の悪い者同士が S に含まれていないことを保証するためには，すべての点 $u, v \in S$ に対して，枝 $(u, v) \notin E$ となっていればよい．この条件を満たす点の部分集合を**安定集合** (stable set) とよぶ．

首相の問題は，一般に安定集合問題とよばれ，グラフを用いて以下のように定義される．

最大安定集合問題 (maximum stable set problem)

点の集合 V，枝の集合 E から構成されるグラフ $G = (V, E)$ が与えられたとき，$|S|$ が最大になる安

---

[1] NetworkX では点を "node" とよんでいるが，通常は "vertex" とよばれるので，ここでは点集合を V と記すことにする．

定集合 $S(\subseteq V)$ を求めよ．

最適解はグラフを眺めれば簡単に分かり，ゴルビー，ミッテラン，クリントン，レーガンの 4 人を誘えば，喧嘩をすることなく最大人数でピクニックに行けることになる．

枝に「向き」をつけたグラフを**有向グラフ** (directed graph, digraph) とよび，有向グラフの枝を**有向枝** (directed edge, arc, link) とよぶ．一方，通常の（枝に向きをつけない）グラフであることを強調したいときには，グラフを**無向グラフ** (undirected graph) とよぶ．道路網のグラフ表現は，一見すると無向グラフで十分なような気がするが，一方通行や向きによって移動時間が異なることをきちんと表すためには有向グラフが必要となる．点 u から点 v に向かう有向枝 $(u,v) \in E$ に対して，u を枝の**尾** (tail) もしくは始点，v を枝の**頭** (head) もしくは終点とよぶ（図 12.2）．また，点 v を u の**後続点** (successor)，点 u を v の**先行点** (predecessor) とよぶ．

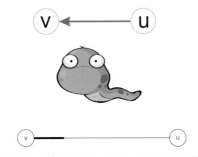

図 12.2　有向枝と蛇と NetworkX による描画

ネットワーク (network) とは，有向グラフに枝上を流れる「もの」（フロー）を付加した概念である．ネットワーク上の最適化理論は 1950 年代にはじまり，その実務的な重要性と理論的な美しさから，急速に発展した分野である．

種々のネットワーク問題に対するアルゴリズムは，有向グラフを想定して設計される．これは，無向グラフ上の問題を解きたいときには，無向グラフ $G = (V, E)$ の枝 $(u,v) \in E$ に対して 2 本の有向枝 $(u,v), (v,u)$ をはることによって有向グラフに変形し，有向グラフに対するアルゴリズムを適用すればよいからである．しかし，無向グラフの特徴を生かして，上の変形を経ずに効率的なアルゴリズムが設計できる場合もあることを付記しておく．

12.2　グラフの生成

上述したようにグラフは大きく無向グラフと有向グラフに分けられる．簡単に言うと，無向グラフは向きをもたないグラフであり，有向グラフは向きをもつグラフである．NetworkX では，さらに多重枝（両端点が同じだが異なる枝）がある場合とない場合に分類してグラフを生成する．なお，自己閉路（同じ点同士を結ぶ枝）も多重枝の 1 つと定義される．多重枝を許したグラフを特に**多重グラフ** (multiple graph, multigraph) とよぶ．空のグラフ（点も枝もない状態のグラフ）は，以下の 4 つの方法で生成される（図 12.3）．

`G = Graph` は（自己閉路を含まない）空の無向グラフ G を生成する．

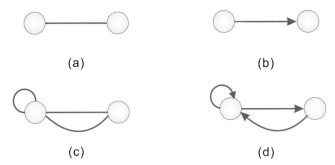

図 12.3　NetworkX で扱う 4 種類のグラフ (a) 自己閉路を含まない無向グラフ (b) 自己閉路を含まない有向グラフ (c) 多重無向グラフ (d) 多重有向グラフ

コード 12.1　空の無向グラフの生成

```
import networkx as nx
G = nx.Graph()
```

上のコードでは，モジュール networkx を nx という名前（別名）で読み込み（import し），グラフクラス Graph を引数なしでよび出すことによって空の無向グラフのインスタンス G を生成している．以下では，上のようにしてグラフインスタンス G は生成してあるものとしてコードの例を記述する場合があることを注意しておく．

G = DiGraph は（自己閉路を含まない）空の有向グラフ G を生成する．

G = MultiGraph は空の多重無向グラフ G を生成する．

G = MultiDiGraph は空の多重有向グラフ G を生成する．

空でない様々なグラフも生成できる．代表的なグラフとして以下のものがある．

古典的な定型グラフ（図 12.4）：

path_graph(n) は点数 n のパス型グラフを生成する．ここで**パス** (path) とは，点とそれに接続する枝が交互に並んだものである．同じ点を通過しないパスを，特に**単純パス** (simple path) とよぶ．**パス型グラフ** (path graph) とは，単純パスから構成されるグラフである．

cycle_graph(n) は点数 n の単純閉路グラフを生成する．ここで**閉路** (circuit) とは，パスの最初の点（始点）と最後の点（終点）が同じ点であるグラフである．同じ点を通過しない閉路を，特に**単純閉路** (cycle) とよぶ．**単純閉路グラフ** (cycle graph) とは，1 つの単純閉路から構成されるグラフである．

balanced_tree(r,h) は高さが h の完全 r-分木を生成する．ここで高さ h の**完全 r 分木** (complete r-ary tree) とは，**根** (root) と名付けられた 1 つの点から r 個の**子** (child) 点へ枝をはり，各子点も再び r 個の子点へ枝をはるという操作を繰り返し行い，全体として h 世代の子孫を作成した木（閉路をもたない連結グラフ）である．最後の世代の点は子をもたず，これらは**葉** (leaf) 点とよばれる．

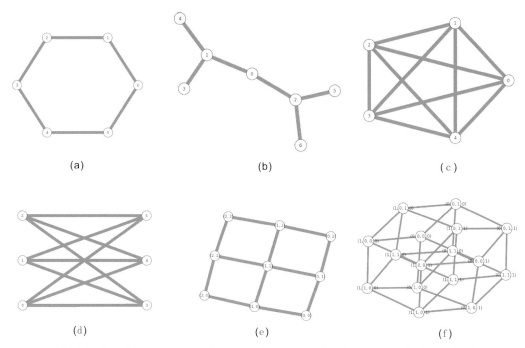

図 12.4 代表的な定型グラフ (a) 点数 6 の単純閉路グラフ (b) 高さ 2 の完全 2 分木 (c) 点数 5 の完全グラフ (d) $n=3, m=3$ の完全 2 部グラフ (e) 3×3 の格子グラフ (f) 4 次元の超立方体グラフ

complete_graph(n) は点数 n の完全グラフを生成する．ここで**完全グラフ** (complete graph) とは，すべての点間に枝があるグラフである．

complete_bipartite_graph(n,m) は第 1 の集合に含まれる点数が n 個，第 2 の集合に含まれる点数が m 個の完全 2 部グラフを生成する．ここで**完全 2 部グラフ** (complete bipartite graph) とは，点集合を 2 つの部分集合に分割して，（各集合内の点同士の間には枝をはらず；これが 2 部グラフの条件である）異なる点集合に含まれるすべての点間に枝をはったグラフである．

star_graph(n) は点数 n の星型グラフを生成する．ここで**星型グラフ** (star graph) とは，完全 2 部グラフにおいて片側の点集合が 1 つの点からなるグラフである．1 つの点を中心に配置し，その他の点を円上に配置すると星のように見えることから，この名が付けられた．

grid_2d_graph(n,m) は $n \times m$ の格子グラフを生成する．ここで $n \times m$ の**格子グラフ** (grid graph, lattice graph, mesh graph) とは，2 次元平面上に座標 (i,j) $(i=1,2,\ldots,n; j=1,2,\ldots,m)$ をもつように nm 個の点を配置し，座標 (i,j) の各点に対して，右の点 $(i+1,j)$ もしくは上の点 $(i,j+1)$ が存在するなら枝をはることによって得られるグラフである．

hypercube_graph(n) は n 次元の超立方体グラフを生成する．ここで n 次元の**超立方体グラフ** (hypercube graph) とは，n 次元の超立方体を透かして得られるグラフであり，より正確に言うと 2^n 個の点と $2^{n-1}n$ 本の枝をもち，ちょうど n 本の枝が各点に接続しているグラフである．例えば，3 次元の超立方体グラフは，8 個の点，12 本の枝をもち，各点がちょうど 3 本の枝に接続しているグラフになる．

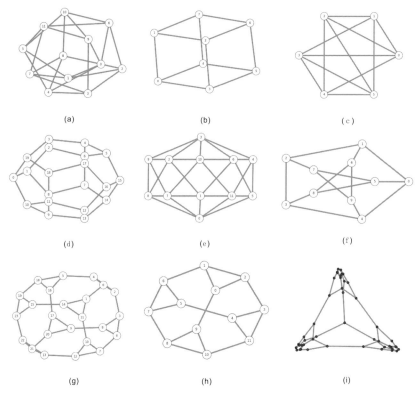

図 12.5 代表的な名称付きグラフ (a) Chvátal グラフ (b) 立方体グラフ (c) 8 面体グラフ (d) 12 面体グラフ (e) 20 面体グラフ (f) Peterson グラフ (g) 切頂 6 面体グラフ (h) 切頂 4 面体グラフ (i) Tutte グラフ

名称が付けられている小さいグラフ（図 12.5）：

- `chvatal_graph` は Chvátal グラフを生成する．Chvátal グラフはすべての点の次数が 4(4-正則；4-regular) で彩色数（枝の両端点を異なる色で塗り分けたときの最小色数）が 4 という特徴をもつ．

- `cubical_graph` は立方体グラフを生成する．ここで**立方体グラフ** (cubical graph) とは，また，3 次元の超立方体グラフであり，立方体（6 面体）を透かして得られるグラフである．

- `octahedral_graph` は 8 面体グラフを生成する．ここで **8 面体グラフ** (octahedral graph) とは，8 面体を透かして得られるグラフである．

- `dodecahedral_graph` は 12 面体グラフを生成する．ここで **12 面体グラフ** (dodecahedral graph) とは，12 面体を透かして得られるグラフである．

- `icosahedral_graph` は 20 面体グラフを生成する．ここで **20 面体グラフ** (icosahedral graph) とは，20 面体を透かして得られるグラフである．

- `petersen_graph` は Peterson グラフを生成する．**Peterson グラフ** (Peterson graph) はすべての点の次数が 3（3-正則）という特徴をもつグラフであり，グラフ理論の様々な問題の反例として用

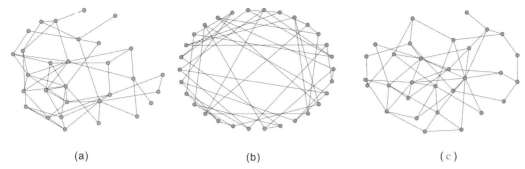

図 12.6 代表的なランダムグラフ (a) 枝の発生確率が 0.1, 30 点のランダムグラフ $G_{30,0.1}$ (b) 30 点の 3-正則ランダムグラフ (c) radius = 0.2, 30 点の幾何学的ランダムグラフ

いられる.

tetrahedral_graph は 4 面体グラフを生成する. ここで **4 面体グラフ** (tetrahedral graph) とは, 4 面体を透かして得られるグラフである.

truncated_cube_graph は切頂立法体グラフを生成する. ここで**切頂立方体グラフ** (truncated cubical graph) とは, 切頂立方体 (立方体の各端点を切り落とした図形) を透かして得られるグラフである.

truncated_tetrahedron_graph は切頂 4 面体グラフを生成する. ここで**切頂 4 面体グラフ** (truncated tetrahedral graph) とは, 切頂 4 面体 (4 面体の各端点を切り落とした図形) を透かして得られるグラフである.

tutte_graph は Tutte グラフを生成する. **Tutte グラフ** (Tutte graph) は 3-正則な平面的グラフであるが, **Hamilton 閉路** (Hamiltonian circuit；すべての点をちょうど 1 回通過する閉路) をもたないグラフである.

ランダムグラフ (図 12.6)：

fast_gnp_random_graph(n,p) は点数 n, 枝の発生確率が独立で p のランダムグラフ $G_{n,p}$ を生成する. 遅いバージョン gnp_random_graph(n,p) もあるが, 大規模なグラフを生成する際にはこちらを用いるべきである.

gnm_random_graph(n,m) は点数 n, 枝数 m のランダムグラフ $G_{n,m}$ を生成する.

random_regular_graph(d,n) は点数 n, すべての点の次数が d (*d*-正則；*d*-regular) なランダムグラフを生成する.

random_geometric_graph(n,radius) は, 辺の長さが 1 の正方形内に x,y 座標を一様ランダムに発生させた点数 n のグラフに対して, 点間の Euclid 距離が radius 以下ときに枝をはったランダムグラフ (幾何学的ランダムグラフ) を生成する.

bipartite.random_graph(n,m,p) は第 1 の集合に含まれる点数が n 個, 第 2 の集合に含まれる点

数がm個,枝の発生確率がpのランダムな2部グラフを生成する.

ここで**2部グラフ** (bipartite graph) とは,点集合を2つの部分集合に分割して,異なる点集合に含まれる点間のみに枝をはったグラフである.

`bipartite.gnmk_random_graph(n, m, k)` は第1の集合に含まれる点数がn個,第2の集合に含まれる点数がm個,枝数がk本のランダムな2部グラフを生成する.

12.3 点・枝の追加と削除

ここでは,点と枝の追加と削除方法について述べる.

`G.add_node(n)` はグラフGに点nを追加する.また,`G.add_node(n,attr_dict)` で,第2引数 `attr_dict` に任意の属性を名前付き引数として付加することもできる.以下に例を示す.

コード 12.2 点の追加

```
G.add_node(1)
G.add_node('Tokyo')
G.add_node(5, demand=500)
G.add_node(6, product=['A','F','D'])
```

ここで点5に追加された `demand` は需要量を表す属性であり,最小費用流問題(12.8.9節)を解く際に用いられる.また,点6に付加された `product` は点上で生産可能な製品の集合をリストとして表したものである.このように,属性として任意のオブジェクトを付加することによって,様々なモデルの記述が可能になる.

`G.add_nodes_from(L)` はリストL内の各要素を点としてグラフGに追加する.引数はリストLのかわりに集合,辞書,文字列,グラフオブジェクトなども可能である.

`G.add_edge(u,v)` はグラフGに枝 (u,v) を追加する.また,`G.add_edge(u,v,attr_dict)` で,第3引数 `attr_dict` に任意の属性を名前付き引数として付加することもできる.以下に例を示す.

コード 12.3 枝の追加

```
G.add_edge(1,2)
G.add_edge(1,3)
G.add_edge(2,3, weight=7, capacity=15.0)
G.add_edge(1,4, cost=1000)
```

ここで,枝 (2,3) に付加された `weight` は重みを表す属性であり,最小木問題(12.8.6節),最短路問題(12.8.7節),最小費用流問題(12.8.9節)などを解く際の枝の費用で用いられる. `weight` の他に任意の属性を付加することができる.上の例では,枝 (2,3) にはさらに容量を表す属性 `capacity` を,枝 (1,4) には費用を表す属性 `cost` を付加している.

`G.add_edges_from(L)` は長さ 2 のタプル (u,v) を要素としたリスト L 内の要素を枝 (u,v) として追加する．

コード 12.4　枝をまとめて追加

```
G.add_edges_from([(1,2),(1,3),(2,3),(1,4)])
```

`G.add_weighted_edges_from(L)` は長さ 3 のタプル (u,v,w) を要素としたリスト L 内の要素を，枝 (u,v) ならびに重みを表す属性 w として追加する．重みの属性名の既定値は weight である．

コード 12.5　重み付き枝の追加

```
G.add_weighted_edges_from([('s',1,5),('s',2,8),(2,1,2),(1,'t',8),(2,3,5),(3,'t',6)])
```

`G.remove_node(n)` はグラフ G から点 n と点 n に接続するすべての枝を削除する．

`G.remove_edge(u,v)` はグラフ G から枝 (u,v) を削除する．

`G.clear` メソッドはグラフ G の点と枝をすべて削除する．

問題 39
3×3 の格子グラフを生成するプログラムを作成せよ．また，格子グラフの枝の重みをランダムに設定せよ．

12.4　点・枝の情報

ここでは，点と枝に関する情報にアクセスする方法について述べる．

`G.nodes` メソッドはグラフ G に含まれるすべての点をリストとして返す．

`G.node[n]` は点 n の属性の情報を辞書として返す．

コード 12.6　点の属性を表す辞書

```
print( G.node[1])
>>> {'demand': 100}
```

`for n in G` はグラフ G の点に対する反復を行う．

`G.edges` メソッドはグラフ G に含まれるすべての枝をリストとして返す．

`for e in G.edges_iter` はグラフ G の枝に対する反復を行う．

`G.neighbors(u)` は点 u に隣接する（有向グラフの場合には後続する）点のリストを返す．

コード 12.7　隣接点のリスト

```
G.add_edges_from([(1,2),(1,3),(2,3),(1,4)])
for n in G:
    print(n, G.neighbors(n))
>>>
1 [2, 3, 4]
2 [1, 3]
3 [1, 2]
4 [1]
```

つまり，点 1 に隣接する点は 2,3,4 であり，点 2 に隣接する点は 1,3，点 3 に隣接する点は 1,2，点 4 に隣接するのは点 1 だけである．

G[u] は点 u に隣接する点 v をキーとし，枝 (u,v) に付加された情報を値とした辞書を返す．

コード 12.8　隣接点とその属性を表す辞書

```
G.add_weighted_edges_from([(1,2,100),(1,3,200),(2,3,60),(1,4,50)])
print( G[1] )
>>>  {2: {'weight': 100}, 3: {'weight': 200}, 4: {'weight': 50}}
```

つまり，点 1 に隣接する点は 2,3,4 であり，接続する枝の重みはそれぞれ 100, 200, 50 である．

G[u][v] は枝 (u,v) に付加された属性の情報を辞書として返す．

コード 12.9　枝の属性を表す辞書

```
print( G[1][2] )
>>> {'weight': 100}
```

つまり，枝 (1,2) の重みは 100 である．

G.successors(u) は有向グラフ G に対する点 u の後続点のリストを返す．

G.predecessors(u) は有向グラフ G に対する点 u の先行点のリストを返す．

コード 12.10　先行点・後続点のリスト

```
G.add_edges_from([(1,2),(1,3),(2,3),(1,4)])
print( G.successors(1))
>>> [2, 3, 4]

print( G.predecessors(3))
>>> [1,2]
```

G.degree(n) はグラフ G に対する点 n の次数を返す．ここで**次数** (degree) とは，点に接続する枝の本数である．

`G.in_degree(n)` は有向グラフ G に対する点 n の入次数を返す．ここで**入次数** (ind-egree) とは，点を終点（頭）にもつ有向枝の本数である．

`G.out_degree(n)` は有向グラフ G に対する点 n の出次数を返す．ここで**出次数** (out-degree) とは，点を始点（尾）にもつ有向枝の本数である．

問題 40
以下のプログラムの出力は何か？

```
G = nx.Graph()
G.add_edge(1,2)
G.add_edge(1,3)
G.add_edge(1,3)
print( G.edges() )
```

```
G = nx.MultiGraph()
G.add_edge(1,2)
G.add_edge(1,3)
G.add_edge(1,3)
G.remove_edge(1,3)
print( G.edges() )
```

12.5 グラフの描画

`draw(G)` でグラフ G を描画する．描画したグラフを表示するためには matplotlib モジュールが必要である．以下のコードでは pylab モジュールを読み込んで描画を行っている（図 12.7；左図）．

コード 12.11　グラフの描画 (1)

```
from pylab import *
G.add_edges_from([(1,2),(1,3),(2,3),(1,4)])
nx.draw(G)
show()
```

上のコードでは pylab モジュールのすべてを読み込んでいるが，実際には使用する matplotlib モジュールの pyplot 関数だけを plt という名前を付けて読み込んだ方が行儀がよい．以下に例を示す．

コード 12.12　グラフの描画 (2)

```
import matplotlib.pyplot as plt
G.add_edges_from([(1,2),(1,3),(2,3),(1,4)])
nx.draw(G)
plt.show()
plt.savefig('sample.pdf')
```

上のコードではさらに savefig 関数を用いて,描画したグラフをファイル sample.pdf に保存している.既定の保存フォーマットは png(Portable Network Graphics) であるが,様々なフォーマット（上の例では pdf(Portable Document Format) で保存）に対応している.

ちなみに,Jupyter(Ipython Notebook) 環境で %matplotlib inline と宣言している場合には plt.show() は省略できる.以下のコードでは,matplotlib モジュールはインポート済みと仮定して省略して記述する.

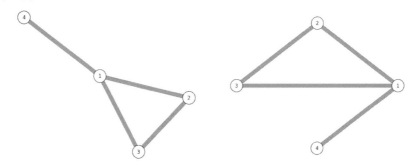

図 12.7 描画の例.既定値のバネのレイアウトによる描画（左図）と円上に配置したレイアウト（右図）

関数 draw(G) の代表的な引数は以下の通り.

pos で点をキー,座標 (x, y のタプル)を値とした辞書を与える.これによって点の座標を指定できる.省略された場合にはバネ法によって計算された座標に描画する.

with_labels で点の名称の表示の有無を指定できる.既定値は False.

nodelist で描画する点のリストを指定できる.

edgelist で描画する枝のリストを指定できる.

node_size で描画する点の大きさを指定できる.既定値は 300.

node_color で描画する点の色を指定できる.既定値は 'r'（赤）.

width で描画する枝の幅を指定できる.既定値は 1.0.

edge_color で描画する枝の色を指定できる.既定値は 'k'（黒）.

コード 12.13 引数指定によるグラフの描画（図 12.7：左図）

```
nx.draw(G,node_size=1000,edge_color='g',width=10)
```

描画の際の点の位置 pos を求めるための関数として,以下のものが準備されている.

circular_layout(G) は点を円上に配置したレイアウト（円上レイアウト）の座標を返す（図 12.7：右図）.

```
pos=nx.circular_layout(G)
```

```
nx.draw(G,pos=pos)
```

random_layout(G) は点を正方形内にランダムに配置したレイアウト（ランダム・レイアウト）の座標を返す．

shell_layout(G,nlist) は点を同心円状に配置したレイアウト（同心円レイアウト）の座標を返す．nlist は点のリストのリストであり，各リストは同心円に含まれる点集合を表す．

spring_layout(G) は隣接する点の間に反発するバネがあると仮定して得られるレイアウト（バネのレイアウト）の座標を返す．これが既定の座標であるので，引数 pos を省略して描画した場合には，バネのレイアウトになる．

spectral_layout(G) は Laplace 行列（次数対角行列から隣接行列を減じたもの；12.7 節参照）の固有値を用いたレイアウト（スペクトル・レイアウト）の座標を返す．

問題 41
3×3 の格子グラフを，円上レイアウト，バネのレイアウト，スペクトル・レイアウトで描画せよ．

12.6　グラフに対する基本操作

ここではグラフに対する基本的な操作を紹介する．

complement(G) は補グラフを返す．ここでグラフ $G = (V, E)$ の**補グラフ** (complement) とは，点集合 V をもち，$(u,v) \notin E$ のときに u,v 間に枝をはったグラフである．

```
G.add_edges_from([(0,1),(0,2),(0,3)])
print( nx.complement(G).edges() )
>>>
[(1, 2), (1, 3), (2, 3)]
```

reverse(G) は有向グラフの枝を逆にしたものを返す．

compose(G, H) はグラフ G と H の和グラフを返す．ただし G と H に共通部分があってもよい．ここで $G = (V_1, E_1)$ と $H = (V_2, E_2)$ の**和グラフ** (union graph) とは，点集合 $V_1 \cup V_2$ と枝集合 $E_1 \cup E_2$ をもつグラフである．

```
G.add_edges_from([(0,1),(0,2),(0,3)])
H = nx.cycle_graph(4)
print( nx.compose(G,H).edges() )
>>>
[(0, 1), (0, 2), (0, 3), (1, 2), (2, 3)]
```

union(G, H) はグラフ G と H の和グラフを返す．ただし G と H に共通部分があってはいけない．（もし，共通部分があった場合には例外を返す．）

第12章 ネットワークモジュール NetworkX

`intersection(G, H)` は同じ点集合をもつグラフGとHに対して，両方に含まれている枝から成るグラフ（交差グラフ）を返す．

`difference(G, H)` は同じ点集合をもつグラフGとHに対して，Gには含まれているがHには含まれていない枝から成るグラフ（差グラフ）を返す．

`symmetric_difference(G, H)` は同じ点集合をもつグラフGとHに対して，GまたはHに含まれており，かつ両者に含まれていない枝から成るグラフ（対称差グラフ）を返す．

`cartesian_product(G, H)` はグラフGとHに対する**直積** (Cartesian product) グラフを返す．ここで，グラフ $G = (V_1, E_1)$ と $H = (V_2, E_2)$ の直積グラフとは，点集合 $V_1 \times V_2 = \{(v_1, v_2) \mid v_1 \in V_1, v_2 \in V_2\}$（点集合 V_1, V_2 の直積）と，以下を満たす枝集合から構成されるグラフである．
直積グラフの枝 $((u,x),(v,y))$ が存在 $\Leftrightarrow$ 「$x = y$ かつ $(u,v) \in E_1$」もしくは「$u = v$ かつ $(x,y) \in E_2$」

```
G.add_edges_from( [(0,1),(0,2)] )
H.add_edges_from([ ('A','B'),('A','C')] )
Product = nx.cartesian_product(G,H)
nx.draw(Product, with_labels=True)
```

上のコードは図 12.8 (a) を生成する．

グラフの積の概念は具体性がないと理解しにくいと考えられるので，例を示しておく．いま，

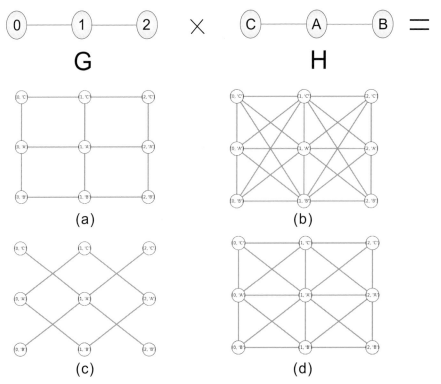

図 12.8　様々な積グラフ (a) 直積 (b) 辞書的積 (c) テンソル積 (d) 強積

12.6 グラフに対する基本操作

グラフGが商品の関連度を表し，もう1つのグラフHが店舗の競合度を表していると仮定する．図12.8の例においては，Gは3つの商品0,1,2を表し，商品0,1と1,2が関連した（つまり片方の売れ行きがもう片方の売れ行きに影響を与える）商品である．Hは3つの店舗A,B,Cを表し，A,CとA,Bが競合する店舗である．直積グラフの点は，各店舗で売られている各商品を表しており，同じ店で販売されている関連する商品，もしくは競合する店で販売されている同じ商品に対して枝がはられていると解釈できる．

`lexicographic_product(G, H)` はグラフGとHに対する**辞書的積** (lexicographic product) グラフを返す．ここで，グラフ $G = (V_1, E_1)$ と $H = (V_2, E_2)$ の辞書的積グラフとは，点集合 $V_1 \times V_2$ と，以下を満たす枝集合から構成されるグラフである．

辞書的積グラフの枝 $((u, x), (v, y))$ が存在 $\Leftrightarrow$ 「$(u, v) \in E_1$」もしくは「$u = v$ かつ $(x, y) \in E_2$」

商品と店舗の例を使うと，辞書的積グラフでは，（店舗によらず）関連する商品，もしくは競合する店で販売されている同じ商品に対して枝がはられていると解釈できる（図12.8 (b)）．

`tensor_product(G, H)` はグラフGとHに対する**テンソル積** (tensor product) グラフを返す．ここで，グラフ $G = (V_1, E_1)$ と $H = (V_2, E_2)$ のテンソル積グラフとは，点集合 $V_1 \times V_2$ と，以下を満たす枝集合から構成されるグラフである．

テンソル積グラフの枝 $((u, x), (v, y))$ が存在 $\Leftrightarrow$ 「$(u, v) \in E_1$ かつ $(x, y) \in E_2$」

商品と店舗の例を使うと，テンソル積グラフでは，競合する店で販売されている関連する商品に対してのみ枝がはられていると解釈できる（図12.8 (c)）．

`strong_product(G, H)` はグラフGとHに対する**強積** (strong product) グラフを返す．ここで，グラフ $G = (V_1, E_1)$ と $H = (V_2, E_2)$ の強積グラフとは，点集合 $V_1 \times V_2$ と，以下を満たす枝集合から構成されるグラフである．

強積グラフの枝 $((u, x), (v, y))$ が存在 $\Leftrightarrow$ 「$((u, x), (v, y))$ が直積グラフの枝もしくはテンソル積グラフの枝」

商品と店舗の例を使うと，強積グラフでは，同じ店で販売されている関連する商品，もしくは競合する店で販売されている同じ商品，もしくは競合する店で販売されている関連する商品に対して枝がはられていると解釈できる（図12.8 (d)）．

テンソル積の応用例として，時空間ネットワークを考えてみる．**時空間ネットワーク** (time-space network) とは，地点と時刻の2つ組を点としたネットワークであり，様々な応用をもつ．例えば，3つの空港 A, B, C 間に2つの便 $A \Rightarrow B$ と $A \Rightarrow C$ が定義されているものとする．時刻0から4までの航空機の移動を考える．地点間の移動時間をすべて1単位時間としたとき，地点 i に時刻 t にいた航空機が地点 j に時刻 $t+1$ に移動可能なとき，点 (i, t) から点 $(j, t+1)$ に枝を追加するものとする．また，航空機が地点にとまっていることは，点 (i, t) から点 $(i, t+1)$ への枝で表される．

航空機の可能な移動経路を表す時空間ネットワーク `TimeSpace` は，地点間の移動に自己閉路を加えた多重有向グラフ `G` と，時刻が1ずつ進むことを表す有向グラフ `T` のテンソル積として，以下のように計算できる（図12.9）．

294 第 12 章 ネットワークモジュール NetworkX

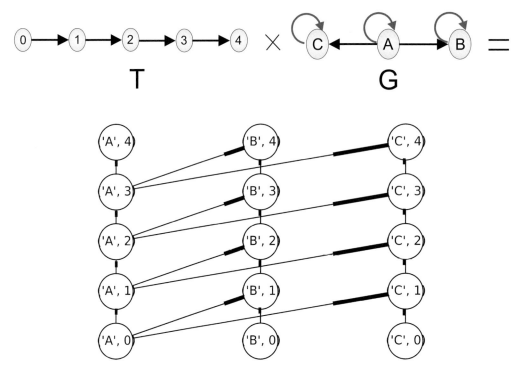

図 12.9 地点グラフと時刻グラフのテンソル積から得られる時空間ネットワーク（NetworkX では線が太くなっている方が有向枝の終点（頭）を表す.）

```
G = nx.MultiDiGraph()
G.add_edges_from( [('A','B'),('A','C'), ('A','A'),('B','B'),('C','C')  ])
T = nx.DiGraph()
for t in range(4):
    T.add_edge(t,t+1)
TimeSpace = nx.tensor_product(G,T)
```

問題 42
3つの工場 $0, 1, 2$ で自動車を生産することを考える．工場 $0, 1$ は部品工場であり，そこでは部品 $P1, P2, P3$ を製造している．工場 2 は組み立て工場であり，そこでは部品を組み立てて完成品 $P4, P5$ を製造している．部品と完成品の関係は，部品展開表とよばれるグラフによって与えられており，$P4$ を製造するためには，部品 $P1, P2$ が 1 つずつ必要であり，$P5$ を製造するためには，部品 $P2, P3$ が 1 つずつ必要であるものとする．工場 0 から工場 2 への輸送と，工場 1 から工場 2 への輸送を表すグラフと，部品展開表を表すグラフのテンソル積をとることによって，各工場における製品の製造を点，可能な輸送経路を枝としたグラフを生成せよ．

12.7 行列

NetworkX では，グラフに関連した行列を生成することができる．

`adjacency_matrix(G)` はグラフ G の隣接行列を返す．ここで**隣接行列** (adjacency matrix) とは，行と列が点に対応し，点間に枝があるときに対応する行列の成分が 1，ないときに 0 となる行列で

ある．返値は SciPy の疎行列である．

incidence_matrix(G) はグラフ G の接続行列を返す．ここで**接続行列** (incidence matrix) とは，行が点，列が枝に対応し，枝が点を端点とするときに対応する行列の成分が 1 になる行列である．有向グラフで引数 oriented が True のときには，行列の成分は点が有向枝の尾 (tail) のときには -1，頭 (head) のときには 1 になる．oriented の既定値は False である．返値は SciPy の疎行列である．

laplacian_matrix(G) は無向グラフ G の Laplace 行列を返す．ここで **Laplace 行列** (Laplacian matrix) とは，次数対角行列から隣接行列を減じた行列である．返値は SciPy の疎行列である．

コード 12.14　グラフの隣接行列と接続行列

```
G = nx.DiGraph()
G.add_edges_from([(0,1),(0,2),(1,4),(2,1),(2,3),(3,4),(3,1)])
print( nx.adjacency_matrix(G) )
>>>
[[ 0.  1.  1.  0.  0.]
 [ 0.  0.  0.  0.  1.]
 [ 0.  1.  0.  1.  0.]
 [ 0.  1.  0.  0.  1.]
 [ 0.  0.  0.  0.  0.]]
print( nx.incidence_matrix(G,oriented=True) )
>>>
[[-1. -1.  0.  0.  0.  0.  0.]
 [ 1.  0. -1.  1.  0.  1.  0.]
 [ 0.  1.  0. -1. -1.  0.  0.]
 [ 0.  0.  0.  0.  1. -1. -1.]
 [ 0.  0.  1.  0.  0.  0.  1.]]
```

12.8　アルゴリズム

本節では，NetworkX に含まれる代表的なアルゴリズムを示す．

12.8.1 節では，クリークならびに安定集合に関連したアルゴリズムを示す．

12.8.2 節では，グラフの連結性やカットに関連するアルゴリズムをまとめる．

12.8.3 節では，閉路を持たない有向グラフに対するアルゴリズムについて解説する．

12.8.4 節では，Euler 閉路の判定と Euler 閉路を求めるためのアルゴリズムを示す．

12.8.5 節では，マッチングに関するアルゴリズムを示す．

12.8.6 節では，最小木問題を解くためのアルゴリズムを示す．

12.8.7 節では，最短路問題を解くための種々の解法について解説する．

12.8.8 節では，ネットワークの最大流とその双対である最小カットを求めるためのアルゴリズムを示す．

12.8.9 節では，ネットワークの最小費用流を求めるための幾つかのアルゴリズムを紹介する．

12.8.10 節では，Web のハイパーリンクを分析し，どの Web ページが重要なのかを分析するための幾つかのアルゴリズムを示す．

12.8.11 節では，グラフの同型判定のためのアルゴリズムを紹介する．

12.8.12 節では，グラフ探索のための種々のアルゴリズムを示す．

12.8.13 節では，2 部グラフの判定アルゴリズムを示す．

12.8.14 節では，次数相関係数を求めるためのアルゴリズムを示す．

12.8.15 節では，グラフの中心性に関連するいくつかの指標の計算法を示す．

12.8.16 節では，グラフの境界を求めるためのアルゴリズムを紹介する．

12.8.1 クリーク

無向グラフ $G = (V, E)$ が与えられたとき，点の部分集合 C ($\subseteq V$) は，点集合 C からなる部分グラフが完全グラフになるとき**クリーク** (clique) とよばれる．ここで，**部分グラフ** (subgraph) とは，点集合も枝集合も元のグラフの部分集合になっているグラフであり，完全グラフとは，すべての点の間に枝があるグラフである．

$G = (V, E)$ の**最大クリーク** (maximum clique) とは，位数 $|C|$ が最大になるクリーク C であり，**極大クリーク** (maximal clique) とは，C に C に含まれないどの点を追加してもクリークにならない部分グラフ，言い換えれば局所的に位数が最大になるクリークである．

クリークは，12.1 節で解説した安定集合と深く関連している．最大安定集合問題のグラフの補グラフ（枝の有無を反転させたグラフ）を考えると，**最大クリーク問題**（maximum clique problem）になる．これらの 2 つの問題は（お互いに簡単な変換によって帰着されるという意味で）同値である（図 12.10）．

これらの問題は，符号理論，信頼性，遺伝学，考古学，VLSI 設計など広い応用をもつ．

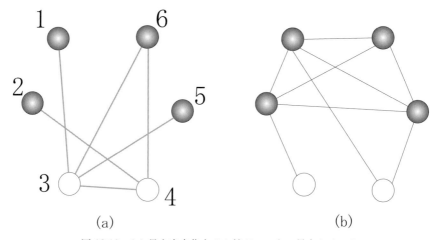

図 12.10 (a) 最大安定集合 (b) 補グラフ上の最大クリーク

クリークに対しては，以下の関数が準備されている．

`find_cliques(G)` はグラフ G のすべての極大クリークを求める．返値は極大クリークのジェネレータである．

関数 find_cliques の使用例として，280 ページの図 12.1 に示したお友達グラフの最大ピクニック参加人数（最大安定集合問題の最適値）を求めてみよう（図 12.10 (a)）．最大安定集合問題の最適値は，補グラフに対する最大クリーク数に等しいので，以下のように求めることができる．（補グラフは complement 関数で求めることができる．）

コード 12.15　極大クリークの列挙

```
G.add_edges_from([ (1,3),(2,4),(3,4),(3,5),(3,6),(4,6)])
G_bar =nx.complement(G)
for c in nx.find_cliques(G_bar):
    print( c )
>>>
[1, 5, 2, 6]
[1, 5, 4]
[3, 2]
```

graph_clique_number(G) はクリーク数（最大クリークの点集合の位数）を求める．（このアルゴリズムは，極大クリークをすべて求めた後で，その中の最大位数を計算しているので，大規模で多くの極大クリークをもつ問題例に対しては遅い．）

コード 12.16　最大安定集合問題の最適値

```
G.add_edges_from([ (1,3),(2,4),(3,4),(3,5),(3,6),(4,6)])
G_bar =nx.complement(G_bar)
print( nx.graph_clique_number(G_bar) )
>>>
4
```

問題 43（8-クイーン問題）
8×8 のチェス盤に 8 個のクイーンを置くことを考える．チェスのクイーンとは，将棋の飛車と角の両方の動きができる最強の駒である．クイーンがお互いに取り合わないように置く配置を 1 つ求めよ．将棋を知らない人のために言い換えると，8×8 のマス目に，同じ行（列）には高々 1 つのクイーンを置き，左下（右下）斜めにも高々 1 つのクイーンを置くような配置を求める問題である．
ヒント：実は，この問題は安定集合問題の特殊形である．グラフは i 行，j 列のマス目を点とみなして，クイーンが取り合うとき点の間に枝をはればよい．ちなみに斜めでクイーンが取り合うかどうかを判定するのは，$i-j$ が同じ（右下の斜め）か $i+j$ が同じか（左下の斜め）で判定すればよい．

12.8.2　連結性

グラフ理論ではグラフがバラバラでないことを，グラフが**連結である** (connected) とよび，そのようなグラフを**連結グラフ** (connected graph) とよぶ．より正確に言うと，無向グラフの各点から別の任意の点へのパスが必ず存在するときに，グラフは連結であるとよばれる．また，有向グラフに対して，この性質を満たすものを**強連結グラフ** (strongly connected graph) とよぶ．

is_connected(G) は無向グラフ G が連結であるか否かを判定する．

connected_components(G) は，無向グラフ G の**連結成分**（connected component; 極大な連結部分グラフ）を点集合のジェネレータとして返す．

```
G.add_edges_from([('a','b'),('a','c'),(0,1),(0,2),(0,3)])
for c in nx.connected_components(G):
    print(c)
>>>
{0, 1, 2, 3}
{'a', 'c', 'b'}
```

connected_component_subgraphs(G) は，無向グラフ G の連結成分を部分グラフのジェネレータとして返す．

is_strongly_connected(G) は有向グラフ G が強連結であるか否かを判定する．

strongly_connected_components(G) は，有向グラフ G の**強連結成分**（strongly connected component; 極大な強連結部分グラフ）を点リストのジェネレータとして返す．

strongly_connected_component_subgraphs(G) は，有向グラフ G の強連結成分を部分グラフのジェネレータとして返す．

condensation(G) は，有向グラフ G の強連結成分を点に縮約したグラフを返す．

is_biconnected(G) は，無向グラフ G が 2 連結であるか否かを判定する．ここで **2 連結**（biconnected）とは，1 つの点を除いたときに非連結にならないグラフを指す．

biconnected_components(G) は，無向グラフ G の **2 連結成分**（biconnected component; 極大な 2 連結部分グラフ）を点集合のジェネレータとして返す．

articulation_points(G) は，無向グラフ G の間接点の集合を点のジェネレータとして返す．ここで**間接点**（articulation point）とは，複数の 2 連結成分に含まれる点である．図 12.11 のグラフに対して 2 連結成分と間接点を計算するコードは以下のようになる．

```
G.add_edges_from([(0,1),(0,2),(1,2),(2,3),(2,4),(3,4)])
```

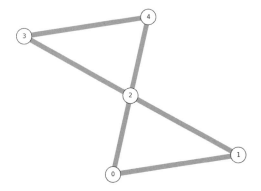

図 12.11　2 連結成分と間接点の例題

```
print( list( nx.biconnected_components(G) ) )
>>> [{2, 3, 4}, {0, 1, 2}]
print( list( nx.articulation_points(G) ) )
>>> [ 2 ]
```

`minimum_node_cut(G)` はグラフ G を非連結にするために削除すべき最小位数の点集合（最小点カット）を返す．引数として始点 s，終点 t を与えることもできる．

図 12.11 のグラフに対して最小点カットを求めるコードは以下のようになる．

```
print( nx.minimum_node_cut(G) )
>>> { 2 }
```

`minimum_edge_cut(G)` はグラフ G を非連結にするために削除すべき最小位数の枝集合（最小カット）を返す．引数として始点 s，終点 t を与えることもできる．

図 12.11 のグラフに対して最小カットを求めるコードは以下のようになる．

```
print( nx.minimum_edge_cut(G) )
>>> {(2, 3), (4, 3)}
```

この例では，枝 (2, 3) と (3, 4) を削除することによって，点 3 から他の点へのパスがなくなり，グラフは非連結になる．

12.8.3 閉路をもたない有向グラフ

グラフが閉路（始点と終点が一致するパス）を含まない場合には，点を左から右に（右から左に向かう枝がないように）1 列に並べることができる．これを**トポロジカル・ソート**（topological sort；位相の情報を用いた並べ替えの意）とよぶ（図 12.12）．

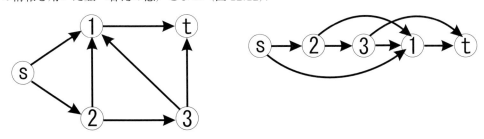

図 12.12 閉路をもたない有向グラフ（左図）とそのトポロジカル・ソート（右図）

トポロジカル・ソートは，閉路を含まないグラフに対する基本的な操作であり，枝集合を 1 回見てまわるのと同じ程度の計算時間，すなわち枝数を m としたとき $O(m)$ 時間で可能である．

また，閉路をもたない有向グラフに対しては**先祖**（ancestor；点 v に至るパスが存在する点），**子孫**（descendant；点 v から到達可能なパスが存在する点）の概念が便利である．特に，どの製品がどの部品から構成されているかを表す部品展開表とよばれるグラフにおいては，その製品がどんな部品から構成されるのか（先祖集合），その部品がどんな製品になるのか（子孫集合）は頻繁に用いられ

る.

`ancestors(G, v)` は点 v の先祖の集合を返す.

`descendants(G, v)` は点 v の子孫の集合を返す.

`topological_sort(G)` はトポロジカル・ソートを行う．返値は点のリストである．

```
G = nx.DiGraph()
G.add_edges_from([('s',1),('s',2),(1,'t'),(2,1),(2,3),(3,'t'),(3,1)])
print( nx.topological_sort(G) )
>>>
['s', 2, 3, 1, 't']
```

12.8.4 Euler 閉路

> あなたは公園の管理人だ．昨晩の大雪で，あなたの管理する公園内の道という道は，すべて雪で覆われてしまった．公園の機能を回復するためには，道を覆っている雪を除雪車ですべて取り除く必要がある．どのような順番で回れば最も早く仕事を片付けられるだろうか？ただし，除雪車は 1 回通れば道の上の雪はすべて除去でき，公園の真ん中を縦に走る 2 本の道は 2 車線なので，向きは問わないが 2 回通る必要があるものとする．もちろん作業後には，除雪車はもとの位置に戻す必要がある．

まず，公園の道（図 12.13(a)）をグラフで表すと，図 12.13(b) のようになる．

問題は，「すべての枝をちょうど 1 回通過する閉路」を求めることである．そのような閉路は，この問題にはじめて数学的な取組みをした数学者の名前にちなんで **Euler 閉路**（Euler circuit, Eulerian circuit）とよばれる．日本では一筆書きとして知られているが，一筆書きの場合には始点と終点が異なってもよいと仮定する．

次の定理は Leonhard Euler によるものであり，グラフ理論の最初の記念すべき定理である．

定理 1（Euler の定理）
グラフが Euler 閉路をもつための必要十分条件はグラフが連結でかつすべての点の次数が偶数であることである．

上の定理を用いると Euler 閉路の有無の判定は容易であり，Euler 閉路を求めるのも枝数 m に対して $O(m)$ 時間でできる．

`is_eulerian(G)` は多重枝がない無向グラフ G が Euler 閉路をもつか否かを判定する.

`eulerian_circuit(G)` は多重枝がない無向グラフ G の Euler 閉路を求める．返値は Euler 閉路のジェネレータである．

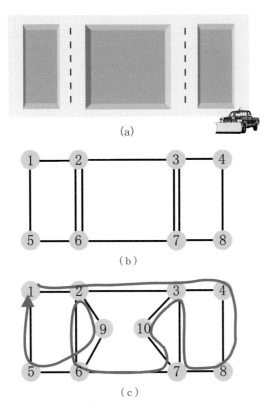

図 12.13 (a) 除雪が必要な公園の道 (b) グラフ表現 (c) ダミーを追加したグラフと Euler 閉路

問題のグラフは多重枝を含む無向グラフである．よって，上のアルゴリズムを適用する際には，ダミーの点を追加して多重枝を取り払う必要がある．いま，ダミーの点 9 と 10 を追加し，枝 (2,9) と (6,9)，枝 (3,10) と (7,10) をはると，グラフから多重枝が除かれるので，Euler 閉路の判定と Euler 閉路自身を求めることは，以下のように簡単にできる（図 12.13(c)）．

コード 12.17 Euler 閉路

```
G = nx.Graph()
G.add_edges_from([ (1,2),(1,5),(2,3),(2,6),(3,4),(3,7),(4,8),
                   (5,6),(6,7),(7,8),(2,9),(6,9),(3,10),(7,10)])
print( nx.is_eulerian(G) )
>>>
True
for e in nx.eulerian_circuit(G):
    print( e , end='')
>>>
(1, 2) (2, 3) (3, 4) (4, 8) (8, 7) (7, 3) (3, 10) (10, 7) (7, 6) (6, 2) (2, 9) (9, 6)
    (6, 5) (5, 1)
```

12.8.5 マッチング

> あなたは幼稚園の先生だ．いま，あなたの 12 人の生徒たちは 3 行，4 列にきちんと並んでいる．生徒たちは自分の前後左右のいずれかの友達から 1 人を選び手をつなぐことができる．手をつなぐ人数を最大にするには，どのようにしたらよいのだろうか？

上の問題は無向グラフ上のマッチング問題になる．ここで**マッチング** (matching) とは，点の次数が 1 以下の部分グラフのことである．上の問題のグラフは，3×4 の格子グラフであり，図 12.14 (a) のようになる．

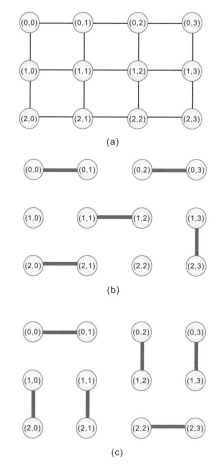

図 12.14　(a) マッチング問題 (b) 極大マッチング (c) 最大マッチング

いま，生徒たちに順番に自分の好きな友達と手をつなぐように指示したとしよう．前後左右の友達から（すでに手をつないでいる生徒は除外して）1 人を選んで手をつないでいくと，やがて前後左右の誰とも手をつなげない状態になる．このときの手のつなぎ方を**極大マッチング** (maximal matching) とよぶ（図 12.14 (b)）．本当に求めたいものは，手をつなぐ数を最大化するようなマッチングである．これを**最大マッチング** (maximum matching) とよぶ（図 12.14 (c)）．極大マッチングは貪欲解法で簡単に求めることができるが，（驚くことに）最大マッチングも多項式時間で求めることができる．

`maximal_matching(G)` は極大マッチングを求める．返値は極大マッチングに含まれる枝の集合である．

`max_weight_matching(G)` は（重みの合計が最大になる）最大マッチングを求める．枝上の重みを表す属性 weight が与えられていないときには重みは 1 と設定される．返値は各点をキーとし，マッチングされた点を値とした辞書である．

コード 12.18　極大マッチングと最大マッチング

```
G = nx.grid_2d_graph(3,4)
print( nx.maximal_matching(G) )
>>>
{((0, 1), (0, 0)), ((2, 1), (2, 0)), ((1, 2), (1, 1)), ((0, 2), (0, 3)), ((1, 3), (2, 3))}
print( nx.max_weight_matching(G) )
>>>
{(0, 1): (0, 0), (1, 2): (0, 2), (1, 3): (0, 3), (2, 1): (1, 1), (0, 2): (1, 2), (2, 0): (1, 0), (0, 0): (0, 1), (2, 3): (2, 2), (2, 2): (2, 3), (1, 0): (2, 0), (0, 3): (1, 3), (1, 1): (2, 1)}
```

極大マッチングでは 10 人の生徒が手をつないでいるが，最大マッチングでは全員（12 人）が手をつなぐことに成功している．

問題 44

図 12.14 (a) のグラフは奇数の次数をもつ点があるので，Euler 閉路をもたない．奇数の次数をもつ点集合に対して，点間の最短距離を計算し，最小距離のマッチングを求めよ．マッチングに含まれる枝をもとのグラフに加えると Euler 閉路をもつようになる（なぜか？　理由を考えよ）．マッチングを加えたグラフに対する Euler 閉路を求めよ．

12.8.6　最小木

あなたは，あなたの母国と冷戦下にある某国に派遣されているスパイだ．いま，この国に派遣されているスパイは全部で 5 人いて，それぞれが偽りの職業について諜報活動をしている．スパイ同士の連絡には秘密の連絡法がそれぞれ決まっていて，本国からの情報によれば，連絡にかかる費用は図 12.15 のようになっているらしい．いま，あなたが得た新しい極秘情報を，他の 4 人のスパイに連絡せよという指令が伝えられた．ただし，昨今の不景気風はスパイ業界にも吹いているようで，なるべく費用を安くしなければならないというおまけつきである．どのように連絡をとれば，最小の費用で極秘情報を仲間に連絡できるだろうか？

この問題は，最小木問題とよばれる問題である．

木 (tree) とは，閉路を含まない連結グラフを指す．ここで，閉路とは始点と終点が一致するパスであり，連結グラフとは，すべての点の間にパスが存在するグラフである．また，与えられた無向グラフのすべての点を繋ぐ木を，特に**全域木** (spanning tree) とよぶ．全域木の概念を用いると，最小木問題は以下のように定義できる．

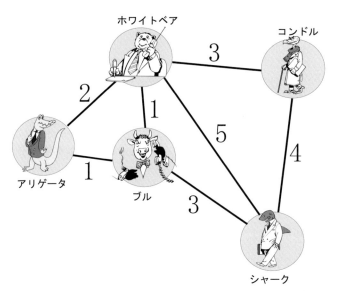

図 12.15　5 人のスパイ間の連絡方法と連絡にかかる費用（単位は万円）

> **最小木問題 (minimum spanning tree problem)**
> 無向グラフ $G = (V, E)$, 枝上の重み（費用）関数 $w : E \to \mathbf{R}$ が与えられたとき，枝の費用の合計を最小にする全域木を求めよ．

本来ならば，最小費用全域木問題と訳すべきであろうが，簡単のため最小木問題とよぶことが多いので，ここでも慣例にならうものとする．

最小木問題は，きわめて簡単に解くことができる．

`minimum_spanning_tree(G)` は無向グラフ G の最小重みの全域木（最小木）をグラフとして返す．

`minimum_spanning_edges(G)` は無向グラフ G の最小木を枝の集合として返す．

コード 12.19　最小木

```
G = nx.Graph()
G.add_edge ('Arigator','WhiteBear',weight= 2 )
G.add_edge ('Arigator','Bull',weight= 1 )
G.add_edge ('Bull','WhiteBear',weight= 1 )
G.add_edge ('Bull','Shark', weight= 3 )
G.add_edge ('WhiteBear','Condor',weight= 3 )
G.add_edge ('WhiteBear','Shark',weight= 5 )
G.add_edge ('Shark','Condor',weight= 4 )
print( nx.minimum_spanning_tree(G).edges() )
>>>
[('WhiteBear', 'Condor'), ('WhiteBear', 'Bull'), ('Arigator', 'Bull'), ('Shark', 'Bull'
    )]
```

問題 45
5 × 5 の格子グラフ（枝の重みはすべて 1）の最小木を求めよ．

問題 46
5×5の格子グラフの枝の重みをランダムに設定した上で，最小木を求め，最小木に含まれる枝を異なる色で描画せよ．

問題 47
枝上に距離が定義された無向グラフ $G = (V, E)$ を考える．このグラフの点集合 V を k 個に分割したとき，分割に含まれる点同士の最短距離を最大化するようにしたい．これは最小木に含まれる枝を距離の大きい順に $k - 1$ 本除くことによって得ることができる．ランダムに距離を設定した 5×5 の格子グラフに対して $k = 5$ の分割を求めよ．

12.8.7 最短路

あなたは富士山を統括する大名だ．いま，あなたは江戸城にいる殿様に富士山名物の氷を献上しようと思っている．氷を運ぶには飛脚組合と特別な契約を結ぶ必要があり，その費用は図 12.16 のようになっている．さて，どのような経路で氷を運べば最も安い費用で殿様に氷を献上できるだろうか．

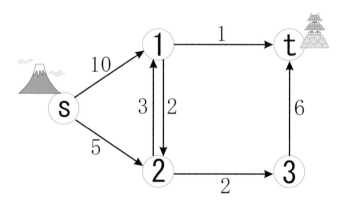

図 12.16 富士山（始点）s，江戸（終点）t と経由可能な宿場町 1,2,3（枝に付随する数字は飛脚組合の提示した運び賃．単位は両）

パスとは，点とそれに接続する枝が交互に並んだものである．2つの点に接続する枝が一意に定まるときには（言い換えれば多重枝がない場合には），パスは点の列として $1 \to 2 \to 3$ のように簡略化して書いてもよい．パスの最初の点を**始点** (source)，最後の点を**終点** (sink, target) とよぶ．

最短路問題 (shortest path problem)
有向グラフ $G = (V, E)$，枝上に定義される非負の重み（費用）関数 $w : E \to \mathbf{R}$，始点 $s \in V$ および終点 $t \in V$ が与えられたとき，始点 s から終点 t までのパスで，パスに含まれる枝の費用の合計が最小のものを求めよ．

最短路問題の目的である「パスに含まれる枝の費用の合計が最小のもの」を**最適パス** (shortest path；最短路) とよぶ．

枝の費用が負の場合には，**動的最適化** (dynamic optimization) による解法が使える．動的最適化の再帰方程式は，発案者の名前をとって **Bellman 方程式** (Bellman equation) とよばれる．最短路問題に対する Bellman 方程式を一般形で書くと

$$\text{Bellman 方程式} \quad \begin{vmatrix} y_v = \min_{u:(u,v)\in E}\{y_u + w_{uv}\}, & \forall v \in V \setminus \{s\} \\ y_s = 0 & \end{vmatrix}$$

となる．ここで y_v は点 v までの最短路長（最適パスの費用）を表す記号で，点 v のポテンシャルとよばれる．この方程式に基づくアルゴリズムが **Bellman-Ford 法** (Bellman-Ford method) である．このアルゴリズムは，枝の重みが負の場合にも使うことができる点が特徴である．

枝の費用が非負の場合のアルゴリズムとして **Dijkstra 法** (Dijkstra method) がある．Dijkstra 法の一般形を以下に示す．このアルゴリズムにおいて点集合 S はポテンシャルが変わる可能性がある点の集合を表している．

Dijkstra 法

1. $y_s := 0, y_u := \infty \, (u \in V \setminus \{s\})$
2. $S := V$
3. **while** $S \neq \emptyset$ **do**
4. $\quad y_u$ が最小の点 $u \in S$ を選択
5. $\quad S := S \setminus \{u\}$
6. $\quad$ **for all** $v : (u, v) \in E$ and $v \in S$ **do**
7. $\quad\quad$ **if** $y_u + w_{uv} < y_v$ **then**
8. $\quad\quad\quad y_v := y_u + w_{uv}$

`shortest_path(G, source, target)` は重みなしグラフの始点 `source` から終点 `target` に至る最短路を 1 つ求める．返値はパスを表す点のリストである．始点もしくは終点を省略した場合には，他の点をキーとし，パスを表すリストを値とした辞書が返値 `path` になる．始点と終点の両者を省略した場合には，`path[source][target]` がパスを表すリストを返す．

```
G = nx.DiGraph()
G.add_edges_from([('s',1),('s',2),(1,2),(1,'t'),(2,1),(2,3),(3,'t')])
path = nx.shortest_path(G)
print( path['s']['t'] )
>>>
['s', 1, 't']
```

`all_simple_paths(G, source, target)` は重みなしグラフの始点 `source` から終点 `target` までのすべての単純パス（閉路を含まないパス）を求める．返値はパスのジェネレータである．オプションの引数 `cutoff` を用いて，パスに含まれる枝の本数が `cutoff` 以下の単純パスを求めることもできる．

```
for p in nx.all_simple_paths(G, 's', 't'):
    print( p )
>>>
['s', 1, 2, 3, 't']
```

```
['s', 1, 't']
['s', 2, 1, 't']
['s', 2, 3, 't']
```

`has_path(G, source, target)` は始点 source から終点 target に至るパスが存在するか否かを判定する．

`single_source_shortest_path(G, source)` は重みなしグラフの始点 source から他のすべての点までの最短路を求める．

`predecessor(G, source)` は重みなしグラフの始点 source から他のすべての点までの最短路における各点の直前の点を表す辞書を返す．

`bellman_ford(G,source)` は Bellman-Ford 法によって始点 source からの重み付き最短路を求める．枝の重みが負の場合にも使える．負の閉路が存在する場合には `NetworkXUnbounded` 例外を返す．

`dijkstra_path(G, source, target)` は始点 source から終点 target までの重み付き最短路を Dijkstra 法によって求める．枝の重みは非負と仮定する．返値は最短路を表すリストである．

```
G = nx.DiGraph()
G.add_weighted_edges_from([('s',1,10),('s',2,5),(1,2,2),(1,'t',1),
                           (2,1,3),(2,3,2),(3,'t',6)])
print( nx.dijkstra_path(G,'s','t') )
>>>
['s', 2, 1, 't']
```

`single_source_dijkstra_path(G, source)` は始点 source から他のすべての点までの重み付き最短路を Dijkstra 法によって求める．返値は最短路長を表す辞書と最短路を表す辞書のタプルである．最短路長を表す辞書は，終点をキーとし最短路長を値とし，最短路を表す辞書は，終点をキーとし最短路を表すリストを値とする．

`floyd_warshall(G)` は **Warshall-Floyd 法** (Warshall-Floyd method) によって全対全の重み付き最短路を求める．

`astar_path(G, source, target)` は A^* アルゴリズムによって始点 source から終点 target までの重み付き最短路を求める．

`shortest_simple_paths(G, source, target)` は始点 source から終点 target までの重み付き最短路を費用の小さい順に求める．返値は単純パスを表すリストのジェネレータである．Dijkstra 法を繰り返し解くことによる Yen の第 k 最短路アルゴリズムに基づき，計算量は点の数を n としたとき $O(kn^3)$ である．

問題 48
3×3 の格子グラフを生成するプログラムを作成し，枝の重みをランダムに設定した上で，左上の点から右下の点までの最短路を求め，最短路を異なる色で描画せよ．

問題 49
Dijkstra 法を自分で実装せよ．NetworkX モジュールの Dijkstra 法と自分で作成した Dijkstra 法を大規模な格子グラフで実験し，計算時間を比較せよ．

問題 50（PERT; Program Evaluation and Review Technique）
あなたは航空機会社のコンサルタントだ．あなたの仕事は，着陸した航空機をなるべく早く離陸させるためのスケジュールをたてることだ．航空機は，再び離陸する前に幾つかの作業をこなさなければならない．まず，乗客と荷物を降ろし，次に機内の掃除をし，最後に新しい乗客を搭乗させ，新しい荷物を積み込む．当然のことであるが，乗客を降ろす前に掃除はできず，掃除をした後でないと新しい乗客を入れることはできず，荷物をすべて降ろし終わった後でないと，新しい荷物を積み込むことができない．また，この航空機会社では，乗客用のゲートの都合で，荷物を降ろし終わった後でないと新しい乗客を搭乗させることができないのだ．作業時間は，乗客降ろし 13 分，荷物降ろし 25 分，機内清掃 15 分，新しい乗客の搭乗 27 分，新しい荷物積み込み 22 分とする．さて，最短で何分で離陸できるだろうか？

12.8.8 最大流

> あなたは富士山を統括する大名だ．いま，あなたは猛暑で苦しんでいる江戸の庶民にできるだけたくさんの富士山名物の氷を送ろうと思っている．氷を運ぶには特別な飛脚を使う必要があるので，地点間の移動可能量には限りがあり，その上限は図 12.17 のようになっている．さて，どのように氷を運べば最も多くの氷を江戸の庶民に運ぶことができるだろうか．

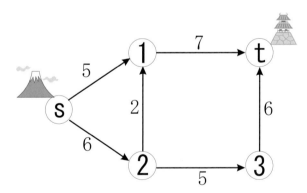

図 12.17 富士山（始点），江戸（終点）と経由可能な宿場町（図中の数字は地点間の移動可能量）

大名が悩んでいるのは，最大流問題とよばれる問題である．最大流問題は，前節の最短路問題と並んでネットワーク理論のもっとも基本的な問題のひとつであり水や車などをネットワーク上に流すという直接的な応用の他にも，スケジューリングから分子生物学にいたるまで多種多様な応用をもつ．

最短路問題の目的は，ある尺度を最適にする「パス（路）」を求めることであったが，最大流問題や次節で取り上げる最小費用流問題の目的は，ある尺度を最適にするフロー（流）を求めることである．

最大流問題を，グラフ・ネットワークの用語を使って定義しておこう．

12.8 アルゴリズム

> **最大流問題 (maximum flow problem)**
> 有向グラフ $G = (V, E)$,枝上に定義される非負の容量関数 $C : E \to \mathbf{R}_+$,始点 $s \in V$ および終点 $t \in V$ が与えられたとき,始点 s から終点 t までの「フロー」で,その量が最大になるものを求めよ.

上の定義を完結させるためには,「フロー」を厳密に定義する必要がある.**フロー** (flow) とは枝上に定義された実数値関数 $x : E \to \mathbf{R}$ で,以下の性質を満たすものを指す.

フロー整合条件:
$$\sum_{v:vu\in E} x_{vu} - \sum_{v:uv\in E} x_{uv} = 0, \quad \forall u \in V \setminus \{s, t\}$$

容量制約と非負制約:
$$0 \leq x_e \leq C_e, \quad \forall e \in E$$

フロー x_{uv} は,大名の例では飛脚によって地点 u から地点 v に運ばれる氷の量を表し,フロー整合条件は,宿場町に入ってきた氷が必ずその宿場町から出ていかなければならないことを表している.氷がとれるのは富士山だけであり,氷を消費するのは江戸の庶民だけであるので,フロー整合条件の下では,富士山(始点)から出た氷の量と江戸(終点)に入ってくる氷の量は一致することになる.この量を**フロー量**とよぶ.また,容量制約と非負制約は,地点間を飛脚が運べる量の限界と流れる量の非負条件を表している.

各点 $u \in V$ に対して関数 $f_x(u)$ を
$$f_x(u) = \sum_{v:vu\in E} x_{vu} - \sum_{v:uv\in E} x_{uv}$$
と定義する.これはフローを表すベクトル x によって定まる量であり,点 u に入ってきた量から出ていく量を減じた値であるので,フロー x の点 u における**超過** (excess) とよばれる.終点 t における超過 $f_x(t)$ は x のフロー量に他ならない.

最大の値をもつフロー x を求めることが最大流問題の目的である.最大流問題を線形最適化問題として定式化すると以下のようになる.

最大流問題
$$\begin{array}{ll} \text{最大化} & f_x(t) \\ \text{条件} & f_x(u) = 0, \quad \forall u \in V \setminus \{s, t\} \\ & 0 \leq x_e \leq C_e, \quad \forall e \in E \end{array}$$

始点 s を含み,終点 t を含まない点の部分集合 S を考える.S から出て S 以外の点に向かう枝の集合を**カット** (cut) とよび,
$$\delta(S) = \{(u, v) \mid (u, v) \in E, u \in S, v \notin S\}$$
と書くことにする.カットに含まれる枝の容量の合計をカット容量とよぶ.始点 s から終点 t までは,(どんなにがんばっても)カット容量より多くのフローを流すことはできないので,カット容量はフロー量の上界を与えることがわかる.すべての可能なカットに対して,カット容量を最小にする

ものを求める問題は，**最小カット問題** (minimum cut problem) とよばれる．

　最大流問題と最小カット問題には，以下の関係がある．

定理 2（最大フロー・最小カット定理）　最大のフロー量と最小のカット容量は一致する．

`maximum_flow(G, s, t)` は始点 s から終点 t までの最大流を求める．返値は最大流量と最適フローを表す辞書のタプルである．最適フローは，点をキーとし，隣接する点とフロー量を表す辞書を値とした辞書である．

`min_cut(G, s, t)` は最小 s–t カットを求める．

コード 12.20　最大流と最小カット

```
G.add_weighted_edges_from([ ('s',1,5),('s',2,8),(2,1,2),(1,'t',8),(2,3,5),(3,'t',6)])
print( nx.maximum_flow(G,'s','t',capacity='weight') )
>>>
 (12, {1: {'t': 7}, 's': {1: 5, 2: 7}, 3: {'t': 5}, 2: {1: 2, 3: 5}, 't': {}})
print( nx.minimum_cut(G,'s','t',capacity='weight') )
>>>
 (12, ({'s', 2}, {'t', 1, 3}))
```

問題 51
ランダムな 2 部グラフを作成し，最大マッチングを最大流問題を解くことによって求めよ．

12.8.9　最小費用流

フローに対してはより一般的な問題も容易に解くことができる．

> あなたは富士山を統括する大名だ．殿様に送った氷が大変好評だったため，殿様から新たに 10 単位の氷を江戸に運ぶように命じられた．地点間の移動可能量の上限および輸送費用は図 12.18 のようになっている．さて，どのように氷を運べば最も安い費用で殿様に氷を献上できるだろうか．

大名がまたまた悩んでいるのは，最小費用流問題とよばれる問題である．最小費用流問題の目的

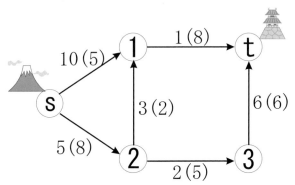

図 12.18　富士山（始点），江戸（終点）と経由可能な宿場町（枝に付随する数字は地点間の輸送費用，カッコ内の数字は移動可能量の上限を表す．）

は，最大流問題と同様に，ある基準を最適化する「フロー」を求めることであるが，最短路問題と同様に，目的は費用の最小化である．つまり，最小費用流問題は，最大流問題と最短路問題の2つの特徴をあわせもった問題と考えられる．

最短路問題のように始点と終点を決めるのではなく，ここではもう少し一般的に各点ごとに流出量を定義することにしよう．流出量は非負とは限らず，負の流出量は流入量を表す．流出量の総和は，ネットワーク内に「もの」が貯まらない（もしくは不足しない）ためには，0になる必要がある．

> **最小費用流問題 (minimum cost flow problem)**
> 有向グラフ $G = (V, E)$，枝上に定義される重み（費用）関数 $w : E \to \mathbf{R}$，枝上に定義される非負の容量関数 $C : E \to \mathbf{R}_+ \cup \{\infty\}$，点上に定義される流出量関数 $b : V \to \mathbf{R}$ が与えられたとき，「実行可能フロー」で，費用の合計が最小になるものを求めよ．ただし，$\sum_{v \in V} b_v = 0$ を満たすものとする．

上の定義を完結させるためには，「実行可能フロー」を厳密に定義する必要がある．（最小費用流問題に対する）**実行可能フロー** (feasible flow) とは枝上に定義された実数値関数 $x : E \to \mathbf{R}$ で，以下の性質を満たすものを指す．

フロー整合条件:
$$\sum_{v : vu \in E} x_{vu} - \sum_{v : uv \in E} x_{uv} = b_u, \quad \forall u \in V$$

容量制約:
$$0 \le x_e \le C_e, \quad \forall e \in E$$

フロー整合条件は，
$$\sum_{v : vu \in E} x_{vu} = b_u + \sum_{v : uv \in E} x_{uv}, \quad \forall u \in V$$

と変形でき，この式の左辺は点 u への流入量の合計，右辺は流出量の合計を表す．以下では，費用の合計を最小にする実行可能フロー（言い換えれば，最小費用流問題の最適解）を**最適フロー** (optimum flow) とよぶ．

`network_simplex(G, demand, capacity, weight)` は需要 `demand`，容量 `capacity`，費用 `weight` に対する最小費用流を**ネットワーク単体法** (network simplex method) によって求める．ここで `demand` は点上に定義された需要量（負の場合には供給量）を表す属性の名称であり，流出量関数を入力する．また，`capacity`, `weight` は枝上に定義された容量と費用を表す属性の名称である．返値は最小費用と最適フローを表す辞書のタプルである．最適フローは，点をキーとし，隣接する点とフロー量を表す辞書を値とした辞書である．

`capacity_scaling(G, demand, capacity, weight)` は需要 `demand`，容量 `capacity`，費用 `weight` に対する最小費用流を**容量スケーリング法** (capacity scaling method) によって求める．引数と返値は `network_simplex` と同じである．

`max_flow_min_cost(G, s, t, capacity, weight)` は始点 s から終点 t への費用最小の最大流を

求める．引数（demand を除く）と返値は `network_simplex` と同じである．

コード 12.21　最小費用流

```
G = nx.DiGraph()
G.add_node('s', demand = -10)
G.add_node('t', demand = 10)
G.add_edge('s', 1, weight = 10, capacity = 5)
G.add_edge('s', 2, weight = 5,  capacity = 8)
G.add_edge(2, 1, weight = 3, capacity = 2)
G.add_edge(1, 't', weight = 1, capacity = 8)
G.add_edge(2, 3, weight = 2, capacity = 5)
G.add_edge(3, 't', weight = 6, capacity = 6)
print( nx.network_simplex(G) )
>>>
(112, {1: {'t': 7}, 's': {1: 5, 2: 5}, 3: {'t': 3}, 2: {1: 2, 3: 3}, 't': {}})
```

問題 52（割当問題）

4 人の作業員 A,B,C,D を 4 つの仕事 0, 1, 2, 3 を 1 つずつ割り当てることを考える．作業員が仕事を割り当てられたときにかかる費用が，以下のようになっているとき，最小費用の割当を求めよ．

$$\begin{array}{c} \\ A \\ B \\ C \\ D \end{array} \begin{pmatrix} 0 & 1 & 2 & 3 \\ 25 & 20 & 30 & 27 \\ 17 & 15 & 12 & 16 \\ 25 & 21 & 23 & 19 \\ 16 & 26 & 21 & 22 \end{pmatrix}$$

問題 53（輸送問題）

あなたは，スポーツ用品販売チェインのオーナーだ．あなたは，店舗展開をしている 5 つの顧客（需要地点）に対して，3 つの自社工場で生産した製品を運ぶ必要がある．調査の結果，工場での生産可能量（容量），顧客への輸送費用，ならびに各顧客における需要量は，表 12.1 のようになっていることが分かった．さて，どのような輸送経路を選択すれば，総費用が最小になるであろうか？

表 12.1　輸送問題のデータ．顧客の需要量，工場から顧客までの輸送費用，ならびに工場の生産容量

顧客	1	2	3	4	5	
需要量	80	270	250	160	180	
工場	輸送費用					容量
1	4	5	6	8	10	500
2	6	4	3	5	8	500
3	9	7	4	3	4	500

問題 54（多期間生産計画問題）

1 つの製品の生産をしている工場を考える．在庫費用は 1 日あたり，1 トンあたり 1 万円とする．いま 7 日先までの需要が分かっていて，7 日分の生産量と在庫量を決定したい．各日の需要は，表 12.2 のようになっている．工場の 1 日の稼働時間は 8 時間，製品 1 トンあたりの製造時間は 0.5 時間としたとき，稼働時間上限を満たした最小費用の生産・在庫量を決定せよ．

表 12.2 各期の需要量

日	1	2	3	4	5	6	7
需要量	5	7	8	2	9	1	3

問題 55 (下限制約)

いま，図 12.18 の大名の例題において，点 2 から点 3 へ向かう枝のフロー量が 4 以上でなければならないものとする．このフロー量の下限制約を取り除くことを考える．下限 4 を超過した量を新たなフロー量として x'_{23} と記す．元のフロー量 x_{23} とは $x_{23} = 4 + x'_{23}$ の関係がある．変数 x_{23} を x'_{23} に置き換えることによって，点 2 におけるフロー整合条件から点 2 の需要量は 4 増え，点 3 におけるフロー整合条件から点 3 の需要量は 4 減る．また，枝 (2,3) の容量（フロー量上限）は，1 (= 5 − 4) に変更される．この観察を用いて，下限制約付きの最小費用流を求めよ．

問題 56 (ナプキンのクリーニング問題)

あなたはホテルの宴会係だ．あなたは 1 週間に使用するナプキンを手配する必要がある．各日の綺麗なナプキンの需要量は平日は 100 枚，土曜日と日曜日は 125 枚だ．新しいナプキンを購入するには 100 円かかる．使用したナプキンはクリーニング店で洗濯して綺麗なナプキンにすることができるが，早いクリーニング店だと 1 日で 1 枚あたり 30 円かかり，遅いクリーニング店だと 2 日で 1 枚あたり 10 円かかる．月曜の朝のナプキンの在庫が 0 としたとき，需要を満たす最適なナプキンの購入ならびにクリーニング計画をたてよ．

ヒント：この問題は下限付きの最小費用流問題に帰着できる．

問題 57 (続ナプキンのクリーニング問題)

上のナプキンのクリーニング問題において，日曜末の在庫を月曜の朝に使うことができると仮定したときの最適なナプキンのクリーニング計画をたてよ．

12.8.10 リンク分析

Web のハイパーリンクをもとにしてグラフを構成し，どの Web ページが重要かを分析することができる．そのための一連の手法を**リンク分析** (link analysis) とよぶ．

NetworkX を用いることによって，**ページランク** (PageRank) と **HITS 探索** (Hyperlink-Induced Topic Search) の 2 つのリンク分析ができる．ページランクは Google 社の商標であり，特許はスタンフォード大学が所有している．HITS 探索は中心になる Web ページを求めるためのアルゴリズムであり，点から出る枝をもとに重要性を測定した**ハブ値** (hubs) と，点に入る枝をもとにした**権威値** (authorities) を計算する．

pagerank(G) はグラフ G の有向枝が Web ページのハイパーリンクを表しているときのページランクを求める．無向グラフを入力した場合には，自動的に（お互いにリンクをはっているという意味での）有向枝に変換されて処理される．アルゴリズム内で用いられる固有値を求める部分に反復法を用いているので，この関数は用いるべきではなく，以下の pagerank_numpy(G) や pagerank_scipy(G) を用いることが推奨される．

pagerank_numpy(G) は NumPy を用いてページランクを求める．

図 12.19 のグラフに対するページランクは，以下のように求めることができる．

```
G = nx.Graph()
```

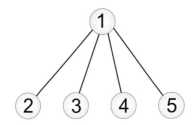

図 12.19　リンク分析の例題

```
G.add_edges_from([ (1,2),(1,3),(1,4),(1,5) ])
print( nx.pagerank_numpy(G) )
>>>
{1: 0.47567567567567576, 2: 0.13108108108108107, 3: 0.13108108108108107,
 4: 0.13108108108108107, 5: 0.13108108108108107}
```

`pagerank_scipy(G)` は SciPy を用いてページランクを求める．

`hits(G)` はグラフ G の有向枝が Web ページのハイパーリンクを表しているときのハブ値と権威値を HITS 探索を用いて求める．返値は点のハブ値を表す辞書と権威値を表す辞書のタプルである．アルゴリズム内で用いられる固有値を求める部分に反復法を用いているので，この関数は用いるべきではなく，以下の `hits_numpy(G)` や `hits_scipy(G)` を用いることが推奨される．

`hits_numpy(G)` は NumPy を用いて HITS 探索を行う．

　図 12.19 のグラフに対するハブ値と権威値は，以下のように求めることができる．

```
G = nx.Graph()
G.add_edges_from([ (1,2),(1,3),(1,4),(1,5) ])
print( nx.hits_numpy(G) )
>>>
({1: 1.0, 2: 0.0, 3: 0.0, 4: 0.0, 5: 0.0},
 {1: 1.0, 2: 0.0, 3: 0.0, 4: 0.0, 5: 0.0})
```

`hits_scipy(G)` は SciPy を用いて HITS 探索を行う．

12.8.11　グラフ同型

　グラフ同型問題は，与えられた 2 つのグラフが同型であるか否かを判定する問題である．この問題は，クラス $\mathcal{NP}$ には含まれるが，多項式時間のアルゴリズムが存在するのか（言い換えればクラス $\mathcal{P}$ に含まれるのか），$\mathcal{NP}$-完全か分かっていない計算複雑性の未解決問題である．ここで，グラフ $G = (V, E)$ と $H = (V', E')$ が同型 (isomorphism) であるとは，G の点集合 V から H の点集合 V' への全単射（1 対 1 写像）$f : V \to V'$ で，すべての $(u, v) \in E \Leftrightarrow (f(u), f(v)) \in E'$ が成立するものが存在することを指す．

　NetworkX では，以下の関数を用いて同型の判定を行うことができる．

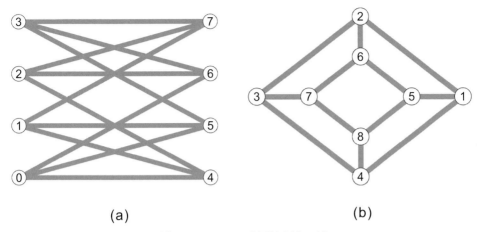

図 12.20 グラフの同型を判定の例

is_isomorphic(G, H) はグラフ G と H が同型か否かを判定する．

例として，図 12.20 の 2 つのグラフの同型を判定する．図 12.20 (a) のグラフ G の点集合 $0, 1, 2, 3$ を図 12.20 (b) のグラフ H の点集合 $1, 6, 8, 3$ に対応させた全単射においてグラフ同型の定義が成立するので，G と H は同型である．

NetworkX で確認してみよう．

```
G = nx.Graph()
G.add_edges_from([ (0,4),(0,5),(0,6),(1,4),(1,5),(1,7),
                   (2,4),(2,6),(2,7),(3,5),(3,6),(3,7)])
H = nx.Graph()
H.add_edges_from([ (1,2),(1,4),(1,5),(2,3),(2,6),(3,4),
                   (3,7),(4,8),(5,6),(5,8),(6,7),(7,8)])
print( nx.is_isomorphic(G, H) )
>>>
True
```

12.8.12 グラフ探索

グラフの点を系統的にたどる方法を**グラフ探索** (graph search) とよぶ．NetworkX では，以下のグラフ探索のための関数を準備している．

dfs_edges(G,source) は始点 source から深さ優先探索をしたときの枝を生成する．ここで**深さ優先探索** (depth first search) とは，グラフの「より深いところを」探索し，たどれる点がなくなるとバックトラックする方法である．返値は枝のジェネレータである．

例として，高さ 2 の完全 2 分木に枝 (3,6) を加えたグラフに対して，dfs_edges を実行すると以下のようになる（図 12.21）．

```
G = nx.balanced_tree(2,2)
G.add_edge(3,6)
```

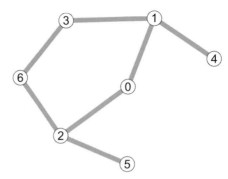

図 12.21 グラフ探索の例題

```
for e in nx.dfs_edges(G,0):
    print( e, end='')
>>>
(0, 1) (1, 3) (3, 6) (6, 2) (2, 5) (1, 4)
```

dfs_tree(G,source) は始点 source から深さ優先探索をしたときの有向木を返す．

dfs_predecessors(G) は深さ優先探索をしたときの各点の直前の点を辞書として返す．

dfs_successors(G) は深さ優先探索をしたときの各点の直後の点を辞書として返す．

dfs_preorder_nodes(G) は深さ優先探索をしたときの**前順** (preorder) の点順を生成する．ここで前順とは行きがけ順ともよばれ，「自分 ⇒ 左の子 ⇒ 右の子」の順で木を辿ることを指す．

dfs_postorder_nodes(G) は**後順** (postorder) で探索したときの点順を生成する．ここで後順とは帰りがけ順ともよばれ，「左の子 ⇒ 右の子 ⇒ 自分」の順で木を辿ることを指す．

bfs_edges(G,source) は始点 source から幅優先探索をしたときの枝を生成する．ここで**幅優先探索** (breadth first search) とは，最初の点から近い順に探索を行う方法である．

bfs_tree(G,source) は始点 source から幅優先探索をしたときの有向木を返す．

bfs_predecessors(G) は幅優先探索をしたときの各点の直前の点を辞書として返す．

例として，図 12.21 のグラフに bfs_predecessors を適用してみると以下のようになる．

```
print( nx.bfs_predecessors(G,0) )
>>>
{1: 0, 2: 0, 3: 1, 4: 1, 5: 2, 6: 2}
```

bfs_successors(G) は幅優先探索をしたときの各点の直後の点を辞書として返す．

12.8.13　2部グラフ

2部グラフ (bipartite graph) とは，点集合を 2 つの部分集合に分割して，各集合内の点同士の間には枝がないようにできるグラフである．

is_bipartite(G) は 2 部グラフか否かの判定を行う．

12.8.14 次数相関係数

degree_assortativity_coefficient(G) は**次数相関係数** (assortativity；同類類似性) を求める．ここで，次数相関係数とは，枝の両端点の次数の相関係数である．枝の両端点が友達同士であるグラフを考えたとき，次数相関係数が大きいと，「多くの友達をもつ人の友人ほど友達が多い」ということを意味する．友人関係や共著関係は正の次数相関係数をもち，インターネットなどは負の次数相関係数をもつことが知られている．

average_neighbor_degree(G) は隣接点の平均次数を求める．

12.8.15 中心性

グラフの中でどの点が中心的なのかを表す様々な指標を計算することができる．

degree_centrality(G) はグラフ G 内の各点の**次数中心性** (degree centrality) を計算する．ここで点 v の次数中心性とは，点 v の次数 / 最大次数（= 点の数 −1）である．これは「次数が大きいほどグラフの中心性が高い」ことを意味する．

closeness_centrality(G) はグラフ G 内の各点の**近接中心性** (closeness centrality) を計算する．ここで点 v の近接中心性とは，点 v と他のすべての点への（重み weight を距離とみなしたときの）平均距離の逆数である．これは「他の点と距離が近いほど中心性が高い」ことを意味する．

betweenness_centrality(G) はグラフ G 内の各点の**媒介中心性** (betweenness centrality) を計算する．ここで点 v の媒介中心性とは，すべての地点間 s,t に対する「点 v を通過する最短路数 / s,t 間の最短路数」の和である．これは「最短路が通過する比率が大きいならグラフの中心性が高い」ことを意味する．

eigenvector_centrality(G) は**固有値中心性** (eigenvector centrality) を計算する．これはグラフ G の隣接行列の最大固有ベクトルから計算される．実際には，固有値計算に NumPy を用いた eigenvector_centrality_numpy を用いた方がよい．

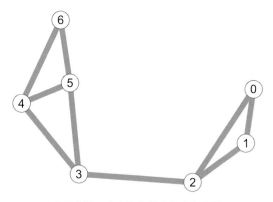

図 12.22 中心性計算のための例題

以下に図 12.22 のグラフに対する中心性の計算の例を示す．各々に対して，返値は点をキーとし，中心性を値とした辞書である．

コード 12.22 中心性の計算

```
G = nx.Graph()
G.add_edges_from([ (0,1),(0,2),(1,2),(2,3),(3,4),(3,5),(4,5),(4,6),(5,6)])
print( nx.degree_centrality(G) )
>>>
{0: 0.333, 1: 0.33, 2: 0.5, 3: 0.5, 4: 0.5, 5: 0.5, 6: 0.333}
print( nx.closeness_centrality(G) )
>>>
{0: 0.428, 1: 0.428, 2: 0.6, 3: 0.666, 4: 0.545, 5: 0.545, 6: 0.4}
print( nx.betweenness_centrality(G) )
>>>
{0: 0.0, 1: 0.0, 2: 0.533, 3: 0.6, 4: 0.133, 5: 0.133, 6: 0.0}
print( nx.eigenvector_centrality(G) )
>>>
{0: 0.181, 1: 0.181, 2: 0.309, 3: 0.476, 4: 0.49, 5: 0.49, 6: 0.362}
```

12.8.16 境界

`edge_boundary(G, S)` はグラフ G の点の部分集合（リスト）S に対する**枝境界** (edge boundary) を返す．ここで枝境界とは，S に 1 つの点が含まれる枝の集合である．

`node_boundary(G, S)` はグラフ G の点の部分集合（リスト）S に対する**点境界** (node boundary) を返す．ここで点境界とは，枝境界内の点で S に含まれる点の集合である．

コード 12.23 枝境界と点境界

```
G = nx.DiGraph()
G.add_weighted_edges_from([ ('s',1,5),('s',2,8),(2,1,2),(1,'t',8),(2,3,5),(3,'t',6)])
print( nx.edge_boundary(G, ['s',1]) )
>>>
[(1, 't'), ('s', 2)]
print( nx.node_boundary(G, ['s',1]) )
>>>
[2, 't']
```

第13章　制約最適化モジュールSCOP

SCOP（Solver for COnstraint Programing：スコープ）は，大規模な制約最適化問題を高速に解くためのソルバーである．ここで，**制約最適化** (constraint optimization)[1]は数理最適化を補完する最適化理論の体系であり，組合せ最適化問題に特化した求解原理—**メタヒューリスティクス** (metaheuristics)—を用いるため，数理最適化ソルバーでは求解が困難な大規模な問題に対しても，効率的に良好な解を探索することができる．

SCOPのダウンロードならびに詳細については，http://logopt.com/scop.htm を参照されたい．

ここでは，制約最適化ソルバーSCOPを，Python言語から直接よび出すためのモジュールscopの使用法について解説する．このモジュールは，すべてPythonで書かれたクラスで構成されており，ソースコードも http://logopt.com/scop.htm からダウンロードでき，ユーザーが書き換え可能である．

以下の構成は次の通り．

13.1節では，SCOPで対象とする重み付き制約充足問題について述べる．
13.2節では，SCOPのクラスについて解説する．
13.3節では，簡単な例を用いてSCOPの使用法を解説する．
13.4節では，SCOPを用いた実際問題の解決例を示す．

13.1　重み付き制約充足問題

ここでは，SCOPで対象とする重み付き制約充足問題について解説する．

一般に**制約充足問題** (constraint satisfaction problem) は，以下の3つの要素から構成される．

変数 (variable): 分からないもの，最適化によって決めるもの．制約充足問題では，変数は，与えられた集合（以下で述べる「領域」）から1つの要素を選択することによって決められる．

領域 (domain): 変数ごとに決められた変数の取りうる値の集合．

---

[1] 旧来の名称は制約計画 (constraint programming) であるが，数理計画と同様に "programming" という用語はプログラミング言語と混同する危険性があるので，ここでは "optimization" の用語を用いることにする．

制約 (constraint): 幾つかの変数が同時にとることのできる値に制限を付加するための条件. SCOPでは線形制約（線形式の等式，不等式），2次制約（一般の2次式の等式，不等式），相異制約（集合に含まれる変数がすべて異なることを表す制約）が定義できる．

制約充足問題は，制約をできるだけ満たすように，変数に領域の中の1つの値を割り当てることを目的とした問題である．

SCOPでは，**重み付き制約充足問題** (weighted constraint satisfaction problem) を対象とする．ここで「制約の重み」とは，制約の重要度を表す数値であり，SCOPでは正数値もしくは無限大を表す文字列'inf'を入力する．'inf'を入力した場合には，制約は**絶対制約** (hard constraint) とよばれ，その逸脱量は優先して最小化される．重みに正数値を入力した場合には，制約は**考慮制約** (soft constraint) とよばれ，制約を逸脱した量に重みを乗じたものの和の合計を最小化する．

すべての変数に領域内の値を割り当てたものを**解** (solution) とよぶ．SCOPでは，単に制約を満たす解を求めるだけでなく，制約からの逸脱量の重み付き和（ペナルティ）を最小にする解を探索する．

数理最適化問題は，すべての制約が絶対制約で，目的関数とよばれる1つの関数だけが考慮制約であると考えられる．重み付き制約充足問題と数理最適化問題の違いを示すために，簡単な例題を考える．

> いま，3人のお友達が3箇所の家に住もうとしている．3人は毎週何回か重要な打合せをする必要があり，打合せの頻度は，図13.1 (a) のようになっている．家の間の移動距離は，図13.1 (b) のようになっており，3人は打合せのときに移動する距離を最小にするような場所に住むことを希望している．さて，誰をどの家に割り当てたらよいのだろうか？

この問題は，**2次割当問題** (quadratic assignment problem) とよばれ，$\mathcal{NP}$-困難な問題の中でも特に悪名高い問題である．

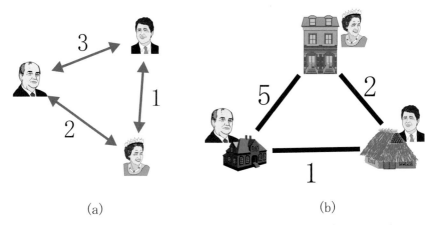

図 13.1 2次割当問題の例 (a) 3人のお友達が打合せをする頻度．枝の上の数字は週に何回打合せをするかを表す．(b) 3箇所の家とお友達の割当の例．枝の上の数字は地点間の距離を表す．お友達同士の行き来する頻度と割り当てられた家の間の距離の和は，$2 \times 5 + 3 \times 1 + 1 \times 2 = 15$ となり，この割り当ての目的関数値は，その2倍（お友達同士は往復するから）で $2 \times 15 = 30$ となる．

2次割当問題をきちんと定義すると，以下のようになる．

2次割当問題

n 個の施設があり，それを n 箇所の地点に配置することを考える．施設 i, j 間には物の移動量 f_{ij} があり，地点 k, ℓ 間を移動するには距離 $d_{k\ell}$ がかかるものとする．物の総移動距離を最小にするように，各地点に 1 つずつ施設を配置せよ．言い換えれば，施設（地点）の集合を $V = \{1, 2, \ldots, n\}$ としたとき，

$$\sum_{i \in V} \sum_{j \in V} f_{ij} d_{\pi(i)\pi(j)}$$

を最小にする順列 $\pi : V \to \{1, 2 \ldots, n\}$ を求めよ．

この問題を数理最適化で解くためには，整数変数とよばれる変数を用いて定式化を行う必要がある．施設 i が地点 k に配置されるとき 1，それ以外のとき 0 となる 0-1 変数 x_{ik} を用いると，2 次割当問題は以下のように定式化できる．

$$
\begin{aligned}
\text{minimize} \quad & \sum_{i,j \in V, i \neq j} \sum_{k, \ell \in V, k \neq \ell} f_{ij} d_{k\ell} x_{ik} x_{j\ell} \\
\text{subject to} \quad & \sum_{i \in V} x_{ik} = 1 & k \in V \\
& \sum_{k \in V} x_{ik} = 1 & i \in V \\
& x_{ik} \in \{0, 1\} & i, k \in V
\end{aligned}
$$

通常の数理最適化ソルバーは，上のような（下に凸でない）2 次の関数を含んだ最小化問題には対応していない．（下に凸でない）2 次の関数を整数最適化問題に帰着させるためには様々な方法が考えられるが，通常は，より多くの変数を用いる必要がでてくる．施設 i が地点 k に配置され，かつ施設 j が地点 ℓ に配置されるとき 1，それ以外のとき 0 となる 4 つの添え字をもつ 0-1 変数 $y_{ikj\ell}$ を追加する．変数の数は n^4 個と多いが，得られる下界は強くなり，$n = 10$ 程度の問題まで数理最適化ソルバーで解くことができる．（ただし，$n = 10$ 程度の問題ならすべての順列を列挙するいわゆる全列挙法でも解くことができる．）2 次割当問題の線形整数最適化問題による定式化は以下のようになる．

$$
\begin{aligned}
\text{minimize} \quad & \sum_{i,j \in V, i \neq j} \sum_{k, \ell \in V, k \neq \ell} f_{ij} d_{k\ell} y_{ikj\ell} \\
\text{subject to} \quad & \sum_{i \in V} x_{ik} = 1 & k \in V \\
& \sum_{k \in V} x_{ik} = 1 & i \in V \\
& \sum_{i \in V, i \neq j} y_{ikj\ell} = x_{j\ell} & k, j, \ell \in V, k \neq \ell \\
& \sum_{k \in V, k \neq \ell} y_{ikj\ell} = x_{j\ell} & i, j, \ell \in V, i \neq j \\
& y_{ikj\ell} = y_{j\ell i k} & i, j, k, \ell \in V, i \neq j, k \neq \ell \\
& x_{ik} \in \{0, 1\} & i, k \in V \\
& y_{ikj\ell} \in \{0, 1\} & i, k, j, \ell \in V, i \neq j, k \neq \ell
\end{aligned}
$$

重み付き制約充足問題による定式化はより自然で簡潔である．施設 i に対して変数 X_i を準備し，各変数の領域を $V = \{1, 2, \cdots, n\}$ とする．変数 X_i が値 $k\ (\in V)$ をとるとき 1，それ以外のとき 0 になる仮想の変数 $x[i, k]$ を導入する．この変数を**値（あたい）変数** (value variable) とよぶ．値変数はモデルを記述するときだけ使われ，SCOP による解の探索では直接は用いられない．2次割当問題を重み付き制約充足問題として定式化すると以下のように書ける．

$$
\begin{array}{ll}
\text{重み } 1 & \sum_{i,j \in V, i \neq j} \sum_{k, \ell \in V, k \neq \ell} f_{ij} d_{k\ell} x[i, k] \cdot x[j, \ell] \\
\text{重み } \infty & \{X_1, X_2, \ldots, X_n\} \text{ はすべて異なる値をもつ} \\
& X_i \in V \hspace{4cm} i \in V
\end{array}
$$

変数の数は n であり，制約も2つ（2次制約と相異制約）だけである．SCOP ではメタヒューリスティクスを用いて解を探索するので，凸でない2次制約や相異制約など数理最適化では扱えない制約を用いることができる．

このように，多くの問題において重み付き制約充足問題による定式化は数理最適化とくらべてコンパクトになり，より大規模な問題例の良好な解を高速に探索することが可能になる．

13.2 SCOP のクラス

SCOP は，以下のクラスから構成されている．

- モデルクラス `Model`

- 変数クラス `Variable`

- 制約クラス `Constraint`: これは，以下のクラスのスーパークラスである．

    — 線形制約クラス `Linear`

    — 2次制約クラス `Quadratic`

    — 相異制約クラス `Alldiff`

図 13.2 にクラス間の関係と主要なメソッド・属性を示す．本節では上の諸クラスについて解説を行う．

13.2.1 モデルクラス

Python から SCOP をよび出して使うときに，最初にすべきことはモデルクラス `Model` のインスタンスを生成することである．例えば，'test' と名付けたモデルインスタンス `model` を生成したいときには，以下のように記述する．

```
1  from scop import *
2  model = Model('test')
```

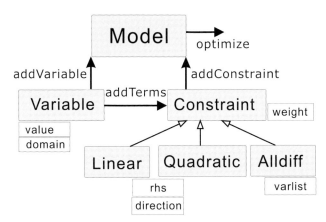

図 13.2 SCOP におけるクラス間の関係と主要なメソッド・属性

1行目では，scop モジュールからすべて（ワイルドカード*で表す）を import によって読み込み，その後の2行目では，モデルクラス Model からモデルインスタンス model を生成している．インスタンスの引数はモデル名であり，省略すると無名のモデルが生成される．

Model クラスは，以下のメソッドをもつ．

addVariable(name, domain) はモデルに1つの変数を追加する．引数の name は変数名を表す文字列であり，domain は領域を表すリストである．変数名を省略すると，自動的に __x[通し番号] という名前が付けられる．領域を定義するためのリスト domain の要素は，文字列でも数値でもかまわない．（ただし内部表現は文字列であるので，両者は区別されない．）以下に例を示す．

```
1   x = model.addVarriable('var')                          # domain is set to []
2   x = model.addVariable(name ='var',domain=[1,2,3])      # arguments by name
3   x = model.addVariable('var',['A','B','C'])             # arguments by position
```

1行目の例では，変数名を 'var' と設定した空の領域をもつ変数を追加している．2行目の例では，名前付き引数で変数名と領域を設定している．領域は 1,2,3 の数値である．3行目の例では，領域を文字列として変数を追加している．

> 注意：
> SCOP では変数（制約）名や値を文字列で区別するため重複した名前を付けることはできない．なお，使用できる文字列は，英文字 (a-z, A-Z)，数字 (0-9)，大括弧 ([ ])，アンダーバー (_)，および @ に限定される．

addVariables(names,domain) はモデルに，同一の領域をもつ複数の変数を同時に追加する．引数の names は変数名を要素としたリストであり，domain は領域を表すリストである．領域を定義するためのリストの要素は，文字列でも数値でもかまわない．以下に例を示す．

```
1   varlist=['var1','var2','var3']
2   x = model.addVariables(varlist)                        # domain is set to []
```

```
3  x = model.addVariables(names=varlist, domain=[1,2,3])  # arguments by name
4  x = model.addVariables(varlist, ['A','B','C'])          # arguments by position
```

1行目では変数名のリストを varlist に保管している．その後，2,3,4 行目では，3 通りの方法で，複数の変数を追加している．

addConstriant(con) は制約インスタンス con をモデルに追加する．制約インスタンスは，制約クラスを用いて生成されたインスタンスである．制約インスタンスの生成法については，以下で解説する．

以下の例では，制約インスタンス L をモデルに追加している．

```
model.addConstraint(L)
```

optimize はモデルの求解（最適化）を行うメソッドである．最適化のためのパラメータは，パラメータ属性 Params で設定する．返値は，最適解の情報を保管した辞書と，破った制約の情報を保管した辞書のタプルである．例えば，以下のプログラムでは最適解を辞書 sol に，破った制約を辞書 violated に保管する．

```
sol, violated = model.optimize()
```

最適解や破った制約は，変数や制約の名前をキーとし，解の値や制約逸脱量を値とした辞書であるので，最適解の値と逸脱量を出力するには，以下のように記述すればよい．

```
for x in sol:
    print(x, sol[x])
for v in violated:
    print(v, violated[v])
```

モデルインスタンスは，以下の属性をもつ．

表 13.1　最適化の状態を表す整数と意味

状態の定数	説明
0	最適化成功
1	求解中にユーザーが Ctrl-C を入力したことによって強制終了した．
2	入力データファイルの読込みに失敗した．
3	初期解ファイルの読込みに失敗した．
4	ログファイルの書込みに失敗した．
5	入力データの書式にエラーがある．
6	メモリの確保に失敗した．
7	実行ファイル scop.exe のよび出しに失敗した．
10	モデルの入力は完了しているが，まだ最適化されていない．
負の値	その他のエラー

nameはモデルの名前である．コンストラクタの引数として与えられる．省略可で既定値は''である．

variablesは変数インスタンスのリストである．

constraintsは制約インスタンスのリストである．

varDictは制約名をキーとし，変数インスタンスを値とした辞書である．

Statusは最適化の状態を表す整数である．状態の種類と意味を表13.1に示す．

Paramsは求解（最適化）の際に用いるパラメータを表す属性を保管する．

Params属性で設定可能なパラメータは，以下の通り．

TimeLimitは制限時間を表す．制限時間は正数値を設定する必要があり，その既定値は600秒である．

例えば，モデルインスタンスmodelのパラメータ属性Paramsの制限時間（TimeLimit属性）を1秒に変更するには，以下のように記述すればよい．

> model.Params.TimeLimit=1

RandomSeedは乱数の種である．SCOPでは探索にランダム性を加味しているので，乱数の種を変えると，得られる解が変わる可能性がある．乱数の種の既定値は1である．

OutputFlagは出力フラグを表し，最適化の過程を出力する際の詳細さを制御するためのパラメータである．真（Trueもしくは正の値）に設定すると詳細な情報を出力し，偽(Falseもしくは0)に設定すると最小限の情報を出力する．既定値は偽(0)である．

Initialは，前回最適化の探索を行った際の最良解を初期値とした探索を行うときTrue，それ以外のときFalseを表すパラメータである．既定値はFalseである．最良解の情報は，「変数：値」を1行としたテキストとしてファイル名 scop_best_data.txt に保管されている．このファイルを書き換えることによって，異なる初期解から探索を行うことも可能である．

Targetは制約の逸脱量が目標値以下になったら自動終了させるためのパラメータである．既定値は0である．

また，モデルインスタンスは，モデルの情報を文字列として返すことができる．例えば，

> **print**(model)

とすると，モデルインスタンスmodelの情報（変数と制約の数，変数の定義，制約の種類と展開された式など）が表示される．

13.2.2 変数クラス

すでに上で述べたように，変数クラス Variable のインスタンスは，モデルインスタンスの addVariable もしくは addVariables メソッドを用いて生成される．

> 変数インスタンス=model.addVariable(name, domain)

引数の name は変数名を表す文字列であり，domain は領域を表すリストである．

> 変数インスタンスのリスト=model.addVariables(names, domain)

引数の names は変数名を要素としたリストであり，domain は領域を表すリストである．

変数クラスは，以下の属性をもつ．

name は変数の名称である．

例えば，変数インスタンス var の名前を 'NewVarName' に変えるには，以下のように記述する．

> var.name = 'NewVarName'

domain は変数の領域 (domain) を表すリストである．変数には領域に含まれる値 (value) のうちの1つが割り当てられる．

例えば，変数インスタンス var の領域に 'C' を追加するには，リストの append メソッドを用いて，以下のように記述する．

> var.domain.append('C')

value は最適化によって変数に割り当てられた値である．最適化が行われる前には None が代入されている．

また，変数インスタンスは，変数の情報を文字列として返すことができる．例えば，

> var = model.addVariable('x', ['A','B','C'])
> **print**(var)

によって，変数インスタンス var の情報（変数名と領域）を出力すると，以下の結果が得られる．

variable x:['A', 'B', 'C'] = None

これは変数 x の領域がリスト ['A','B','C'] で定義されており，変数には None が代入されている（まだ最適化が行われていない）ことを意味する．

13.2.3 線形制約クラス

最も基本的な制約は，線形制約である．線形制約は

13.2 SCOPのクラス

$$\text{線形項} 1 + \text{線形項} 2 + \cdots \text{制約の方向} (\leq, \geq, =) \text{右辺定数}$$

の形で与えられる．線形項は，「変数」が「値」をとったとき1，それ以外のとき0を表す**値変数** (value variable) $x[\text{変数}, \text{値}]$ を用いて，

$$\text{係数} \times x[\text{変数}, \text{値}]$$

で与えられる．ここで，係数ならびに右辺定数は<u>整数</u>とし，制約の方向は以下 ($\leq$)，以上 ($\geq$)，等しい ($=$) から1つを選ぶ必要がある．

線形制約クラス Linear のインスタンスは，以下のように生成する．

線形制約インスタンス=Linear(name, weight=1, rhs=0, direction='<=')

引数の意味は以下の通り．

name は制約の名前を表す．これは制約を区別するための名称であり，固有の名前を文字列で入力する必要がある．（名前が重複した場合には，前に定義した制約が無視される．）名前を省略した場合には，自動的に __CON[通し番号] という名前が付けられる．これは，以下の2次制約や相異制約でも同じである．

weight は制約の重みを表す．重みは，制約の重要性を表す正数もしくは文字列'inf'である．ここで'inf'は無限大を表し，絶対制約を定義するときに用いられる．重みは省略することができ，その場合の既定値は1である．

rhs は制約の右辺定数 (right hand side) を表す．右辺定数は，制約の右辺を表す定数（整数値）である．右辺定数は省略することができ，その場合の既定値は0である．

direction は制約の向きを表す．制約の向きは，'<=', '>=', '=' のいずれかの文字列とする．既定値は '<=' である．

上の引数はすべて Linear クラスの属性となる．最適化を行った後では，制約の左辺の評価値が属性として参照可能になる．

lhs は制約の左辺の値を表す．これは最適化によって得られた変数の値を左辺に代入したときの評価値である．最適化を行う前には0が代入されている

Linear クラスは，以下のメソッドをもつ．

addTerms(coeffs, vars, values) は，線形制約の左辺に1つもしくは複数の項を追加する．

addTerms メソッドの引数の意味は以下の通り．

coeffs は追加する項の係数もしくは係数リスト．係数もしくはリストの要素は整数．

vars は追加する項の変数インスタンスもしくは変数インスタンスのリスト．リストの場合には，

リスト coeffs と同じ長さをもつ必要がある．

values は追加する項の値もしくは値のリスト．リストの場合には，リスト coeffs と同じ長さをもつ必要がある．

addTerms メソッドは，1つの項を追加するか，複数の項を一度に追加する．1つの項を追加する場合には，引数の係数は整数値，変数は変数インスタンスで与え，値は変数の領域の要素とする．複数の項を一度に追加する場合には，同じ長さをもつ，係数，変数インスタンス，値のリストで与える．

例えば，項をもたない線形制約インスタンス L に対して，

    L.addTerms(1, y, 'A')

と1つの項を追加すると，制約の左辺は

1 x[y, 'A']

となる．ここで x は値変数（y が 'A' になるとき 1，それ以外のとき 0 の仮想の変数）を表す．同様に，項をもたない線形制約インスタンス L に対して，

    L.addTerms([2, 3, 1], [y, y, z], ['C', 'D', 'C'])

と3つの項を同時に追加すると，制約の左辺は以下のようになる．

2 x[y,'C'] + 3 x[y,'D'] + 1 x[z,'C']

setRhs(rhs) は線形制約の右辺定数を rhs に設定する．引数は整数値であり，既定値は 0 である．

setDirection(dir) は制約の向きを設定する．引数 dir は '<=', '>=', '=' のいずれかの文字列とする．既定値は '<=' である．

setWeight(weight) は制約の重みを weight に設定する．引数は正数値もしくは文字列 'inf' である．ここで 'inf' は無限大を表し，絶対制約を定義するときに用いられる．

また，線形制約クラス Linear は，制約の情報を文字列として返すことができる．例えば，L と名付けた線形制約インスタンスの情報（重みと展開した式と左辺の値）は，

    print(L)

で得ることができる．

13.2.4 2次制約クラス

SCOP では 2 次関数を左辺にもつ制約（2 次制約）も扱うことができる．2 次制約は，

$$2 次項 1 + 2 次項 2 + \cdots 制約の方向 (\leq, \geq, =) 右辺定数$$

の形で与えられる．ここで 2 次項は，

$$係数 \times x[変数 1, 値 1] \times x[変数 2, 値 2]$$

で与えられる．

2 次制約クラス Quadratic のインスタンスは，以下のように生成する．

2次制約インスタンス=Quadratic(name, weight=1, rhs=0, direction='<=')

2 次制約クラスの引数と属性は，線形制約クラス Linear と同じである．

Quadratic クラスは，以下のメソッドをもつ．

addTerms(coeffs,vars1,values1,vars2,values2) は 2 次制約の左辺に 2 つの変数の積から成る項を追加する．

2 次制約に対する addTerms メソッドの引数は以下の通り．

coeffs は追加する項の係数もしくは係数のリスト．係数もしくはリストの要素は整数．

vars1 は追加する項の第 1 変数インスタンスもしくは変数インスタンスのリスト．リストの場合には，リスト coeffs と同じ長さをもつ必要がある．

values1 は追加する項の第 1 変数の値もしくは値のリスト．リストの場合には，リスト coeffs と同じ長さをもつ必要がある．

vars2 は追加する項の第 2 変数の変数インスタンスもしくは変数インスタンスのリスト．リストの場合には，リスト coeffs と同じ長さをもつ必要がある．

values2 は追加する項の第 2 変数の値もしくは値のリスト．リストの場合には，リスト coeffs と同じ長さをもつ必要がある．

addTerms メソッドは，1 つの項を追加するか，複数の項を一度に追加する．1 つの項を追加する場合には，引数の係数は整数値，変数は変数インスタンスで与え，値は変数の領域の要素とする．複数の項を一度に追加する場合には，同じ長さをもつ，係数，変数インスタンス，値のリストで与える．

例えば，項をもたない 2 次制約インスタンス Q に対して，

Q.addTerms(1, y, 'A', z, 'B')

と 1 つの項を追加すると，制約の左辺は

```
1 x[y,'A'] * x[z,'B']
```

となる．

同様に，項をもたない2次制約インスタンス Q に対して，

> Q.addTerms([2, 3, 1], [y, y, z], ['C', 'D', 'C'], [x, x, y], ['A', 'B', 'C'])

と3つの項を同時に追加すると，制約の左辺は以下のようになる．

```
2 x[y,'C'] * x[x,'A'] + 3 x[y,'D'] * x[x,'B'] + 1 x[z,'C'] * x[y,'C']
```

setRhs(rhs) は2次制約の右辺定数を rhs に設定する．引数は整数値であり，既定値は0である．

setDirection(dir) は制約の向きを設定する．引数 dir は '<=', '>=', '=' のいずれかの文字列とする．既定値は '<=' である．

setWeight(weight) は制約の重みを設定する．引数は正数値もしくは文字列 'inf' である．'inf' は無限大を表し，絶対制約を定義するときに用いられる．

また，2次制約クラス Quadratic は，制約の情報を文字列として返すことができる．例えば，Q と名付けた2次制約インスタンスの情報（重みと展開した式と左辺の値）は，

> print(Q)

で得ることができる．

13.2.5 相異制約クラス

相異制約は，変数の集合に対し，集合に含まれる変数すべてが異なる値をとらなくてはならないことを規定する．これは組合せ的な構造に対する制約であり，制約最適化の特徴的な制約である．

SCOP においては，値が同一であるかどうかは，値の名称ではなく，変数のとりえる値の集合（領域）を表したリストにおける順番（インデックス）によって決定される．例えば，変数 var1 および var2 の領域がそれぞれ ['A','B'] ならびに ['B','A'] であったとき，変数 var1 の値 'A', 'B' の順番はそれぞれ0と1，変数 var2 の値 'A', 'B' の順番はそれぞれ1と0となる．したがって，相異制約を用いる際には，変数に同じ領域を与えることが（混乱を避けるという意味で）推奨される．

相異制約クラス Alldiff のインスタンスは，以下のように生成する．

> 相異制約インスタンス = Alldiff(name, varlist, weight)

引数の名前と既定値は以下の通り．

name は制約名を与える．

varlist は相異制約に含まれる変数インスタンスのリストを与える．これは，値の順番が異なることを要求される変数のリストであり，省略も可能である．その場合の既定値は，空のリストとなる．ここで追加する変数は，モデルクラスに追加された変数である必要がある．

weight は制約の重みを与える．

相異制約の制約名と重みについては，線形制約クラス Linear と同じように設定する．上の引数は Alldiff クラスの属性でもある．その他の属性として最適化した後で得られる式の評価値がある．

lhs は左辺 (left hand side) の評価値を表し，最適化された後に，同じ値の番号（インデックス）をもつ変数の数が代入される．

Alldiff クラスは，以下のメソッドをもつ．

addVariable(var) は相異制約に 1 つの変数インスタンス var を追加する．

addVariables(varlist) は相異制約の変数インスタンスを複数同時に（リスト varlist として）追加する．

setWeight(weight) は制約の重みを設定する．引数は正数値もしくは文字列 'inf' である．'inf' は無限大を表し，絶対制約を定義するときに用いられる．

また，相異制約クラス Alldiff は，制約の情報を文字列として返すことができる．例えば，A と名付けた相異制約インスタンスの情報（重みと式に含まれる変数と式の評価値）は，

print(A)

で得ることができる．

13.3 例題

ここでは，仕事割り当ての例題を通して SCOP の基本的な使用法を解説する．

13.3.1 仕事の割当 1

あなたは，土木事務所の親方だ．いま，3 人の作業員 A,B,C を 3 つの仕事 0, 1, 2 に割り当てる必要がある．すべての仕事には，1 人の作業員を割り当てる必要があるが，作業員と仕事には相性があり，割り当てにかかる費用（単位は万円）は，以下のようになっている．

$$\begin{array}{c} & \begin{array}{ccc} 0 & 1 & 2 \end{array} \\ \begin{array}{c} A \\ B \\ C \end{array} & \left(\begin{array}{ccc} 15 & 20 & 30 \\ 7 & 15 & 12 \\ 25 & 10 & 13 \end{array} \right) \end{array}$$

総費用を最小にするように作業員に仕事を割り振るには，どのようにしたらよいだろうか？

まず，scop モジュールを読み込み，モデルクラス Model のインスタンス model を生成する．

```
from scop import *
model = Model()
```

作業員はリスト workers で，割当費用はリストのリスト Cost に保管しておく．

```
workers=['A','B','C']
Cost=[ [15, 20, 30],
       [7,  15, 12],
       [25,10,13]  ]
```

次に，モデルインスタンス model に対して変数を追加する．モデルクラスの addVariables メソッドを用いて，すべての作業員に同じ領域（値の集合）0,1,2 を設定する．

```
x=model.addVariables(workers,[0,1,2])
```

続いて制約クラスのインスタンスを生成する．この問題は，1人の作業員に1つの仕事を割り当てることを表す相異制約と，目的関数を表す線形制約で表現できる．まず，all_diff_constraint と名付けた相異制約 con1 を作っておく．

```
1  con1=Alldiff('all_diff_constraint', x)
2  con1.setWeight('inf')
```

1行目では，制約の重みを省略しているので，重みは既定値の1となっている．2行目で setWeight メソッドを用いて重みを無限大 'inf' に変更したので，この制約は絶対制約となる．もちろんこれは，以下のように1行で書いてもよい．

```
con1 = scop.Alldiff('all_diff_constraint', x, 'inf')
```

次に linear_constraint と名付けた線形制約 con2 を生成する．この制約の重みは，既定値の1とするので，引数の weight は省略している．その後の2行目から4行目では，addTerms メソッドを用いて，左辺に項を追加している．この項は，i 番目の作業員が仕事 j に割り当てられたときに費

用 Cost[i][j] がかかることを表す．5 行目は右辺定数が 0，6 行目は制約が以下（≤）を表すことを指定している．実は線形制約クラスの既定値は '<=0' であるので，最後の 2 行は省略してもよい．

```
1  con2 = Linear('linear_constraint')
2  for i in range(len(workers)):
3      for j in range(3):
4          con2.addTerms(Cost[i][j],x[i],j)
5  con2.setRhs(0)
6  con2.setDirection('<=')
```

また，上のプログラムの 1 行目で，引数に重み，右辺定数と制約の向きを指定して制約を生成しても同じである．

```
con2=Linear('L',weight=1,rhs=0,direction='<=')
```

最後に，生成した制約 con1，con2 をモデル model に addConstraint メソッドを用いて追加し（1,2 行目），パラメータ TimeLimit を 1 に設定し（3 行目：制限時間 1 秒で探索することを指定），optimize メソッドで解を探索する（4 行目）．

```
1  model.addConstraint(con1)
2  model.addConstraint(con2)
3  model.Params.TimeLimit=1
4  sol,violated = model.optimize()
```

optimize メソッドの返値は，解と逸脱した制約の辞書であり，それぞれ sol，violated に保持している．これを表示するには，以下のように辞書のキーと値を標準出力に Python の print 関数で出力すればよい．

```
print('solution')
for x in sol:
    print(x,sol[x])
print('violated constraint(s)')
for v in violated:
    print(v,violated[v])
```

上の Python プログラムを実行すると，結果は以下のように出力される．

```
solution
A 0
C 1
B 2
violated constraint(s)
linear_constraint 37
```

結果から，作業員 A には仕事 0 を，作業員 B には仕事 2 を，作業員 C には仕事 1 を割り当てるのが最良であることが分かる．割り当てられた作業員と仕事の対に対応する費用を丸で囲んで表すと，以下のようになる．

$$\begin{array}{c} & 0 & 1 & 2 \\ A & \begin{pmatrix} ⑮ & 20 & 30 \\ B & 7 & 15 & ⑫ \\ C & 25 & ⑩ & 13 \end{pmatrix} \end{array}$$

相異制約 all_diff_constraint の逸脱量は 0 であるので，上では表示されていない．逸脱があるのは，線形制約 linear_constraint であり，逸脱量は 37, 制約の重みは 1 であったので，費用は $37 (= 15 + 12 + 10)$ 万円になることが分かる．

なお，作成したモデルを確認するには，モデルインスタンス model を print で表示させればよい．

print(model)

これによって，以下の出力が得られる．

```
number of variables = 3
number of constraints= 2
variable A:['0', '1', '2']  = 0
variable B:['0', '1', '2']  = 2
variable C:['0', '1', '2']  = 1
all_diff_constraint: weight= inf  type=alldiff B C A ;  LHS = 0
linear_constraint: weight= 1 type=linear 15(A,0) 20(A,1) 30(A,2)
       7(B,0) 15(B,1) 12(B,2) 25(C,0) 10(C,1) 13(C,2) <=0 LHS = 37
```

各変数に対する最適解ならびに各制約に対する左辺の値 LHS もモデルの出力に含まれている．この操作は Python のシェルで対話的にできるので，デバッグの際には便利である．もちろん，変数や制約も個別に print で出力することができる．

13.3.2　仕事の割当 2

あなたは土木事務所の親方だ．今度は，5 人の作業員 A,B,C,D,E を 3 つの仕事 0, 1, 2 に割り当てる必要がある．ただし，各仕事にかかる作業員の最低人数が与えられており，それぞれ 1, 2, 2 人必要であり，割り当ての際の費用（単位は万円）は，以下のようになっているものとする．

$$\begin{array}{c} & \begin{array}{ccc} 0 & 1 & 2 \end{array} \\ \begin{array}{c} A \\ B \\ C \\ D \\ E \end{array} & \left(\begin{array}{ccc} 15 & 20 & 30 \\ 7 & 15 & 12 \\ 25 & 10 & 13 \\ 15 & 18 & 3 \\ 5 & 12 & 17 \end{array} \right) \end{array}$$

さて,誰にどの仕事を割り振れば費用が最小になるだろうか？

この問題を SCOP を用いて解くための Python コードを記述していこう.

まず,scop モジュールを読み込み,モデルクラス Model のインスタンス model を生成してから,データを準備する.上の例題ではデータを保管するのにリストを用いたが,ここでは辞書を用いて実装しよう.実際問題を解く際には,辞書の方が融通が利いて実装しやすい.

```
from scop import *
model=Model()
workers=['A','B','C','D','E']
Jobs    =[0,1,2]
Cost={ ('A',0):15, ('A',1):20, ('A',2):30,
       ('B',0): 7, ('B',1):15, ('B',2):12,
       ('C',0):25, ('C',1):10, ('C',2):13,
       ('D',0):15, ('D',1):18, ('D',2): 3,
       ('E',0): 5, ('E',1):12, ('E',2):17
       }
LB={0: 1,
    1: 2,
    2: 2
    }
```

ここで Cost は,作業員と仕事のタプルをキーとし,費用を値とした辞書であり,LB は仕事をキーとし,下限を値とした（最低必要人数を表す）辞書である.

割り当てを表す変数 x も辞書で保管するものとする.変数 x はキーを作業員,値を変数インスタンス（領域は仕事のリスト）とした辞書である.各作業員 i に対して変数 x[i] の領域 (domain) を 0,1,2 からなるリスト Jobs と定義する.

```
x={}
for i in workers:
    x[i] = model.addVariable(name=i, domain=Jobs)
```

作業員の最低人数は,線形制約として表現できる.これらの制約は絶対制約とするため,制約の重み weight は無限大 'inf' と設定する.作業員数の下限制約は,仕事の番号をキーとした辞書 LBC に保管しておく.

```
LBC ={}
for j in Jobs:
    LBC[j]=Linear('LB{0}'.format(j), 'inf', LB[j], '>=')
    for i in workers:
        LBC[j].addTerms(1, x[i], j)
    model.addConstraint(LBC[j])
```

目的関数（割当費用の合計）を表す制約は重み1（既定値なので省略）の考慮制約として以下のように記述する．

```
obj=Linear('obj')
for i in workers:
    for j in [0,1,2]:
        obj.addTerms(Cost[i,j],x[i],j)
model.addConstraint(obj)
```

制限時間をパラメータ TimeLimit を用いて1秒に設定し，最適化を行う．結果（最適解）は，以下のように変数インスタンス x の value 属性を見ることによっても確認できる．

```
model.Params.TimeLimit=1
sol,violated = model.optimize()
for i in workers:
    print(i, x[i].value)
```

上のプログラムを実行すると，以下の結果が得られる．

A 1
B 2
C 1
D 2
E 0

結果から分かるように，作業員Aには仕事1を，作業員Bには仕事2を，作業員Cには仕事1を，作業員Dには仕事2を，作業員Eには仕事0を割り当てるのが最良であることが分かる．割り当てに対応する費用を丸で囲んで表すと，以下のようになる．

13.3 例題

$$
\begin{array}{c c}
 & \begin{array}{c c c} 0 & 1 & 2 \end{array} \\
\begin{array}{c} A \\ B \\ C \\ D \\ E \end{array} & \left(\begin{array}{c c c} 15 & ⑳ & 30 \\ 7 & 15 & ⑫ \\ 25 & ⑩ & 13 \\ 15 & 18 & ③ \\ ⑤ & 12 & 17 \end{array} \right)
\end{array}
$$

絶対制約として定義した下限制約の逸脱量は 0 であるので，すべての仕事の必要人数は確保され，割当費用の合計が 0 以下であると定義した考慮制約の逸脱量は 50 であるので，費用は 50 (= 20 + 12 + 10 + 3 + 5) 万円になることが分かる．

確認のため print(model) とモデルを表示すると，最適解や制約の左辺値 LHS も確認できる．

```
number of variables = 5
number of constraints= 4
variable A:['0', '1', '2']  = 1
variable B:['0', '1', '2']  = 2
variable C:['0', '1', '2']  = 1
variable D:['0', '1', '2']  = 2
variable E:['0', '1', '2']  = 0
LB0: weight= inf type=linear 1(A,0) 1(B,0) 1(C,0) 1(D,0) 1(E,0) >=1 LHS = 1
LB1: weight= inf type=linear 1(A,1) 1(B,1) 1(C,1) 1(D,1) 1(E,1) >=2 LHS = 2
LB2: weight= inf type=linear 1(A,2) 1(B,2) 1(C,2) 1(D,2) 1(E,2) >=2 LHS = 2
obj: weight= 1 type=linear 15(A,0) 20(A,1) 30(A,2) 7(B,0) 15(B,1) 12(B,2) 25(C,0)
  10(C,1) 13(C,2) 15(D,0) 18(D,1) 3(D,2) 5(E,0) 12(E,1) 17(E,2) <=0 LHS = 50
```

13.3.3 仕事の割当 3

> 上の例題と同じ状況で，仕事を割り振ろうとしたところ，作業員 A と C は仲が悪く，一緒に仕事をさせると喧嘩を始めることが判明した．作業員 A と C を同じ仕事に割り振らないようにするには，どうしたらよいかを考えてみる．

この問題は，追加された作業員 A と C を同じ仕事に割り当てることを禁止する制約を記述するだけで解決できる．これは，2 次制約（重みは 100）として以下のように記述する．

```
conf=Quadratic('conflict', 100, 0, '=')
for j in Jobs:
    conf.addTerms(1,x['A'],j, x['C'], j)
model.addConstraint(conf)
```

これは変数 x['A'] と x['C'] が同じ値 j をもったときに左辺が1になる制約であり，右辺が0であるので，なるべく作業員 A と C を同じ仕事に割り当てないことを表す．

この制約を追加したプログラムを実行すると，以下の結果が得られる．

```
solution
A 0
C 1
B 2
E 1
D 2
violated constraint(s)
obj 52
```

結果から分かるように，作業員 A には仕事0を，作業員 B には仕事2を，作業員 C には仕事1を，作業員 D には仕事2を，作業員 E には仕事1を割り当てるのが最良であることが分かる．割り当てに対応する費用を丸で囲んで表すと，以下のようになる．

$$\begin{array}{c} \\ A \\ B \\ C \\ D \\ E \end{array} \begin{pmatrix} 0 & 1 & 2 \\ ⑮ & 20 & 30 \\ 7 & 15 & ⑫ \\ 25 & ⑩ & 13 \\ 15 & 18 & ③ \\ 5 & ⑫ & 17 \end{pmatrix}$$

確かに，作業員 A と C は，異なる仕事に割り振られており，絶対制約の逸脱量は0であるので，すべての仕事の必要人数は確保され，割当費用の合計が0以下であると定義した考慮制約の逸脱量は52であるので，費用は $52(= 15 + 12 + 10 + 3 + 12)$ 万円になることが分かる．

確認のため print(model) とモデルを表示すると，最適解や制約の左辺値 LHS が確認できる．

```
number of variables = 5
number of constraints= 5
variable A:['0', '1', '2']  = 0
variable B:['0', '1', '2']  = 2
variable C:['0', '1', '2']  = 1
variable D:['0', '1', '2']  = 2
variable E:['0', '1', '2']  = 1
LB0: weight= inf type=linear 1(A,0) 1(B,0) 1(C,0) 1(D,0) 1(E,0) >=1 LHS = 1
LB1: weight= inf type=linear 1(A,1) 1(B,1) 1(C,1) 1(D,1) 1(E,1) >=2 LHS = 2
LB2: weight= inf type=linear 1(A,2) 1(B,2) 1(C,2) 1(D,2) 1(E,2) >=2 LHS = 2
```

```
L: weight= 1 type=linear 15(A,0) 20(A,1) 30(A,2) 7(B,0) 15(B,1) 12(B,2) 25(C,0)
                         10(C,1)
                         13(C,2) 15(D,0) 18(D,1) 3(D,2) 5(E,0) 12(E,1) 17(E,2)
                         <=0 LHS = 52
Q: weight= 100 type=quadratic 1(A,0) (C,0) 1(A,1) (C,1) 1(A,2) (C,2) <=0 LHS = 0
```

13.4 事例

ここでは,SCOPを用いた様々な事例を紹介する.

13.4.1 時間割作成

最初の実際例は,時間割の作成である.時間割は,多くの教育機関で悩んでいる問題の1つであり,そのため時間割作成に関することだけを取り扱う国際会議まであるほどである.時間割作成問題は,複雑な制約が付いた困難な組合せ最適化問題である.整数最適化としての定式化も可能であるが,その求解は極めて困難になる.ここでは,簡単な時間割作成のモデル化を説明し,SCOPによるモデリングの有用性を示す.

時間割作成の基本モデルは,以下の入力データを必要とする.

授業の集合: 数学,英語,社会などの授業があらかじめ与えられているものとする.授業には,それを教える教師と受ける学生も決められている.そのため,同じ時限に授業が行われると,(教師も学生も身体は1つであるので)困ることになる.したがって,同じ時限に行うことができない授業についての情報も与えられているものとする.

時限の集合: 週休2日で,1限から6限までの授業が可能な場合には,月曜の1限から,金曜の6限までの連続する期が,時限の集合となる.この時限に授業を割り当てるのが,時間割作成の最初の目標である.

教室の集合: 授業を行うことができる教室の集合が与えられているものとする.ただし,授業と教室の相性もあるので,授業ごとに,その授業を行うことが可能な教室の集合が与えられているものとする.この割り当てを決めることが,時間割作成の第2の目標となる.

この問題は,SCOPを用いると,以下のように自然にモデル化できる.

授業に時限を割り当てることを,変数 X として表現する.また,授業に教室を割り当てることを別の変数 Y として表現する.同じ時限に授業ができないことを表現するためには,相異制約を用いる.また,各時限,教室に割り当て可能な授業の数が高々1つであることは(非凸型の)2次制約で表現する.

他の実際問題で必要な付加制約も,SCOPを用いて表現することが可能である.実際に,SCOPを用いたソルバーは,時間割作成の国際コンペティション (ITC-2007: International Timetabling Competition) において,優秀な成績を残している.

13.4.2 寮の部屋割り

ある大学では，学生寮の部屋割りに頭を悩ませていた．部屋はすべて4人部屋で，全部で300室あり，そこに希望する1200人もの学生を割り振る必要がある．従来は，相性などを考慮せずに先着順に部屋を決めていたところ，様々なトラブルが発生していた．最適な部屋割りを求めることによって，できるだけトラブルの種を事前に摘んでしまおうというのが執行部の思惑であった．

そこで学生の性格や出身地などを分析するためにすべての学生に事前にアンケートを行い，そこから得られたプロファイルに基づき学生同士の相性を計算することにした．相性の逆数（トラブルを起こす可能性）を「距離行列」として計算し，その合計を最小にするような部屋割りを決めたい．さらに，留学生と日本人学生のバランス，学年のバランス，学部のバランスなど様々な制約の下で，適切な部屋割りを求める必要がある．

この問題は以下のように定式化される．まず，学生の添え字を i，部屋の添え字を r とし，学生が割り当てられる部屋の番号を領域とした変数 X_i を導入する．この変数に対応する値変数は $x[i,r]$ であり，これは学生 i が部屋 r に割り振られたとき 1，それ以外のとき 0 を表す仮想の変数である．

学生 i と学生 j の距離を d_{ij} としたとき，目的関数は

$$\text{minimize} \sum_{i<j} \sum_r d_{ij} x[i,r] \cdot x[j,r]$$

となる．部屋に割り当てられる学生数がちょうど4である制約は，すべての部屋 r に対して，

$$\sum_i x[i,r] = 4$$

と記述できる．その他のバランス制約も，すべて線形制約として記述できる．この問題は，2次割当問題と似た構造をもつので，通常の混合整数最適化ソルバーでは求解は難しい．実際には，SCOPを用いることによって実装を行い，簡易Excelインターフェイスを作成した．これによって，最適化の知識をもたない事務職員でも容易に良好な部屋割りを求めることができるようになった．

13.4.3 スタッフスケジューリング

多くの職場では，スタッフスケジューリングは重要な意思決定問題の1つである．この問題は，社員，アルバイト，パートなどから，必要なスタッフをどのように確保し，かつ費用を最小化することを目的とした組合せ最適化問題であるが，「人」がからむ複雑な制約のため，しばしばモデル化が困難になる．さらに，最近では旧来のシフト型のスタッフスケジューリングではなく，アルバイトやパートタイマーといった非正規社員がスタッフのほとんどを占めるような職場が増えてきている．そのため，問題はさらに複雑になり，各スタッフの勤務希望日，希望時間帯，スキル，休憩などの条件を考慮したスケジュールを手作業で組むことは非常に難しくなってきている．

SCOPを用いることによって現実のスタッフスケジューリング問題を解決することができる．SCOPを搭載したソフトウェアの例として（株）構造計画研究所で販売しているKKE/ShiftMasterがある．このソフトウェア（図13.3）は，店舗スタッフのシフト作成に実際に利用されており，複雑な現場条件を加味したシフト計画を自動作成することができる．また，現場のニーズに合わせて，以下のような様々な機能が追加されている．

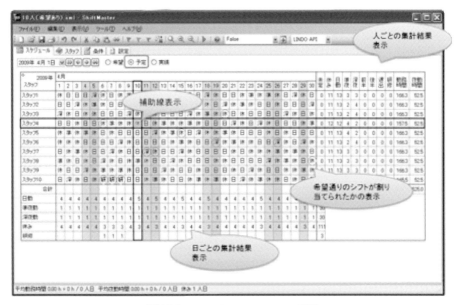

図 13.3　KKE/ShiftMaster の画面

サービス品質向上:

- 各サービス内容に必要な技能種別・レベル
- 需要繁閑に応じた必要スタッフ数
- スタッフの勤務形態・役職に応じた割り当て優先度

生産性向上:

- 待機時間の最小化
- 移動費用（移動時間・距離）の最小化

スタッフの満足度向上:

- 労働法規・社内規定における労働条件
- 夜勤日数や出張回数など高負荷業務の上下限設定ならびに平準化
- 各スタッフの休暇希望

　スタッフスケジューリング問題の特殊形としてシフト型のスケジューリングを行う看護婦スケジューリング問題がある．SCOP を用いたソルバーは看護婦スケジューリングの国際コンペティション (INRC 2010: First International Nurse Rostering Competition 2010) において，優秀な成績を残している．

問題 58（2 次割当問題）
13.1 節の 2 次割当問題の例題を SCOP の相異制約と線形制約を用いて解け．

第 13 章　制約最適化モジュール SCOP

問題 59（シフトスケジューリング）

あなたは，24時間営業のハンバーガーショップのオーナーであり，スタッフの1週間のシフトを組むことに頭を悩ませている．スタッフの時給は同じであると仮定したとき，以下の制約を満たすシフトを求めよ．

- 1シフトは8時間で，朝，昼，晩の3シフトの交代制とする．
- 4人のスタッフは，1日に高々1つのシフトしか行うことができない．
- 繰り返し行われる1週間のスケジュールの中で，スタッフは最低5日間は勤務しなければならない．
- 各シフトに割り当てられるスタッフの数は，ちょうど1人でなければならない．
- 異なるシフトを翌日に行ってはいけない．（すなわち異なるシフトに移るときには，必ず休日を入れる必要がある．）
- シフト2, 3は，少なくとも2日間は連続で行わなければならない．

問題 60（車の投入順決定）

コンベア上に一直線に並んだ車の生産ラインを考える．このラインは，幾つかの作業場から構成され，それぞれの作業場では異なる作業が行われる．いま，4種類の車を同じ生産ラインで製造しており，それぞれをモデル A, B, C, D とする．本日の製造目標は，それぞれ $30, 30, 20, 40$ 台である．

最初の作業場では，サンルーフの取り付けを行っており，これはモデル B, C だけに必要な作業である．次の作業場では，カーナビの取り付けが行われており，これはモデル A, C だけに必要な作業である．それぞれの作業場は長さをもち，サンルーフ取り付けは車5台分，カーナビ取り付けは車3台分の長さをもつ．また，作業場には作業員が割り当てられており，サンルーフ取り付けは3人，カーナビ取り付けは2人の作業員が配置されており，作業場の長さを超えない範囲で別々に作業を行う．作業場の範囲で作業が可能な車の投入順序を求めよ．

ヒント：投入順序をうまく決めないと，作業場の範囲内で作業を完了することができない．例えば，C, A, A, B, C の順で投入すると，サンルーフ取り付けでは，3人の作業員がそれぞれモデル C, B, C に対する作業を行うので間に合うが，カーナビ取り付けでは，2人の作業員では C, A, A の3台の車の作業を終えることができない．これは，作業場の容量制約とよばれ，サンルーフ取り付けの作業場では，すべての連続する5台の車の中に，モデル B, C が高々3つ，カーナビ取り付けの作業場では，すべての連続する3台の車の中に，モデル A, C が高々2つ入っているという制約を課すことに相当する

問題 61（最適化版の 8-クイーン問題）

8×8 のチェス盤に8個のクイーンを置くことを考える．チェスのクイーンとは，将棋の飛車と角の両方の動きができる最強の駒である．i 行 j 列に置いたときの費用を $i \times j$ と定義したとき，クイーンがお互いに取り合わないように置く配置の中で，費用の合計が最小になるような配置を求めよ．

第14章 スケジューリング最適化モジュールOptSeq

OptSeq（オプトシーク）は，スケジューリング問題に特化した最適化ソルバーである．スケジューリング問題は，通常の混合整数最適化ソルバーが苦手とするタイプの問題であり，実務における複雑な条件が付加されたスケジューリング問題に対しては，専用の解法が必要となる．OptSeqは，スケジューリング問題に特化した**メタヒューリスティクス** (metaheuristics) を用いることによって，大規模な問題に対しても短時間で良好な解を探索することができるように設計されている．

OptSeqのダウンロードならびに詳細については，http://logopt.com/OptSeq/OptSeq.htm を参照されたい．

ここでは，スケジューリング最適化ソルバー OptSeq を，Python 言語から直接よび出して求解するためのモジュール optseq の使用法について解説する．このモジュールは，すべて Python で書かれたクラスで構成されており，ソースコードも http://logopt.com/optseq.htm からダウンロードでき，ユーザーが書き換え可能である．

以下の構成は次の通り．

14.1 節では，OptSeq で対象とする資源制約付きスケジューリング問題について述べる．
14.2 節では，OptSeq に内在する諸クラスについて解説する．
14.3 節では，最適化の動作をコントロールするためのパラメータについて述べる．
14.4 節では，種々の例を用いて OptSeq の使用法を具体的に解説する．

14.1 資源制約付きスケジューリング問題

ここでは，OptSeq で対象とする資源制約付きスケジューリング問題について簡単に解説する．

行うべき仕事（ジョブ，作業，タスク）を**活動**（activity；作業）とよぶ．専門用語としては「活動」が好みであるが，以下では，実際問題を意識して「作業」とよぶことにする．スケジューリング問題の目的は作業をどのようにして時間軸上に並べて遂行するかを決めることであるが，ここで対象とする問題では作業を処理するための方法が何通りかあって，そのうち1つを選択することによって処理するものとする．このような作業の処理方法を**モード** (mode) とよぶ．納期や納期遅れのペナルティ（重み）は作業ごとに定めるが，作業時間や資源の使用量はモードごとに決めることができる（14.4.3 節）．

作業を遂行するためには**資源** (resource) を必要とする．資源の使用可能量は時刻ごとに変化して

もよいものとする．また，モードごとに定める資源の使用量も作業開始からの経過時間によって変化
してもよいものとする．通常，資源は作業完了後には再び使用可能になるものと仮定するが，お金や
原材料のように一度使用するとなくなってしまうものも考えられる．そのような資源を**再生不能資源**
(nonrenewable resource) とよぶ（14.4.7 節）．

作業間に定義される**時間制約** (time constraint) は，ある作業（先行作業）の処理が終了するまで，
別の作業（後続作業）の処理が開始できないことを表す先行制約を一般化したものであり，先行作業
の開始（完了）時刻と後続作業の開始（完了）時刻の間に以下の制約があることを規定する（14.4.8
節）．

$$\text{先行作業の開始（完了）時刻} + \text{時間ずれ} \leq \text{後続作業の開始（完了）時刻}$$

ここで，時間ずれは任意の整数値であり負の値も許すものとする．この制約によって，作業の同時開
始，最早開始時刻，時間枠などの様々な条件を記述することができる．

OptSeq では，モードを作業時間分の小作業の列と考え，処理の途中中断や並列実行も可能であ
るとする．その際，中断中の資源使用量や並列作業中の資源使用量も別途定義できるものとする
（14.4.9 節，14.4.10 節）．また，時刻によって変化させることができる**状態** (state) が準備され，モー
ド開始の状態の制限やモードによる状態の推移を定義できる（14.4.11 節）．

14.2 OptSeq のクラス

OptSeq の Python モジュール (`optseq`) における基本クラスには，以下のものがある．

- モデル Model
- 作業 Activity（作業はしばしば「仕事」，「活動」，「ジョブ」，「タスク」ともよばれる．）
- モード Mode
- 資源 Resource
- 時間制約 Temporal
- 状態 State

図 14.1 にクラス間の関係と主要なメソッド・属性を示す．本節では上の諸クラスについて解説を
行う．

> **注意：**
> OptSeq では作業，モード，資源名を文字列で区別するため重複した名前を付けることはできな
> い．なお，使用できる文字列は，英文字 (a-z, A-Z)，数字 (0-9)，大括弧 ([ ])，アンダーバー (_)，
> および @ に限定される．また，作業名は `source`, `sink` 以外，モードは `dummy` 以外の文字に限定さ
> れる．

14.2 OptSeq のクラス

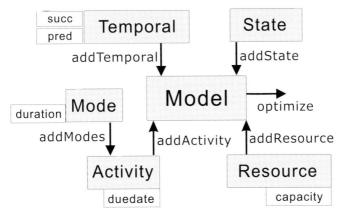

図 14.1 OptSeq におけるクラス間の関係と主要なメソッド・属性

14.2.1 モデル

Python から OptSeq をよび出して使うときに, 最初にすべきことは

from optseq import *

と optseq モジュールを読み込むことであるが, 続いてすべきことはモデルクラスのインスタンス model を生成することである. OptSeq では引数なしで (もしくは名前を引数として), 以下のように記述する.

model = Model()
model = Model('名前')

モデルインスタンス model は, 以下のメソッドをもつ.

addActivity は, モデルに 1 つの作業を追加する. 返値は作業インスタンスである.

作業インスタンス = model.addActivity(name, duedate='inf', weight=1,
    autoselect=False)

引数の名前と意味は以下の通り.

name は作業の名前を文字列で与える. ただし作業の名前に'source', 'sink' を用いることはできない.

duedate は作業の納期を 0 以上の整数もしくは, 無限大を表す文字列'inf' で与える. この引数は省略可で, 既定値は'inf' である.

weight は作業の完了時刻が納期を遅れたときの単位時間当りのペナルティである. 省略可で, 既定値は 1.

autoselect は作業に含まれるモードを自動選択するか否かを表すフラグである. モードを自動選択するとき True, それ以外のとき False を設定する. 既定値は False. 状態によって

モードの開始が制限されている場合には，autoselect を True に設定しておくことが望ましい．

addResource はモデルに資源を1つ追加する．返値は資源インスタンスである．

> 資源インスタンス = model.addResource(name, capacity, rhs=0, direction='<=', weight='inf')

引数の名前と意味は以下の通り．

name は資源の名前を文字列で与える．

capacity は資源の容量（使用可能量の上限）を辞書もしくは正数値で与える．正数値で与えた場合には，開始時刻は0，終了時刻は無限大と設定される．辞書のキーはタプル（開始時刻，終了時刻）であり，値は容量を表す正数値である．開始時刻と終了時刻の組を**区間** (interval) とよぶ．離散的な時間を考えた場合には，時刻 $t-1$ から時刻 t の区間を**期** (period) t と定義する．時刻の初期値を0と仮定すると，期は1から始まる整数値をとる．区間（開始時刻，終了時刻）に対応する期は，「開始時刻 $+1$, 開始時刻 $+2$, ..., 終了時刻」となる（図 14.2）．

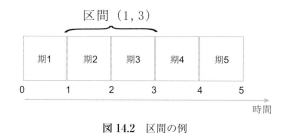

図 14.2 区間の例

rhs は再生不能資源制約の右辺定数を与える．省略可で，既定値は 0．

direction は再生不能資源制約の種類（制約が等式か不等式か，不等式の場合には方向）を示す文字列を与える．文字列は '<=', '>=', '=' のいずれかとする．省略可であり，既定値は '<=' である．

weight は再生不能資源制約を逸脱したときのペナルティ計算用の重みを与える．正数値もしくは無限大を表す文字列 'inf' を入力する．省略可で，既定値は 'inf'．

addTemporal はモデルに時間制約を1つ追加する．返値は時間制約インスタンスである．

> 時間制約インスタンス = model.addTemporal(pred, succ, tempType ='CS', delay=0)

時間制約は，先行作業と後続作業の開始（もしくは完了）時刻間の関係を表し，以下のように記述される．

$$\text{先行作業の開始（完了）時刻} + \text{時間ずれ} \leq \text{後続作業の開始（完了）時刻}$$

ここで**時間ずれ** (delay) は時間の差を表す整数値である．先行（後続）作業の開始時刻か完了時刻のいずれを対象とするかは，時間制約のタイプで指定する．タイプは，**開始時刻** (start time) のとき文字列'S'，**完了時刻** (completion time) のとき文字列'C'で表し，先行作業と後続作業のタイプを2つつなげて'SS', 'SC', 'CS', 'CC'のいずれかから選択する．引数の名前と意味は以下の通り．

- `pred` は**先行作業** (predecessor) のインスタンスもしくは文字列'source'を与える．文字列 'source' は，すべての作業に先行する開始時刻0のダミー作業を定義するときに用いる．

- `succ` は**後続作業** (successor) のインスタンスもしくは文字列'sink'を与える．文字列'sink' は，すべての作業に後続するダミー作業を定義するときに用いる．

- `tempType` は時間制約のタイプを与える．'SS', 'SC', 'CS', 'CC'のいずれかから選択し，省略した場合の既定値は'CS'（先行作業の完了時刻と後続作業の開始時刻）である．

- `delay` は先行作業と後続作業の間の時間ずれであり，整数値（負の値も許すことに注意）で与える．既定値は0である．

`addState` はモデルに状態を追加する．引数は状態の名称を表す文字列 `name` であり，返値は状態インスタンスである．

> 状態インスタンス = model.addState(name)

`optimize` はモデルの最適化を行う．返値はなし．最適化を行った結果は，作業，モード，資源，時間制約インスタンスの属性に保管される．

`write` は最適化されたスケジュールを簡易 **Gantt チャート** (Gantt chart)[1] としてテキストファイルに出力する．引数はファイル名 (`filename`) であり，その既定値は `optseq.txt` である．ここで出力される Gantt チャートは，作業別に選択されたモードや開始・終了時刻を示したものであり，資源に対しては使用量と容量が示される．

`writeExcel` は最適化されたスケジュールを簡易 Gantt チャートとしてカンマ区切りのテキスト (csv) ファイルに出力する．引数はファイル名 (`filename`) とスケールを表す正整数 (`scale`) である．ファイル名の既定値は `optseq.csv` である．スケールは，時間軸を `scale` 分の1に縮めて出力するためのパラメータであり，Excelの列数が上限値をもつために導入された．その既定値は1である．なお，Excel用のGanttチャートでは，資源の残り容量のみを表示する．

モデルインスタンスは，モデルの情報を文字列として返すことができる．例えば，モデルインスタンス `model` の情報は，

---

[1] Henry Gantt によって100年くらい前に提案されたスケジューリングの表記図式なので，Gantt の図式という名前がついている．実は，最初の発案者はポーランド人の Karol Adamiecki で1896年まで遡る．

```
print(model)
```

で得ることができる．作業，モード，資源，時間制約，状態のインスタンスについても同様であり，print 関数で情報を出力することができる．

　モデル（作業，モード，資源，時間制約，状態）の情報は，インスタンスの属性に保管されている．インスタンスの属性は「インスタンス.属性名」でアクセスできる．

　モデルインスタンスは以下の属性をもつ．

activities はモデルに含まれる作業名をキー，作業インスタンスを値とした辞書である．

modes はモデルに含まれるモード名をキー，モードインスタンスを値とした辞書である．

resources はモデルに含まれる資源名をキー，資源インスタンスを値とした辞書である．

temporals はモデルに含まれる時間制約の先行作業名と後続作業名のタプルをキー，時間制約インスタンスを値とした辞書である．

Params は最適化をコントロールするためのパラメータインスタンスである．パラメータについては，14.3 節で詳述する．

14.2.2　作業クラス

　成すべき仕事（ジョブ，活動，タスク）を総称して**作業** (activity) とよぶ．作業クラスのインスタンスは，モデルインスタンス model の作業追加メソッド (addActivity) の返値として生成される．

```
作業インスタンス=model.addActivity(name, duedate='inf', weight=1)
```

　上のメソッドの引数については，14.2.1 節を参照．
　作業には任意の数のモード（作業の実行方法）を追加することができる．モードの追加は，以下のメソッドで行う．

addModes は作業にモードを追加する．引数は（任意の数の）モードインスタンス．

```
作業インスタンス.addModes(モードインスタンス1, モードインスタンス2, ... )
```

　作業の情報は，作業インスタンスの属性に保管されている．作業インスタンスは以下の属性をもつ．

name は作業名である．

duedate は作業の納期であり，0 以上の整数もしくは無限大'inf' を入力する．

weight は作業の完了時刻が納期を遅れたときの単位時間当りのペナルティである．

modes は作業に付随するモードインスタンスのリストを保持する．

例えば，作業インスタンス act の納期を 10, 重みを 2 に変更したい場合には，納期を表す属性が duedate, 重みを表す属性が weight であるので，以下のようにすればよい．

> act.duedate=10
> act.weight=2

14.2.3 モードクラス

作業の処理方法を**モード** (mode) とよぶ．作業は少なくとも 1 つのモードをもち，そのうちのいずれかを選択して処理される．

モードのインスタンスは，モードクラス Mode から生成される．

> モードインスタンス = Mode(name, duration=0)

引数の名前と意味は以下の通り．

name はモードの名前を文字列で与える．ただしモードの名前に 'dummy' を用いることはできない．

duration はモードの作業時間を非負の整数で与える．既定値は 0．

モードインスタンスは，以下のメソッドをもつ．

addResource はモードを実行するときに必要な資源とその量を指定する．

> モードインスタンス.addResource(resource, requirement={}, rtype=None)

引数と意味は以下の通り．

resource は追加する資源インスタンスを与える．

requirement は資源の必要量を辞書もしくは正数値で与える．辞書のキーはタプル（開始時刻, 終了時刻）であり，値は資源の使用量を表す正数値である．正数値で与えた場合には，開始時刻は 0, 終了時刻は無限大と設定される．
注：作業時間が 0 のモードに資源を追加することはできない．その場合には実行不可能解と判断される．

rtype は資源のタイプを表す文字列．'break', 'max' のいずれかから選択する（既定値は None）．'break' を与えた場合には，中断中に使用する資源量を指定する．'max' を与えた場合には，並列処理中に使用する資源の「最大量」を指定する．省略可で，その場合には通常の資源使用量を規定し，並列処理中には資源使用量の「総和」を使用することになる．

addBreakは中断追加メソッドである．モードは単位時間ごとに分解された作業時間分の小作業の列と考えられる．小作業を途中で中断してしばらく時間をおいてから次の小作業を開始することを**中断** (break) とよぶ．中断追加メソッド (addBreak) は，モード実行時における中断の情報を指定する．

>　モードインスタンス.addBreak(start=0, finish=0, maxtime ='inf')

引数と意味は以下の通り．

startは中断可能な最早時刻を与える．省略可で，既定値は 0．

finishは中断可能時刻の最遅時刻を与える．省略可で，既定値は 0．

maxtimeは最大中断可能時間を与える．省略可で，既定値は無限大 ('inf')．

addParallelは並列追加メソッドである．モードは単位時間ごとに分解された作業時間分の小作業の列と考えられる．資源量に余裕があるなら，同じ時刻に複数の小作業を実行することを**並列実行** (parallel execution) とよぶ．並列追加メソッド (addParallel) は，モード実行時における並列実行に関する情報を指定する．

>　モードインスタンス.addParallel(start=1, finish=1, maxparallel='inf')

引数と意味は以下の通り．

startは並列実行可能な最小の小作業番号を与える．省略可で，既定値は 1．

finishは並列実行可能な最大の小作業番号を与える．省略可で，既定値は 1．

maxparallelは同時に並列実行可能な最大数を与える．省略可で，既定値は無限大 ('inf')．

addStateは状態追加メソッドである．状態追加メソッド (addState) は，モード実行時における状態の値と実行直後（実行開始が時刻 t のときには，時刻 $t+1$）の状態の値を定義する．

>　モードインスタンス.addState(state, fromValue=0, toValue=0)

引数と意味は以下の通り

stateはモードに付随する状態インスタンスを与える．省略不可．

fromValueはモード実行時における状態の値を与える．省略可で，既定値は 0．

toValueはモード実行直後における状態の値を与える．省略可で，既定値は 0．

モードインスタンスは以下の属性をもつ．

name はモード名である．

duration はモードの作業時間である．

requirement は通常の作業中の資源の必要量を表す辞書である．辞書のキーはタプル（開始時刻，終了時刻）であり，値は資源の使用量を表す正数値である．

breakable は中断中の資源の必要量を表す辞書である．辞書のキーはタプル（開始時刻，終了時刻）であり，値は資源の使用量を表す正数値である．

parallel は並列作業中の資源の最大量を表す辞書である．辞書のキーはタプル（開始小作業番号，終了小作業番号）であり，値は資源の使用量を表す正数値である．

autoselect はモードを自動選択するとき True，それ以外のとき False を設定する．既定値は False である．

14.2.4 資源クラス

資源インスタンスは，モデルの資源追加メソッド (addResource) の返値として生成される．

> 資源インスタンス = model.addResource(name, capacity, rhs=0, direction='<=', weight='inf')

上のメソッドの引数については，14.2.1 節を参照されたい．

資源インスタンスは，以下のメソッドをもつ．

addCapacity は資源に容量を追加するためのメソッドであり，資源の容量を追加する．引数と意味は以下の通り．

> start は資源容量追加の開始時刻（区間の始り）を与える．

> finish は資源容量追加の終了時刻（区間の終り）を与える．

> amount は追加する資源量を与える．

setRhs(rhs) は再生不能資源を表す線形制約の右辺定数を rhs に設定する．引数は整数値（負の値も許すことに注意）とする．

setDirection(dir) は再生不能資源を表す制約の種類を dir に設定する．引数の dir は '<=', '>=', '=' のいずれかとする．

addTerms(coeffs,vars,values) は，再生不能資源制約の左辺に1つ，もしくは複数の項を追加するメソッドである．作業がモードで実行されるときに1, それ以外のとき0となる変数（値変数）を $x[$作業$,$モード$]$ とすると，追加される項は，

$$\text{係数} \times x[\text{作業}, \text{モード}]$$

と記述される．addTerms メソッドの引数は以下の通り．

coeffs は追加する項の係数もしくは係数リスト．係数もしくは係数リストの要素は整数（負の値も許す）．

vars は追加する項の作業インスタンスもしくは作業インスタンスのリスト．リストの場合には，リスト coeffs と同じ長さをもつ必要がある．

values は追加する項のモードインスタンスもしくはモードインスタンスのリスト．リストの場合には，リスト coeffs と同じ長さをもつ必要がある．

資源インスタンスは以下の属性をもつ．

name は資源名である．

capacity は資源の容量（使用可能量の上限）を表す辞書である．辞書のキーはタプル（開始時刻，終了時刻）であり，値は容量を表す正数値である．

rhs は再生不能資源制約の右辺定数である．

direction は再生不能資源制約の方向を表す．

terms は再生不能資源制約の左辺を表す項のリストである．各項は（係数，作業インスタンス，モードインスタンス）のタプルである．

14.2.5　時間制約クラス

時間制約インスタンスは，モデルに含まれる形で生成される．時間制約インスタンスは，上述したモデルの時間制約追加メソッド (addTemporal) の返値として生成される．

```
時間制約インスタンス = model.addTemporal(pred, succ, tempType ='CS', delay=0)
```

上のメソッドの引数については，14.2.1 節を参照されたい．

時間制約インスタンスは以下の属性をもつ．

pred は先行作業のインスタンスである．

succ は後続作業のインスタンスである．

tempType は時間制約のタイプを表す文字列であり，'SS'（開始，開始），'SC'（開始，完了），'CS'（完了，開始），'CC'（完了，完了）のいずれかを指定する．

delay は時間制約の時間ずれを表す整数値である．

14.2.6 状態クラス

状態インスタンスは，モデルに含まれる形で生成される．状態インスタンスは，上述したモデルの状態追加メソッド (addState) の返値として生成される．

> 状態インスタンス = model.addState(name)

状態インスタンスは，指定時に状態の値を変化させるためのメソッド addValue をもつ．

addValue(time, value) は，状態を時刻 time（非負整数値）に値 value（非負整数値）に変化させることを指定する．

状態インスタンスは以下の属性をもつ．

name は状態の名称を表す文字列である．

value は，時刻をキーとし，その時刻に変化する値を値とした辞書である．

14.3　パラメータ

OptSeq に内在されている最適化ソルバーの動作は，**パラメータ** (parameter) を変更することによってコントロールできる．モデルインスタンス model のパラメータを変更するときは，以下の書式で行う．

> model.Params.パラメータ名 = 値

例えば，計算時間の上限 (TimeLimit) を 1 秒に変更したい場合には，

> model.Params.TimeLimit=1

とする．

以下に代表的なパラメータとその意味を記す．

RandomSeed は乱数系列の種を設定する．既定値は 1．

Makespan は最大完了時刻（一番遅く終わる作業の完了時刻）を最小にするとき True，それ以外のとき（各作業に定義された納期遅れの重み付き和を最小にするとき）False を設定する．既定値は False．

TimeLimit は最大計算時間（秒）を設定する．既定値は 600 秒．

Initial は，前回最適化の探索を行った際の最良解を初期値とした探索を行うとき True，それ以外のとき False を表すパラメータである．既定値は False である．最良解の情報は作業の順序と選択されたモードとしてファイル名 optseq_best_act_data.txt に保管されている．このファ

イルを書き換えることによって，異なる初期解から探索を行うことも可能である．

`OutputFlag` は計算の途中結果を出力させるためのフラグである．`True` のとき出力 On，`False` のとき出力 Off．既定値は `False`．

14.4 例題

ここでは，いくつかの例題を通して OptSeq の使用法を解説する．本節の構成は以下の通り．

14.4.1 節では，プロジェクトスケジューリングの古典モデルである PERT(Program Evaluation and Review Technique) を例として，基本的な時間制約の使い方を学ぶ．

14.4.2 節では，資源制約付きの PERT の例題を通して，資源のモデル化方法を説明する．

14.4.3 節では，並列ショップスケジューリングとよばれる問題のモデル化を解説する．

14.4.4 節では，作業のモードの概念を説明する．

14.4.5 節では，一般の資源制約付きスケジューリング問題のモデル化について解説する．

14.4.6 節では，納期遅れの最小化について解説する．

14.4.7 節では，再生可能資源（通常の機械や人のような資源）と再生不能資源（お金や原料のような資源）の違いを解説し，再生不能資源を表現する方法を説明する．

14.4.8 節では，時間制約と，それを用いた種々の作業間のタイミングの設定法について解説する．

14.4.9 節では，作業を途中で中断することを許す場合の記述法について説明する．

14.4.10 節では，作業の並列処理を簡単に記述する方法について解説する．

14.4.11 節では，状態変数の使用法について述べる．

14.4.12 節では，複雑なジョブショップスケジューリングのモデル化について解説する．

14.4.1 PERT

> あなたは航空機会社のコンサルタントだ．あなたの仕事は，着陸した航空機をなるべく早く離陸させるためのスケジュールをたてることだ．航空機は，再び離陸する前に幾つかの作業をこなさなければならない．まず，乗客と荷物を降ろし，次に機内の掃除をし，最後に新しい乗客を搭乗させ，新しい荷物を積み込む．当然のことであるが，乗客を降ろす前に掃除はできず，掃除をした後でないと新しい乗客を入れることはできず，荷物をすべて降ろし終わった後でないと，新しい荷物は積み込むことができない．また，この航空機会社では，乗客用のゲートの都合で，荷物を降ろし終わった後でないと新しい乗客を搭乗させることができないのだ．作業時間は，乗客降ろし 13 分，荷物降ろし 25 分，機内清掃 15 分，新しい乗客の搭乗 27 分，新しい荷物の積み込み 22 分とする．さて，最短で何分で離陸できるだろうか？

これは，PERT(Program Evaluation and Review Technique) とよばれる，スケジューリング理論の始祖とも言える古典的なモデルである．ちなみに，PERT は，第 2 次世界大戦中における米国海軍のポラリス潜水艦に搭載するミサイルの設計・開発時間の短縮に貢献したことで有名になり，その後オペレーションズ・リサーチの技法の代表格となった．

PERT は OptSeq を用いて容易に解くことができる．まず，OptSeq のモジュールを読み込み，モデルインスタンス model を作成する．

```
from optseq import *
model=Model()
```

次に，モデルに作業を追加する．そのために，作業時間を表すデータを，作業をキー，作業時間を値とする辞書 duration として準備する．次に，作業を保管するための空の辞書 act とモードを保管するための空の辞書 mode を作成しておく．

```
duration ={1:13, 2:25, 3:15, 4:27, 5:22 }
act={}
mode={}
```

次に，モデルインスタンス model の addActivity メソッドを用いてモデルに作業を追加する．また，各作業にはモードを定義する必要があるので，モードクラス Mode を用いてモードに必要な作業時間を定義した後で，addModes メソッドを用いて作業にモードを追加する．

```
for i in duration:
    act[i]=model.addActivity('Act[{0}]'.format(i))
    mode[i]=Mode('Mode[{0}]'.format(i), duration[i])
    act[i].addModes(mode[i])
```

次に，モデルに addTemporal メソッドを用いて時間制約を追加する．ここでは，ある作業が完了した後でないと，他の作業が開始できないことを表す通常の先行制約なので，時間制約のタイプは CS(Completion-Start) となる．これは既定値なので，以下のように省略して入力できる．

```
model.addTemporal(act[1],act[3])
model.addTemporal(act[2],act[4])
model.addTemporal(act[2],act[5])
model.addTemporal(act[3],act[4])
```

最後に，optimize メソッドを用いて求解する．求解の前にモデルのパラメータを変更しておく．パラメータはモデルの Params 属性で変更する．TimeLimit は求解するときの制限時間なので，それを 3 秒に設定する．Makespan は最大完了時刻最小化のときは True，それ以外のときは False を表すパラメータなので，それを True に設定する．また，結果の詳細を見たい場合には，OutputFlag を True に設定しておく．

```
model.Params.TimeLimit  = 3
model.Params.Makespan   = True
model.Params.OutputFlag = True
model.optimize()
```

上のコードの実行結果は以下のようになる（出力には説明を加えてある）．

```
# reading data ... done: 0.00(s)   データを読むためにかかった時間は0秒
# random seed: 1                   乱数の初期値は1と設定
# tabu tenure: 1                   タブーサーチのパラメータであるタブー期間の初期値は1
# cpu time limit: 3.00(s)          計算時間上限は3秒
# iteration limit: 1073741823      反復回数の上限
# computing all-pairs longest paths and strongly connected components ... done
#scc 7
objective value = 55 (cpu time = 0.00(s), iteration = 0)  目的関数値55がCPU時間0秒
反復0回で求まった
0: 0.00(s): 55/55
--- best activity list ---
source activity[2] activity[5] activity[1] activity[3] activity[4] sink  最適な作業
の投入順序


--- best solution ---              最良解
source ---: 0 0                    ダミーの始点の開始時刻が0
sink ---: 55 55                    ダミーの終点の開始時刻が55（完了時刻）
activity[1] ---: 0 0--13 13        作業1は0に開始されて13に終了
activity[2] ---: 0 0--25 25        作業2は0に開始されて25に終了
activity[3] ---: 13 13--28 28      作業3は13に開始されて28に終了
activity[4] ---: 28 28--55 55      作業4は28に開始されて55に終了
activity[5] ---: 25 25--47 47      作業5は25に開始されて47に終了

objective value = 55        目的関数値は55
cpu time = 0.00/3.00(s)     計算時間
iteration = 1/62605         反復回数
```

これから，最後の作業が完了する時刻（離陸の時間）が55分後であり，そのための各作業の開始時間が，それぞれ0, 0, 13, 28, 25分後であることが分かる．

14.4.2 資源制約付きPERT

> あなたは航空機会社のコンサルタントだ．リストラのため作業員の大幅な削減を迫られたあなたは，前節の例題と同じ問題を1人の作業員で行うためのスケジュールを作成しなければならなくなった．作業時間や時間制約は，前節と同じであるとするが，各々の作業は作業員を1人占有する（すなわち，2つの作業を同時にできない）ものとする．どのような順序で作業を行えば，最短で離陸できるだろうか？

14.4 例題

この問題は資源制約付きプロジェクトスケジューリング問題になるので，$\mathcal{NP}$-困難であるが，OptSeq を用いればやはり容易に解くことができる．

上で作成したプログラムに資源制約を追加する．資源（この例題の場合は作業員）res の使用可能量の上限（容量）は，モデルの addResource メソッドを用いて追加する．引数は，資源名を表す文字列と使用可能量上限を表す capacity である．

```
res=model.addResource('worker',capacity=1)
```

使用可能量上限は，開始時刻と終了時刻を指定して {(開始時刻, 終了時刻):供給量} と入力することもできる．

```
res=model.addResource('worker',capacity={(0,'inf'):1})
```

ここで inf は無限大 (infinity) を表し，OptSeq では非常に大きな数を表すキーワードである．

モードに資源の使用量を追加するときには，モードの addResource メソッドを用いて追加する．第 1 引数は資源を表すインスタンスであり，この場合は上で定義した res である．第 2 引数 requirement には，使用量を表す正数，もしくは {(開始時刻, 終了時刻):使用量} の形式の辞書を入力する．ここでは，(開始時刻, 終了時刻) を表す区間を，各作業の作業時間（この例題の場合，作業 1 は 0 から 13，作業 2 は 0 から 25 など）と書かずに，0,'inf' と書くことにする．これはモードに作業時間を入力してあるため，この作業時間外では資源が使われないからである．資源使用量が時間によらず一定の場合には，単に資源使用量 1 を指定して，addResource(res, 1) と書いてもよい．

```
act={}
mode={}
for i in duration:
    act[i]=model.addActivity('Act[{0}]'.format(i))
    mode[i]=Mode('Mode[{0}]'.format(i),duration[i])
    mode[i].addResource(res,{(0,'inf'):1})
    act[i].addModes(mode[i])
```

上のように変更したプログラムを実行すると以下の結果を得る．

```
--- best activity list ---
source activity[2] activity[5] activity[1] activity[3] activity[4] sink


--- best solution ---
source ---: 0 0
sink ---: 102 102
activity[1] ---: 47 47--60 60
```

```
activity[2] ---: 0 0--25 25
activity[3] ---: 60 60--75 75
activity[4] ---: 75 75--102 102
activity[5] ---: 25 25--47 47


objective value = 102
cpu time = 0.00/3.00(s)
iteration = 0/64983
```

この結果は，最後の作業が完了する時刻（離陸の時間）が 102 分後であり，そのための各作業の開始時間が，それぞれ 47, 0, 60, 575, 25 分後であることを表している．

14.4.3 並列ショップスケジューリング

> あなたは F1 のピットクルーだ．F1 レースにとってピットインの時間は貴重であり，ピットインしたレーシングカーに適切な作業を迅速に行い，なるべく早くレースに戻してやることが，あなたの使命である．
>
> 作業 1：給油準備（3 秒）
>
> 作業 2：飲料水の取替え（2 秒）
>
> 作業 3：フロントガラス拭き（2 秒）
>
> 作業 4：ジャッキで車を持ち上げ（2 秒）
>
> 作業 5：タイヤ（前輪左側）交換（4 秒）
>
> 作業 6：タイヤ（前輪右側）交換（4 秒）
>
> 作業 7：タイヤ（後輪左側）交換（4 秒）
>
> 作業 8：タイヤ（後輪右側）交換（4 秒）
>
> 作業 9：給油（11 秒）
>
> 作業 10：ジャッキ降ろし（2 秒）
>
> 各作業には，作業時間のほかに，この作業が終わらないと次の作業ができないといったような時間制約がある．作業時間と時間制約は，図 14.3 のようになっている．
>
> いま，あなたを含めて 3 人のピットクルーがいて，これらの作業を手分けして行うものとする．作業は途中で中断できないものとすると，なるべく早く最後の作業を完了させるには，誰がどの作業をどういう順番で行えばよいのだろうか？

この問題は**並列ショップ** (parallel shop) スケジューリングとよばれる問題であり，$\mathcal{NP}$-困難であ

14.4 例題

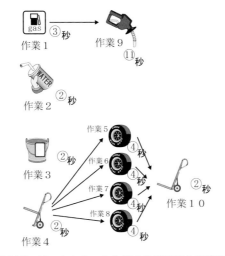

図 14.3 ピットクルーの作業の作業時間と時間制約

る．

まず，モデルインスタンスを作成し，データを辞書として準備しておく．

```
from optseq import *
model=Model()
duration ={1:3, 2:2, 3:2, 4:2, 5:4, 6:4, 7:4, 8:4, 9:11, 10:2 }
```

資源は 3 単位使えるものと定義し，作業時間と資源の使用量を以下のように定義する．

```
res=model.addResource('worker',capacity={(0,'inf'):3})
act={}
mode={}
for i in duration:
    act[i]=model.addActivity('Act[{0}]'.format(i))
    mode[i]=Mode('Mode[{0}]'.format(i),duration[i])
    mode[i].addResource(res,{(0,'inf'):1})
    act[i].addModes(mode[i])
```

次に，作業間の時間制約を定義する．

```
model.addTemporal(act[1],act[9])
for i in range(5,9):
    model.addTemporal(act[4],act[i])
    model.addTemporal(act[i],act[10])
```

最後に，パラメータを設定して求解する．また，ここでは Gantt チャートをテキストファイルに書き出す．

```
model.Params.TimeLimit=1
model.Params.Makespan=True
```

```
model.optimize()
model.write('chart.txt')
```

プログラムを実行すると以下の結果を得る（以下では簡易出力を行い，作業開始・終了時刻だけを出力する）．

```
source --- 0 0
sink --- 14 14
Act[1] --- 0 3
Act[2] --- 0 2
Act[3] --- 0 2
Act[4] --- 2 4
Act[5] --- 8 12
Act[6] --- 4 8
Act[7] --- 8 12
Act[8] --- 4 8
Act[9] --- 3 14
Act[10] --- 12 14
```

ファイルに出力された Gantt チャートを，図 14.4 に示す．

```
        activity     mode     duration | 1| 2| 3| 4| 5| 6| 7| 8| 9|10|11|12|13|14|
        ------------------------------------------------------------------------
        Act[1]       Mode[1]      3    |==|==|==|  |  |  |  |  |  |  |  |  |  |  |
        Act[2]       Mode[2]      2    |==|==|  |  |  |  |  |  |  |  |  |  |  |  |
        Act[3]       Mode[3]      2    |==|==|  |  |  |  |  |  |  |  |  |  |  |  |
        Act[4]       Mode[4]      2    |  |  |==|==|  |  |  |  |  |  |  |  |  |  |
        Act[5]       Mode[5]      4    |  |  |  |  |  |  |  |  |==|==|==|==|  |  |
        Act[6]       Mode[6]      4    |  |  |  |  |==|==|==|==|  |  |  |  |  |  |
        Act[7]       Mode[7]      4    |  |  |  |  |  |  |  |  |==|==|==|==|  |  |
        Act[8]       Mode[8]      4    |  |  |  |  |==|==|==|==|  |  |  |  |  |  |
        Act[9]       Mode[9]     11    |  |  |  |==|==|==|==|==|==|==|==|==|==|==|
        Act[10]      Mode[10]     2    |  |  |  |  |  |  |  |  |  |  |  |  |==|==|
        ------------------------------------------------------------------------
            resource usage/capacity    |
        ------------------------------------------------------------------------
                    worker             | 3| 3| 2| 2| 3| 3| 3| 3| 3| 3| 3| 3| 2| 2|
                                       | 3| 3| 3| 3| 3| 3| 3| 3| 3| 3| 3| 3| 3| 3|
        ------------------------------------------------------------------------
```

図 14.4　並列ショップスケジューリングの Gantt チャート（==は作業を処理中を表す．）

14.4.4　並列ショップスケジューリング 2 —モードの概念と使用法—

ここでは，前節の例題の拡張を「モード」の概念を用いて解いてみる．

いま，前節で扱った 3 人の作業員が，「給油準備作業」を協力して作業を行い，時間短縮ができる場合を考える．1 人でやれば 3 秒かかる作業が，2 人でやれば 2 秒，3 人がかりなら 1 秒で終わるものとする．これは，作業に 3 つのモードをもたせ，それぞれ作業時間と使用資源量を以下のように

設定することによって表現できる．

モード1：作業時間3秒，人資源1人

モード2：作業時間2秒，人資源2人

モード3：作業時間1秒，人資源3人

作業とモードに関するコードを以下のように変更することによって，拡張された並列ショップスケジューリング問題を解くことができる．

```
activity      mode       duration | 1| 2| 3| 4| 5| 6| 7| 8| 9|10|11|12|13|
------------------------------------------------------------------------
Act[1]       Mode[1_3]      1     |==|  |  |  |  |  |  |  |  |  |  |  |  |
Act[2]       Mode[2]        2     |  |==|==|  |  |  |  |  |  |  |  |  |  |
Act[3]       Mode[3]        2     |  |  |  |  |  |  |  |  |  |  |  |==|==|
Act[4]       Mode[4]        2     |  |==|==|  |  |  |  |  |  |  |  |  |  |
Act[5]       Mode[5]        4     |  |  |  |  |  |  |==|==|==|==|  |  |  |
Act[6]       Mode[6]        4     |  |  |  |==|==|==|==|  |  |  |  |  |  |
Act[7]       Mode[7]        4     |  |  |  |  |  |  |==|==|==|==|  |  |  |
Act[8]       Mode[8]        4     |  |  |  |==|==|==|==|  |  |  |  |  |  |
Act[9]       Mode[9]       11     |  |==|==|==|==|==|==|==|==|==|==|==|  |
Act[10]      Mode[10]       2     |  |  |  |  |  |  |  |  |  |  |  |==|==|
------------------------------------------------------------------------
   resource usage/capacity        |
------------------------------------------------------------------------
                         worker   | 3| 3| 3| 3| 3| 3| 3| 3| 3| 3| 3| 2|  |
                                  |  | 3| 3| 3| 3| 3| 3| 3| 3| 3| 3| 3|  |
------------------------------------------------------------------------
```

図 14.5 拡張された並列ショップスケジューリングの Gantt チャート

```
for i in duration:
    act[i]=model.addActivity('Act[{0}]'.format(i))
    if i==1:
        mode[1,1]=Mode('Mode[1_1]',3)
        mode[1,1].addResource(res,{(0,'inf'):1})
        mode[1,2]=Mode('Mode[1_2]',2)
        mode[1,2].addResource(res,{(0,'inf'):2})
        mode[1,3]=Mode('Mode[1_3]',1)
        mode[1,3].addResource(res,{(0,'inf'):3})
        act[i].addModes(mode[1,1],mode[1,2],mode[1,3])
    else:
        mode[i]=Mode('Mode[{0}]'.format(i),duration[i])
        mode[i].addResource(res,{(0,'inf'):1})
        act[i].addModes(mode[i])
```

結果は以下のようになり，作業1はモード3で実行され，全体として1秒短縮されることが分かる（図 14.5）．

```
source ---  0 0
sink   --- 13 13
Act[1] Mode[1_3] 0 1
Act[2]  ---  1  3
Act[3]  --- 11 13
Act[4]  ---  1  3
Act[5]  ---  7 11
Act[6]  ---  3  7
Act[7]  ---  7 11
Act[8]  ---  3  7
Act[9]  ---  1 12
Act[10] --- 11 13
```

14.4.5 資源制約付きスケジューリング

> あなたは1階建てのお家を造ろうとしている大工さんだ．あなたの仕事は，なるべく早くお家を完成させることだ．お家を造るためには，幾つかの作業をこなさなければならない．まず，土台を造り，1階の壁を組み立て，屋根を取り付け，さらに1階の内装をしなければならない．ただし，土台を造る終える前に1階の建設は開始できず，内装工事も開始できない．また，1階の壁を作り終える前に屋根の取付けは開始できない．
> 各作業とそれを行うのに必要な時間（単位は日）は，以下のようになっている．
>
> **土台**：2人の作業員で1日
>
> **1階の壁**：最初の1日目は2人，その後の2日間は1人で，合計3日
>
> **内装**：1人の作業員で2日
>
> **屋根**：最初の1日は1人，次の1日は2人の作業員が必要で，合計2日
>
> いま，作業をする人は，あなたをあわせて2人いるが，相棒の1人は作業開始3日目に休暇をとっている．さて，最短で何日でお家を造ることができるだろうか？

この問題を解くためにはデータをどのように保持するかが鍵となる．ここでは辞書を用いた方法を示す．資源使用量は，空の辞書 req を作り（1行目），各作業の作業時間と資源の使用量を辞書 req に保管しておく．例えば，2行目の req[1]={(0,1):2} は，作業1が，時刻0から時刻1（1日目）に資源を（作業員）2単位使うことを表す．

```
1  req={}
2  req[1]={(0,1):2 }
3  req[2]={(0,1):2 ,(1,3):1}
4  req[3]={(0,2):1 }
```

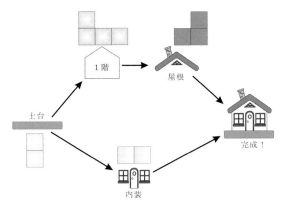

図 14.6　お家を造るための作業，制約，必要な人数

```
5  req[4]={(0,1):1,(1,2):2 }
```

また，使用できる資源量も日によって変わるので，以下のように入力する．まず，モデルの addResource メソッドを用いて，資源名を'worker'とする資源 res を作る．次に，資源の addCapacity メソッドを用いて資源制約を入力する．例えば，2 行目の res.addCapacity(0,2,2) は，時刻 0 から時刻 2（1 日目と 2 日目）に資源が 2 単位使えることを表す．

```
1  res=model.addResource('worker')
2  res.addCapacity(0,2,2)
3  res.addCapacity(2,3,1)
4  res.addCapacity(3,'inf',2)
```

作業，モードならびに時間制約は，今までと同じように設定すればよい．

```
act={}
mode={}
for i in duration:
    act[i]=model.addActivity('Act[{0}]'.format(i))
    mode[i]=Mode('Mode[{0}]'.format(i),duration[i])
    mode[i].addResource(res,req[i])
    act[i].addModes(mode[i])
model.addTemporal(act[1],act[2])
model.addTemporal(act[1],act[3])
model.addTemporal(act[2],act[4])
```

上のプログラムを実行すると，以下の結果を得る（図 14.7）．

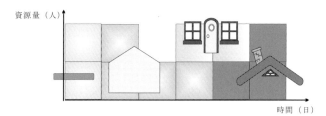

図 14.7 お家を造るためのスケジュール

```
source --- 0 0
sink   --- 6 6
Act[1] --- 0 1
Act[2] --- 1 4
Act[3] --- 3 5
Act[4] --- 4 6
```

14.4.6 納期遅れ最小化スケジューリング

> あなたは売れっ子連載作家だ．あなたは，A，B，C，D の 4 社から原稿を依頼されており，それぞれ，どんなに急いで書いても 1 日，2 日，3 日，4 日かかるものと思われる．各社に約束した納期は，それぞれ 5 日後，9 日後，6 日後，4 日後であり，納期から 1 日遅れるごとに 1 万円の遅延ペナルティを払わなければならない．
>
> | 会社名 | A | B | C | D |
> |---|---|---|---|---|
> | 作業時間（日） | 1 | 2 | 3 | 4 |
> | 納期（日後） | 5 | 9 | 6 | 4 |
>
> どのような順番で原稿を書けば，支払うペナルティ料の合計を最小にできるだろうか？

まず，各作業の納期（作業時間）を，作業番号をキー，納期（作業時間）を値とした辞書 due(duration) として準備しておく．

```
due={1:5,2:9,3:6,4:4}
duration={1:1, 2:2, 3:3, 4:4 }
```

また，作家を表す資源 res を準備しておく．

```
res=model.addResource('writer')
res.addCapacity(0,'inf',1)
```

次に，納期と納期遅れのペナルティを作業に追加する．納期と納期遅れのペナルティは，モデルに作業を追加するとき，addActivity('作業名',duedate=納期, weight=ペナルティ) のように入力する．また，ペナルティの既定値は 1 なので，この問題の場合，ペナルティの入力を省略して記述

している.

```
1   act={}
2   mode={}
3   for i in duration:
4       act[i]=model.addActivity('Act[{0}]'.format(i),duedate=due[i])
5       mode[i]=Mode('Mode[{0}]'.format(i),duration[i])
6       mode[i].addResource(res,{(0,'inf'):1})
7       act[i].addModes(mode[i])
```

この例題の場合，納期遅れ最小化を目的とするため，モデルのパラメータ Makespan を False に設定する必要があるが，パラメータ Makespan の既定値は False であるので省略してもかまわない．

プログラムを実行すると，以下の結果を得る（図 14.8）．

```
source --- 0 0
sink --- 10 10
Act[1] --- 4 5
Act[2] --- 8 10
Act[3] --- 5 8
Act[4] --- 0 4
```

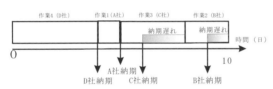

図 14.8 1 機械スケジューリング問題の結果

14.4.7 CPM

あなたは，航空機会社のコンサルタントだ．今度は，作業時間の短縮を要求されている．（ただし，資源制約（人の制限）はないものとする．）いま，航空機の離陸の前にする作業の時間が，費用をかけることによって短縮でき，各作業の標準時間，新設備導入によって短縮したときの時間，ならびにそのときに必要な費用は，以下のように推定されているものとする．

作業 1：乗客降ろし 13 分．10 分に短縮可能で，1 万円必要．

作業 2：荷物降ろし 25 分．20 分に短縮可能で，1 万円必要．

作業 3：機内清掃 15 分．10 分に短縮可能で，1 万円必要．

作業 4：新しい乗客の搭乗 27 分．25 分に短縮可能で，1 万円必要．

作業 5：新しい荷物積み込み 22 分．20 分に短縮可能で，1 万円必要．

さて，いくら費用をかけると，どのくらい離陸時刻を短縮することができるだろうか？

これは，クリティカルパス法 (Critical Path Method; CPM) とよばれる古典的な問題である．CPM は，作業時間を費用（お金）をかけることによって短縮できるという仮定のもとで，費用と作業完了時刻のトレードオフ曲線を求めることを目的とした PERT の変形で，資源制約がないときには効率的な解法が古くから知られているが，資源制約がつくと困難な問題になる．ここでは，この問題が「モード」と「再生不能資源」を用いて，OptSeq でモデル化できることを示す．

作業は通常の作業時間と短縮時の作業時間をもつが，これは作業に付随するモードで表現することができる．問題となるのは，作業時間を短縮したときには，費用がかかるという部分である．費用は資源の一種と考えられるが，いままで考えていた資源とは異なる種類の資源である．いままで考えていた資源は，機械や人のように，作業時間中は使用されるが，作業が終了すると，再び別の作業で使うことができるようになる．このような，作業完了後に再び使用可能になる資源を，**再生可能資源** (renewable resource) とよぶ．一方，費用（お金）や原材料のように，一度使うとなくなってしまう資源を，**再生不能資源** (nonrenewable resource) とよぶ．

CPM の例題に対して，再生不能資源（お金）の上限を色々変えて最短時間を求める．まず，各々の作業に対して，通常の作業時間をもつ場合と，短縮された作業時間をもつ場合の 2 つのモードを追加し，さらに短縮モードを用いた場合には，再生不能資源を 1 単位使用するという条件を付加する．

まず，2 種類の作業時間を種類別に辞書に保管しておく．`durationA` が通常の作業時間，`durationB` が再生不能資源を使う場合の作業時間である．

```
durationA = {1:13, 2:25, 3:15, 4:27, 5:22 }
durationB = {1:10, 2:20, 3:10, 4:25, 5:20 }
```

再生不能資源も，モデルの `addResource` メソッドを用いて追加する．まず，('資源名', rhs=右辺, direction=制約の向き, weight=ペナルティ) を引数として再生不能資源インスタンス res を生成する．

```
res=model.addResource('money',rhs=4,direction='<=', weight='inf')
```

ちなみに，再生不能資源に対しては，制約を逸脱したときのペナルティ（重み）を無限大 'inf' 以外にも設定可能である．制約の逸脱を許す場合には，重みを正数値として入力する．この場合では，制約の逸脱は絶対に許さないことを指定しているので，逸脱をしない解がない場合には，実行不可能 (infeasible) という結果を返す．

作業とモードの追加方法は，前節までの例題と同じである（1 から 5 行目）．次に，`addTerms`(資源使用量, 作業, モード) を用いて，再生不能資源制約の左辺に関する入力を行う（6 行目）．

```
1  for i in durationA:
2      act[i]=model.addActivity('Act[{0}]'.format(i))
3      mode[i,1]=Mode('Mode[{0}][1]'.format(i),durationA[i])
4      mode[i,2]=Mode('Mode[{0}][2]'.format(i),durationB[i])
5      act[i].addModes(mode[i,1],mode[i,2])
6      res.addTerms(1,act[i],mode[i,2])
```

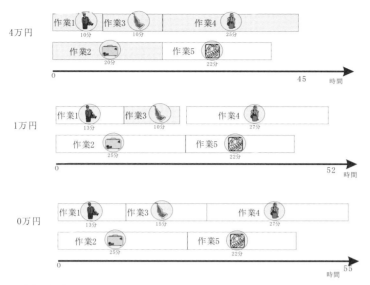

図 14.9 再生不能資源の上限が $4,1,0$ のときのスケジュール（色のついた矩形で表された作業は，短縮モードで実施されている．）

再生不能資源の上限を $4,1,0$ と変えてプログラムを実行すると，図 14.9 の結果を得る．

14.4.8 時間制約

OptSeq では，通常の先行制約の他に，様々な時間に関する制約が準備されている．時間制約を用いることによって，実際問題で発生する様々な付加条件をモデル化することができる．

時間制約の適用例として，14.4.1 節の PERT の例題において，作業 3 と作業 5 の開始時刻が一致しなければならないという制約を考えてみる．

開始時刻を一致させるためには，制約タイプは SS（Start-Start の関係）とし，時間ずれは 0 と設定する．また，制約は「作業 3 の開始時刻 $\leq$ 作業 5 の開始時刻」と「作業 5 の開始時刻 $\leq$ 作業 3 の開始時刻」の 2 本を追加する．

```
model.addTemporal(act[3],act[5],'SS',0)
model.addTemporal(act[5],act[3],'SS',0)
```

このような制約を付加して求解すると，以下のような結果が得られる．

```
source --- 0 0
sink --- 67 67
Act[1] --- 0 13
Act[2] --- 0 25
Act[3] --- 25 40
Act[4] --- 40 67
Act[5] --- 25 47
```

確かに，作業 3 と作業 5 の作業開始時刻が一致していることが確認できる．

また，作業の開始時間の固定も，この時間制約を用いると簡単にできる．OptSeq では，すべての作業に先行するダミーの作業'source' が準備されている．この作業は必ず時刻 0 に処理されるので，開始時刻に相当する時間ずれをもつ時間制約を 2 本追加することによって，開始時刻を固定することができる．

例えば，作業 5（名前は act[5]）の開始時刻を 50 分に固定したい場合には，

```
model.addTemporal('source', act[5],'SS',delay=50)
model.addTemporal(act[5], 'source','SS',delay=-50)
```

と時間制約を追加する．これは，作業 5 の開始時刻が'source' の開始時刻（0）の 50 分後以降であることと，'source' の開始時刻が作業 5 の開始時刻の -50 分後以降（言い換えれば，作業 5 の開始時刻が 50 分後以前）であることを規定する．

14.4.9 作業の途中中断

多くの実際問題では，緊急の作業などが入ってくると，いま行っている作業を途中で中断して，別の（緊急で行わなければならない）作業を行った後に，再び中断していた作業を途中から行うことがある．このように，途中で作業を中断しても，再び（一から作業をやり直すのではなく）途中から作業を続行することを「作業の途中中断」とよぶ．

OptSeq では，これを作業を分割して処理することによって表現する．例えば，作業時間が 3 時間の作業があったとする．時間の基本単位を 1 時間としたとき，この作業は，1 時間の作業時間をもつ 3 つの小作業に分割して処理される．

しかし，実際問題では，中断可能なタイミングが限られている場合もある．例えば，料理をするときに，材料を切ったり，混ぜたりするときには，途中で中断することも可能だが，いったんオーブンレンジに入れたら，途中でとめたりすることはできない．OptSeq では，作業（モード）の時間の区間に対して，最大中断可能時間を入力することによって，様々な作業の中断 (break) を表現する．

例として，14.4.6 節の納期遅れ最小化問題において，すべての作業がいつでも最大 1 日だけ中断できる場合を考える．作業の途中中断は，addBreak(区間の開始時刻, 区間の終了時刻, 最大中断時間) を用いて追加する（4 行目）．

```
1  for i in duration:
2      act[i]=model.addActivity('Act[{0}]'.format(i),duedate=due[i])
3      mode[i]=Mode('Mode[{0}]'.format(i),duration[i])
4      mode[i].addBreak(0,'inf',1)
5      act[i].addModes(mode[i])
```

また，段取りを伴う生産現場においては，中断の途中で他の作業を行うことが禁止されている場合がある．これは，休日の間に異なる作業を行うと，再び段取りなどの処理を行う必要があるため，作業を一からやり直さなければならないからである．これは，作業の中断中でも資源を使い続けていると表現することによって回避することができる．

中断中に資源を使用する場合も，通常の資源を追加するのと同様に addResource メソッドを用い

て追加する．この場合，引数として(資源,(区間):資源使用量,'break')を入力する．例えば，すべての作業が中断中も資源を1単位使用することを表すには，mode[i].addResource(res, (0,'inf'):1,'break')と入力する．

例題の資源を表す「作家」が4日目と7日目と11日目に休暇を入れたときの納期遅れ最小化問題を解くための資源データは，以下のように定義される．

```
res=model.addResource('writer')
res.addCapacity(0,3,1)
res.addCapacity(4,6,1)
res.addCapacity(7,10,1)
res.addCapacity(11,'inf',1)
```

このデータを用いて中断可能な問題を解いたときのGanttチャートの出力結果は，図14.10のようになり，作業3と作業4が中断されて処理されていることが確認できる．

```
 activity     mode     duration | 1| 2| 3| 4| 5| 6| 7| 8| 9|10|11|12|13|
----------------------------------------------------------------------|
 Act[1]      Mode[1]       1    |  |  |  |  |..|==|  |  |  |  |  |  |  |
 Act[2]      Mode[2]       2    |  |  |  |  |  |  |..|==|==|  |  |  |  |
 Act[3]      Mode[3]       3    |  |  |  |  |  |  |  |  |..|==|..|==|==|
 Act[4]      Mode[4]       4    |==|==|==|..|==|  |  |  |  |  |  |  |  |
----------------------------------------------------------------------
 resource usage/capacity        |
----------------------------------------------------------------------
            writer              | 1| 1| 1| 0| 1| 1| 0| 1| 1| 1| 0| 1| 1|
                                | 1| 1| 1| 0| 1| 1| 0| 1| 1| 1| 0| 1| 1|
----------------------------------------------------------------------
```

図14.10 中断を許した納期遅れ最小化問題のGanttチャート（==は作業を処理中を，..は中断中を表す）．

14.4.10 作業の並列処理

14.4.4節で解説した並列ショップスケジューリング問題の拡張では，複数の機械（作業員）によって作業時間が短縮されることを，複数のモードを用いることによって表現していた．ここでは，複数資源による作業の並列処理を，より簡単に表現するための方法を紹介する．

前節の作業の途中中断と同じように，作業を，単位時間の作業時間をもつ小作業に分解して考える．いま，資源使用量の上限が1より大きいとき，分解された小作業は，並列して処理できるものとする．ただし，無制限に並列処理ができない場合も多々あるので，OptSeqでは，最大並列数とよばれるパラメータを用いて表現する．

並列処理は，作業モードに対するaddParallelメソッドを用いて定義される．書式は，addParallel(開始小作業番号,終了小作業番号,最大並列数)である．

例えば，

```
mode.addParallel(1,1,3)
mode.addParallel(2,3,2)
```

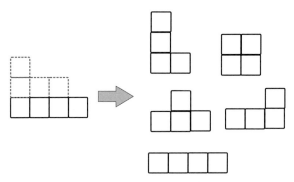

図 14.11 並列作業の設定例

は，最初の小作業は最大 3 個，2 番目，3 番目の小作業は最大 2 個の小作業を並列処理可能であることを意味する．並列処理は小作業を表す矩形の上に，点線の矩形を入れて表す（図 14.11）．点線の矩形の数だけ，通常の作業の上に重ねて処理できることを表し，図 14.11 の例では，図右に示してある作業の組み合わせの中で，最もよいものが選択される．

14.4.4 節の並列ショップスケジューリング問題において，給油作業（作業時間 3 秒）を，最初の（1 番目の）小作業を最大 3 個並列可能とした場合の作業モードの定義は以下のようになる．

```
act={}
mode={}
for i in duration:
    act[i]=model.addActivity('Act[{0}]'.format(i))
    mode[i]=Mode('Mode[{0}]'.format(i),duration[i])
    mode[i].addResource(res,{(0,'inf'):1})
    if i==1:
        mode[i].addParallel(1,1,3)
    act[i].addModes(mode[i])
```

計算結果は以下のようになり，1 秒短縮して 13 秒で作業が終了することが確認できる．

```
--- best activity list ---
source jackup tire1 prepare water oil tire2 tire4 tire3 front jackdown sink

--- best solution ---
source ---: 0 0
sink ---: 13 13
prepare ---: 0 0--1[2] 1--2 2
water ---: 1 1--3 3
front ---: 10 10--12 12
jackup ---: 0 0--2 2
tire1 ---: 2 2--6 6
tire2 ---: 3 3--7 7
```

```
tire3 ---:  7 7--11 11
tire4 ---:  6 6--10 10
oil ---:  2 2--13 13
jackdown ---:  11 11--13 13


objective value = 13
cpu time = 0.00/3.00(s)
iteration = 25/23174
```

ここで，並列で行われた作業（名称は prepare）においては，並列数が [ ] で表示される．0 0--1[2] 1--2 2 は，「時刻 0 に処理を開始し，時刻 0〜1 は並列数 2 で処理し，その後，時刻 1〜2 に並列なしで処理し，時刻 2 で完了」を表す．

14.4.11 状態変数

　状態変数とは，時間の経過とともに状態とよばれる非負整数の値が変化する変数である．作業のモードが，特定の状態でないと開始できないという制約を付加することによって，通常のスケジューリングモデルでは表現しきれない，様々な付加条件をモデル化することが可能になる．

　まず，状態を定義するには，モデルクラスの addState メソッドを用いる．addState メソッドの引数は，状態の名称を表す文字列であり，返値は状態インスタンスである．例えば，無記名の状態 state をモデルインスタンス model に追加するには，以下のようにする．

```
state = model.addState()
```

　状態は，基本的には 1 つ前の時刻の値を引き継ぎ，ユーザーの指定によって特定の時刻にその値を変化させることができる変数である．状態が，ある時間においてある値に変化することを定義するためには，addValue メソッドを用いる．例えば，状態インスタンス state が時刻 0 に値 1 になることを定義するには，次のように記述する．

```
state.addValue( time=0, value=1 )
```

　状態は，モードで開始された直後に変化させることができる．そのためには，モードインスタンスの addState メソッドを用いて定義する．addState メソッドの引数は，状態インスタンス (state)，開始時の状態（fromValue; 非負整数），開始直後に変化する状態（toValue; 非負変数）である．

```
モードインスタンス.addState(state, fromValue, toValue)
```

　これによって，モード開始時の状態 state が値 fromValue でなくてはならず，開始直後（開始時刻が t であれば $t+1$ に）状態が値 toValue に変化することになる．これによって，処理モードに

「ある状態のときしか開始できない」といった制約を加えることが可能になる．この記述は，状態のとる値を変えて，任意の回数行うことができる．例えば，状態変数 state の取りうる値が 1, 2, 3 の 3 種類としたとき，

```
mode.addState( state, 1, 2)
mode.addState( state, 2, 3)
mode.addState( state, 3, 1)
```

とすれば，開始時点での状態に関係なく処理は可能で，状態は巡回するように1つずつ変化することになる．

また，これを利用して「あるタイプのモード（以下の mode）は1週間に高々3回しか処理できない」ことは，以下のように表すことができる．

```
state = model.addState()
state.addValue( time=0,  value=0 )
state.addValue( time=7,  value=0 )
state.addValue( time=14, value=0 )
    ...
mode = Mode( 'mode' )
mode.addState( state, 0, 1)
mode.addState( state, 1, 2)
mode.addState( state, 2, 3)
```

状態は7日ごとに0にリセットされ，モード mode は状態 state が 0, 1, 2 のときだけ開始でき，状態が3のときには開始できない．したがって7日の間に3回だけ開始できることになる．

上述のような「開始時状態が指定された処理モード」を与える場合，通常，そのモードを含む作業の定義において，モードを自動選択 (autoselect) にしておくことが推奨される．OptSeq では，「まず各作業の処理モードをそれぞれ選び，その後，ある順序にしたがって作業を前づめにスケジュールしていく」ということの繰り返しを行う．したがって，「開始時状態が指定された処理モード」が存在すると，処理モードの選び方によっては，「スケジュールを生成していくとき，割り付け不可能」ということが頻繁に起こりえる．これを防ぐため，「あらかじめ処理モードを指定せず，前づめスケジュールしながら適切な処理モードを選択する」ことが必要になり，これを実現するのがモードの自動選択なのである．

作業に対してモードを自動選択に設定するには，作業クラスのコンストラクタの引数 autoselect を用いるか，作業インスタンスの属性 autoselect を用いる．具体的には，以下の何れの書式でも，自動選択に設定できる．

```
act1=model.addActivity( 'Act1', autoselect=True)
act1.autoselect = True
```

注意：作業の定義に autoselect を指定した場合には，その作業に制約を逸脱したときの重みを無

限大とした（すなわち絶対制約とした）再生不能資源を定義することはできない．かならず重みを既定値の無限大 'inf' ではない正数値と設定し直す必要がある．

状態の実務的な利用例として，順序依存の段取り作業を考えよう．例題の仮定は以下の通り．

- 資源は機械 1 台
- 作業は A, B の 2 つのタイプがあり，それぞれ 3 個ずつの計 6 個．処理時間はすべて 3 時間
- タイプの異なる作業間の段取り時間は 5 時間，同タイプであれば段取り時間 1 時間
- メイクスパン（最大完了時刻）最小化が目的

これを実現するためには，

- 段取り用の状態変数を定義．値 1 は A タイプ作業の処理直後に，値 2 は B タイプ作業の処理直後に対応
- 各作業に対して，段取り作業を定義
- A タイプの作業の段取り作業には，AtoA, BtoA の 2 つのモードを設定
- B タイプの作業の段取り作業には，AtoB, BtoB の 2 つのモードを設定
- 段取り作業と本作業の間に他の作業が割り込まないように，「段取り作業の完了時刻 = 本作業の開始時刻」となるよう時間制約を追加し，さらに，本作業は開始直後に中断可能（中断中も資源を消費）となるよう記述

とすればよい．

まず，モデルインスタンス model を準備し，作業時間と段取り時間を辞書に保管しておく．duration[i,j] は作業 i (1 は A, 2 は B を表す) の j 番目の作業時間，setup は作業タイプ間の段取り時間を表す．

```
model=Model()
duration={(1,1):3,(1,2):3,(1,3):3,(2,1):3,(2,2):3,(2,3):3}
setup    ={(1,1):1,(1,2):5,(2,1):5,(2,2):1}
```

次に，作業，段取り作業，モード，段取りモードを表す辞書を準備し（1 行目），機械を表す資源インスタンス machine の使用可能量上限を 1 に設定し（2 行目），状態変数 state を定義し，その初期状態を 1（タイプ A の作業の段取り状態）に設定する（3,4 行目）．

```
1  act, act_setup, mode, mode_setup={},{},{},{}
2  machine=model.addResource('machine',1)
3  state=model.addState('Setup_State')
4  state.addValue(time=0,value=1)
```

段取り替えを表すモードは，状態を i から j へ変化させ，機械を 1 単位占有することを定義しておく．

```
for (i,j) in setup:
    mode_setup[i,j]=Mode('Mode_setup[{0}_{1}]'.format(i,j),setup[i,j])
    mode_setup[i,j].addState(state,i,j)
    mode_setup[i,j].addResource(machine,{(0,'inf'):1})
```

続いて，段取り作業と本作業を定義する．2,3 行目では，段取り作業を定義する．これは，タイプ A の作業からの段取り mode_setup[1,i] か，タイプ B の作業からの段取り mode_setup[2,i] のいずれかであるので，その両者を段取り作業 act_setup[i,j] に追加する．また，この作業は「開始時状態が指定された処理モード」であるので，autoselect 引数を True に設定しておく．4 行以降では本作業を定義する．本作業 act[i,j] の作業モード mode[i,j] は，開始直後に中断可能であり（7 行目），その間も機械を占有する（8 行目）．

```
1  for (i,j) in duration:
2      act_setup[i,j]  = model.addActivity('Setup[{0}_{1}]'.format(i,j), autoselect=True)
3      act_setup[i,j].addModes( mode_setup[1,i], mode_setup[2,i] )
4      act[i,j]  = model.addActivity('Act[{0}_{1}]'.format(i,j))
5      mode[i,j] = Mode('Mode[{0}_{1}]'.format(i,j),duration[i,j])
6      mode[i,j].addResource(machine,{(0,'inf'):1})
7      mode[i,j].addBreak(0,0)
8      mode[i,j].addResource(machine,{(0,'inf'):1},'break')
9      act[i,j].addModes(mode[i,j])
```

最後に時間制約を追加する．段取り作業が完了した瞬間に本作業が始まるように，「段取り作業の終了時刻 ≤ 本作業の開始時刻」と「本作業の開始時刻 ≤ 段取り作業の終了時刻」の 2 本の制約を定義する．

```
for (i,j) in duration:
    model.addTemporal(act_setup[i,j], act[i,j],'CS')
    model.addTemporal(act[i,j], act_setup[i,j],'SC')
```

上のモデルを完了時刻最小化で最適化すると以下の結果を得る．

```
source --- 0 0
sink --- 28 28
Setup[1_2] Mode_setup[1_1] 4 5
Act[1_2] --- 5 8
Setup[1_3] Mode_setup[1_1] 0 1
Act[1_3] --- 1 4
Setup[2_1] Mode_setup[2_2] 20 21
```

```
Act[2_1]    ---                    21 24
Setup[2_3]  Mode_setup[2_2]        24 25
Act[2_3]    ---                    25 28
Setup[2_2]  Mode_setup[1_2]        12 17
Act[2_2]    ---                    17 20
Setup[1_1]  Mode_setup[1_1]        8 9
Act[1_1]    ---                    9 12
```

タイプ A の作業を 3 個連続で行い，その後にタイプ B の作業を行っていることが確認できる．

14.4.12 ジョブショップスケジューリング

例として，4 作業 3 機械のスケジューリング問題を考える．各作業はそれぞれ 3 つの子作業（これを以下では作業とよぶ）1, 2, 3 から成り，この順序で処理しなくてはならない．各作業を処理する機械，および処理日数は，表 14.1 の通りである．

表 14.1　4 作業 3 機械スケジューリング問題のデータ

	作業 1	作業 2	作業 3
作業 1	機械 1 / 7 日	機械 2 / 10 日	機械 3 / 4 日
作業 2	機械 3 / 9 日	機械 1 / 5 日	機械 2 / 11 日
作業 3	機械 1 / 3 日	機械 3 / 9 日	機械 2 / 12 日
作業 4	機械 2 / 6 日	機械 3 / 13 日	機械 1 / 9 日

このように，作業によって作業を行う機械の順番が異なる問題は，**ジョブショップ** (job shop) とよばれ，スケジューリングモデルの中でも難しい問題と考えられている．

目的は最大完了時刻最小化とする．ここでは，さらに以下のような複雑な条件がついているものと仮定する．

1. 各作業の初めの 2 日間は作業員資源を必要とする操作がある．この操作は平日のみ，かつ 1 日当り高々 2 個しか行うことができない．

2. 各作業は，1 日経過した後だけ，中断が可能．

3. 機械 1 での作業は，最初の 1 日は 2 個まで並列処理が可能．

4. 機械 2 に限り，特急処理が可能．特急処理を行うと処理日数は 4 日で済むが，全体で一度しか行うことはできない．

5. 機械 1 において，作業 1 を処理した後は作業 2 を処理しなくてはならない．

この問題は，機械および作業員資源を再生可能資源とした 12 作業のスケジューリングモデルとして OptSeq で記述できる．

まず，モデルインスタンス model を生成し，機械を表す資源を追加する．このとき，機械資源の容量（使用可能量の上限）を 1 と設定しておく．

```
from optseq import *
model=Model()
machine={}
for j in range(1,4):
    machine[j]=model.addResource('machine[{0}]'.format(j),capacity={(0,'inf'):1})
```

作業員も資源であり，この場合には，1日あたり高々2個しか行うことができないので，資源の容量は，平日は2，休日は0名と設定する（ただし最初の日は月曜日と仮定する）．

```
manpower=model.addResource('manpower')
for t in range(9):
    manpower.addCapacity(t*7,t*7+5,2)
```

最後に，特急処理が高々1回しか行うことができないことを表すために，予算 budget と名付けた再生不能資源を追加し，制約の右辺 rhs を1に設定しておく．

```
budget=model.addResource('budget_constraint',rhs=1)
```

次に，作業とモードに関する記述を行う．

まず，表 14.1 のデータを保管するために，作業の番号と作業の番号のタプルをキー，機械番号と作業時間のタプルを値とした辞書 JobInfo を以下のように準備しておく．

```
JobInfo={ (1,1):(1,7), (1,2):(2,10), (1,3):(3,4),
          (2,1):(3,9), (2,2):(1,5),  (2,3):(2,11),
          (3,1):(1,3), (3,2):(3,9),  (3,3):(2,12),
          (4,1):(2,6), (4,2):(3,13), (4,3):(1,9)
        }
```

特急処理を行うモード express を準備しておく（これは機械 2 に限定した処理で作業時間は 4 である）．

```
1  express=Mode('Express',duration=4)
2  express.addResource(machine[2],{(0,'inf'):1},'max')
3  express.addResource(manpower,{(0,2):1})
4  express.addBreak(1,1)
```

作業とモードは辞書 act,mode に保管する（1,2行目）．6行目は，並列作業中でも 1 単位の機械資源を使用することを表し，7行目は，作業員が最初の 2 日間だけ必要なことを表し，8行目は，1日経過後に1日だけ中断が可能なことを表す．また，機械 1 上では並列処理が可能であり（9,10行目），機械 2 に対しては通常モードと特急モード express を追加し，さらに特急モードで処理した場合には予算資源 budget を 1 単位使用するものとする（11 から 13 行目）．

```
 1  act={}
 2  mode={}
 3  for (i,j) in JobInfo:
 4      act[i,j]=model.addActivity('Act[{0}][{1}]'.format(i,j))
 5      mode[i,j]=Mode('Mode[{0}][{1}]'.format(i,j),duration=JobInfo[i,j][1])
 6      mode[i,j].addResource(machine[JobInfo[i,j][0]],{(0,'inf'):1},'max')
 7      mode[i,j].addResource(manpower,{(0,2):1})
 8      mode[i,j].addBreak(1,1)
 9      if JobInfo[i,j][0]==1:
10          mode[i,j].addParallel(1,1,2)
11      if JobInfo[i,j][0]==2:
12          act[i,j].addModes(mode[i,j],express)
13          budget.addTerms(1,act[i,j],express)
14      else:
15          act[i,j].addModes(mode[i,j])
```

先行制約（作業の前後関係）を表す時間制約を同じ作業に含まれる作業間に設定しておく．

```
for i in range(1,5):
    for j in range(1,3):
        model.addTemporal(act[i,j],act[i,j+1])
```

条件「機械1において，作業1を処理した後は作業2を処理しなくてはならない」を記述するためには，多少のモデル化のための工夫が必要となる．この制約は，直前先行制約とよばれ，以下のようにしてモデル化を行うことができる．

1. 処理時間0のダミーの（仮想の）作業 dummy（以下のモデルファイルでは d_act）を導入し，時刻0で中断可能と設定する．そして，中断中，資源「機械1」を消費し続けるものと定義する．

2. 時間制約を用いて，（作業1の完了時刻）＝（dummy の開始時刻）および（dummy の完了時刻）＝（作業2の開始時刻）の2つの制約を追加する．

この結果，作業1 act[1,1] の完了後，作業2 act[2,2] が開始されるまで機械1の資源は消費され続けることになり，他の作業を行うことはできないことになる．

```
d_act=model.addActivity('dummy_activity')
d_mode=Mode('dummy_mode')
d_mode.addBreak(0,0)
d_mode.addResource(machine[1],{(0,0):1},'break')
d_act.addModes(d_mode)
model.addTemporal(act[1,1],d_act,tempType='CS')
model.addTemporal(d_act,act[1,1],tempType='SC')
model.addTemporal(d_act,act[2,2],tempType='CS')
model.addTemporal(act[2,2],d_act,tempType='SC')
```

最後に，目的である最大完了時刻最小化をパラメータ Makespan で設定し，計算時間上限 1 秒で求解した後で Gantt チャートをファイル chart.txt に出力する．

```
model.Params.TimeLimit=1
model.Params.OutputFlag=True
model.Params.Makespan=True
model.optimize()
model.write('chart.txt')
```

実行したときの出力例を以下に示す．プログラム終了時に，探索で得られた最良スケジュール（完了時刻は 38）が表示される．例えば，`Act[2][2]` の開始時刻は 9 で，まず時刻 9～10 の間に 2 つの小作業が並列処理された後 (9--10[2])，残りの小作業が時刻 13 まで行われる．

```
source,---, 0 0
sink,---, 38 38
Act[3][2],---, 23 23--32 32
Act[1][3],---, 32 32--33 35--38 38
Act[2][1],---, 0 0--9 9
Act[2][3],Mode[2][3], 21 21--32 32
Act[4][2],---, 10 10--23 23
Act[1][2],Mode[1][2], 8 8--9 10--19 19
Act[3][3],Express, 32 32--33 35--38 38
Act[3][1],---, 14 14--15[2] 15--16 16
Act[4][3],---, 23 23--32 32
Act[2][2],---, 9 9--10[2] 10--13 13
Act[4][1],Mode[4][1], 2 2--8 8
Act[1][1],---, 0 0--7 7
dummy_activity,---, 7 9
```

最適解を簡易 Gantt チャートで示したもの (chart.txt) は，次ページの図 14.12 のようになる．

問題 62

表 14.2 のような作業に対して，以下の問いに答えよ．

1. 作業時間の楽観値に対して作業 H が完了する最早時刻を求めよ．
2. 作業時間の平均値に対して作業 H が完了する最早時刻を求めよ．
3. 作業時間の悲観値に対して作業 H が完了する最早時刻を求めよ．
4. 作業時間が楽観値と悲観値の間の一様分布と仮定したときの，作業 H が完了する最早時刻の分布を matplotlib を用いて描け．

```
activity         mode       duration | 1| 2| 3| 4| 5| 6| 7| 8| 9|10|11|12|13|14|15|16|17|18|19|20|21|22|23|24|25|26|27|28|29|30|31|32|33|34|35|36|37|38|
Act[1][1]    Mode[1][1]        7     |==|==|==|==|==|==|==|  |  |  |  |  |  |  |  |  |  |  |  |  |  |  |  |  |  |  |  |  |  |  |  |  |  |  |  |  |  |  |
Act[1][2]    Mode[1][2]       10     |  |  |  |  |  |  |  |==|==|==|==|==|==|==|==|==|==|  |  |  |  |  |  |  |  |  |  |  |  |  |  |  |  |  |  |  |  |  |
Act[1][3]    Mode[1][3]        4     |==|==|==|==|  |  |  |  |  |  |  |  |  |  |  |  |  |  |  |  |  |  |  |  |  |  |  |  |  |  |  |  |  |  |  |  |  |  |
Act[2][1]    Mode[2][1]        9     |  |  |  |  |==|==|==|==|..|..|..|==|==|==|==|  |  |  |  |  |  |  |  |  |  |  |  |  |  |  |  |  |  |  |  |  |  |  |
Act[2][2]    Mode[2][2]        5     |  |  |  |  |  |  |  |  |  |*2|==|==|==|==|  |  |  |  |  |  |  |  |  |  |  |  |  |  |  |  |  |  |  |  |  |  |  |
Act[2][3]    Mode[2][3]       11     |==|==|==|==|==|==|==|==|==|==|==|  |  |  |  |  |  |  |  |  |  |  |  |  |  |  |  |  |  |  |  |  |  |  |  |  |  |
Act[3][1]    Mode[3][1]        3     |  |  |  |  |  |  |  |  |  |  |  |  |  |  |  |  |  |  |  |  |  |  |  |  |  |  |  |  |  |==|==|==|  |  |  |  |  |
Act[3][2]    Mode[3][2]        9     |  |  |  |  |  |  |  |  |  |  |  |  |*2|==|==|==|==|==|==|==|==|==|  |  |  |  |  |  |  |  |  |  |  |  |  |  |  |
Act[3][3]    Express           4     |  |  |  |  |  |  |  |  |  |  |  |  |  |  |  |  |  |  |  |  |  |  |  |  |  |  |  |  |  |  |  |  |==|==|==|==|  |
Act[4][1]    Mode[4][1]        6     |  |  |  |  |==|==|==|==|==|==|  |  |  |  |  |  |  |  |  |  |  |  |  |  |  |  |  |  |  |  |  |  |  |  |  |  |  |
Act[4][2]    Mode[4][2]       13     |  |  |  |  |  |  |  |  |  |  |==|==|==|==|==|==|==|==|==|==|==|==|==|  |  |  |  |  |  |  |  |  |  |  |  |  |  |
Act[4][3]    Mode[4][3]        9     |  |  |  |  |  |  |  |  |  |  |  |  |  |  |  |  |  |  |  |  |  |  |  |==|==|==|==|==|==|==|==|==|  |  |  |  |  |
dummy_actidummy_mode           0     |  |  |  |  |  |  |  |  |  |  |  |  |  |  |  |  |  |  |  |  |  |  |  |  |  |  |  |  |  |  |  |  |  |  |  |  |..|

resource usage/capacity        |
      machine[1]                | 1| 1| 1| 1| 1| 1| 1| 1| 1| 1| 1| 1| 1| 1| 1| 1| 1| 1| 1| 1| 0| 0| 0| 0| 0| 0| 0| 0| 0| 0| 1| 1| 1| 1| 1| 1| 1| 1|
                                | 1| 1| 1| 1| 1| 1| 1| 1| 1| 1| 1| 1| 1| 1| 1| 1| 1| 1| 1| 1| 1| 1| 1| 1| 1| 1| 1| 1| 1| 1| 1| 1| 1| 1| 1| 1| 1| 1|
      machine[2]                | 0| 1| 1| 1| 1| 1| 1| 1| 1| 1| 1| 0| 1| 1| 1| 1| 1| 1| 0| 1| 1| 1| 1| 1| 1| 1| 1| 1| 1| 1| 0| 1| 1| 1| 1| 1| 1| 1|
                                | 1| 1| 1| 1| 1| 1| 1| 1| 1| 1| 1| 1| 1| 1| 1| 1| 1| 1| 1| 1| 1| 1| 1| 1| 1| 1| 1| 1| 1| 1| 1| 1| 1| 1| 1| 1| 1| 1|
      machine[3]                | 1| 1| 1| 1| 1| 1| 1| 1| 1| 1| 1| 0| 1| 1| 1| 1| 1| 1| 1| 1| 0| 1| 1| 1| 1| 1| 1| 1| 1| 1| 0| 1| 1| 0| 1| 1| 1| 1|
                                | 1| 1| 1| 1| 1| 1| 1| 1| 1| 1| 1| 1| 1| 1| 1| 1| 1| 1| 1| 1| 1| 1| 1| 1| 1| 1| 1| 1| 1| 1| 1| 1| 1| 1| 1| 1| 1| 1|
      manpower                  | 2| 2| 2| 2| 1| 1| 1| 0| 0| 0| 1| 1| 2| 2| 2| 2| 2| 2| 2| 2| 2| 2| 2| 1| 1| 1| 1| 1| 1| 1| 0| 0| 0| 0| 2| 2| 2| 2|
                                | 2| 2| 2| 2| 2| 2| 2| 2| 2| 2| 2| 2| 2| 2| 2| 2| 2| 2| 2| 2| 2| 2| 2| 2| 2| 2| 2| 2| 2| 2| 2| 2| 2| 2| 2| 2| 2| 2|
```

図 14.12 例題のGanttチャート表示 (==は作業を処理中，..は中断中，*2は並列で処理中を表す．)

表 14.2 先行作業と作業時間（楽観値，平均値，悲観値）

作業名	先行作業	楽観値	平均値	悲観値
A	なし	1	2	3
B	なし	2	3	4
C	A	1	2	3
D	B	2	4	6
E	C	1	4	7
F	C	1	2	3
G	D,E	3	4	5
H	F,G	1	2	3

問題 63

14.4.3 節の並列ショップスケジューリングの例題に対して，以下のような変更を行ったときのスケジュールを求めよ．

1. 作業員 4 人で作業を行うとした場合
2. 作業間の時間制約をなくしたと仮定した場合
3. 作業時間をすべて 1 秒短縮したと仮定した場合

問題 64

14.4.5 節の資源制約付きスケジューリングの例題に対して，2 階を建てる作業（作業時間は 2 人で 2 日）と，2 階の内装を行う作業（作業時間は 1 人で 2 日）追加した場合のスケジュールを求めよ．ただし，2 階を建てる作業は，1 階の壁を取り付けた後でないと開始できず，屋根の取り付けと 2 階の内装は，2 階を建てた後でないと開始できないものと仮定する．

問題 65

14.4.7 節での例題で，作業時間と短縮したときの費用が，以下のように設定されている場合を考え，予算が 0 から 10 万円に変化したときの最早完了時刻を求めよ．

作業 1：乗客降ろし 13 分．12 分に短縮可能で，1 万円必要．11 分に短縮するには，さらに 1 万円必要．

作業 2：荷物降ろし 25 分．23 分に短縮可能で，1 万円必要．21 分に短縮するには，さらに 1 万円必要．

作業 3：機内清掃 15 分．13 分に短縮可能で，1 万円必要．11 分に短縮するには，さらに 1 万円必要．

作業 4：新しい乗客の搭乗 27 分．26 分に短縮可能で，1 万円必要．25 分に短縮するには，さらに 1 万円必要．

作業 5：新しい荷物の積み込み 22 分．21 分に短縮可能で，1 万円必要．20 分に短縮するには，さらに 1 万円必要．

問題 66

あなたは 6 つの異なる得意先から製品の製造を依頼された製造部長だ．製品の製造は特注であり，それぞれ 1, 4, 2, 3, 1, 4 日の製造日数がかかる．ただし，製品の製造に必要な材料の到着する日は，それぞれ ,0, 2, 4, 1, 5 日後と決まっている．得意先には上得意とそうでもないものが混在しており，それぞれの重要度は 3, 1, 2, 3, 1, 2 と推定されている．製品が完成する日数に重みを乗じたものの和をなるべく小さくするように社長に命令されているが，さてどのような順序で製品を製造したらよいのだろう？

問題 67

14.4.3 節の並列ショップスケジューリングの例題に対して，以下のような変更を行ったときのスケジュールを求めよ．

1. すべての作業が途中中断可能と仮定した場合
2. すべての作業が並列処理可能と仮定した場合

第15章 動的最適化

　動的最適化 (dynamic optimization) とは，動的システム (dynamic system) に対する最適化手法の1つである．動的最適化の特徴は，段階ごとに意思決定がなされる点にある．これらの段階は，空間的な広がりや時間的な長さに関連付けられることが多い．最もよく用いられるのは，段階を，離散化された時間軸に対応付ける方法である．時間軸を考慮したモデルはしばしば動的 (dynamic) とよばれ，これが "dynamic optimization" のよび名の由来である．

　本章の構成は以下の通り．
　15.1節では，動的最適化の一般論と，その基礎となる動的システムについて述べる．
　15.2節では，動的最適化の基本原理である最適性の原理とそれに基づく動的最適化アルゴリズムについて述べる．
　15.3節では，確定的な情報下における動的最適化のアルゴリズムの一般論について述べる．
　15.4節では，確定的動的最適化問題に対するアルゴリズムの例を示す．
　15.5節では，確率的動的最適化について解説する．

15.1　動的システムと動的最適化

　本章で考える動的最適化問題は，時間軸を離散化した離散時間動的システムを基礎として構築される．離散時間動的システムは，以下の要素によって構成される．

t：離散的な時刻（期とよぶ）を表す添え字．$0, 1, 2, \ldots, T$ のいずれかの値をとるとする．

x_t：第 t 期におけるシステムの状態．その取りうる値の集合を S_t と表す．

u_t：第 t 期における意思決定変数（コントロール）．その取りうる値の集合を C_t と書く．u_t は，t 期の状態 x_t によって定まる集合 $U_t(x_t) \subseteq C_t$ から選択される．

w_t：第 t 期における不確実性を表すパラメータ．その取りうる値の集合を W_t と表す．w_t は，状態 x_t と意思決定 u_t によって定まる確率密度 $\Pr_t(\cdot|x_t, u_t)$ で特徴づけられる．

これらの要素を用いて，離散時間動的システムは以下のように表される．

$$x_{t+1} = f_t(x_t, u_t, w_t), \quad t = 0, 1, 2, \ldots, T-1$$

第 t 期における費用を表す確率変数を $g_t(x_t, u_t, w_t)$, 最終期における費用を $g_T(x_T)$ とすると, T 期にわたる計画期間の総費用の期待値は, 次で表される.

$$\mathsf{E}\left[g_T(x_T) + \sum_{t=0}^{T-1} g_t(x_t, u_t, w_t)\right]$$

動的最適化における**方策** (policy) $\mu = (\mu_0, \mu_1, \ldots, \mu_{T-1})$ とは, システムの状態 x_t から意思決定変数 u_t への写像 $\mu_t(u_t = \mu_t(x_t))$ の列である. 任意の状態 $x_t \in S_t$, $t = 0, 1, 2, \ldots, T-1$ に対して $\mu_t(x_t) \in U_t(x_t)$ が成立するとき, 方策 $\mu = (\mu_0, \mu_1, \ldots, \mu_{T-1})$ は**許容** (admissible) であるという.

許容方策 $\mu = (\mu_0, \mu_1, \ldots, \mu_{T-1})$ を与えると, 離散時間動的システム

$$x_{t+1} = f_t(x_t, \mu_t(x_t), w_t), \quad t = 0, 1, 2, \ldots, T-1$$

によって x_t, w_t の確率分布が決まり, T 期の総費用の期待値が次のように定まる.

$$J_\mu(x_0) = \mathsf{E}\left[g_T(x_T) + \sum_{t=0}^{T-1} g_t(x_t, \mu_t(x_t), w_t)\right]$$

動的最適化問題 (dynamic optimization problem) の目的は, 初期状態 x_0 および許容方策の集合 Π が与えられたとき, 総費用の期待値を最小化する許容方策を求めること, すなわち

$$J_{\mu^*}(x_0) = \min_{\mu \in \Pi} J_\mu(x_0)$$

を満たす μ^* を求めることである.

$J_{\mu^*}(x_0)$ は最適値または最適目的関数値とよばれる. 以下では, 方策 μ が文脈から明らかなときは, $J_\mu(x_0)$ を $J(x_0)$ と記すことがある.

15.2 最適性の原理と動的最適化アルゴリズム

動的最適化は, 以下の**最適性の原理** (principle of optimality) を基礎とする.

最適性の原理

$\mu^* = (\mu_0^*, \mu_1^*, \mu_2^*, \ldots, \mu_{T-1}^*)$ をある動的最適化問題の最適方策とする. ある期 i において状態 x_i が起きる確率が正であると仮定し, i 期から最終期までの費用の期待値

$$\mathsf{E}\left[g_T(x_T) + \sum_{t=i}^{T-1} g_t(x_t, \mu_t(x_t), w_t)\right]$$

を最小にする動的最適化問題を考える. このとき, もとの問題の最適方策 μ^* の i 期以降の部分 $(\mu_i^*, \mu_{i+1}^*, \ldots, \mu_{T-1}^*)$ からなる方策がこの問題の最適方策になる.

最適性の原理を用いることにより, 最適方策を得るためのアルゴリズムが構成できる. ある期 $t \in$

$\{0, 1, 2, \ldots, T\}$ の状態 x_t からはじめて,最終期まで最適方策で運用したときの総費用の期待値を表す関数を**到達費用関数** (cost-to-go function) とよび,$J_t(x_t)$ と記す.T 期での到達費用関数 $J_T(x_T)$ は $g_T(x_T)$ に他ならない.いま,$J_t(x_t)$ を求めるときに,$t+1$ 期の到達費用関数 $J_{t+1}(x_{t+1})$ が既知であるとすると,$J_t(x_t)$ はその期に発生する費用と $t+1$ 期から最終期に発生する費用の和の期待値を最小にするように意思決定変数 u_t を選択すればよいことになる.すなわち,$T, T-1, T-2, \ldots, 0$ の順に到達費用関数を計算していくことによって $J_0(x_0)$ を効率的に計算できる.この計算法を**動的最適化アルゴリズム** (dynamic optimization algorithm) とよぶ.

15.3 確定的動的最適化問題

ここでは,ランダム性を含まない動的最適化問題を考える.

状態空間 S_t, $t = 0, 1, \cdots, T$ は有限集合であると仮定する.正確にいうと,ここで取り扱う問題は,**有限状態確定的動的最適化問題** (finite state discrete time deterministic dynamic optimization problem) とよぶべきであるが,以下では省略して**確定的動的最適化問題** (deterministic dynamic optimization problem) とよぶ.

確定的動的最適化の特徴は,閉ループ方策の開ループ方策に対する優位性が消滅する点にある.すなわち,時間の経過とともに発生した事象に対する情報を利用して意思決定を行うこと(閉ループ方策)が,はじめから将来にわたるすべての意思決定を決めておくこと(開ループ方策)に対して費用の削減をもたらさないのである.これは,確定的動的最適化が将来事象に対する不確実性を含まないことから自明なことである.そのため,確定的動的最適化の目的は,すべての期に対する最適な意思決定変数を求めることになる.

各期の状態の集合 S_t は有限であるので,その和集合 $\bigcup_{t=0}^{T} S_t$ も有限集合になる.各々の状態に番号をつけて $1, 2, \cdots, n$ とする.有限状態の動的システムにおいては,状態を点とみなすことができ,確定的動的最適化においては,状態の変化

$$x_{t+1} = f_t(x_t, u_t, w_t)$$

からランダム性を表すパラメータ w_t が除去できるので,状態 x_t と意思決定変数(コントロール)u_t が決まれば,次の状態 x_{t+1} が定まることになる.t 期における可能なコントロールの集合 $U_t(x_t)$ は,状態 x_t のみに依存するので,状態の変化は x_t に対応する点から x_{t+1} に対応する点への有向枝とみなすことができる.また,t 期における費用 $g_t(x_t, u_t, w_t)$ は,有向枝に付随する費用(重み,距離,時間など)と考えることができる.また,初期状態を表すダミーの点 0 および終端状態を表すダミーの点 $n+1$ を付加し,さらに,点 0 から S_0 内の点へ費用 0 の有向枝をはり,S_T 内の点(状態 x_T に対応)から点 $n+1$ へ費用 $g_T(x_T)$ の有向枝をはる.

上の変形によって,確定的動的最適化問題は,点 0 から点 $n+1$ へ最小費用のパスを求める問題(最短経路問題の特殊形)に帰着される.

以下に,確定的動的最適化問題に対する動的最適化アルゴリズムを示す.

まず,アルゴリズムの導出に用いる,以下の記号を定義する.

c_{ij}^t: t 期に状態 i $(\in S_t)$ から状態 j $(\in S_{t+1})$ に移動する意思決定をしたときの費用

$c_{i,n+1}^T$: T 期において状態 i にいるときの費用（これは $g_T(i)$ に他ならない）

上の記号を用いて，動的最適化アルゴリズムは，以下のように書ける．

$$J_T(i) = c_{i,n+1}^T, \quad \forall i \in S_T$$

を初期条件として，以下の再帰方程式を $t = T-1, T-2, \ldots, 1, 0$ の順に計算する．

$$J_t(i) = \min_{j \in S_{t+1}} \left[c_{ij}^t + J_{t+1}(j) \right], \quad \forall i \in S_t$$

最適値は，点 0 から点 $n+1$ までの最小費用のパスの値であり，

$$\min_{j \in S_0} [J_0(j)]$$

と計算される．

上の動的最適化アルゴリズムでは，期（時刻）を T から 0 に向けて後退させることによって再帰方程式を解いた．そのため，この動的最適化アルゴリズムを特に**後退型動的最適化アルゴリズム** (backward dynamic optimization algorithm) とよぶ．一方，同じ動的最適化アルゴリズムでも，期（時刻）を 0 からはじめて T に向けて前進させるタイプのアルゴリズムも考えられる．このような動的最適化アルゴリズムを特に**前進型動的最適化アルゴリズム** (forward dynamic optimization algorithm) とよぶ．

前進型動的最適化アルゴリズムは，以下のように書ける．

$$\tilde{J}_0(i) = 0, \quad \forall i \in S_0$$

を初期条件として，以下の再帰方程式を $t = 1, 2, \ldots, T-1, T$ の順に計算する．

$$\tilde{J}_t(j) = \min_{i \in S_{t-1}} \left[c_{ij}^{t-1} + \tilde{J}_{t-1}(i) \right], \quad \forall j \in S_t$$

最適値は，やはり点 0 から点 $n+1$ までの最小費用のパスの値であり，

$$\min_{i \in S_T} \left[c_{i,n+1}^T + \tilde{J}_T(i) \right]$$

と計算される．

導出法からわかるように，

$$\min_{j \in S_0} [J_0(j)] = \min_{i \in S_T} \left[c_{i,n+1}^T + \tilde{J}_T(i) \right]$$

が成立し，後退型動的最適化アルゴリズムと前進型動的最適化アルゴリズムの最適値は一致することがいえる．

15.4 確定的動的最適化の例

ここでは，確定的動的最適化を用いた組合せ最適化問題のアルゴリズムの作成例を示す．

15.4.1 節では，通常の再帰アルゴリズムを動的最適化を用いて高速化するための鍵となるメモ化の概念を，簡単な例を用いて解説する．

15.4.2 節では，2 種類のナップサック問題に対する動的最適化アルゴリズムを示す．

15.4.3 節では，最大安定集合問題に対する動的最適化アルゴリズムを示す．

15.4.4 節では，巡回セールスマン問題に対する動的最適化アルゴリズムを示す．

15.4.5 節では，集合被覆問題に対する動的最適化アルゴリズムを示す．

15.4.1 再帰とメモ化

ここでは，Fibonacci 数を計算する簡単な例題を用いて，Python による動的最適化の基本となるメモ化の概念について解説する．

Fibonacci 数 (Fibonacci number) とは以下のように再帰的に定義される数列 F_n である．

$$F_n = F_{n-1} + F_{n-2}$$
$$F_1 = F_2 = 1$$

この数列を再帰によって計算するコードは以下のようになる．

コード 15.1　Fibonacci 数の再帰による計算

```python
def fibonacci(number):
    if number==1 or number==2:
        return 1
    else:
        return fibonacci(number-1)+fibonacci(number-2)
```

このプログラムを用いて大きな Fibonacci 数を計算してはいけない．何度も同じ関数がよばれるので効率が悪いからだ．Python では，辞書を用いて簡単に高速化することができる．引数として memo と名付けた辞書を渡すことにする．この辞書は一度計算された Fibonacci 数を記憶するために用いられる．以下のコードは，上の通常の再帰を用いたコードとほとんど同じであるが，辞書のキーに number が含まれていないときのみ，Fibonacci 数を再帰的に計算しその値を辞書 memo に保管してから，その値を返す点が異なる．

コード 15.2　Fibonacci 数のメモ化による計算

```python
def fibonacci(number, memo={}):
    if number ==1 or number ==2:
        return 1
    elif number not in memo:
        memo[number] = fibonacci(number-1)+fibonacci(number-2)
    return memo[number]
```

ほんの数行の変更にも関わらず，上のプログラムは驚くほど高速化される．このように一度計算した値を辞書に保管して再利用するのが動的最適化の極意である．以下では，このテクニックを**メモ化** (memolization) とよぶ．付録 A.8.5 では，デコレータ (decorator；装飾子) 関数 lru_cache を

用いたメモ化について解説している．ここで lru は "least recently used" を省略したものである．lru_cache を使うと，関数の前に 1 行書き足すだけでメモ化を行うことができる．以下の動的最適化アルゴリズムの実装では，辞書 memo を明示的に記述したメモ化を行うが，これらは，lru_cache を用いることによって，より簡潔に記述できる．

15.4.2 ナップサック問題

ここでは，2 種類のナップサック問題を考え，動的最適化アルゴリズムを構築する．

最初に考えるのは**整数ナップサック問題** (integer knapsack problem) とよばれる問題である．

整数ナップサック問題

n 個のアイテムから成る有限集合 N，各々の $i \in N$ の重量 $s_i \in \{0, 1, 2, \ldots\} = \mathbf{Z}_+$ と価値 $v_i \in \mathbf{Z}_+$，およびナップサックの重量の上限 $b \in \mathbf{Z}_+$ が与えられたとき，アイテムの重量の合計が b を超えないようなアイテムの詰め合わせの中で，価値の合計が最大のものを求めよ．ただし，各アイテムは何個でもナップサックに詰めてよいものと仮定する．

この問題は，非負の整数の値をとる変数 $x_i \in \mathbf{Z}_+$ を用いて，以下のように定式化できる．

$$\begin{aligned}
\text{maximize} \quad & \sum_{i \in N} v_i x_i \\
\text{subjecct to} \quad & \sum_{i \in N} s_i x_i \leq b \\
& x_i \in \mathbf{Z}_+, \quad i \in N
\end{aligned}$$

以下では，自明な解を除くために s_i, v_i, b は正の整数であると仮定する．動的最適化の特徴は，自明な部分問題からはじめて順次大きな部分問題を解いていく点にある．整数ナップサック問題の場合には，ナップサックの重量上限を制限した部分問題を考えればよい．

ナップサックに入っているアイテムの重量の合計が $\theta (= 0, 1, 2, \ldots, b)$ 以下のときの最大価値を $f(\theta)$ と書くことにしよう．正確には，$f(\theta)$ は以下のように定義される値である．

$$\begin{aligned}
f(\theta) \quad = \quad & \text{maximize} \quad & \sum_{i \in N} v_i x_i \\
& \text{subject to} \quad & \sum_{i \in N} s_i x_i \leq \theta \\
& & x_i \in \mathbf{Z}_+, \quad i \in N
\end{aligned}$$

もとの問題の最適値は，重量が b 以下の中で最大の価値であるから $f(b)$ である．

$f(0) = 0$ は自明であり，さらに $f(b) = -\infty \ (b < 0)$ と定義しておく．$f(\theta)$ は，θ から s_i だけ軽い重量が詰まっているナップサックにおける最大価値 $f(\theta - s_i)$ に v_i の価値を加えることによって得られる最大の価値であるので，

$$f(\theta) = \max_{i \in N} \{f(\theta - s_i) + v_i, 0\}, \quad \theta = 1, 2, \ldots, b$$

の関係式が得られる．これが動的最適化の再帰方程式（Bellman 方程式）になる．

再帰をそのまま関数として記述すると，以下のようなコードになる．

コード 15.3　整数ナップサック問題に対する再帰方程式

```
def f(b):
    if b==0:
        return 0
    if b<0:
        return −999999
    max_value=0
    for i, size in enumerate(s):
        max_value = max(max_value, f(b-size)+v[i])
    return max_value
```

ここで，s と v は，それぞれアイテムの重量と価値のデータを入れたリストとする．f(b) で整数ナップサック問題の最適値を得ることができる．

上の再帰をメモ化によって高速化したコードを以下に示す．

コード 15.4　整数ナップサック問題に対するメモ化を用いた動的最適化

```
def f(b,memo={}):
    if b==0:
        return 0
    if b<0:
        return −999999
    if b in memo:
        return memo[b]
    else:
        max_value=0
        for i in range(len(s)):
            max_value = max(max_value, f( b−s[i] )+v[i])
        memo[b]=max_value
        return max_value
```

これによって大規模な問題例に対しても最適値を求めることが可能になる．ただし，問題の規模が大きい場合には，以下のようにシステムモジュール sys で設定される再帰回数の上限を大きくする必要がある．

コード 15.5　再帰回数上限の再設定

```
import sys
sys.setrecursionlimit(10000)
```

再帰を用いない前進型の動的最適化アルゴリズムを以下に示す．

コード 15.6　整数ナップサック問題に対する前進型動的最適化

```
f={ theta:0 for theta in range(b+1) }
for theta in range(b−min(s)+1):
    for i, size in enumerate(s):
```

```
        if theta+size>b:
            continue
        if f[theta+size] < f[theta]+v[i]:
            f[theta+size] = f[theta]+v[i]
```

最適値は f[b] で確認できる．このアルゴリズムは，各 $\theta(=0,1,\ldots,b)$ に対してアイテムの数 n だけの計算時間がかかるので，全体として $O(nb)$ 時間かかる．

この計算時間は，一見すると入力サイズの多項式関数に見えるが，実はナップサックの重量の上限 b の正確な入力サイズは，b でなく $\lceil \log_2 b \rceil$ なのである．ここで $\lceil \cdot \rceil$ は**天井関数** (ceiling function) であり，・以上の最小の整数（切り上げ）を意味する．$\lceil \log_2 b \rceil$ を β とおくと，動的最適化アルゴリズムの計算時間は $O(n2^\beta)$ となる．これは，正確な入力サイズの β の多項式関数ではない．ちなみに，このようなアルゴリズムを**擬多項式時間** (pseudo-polynomial time) アルゴリズムとよぶ．

上の動的最適化アルゴリズムにおいては，θ は $0,1,2,\cdots,b$ のいずれかの値をとった．これを動的最適化における**状態** (state) とよぶ．状態を有向グラフ $G=(V,E)$ の点とし，ナップサックの重量が θ の状態において，重量 s_i のアイテム $i \in N$ を加えることができるとき点 θ から点 $\theta+s_i$ に枝をはり，この枝の費用をアイテム i の価値 v_i と定義する．

このように構成された有向グラフ $G=(V,E)$ 上で，点 0（始点）から点 b（終点）までの最適パス（最小費用のパス）を求める問題を考える．この問題は，閉路を含まないグラフ上で最短路を求める問題に帰着される．

閉路を含まないグラフ上で最短路問題は，枝の本数 $|E|$ のオーダーの計算時間 $O(|E|)$ で解くことができる．枝の本数は nb 本以下であるので，最短路を求めるための計算時間は $O(nb)$ となり，動的最適化アルゴリズムの計算時間と同じとなる．終点 b までの最適パスを求めると，すべての点 $\theta(=0,1,2,\ldots,b)$ までの最適パスの費用が得られ，この中で最小のものが，整数ナップサック問題の最適値になる．一般に，確定的動的最適化問題は，状態を点とみなした閉路を含まないネットワークを構成することによって，最短路問題に帰着できる．

次に，0-1 ナップサック問題に対する動的最適化の適用について考える．この問題は上で考えた整数ナップサック問題とほぼ同じであるが，各アイテムが 1 個ずつしかない点が異なる．

0-1 ナップサック問題
n 個のアイテムから成る有限集合 N，各々の $i \in N$ の重量 $s_i \in \mathbf{Z}_+$ と価値 $v_i \in \mathbf{Z}_+$，およびナップサックの重量の上限 $b \in \mathbf{Z}_+$ が与えられたとき，アイテムの重量の合計が b を超えないようなアイテムの詰め合わせの中で，価値の合計が最大のものを求めよ．ただし，各アイテムはナップサックに高々 1 個しか詰めることができないと仮定する．

0-1 ナップサック問題は，アイテム $i(\in N)$ をナップサックに詰めるとき 1，それ以外のとき 0 になる 0-1 変数 x_i を使うと，以下の 0-1 整数最適化問題として定式化できる．

15.4 確定的動的最適化の例

$$\begin{aligned} \text{maximize} \quad & \sum_{i \in N} v_i x_i \\ \text{subject to} \quad & \sum_{i \in N} s_i x_i \leq b \\ & x_i \in \{0,1\}, \quad i \in N \end{aligned}$$

再帰方程式を得るために，以下の部分問題を導入する．

$$\begin{aligned} f(k,\theta) = \text{maximize} \quad & \sum_{i=1}^{k} v_i x_i \\ \text{subject to} \quad & \sum_{i=1}^{k} s_i x_i \leq \theta \\ & x_i \in \{0,1\}, \quad i = 1,2,\ldots,k \end{aligned}$$

この部分問題は，ナップサックに入れる対象を k 番目までのアイテムに限定したとき，重量の上限が θ 以下で価値の合計の最大のものを求める問題である．もとの問題の最適値は $f(n,b)$ で計算できる．

部分問題間の関係より，$f(k,\theta)$ は，以下の再帰方程式によって計算可能である．

$$f(k,\theta) = \left\{ \begin{array}{ll} f(k-1,\theta) & 0 \leq \theta < s_k \\ \max\{f(k-1,\theta), v_k + f(k-1,\theta - s_k)\} & s_k \leq \theta \end{array} \right\}, \quad k = 2,3,\ldots,n$$

上の再帰方程式を条件

$$f(1,\theta) = \left\{ \begin{array}{ll} 0 & 0 \leq \theta < s_1 \\ v_1 & s_1 \leq \theta \leq b \end{array} \right.$$

の下で解くことによって $f(k,\theta)$ を $O(k\theta)$ 時間で得ることができる．したがって，0-1 ナップサック問題の最適値を $O(nb)$ 時間で求めることができる．

メモ化によって高速化した動的最適化のコードは以下のようになる．

コード 15.7　0-1 ナップサック問題に対する動的最適化

```
def f(k,b,memo={}):
    if b<0:
        return -99999
    if k==0:
        if b>=s[0]:
            return v[0]
        else:
            return 0
    if (k,b) in memo:
        return memo[k,b]
    else:
        max_value = max(f(k-1,b), f(k-1,b-s[k])+v[k])
        memo[k,b]=max_value
```

```
        return max_value
```

整数ナップサック問題と同様に，sとvは，それぞれアイテムの重量と価値のデータを入れたリストとすると，0-1 ナップサック問題の最適値は f(len(s)-1,b) で得ることができる．

15.4.3 最大安定集合問題

次に，グラフ最適化問題に対する動的最適化の例として最大安定集合問題を考える．**最大重み安定集合問題** (maximum weight stable set problem) は，次のように定義される問題である．

> **最大重み安定集合問題**
> 点数 n の無向グラフ $G = (V, E)$ が与えられたとき，点の部分集合 $S (\subseteq V)$ は，すべての S 内の点の間に枝がないとき**安定集合** (stable set) とよばれる．点上の重み関数 $w : V \to \mathbf{R}$ が与えられたとき，点の重みの合計が最大になるような安定集合 S を求めよ．

図 15.1 パス型の最大重み安定集合問題の例（点の中の数字が重み，網掛けの点が最適な安定集合）

まずは簡単のため点が一列に（パス上に並んだ）特殊ケースを考えよう（図 15.1）．

点の数を n とし，点は左から順に $1, 2, \ldots, n$ と並んでおり，点 i と $i+1$ の間のみ枝があるものとする．いま，左から i 番目までの点の部分集合を $S_i = \{1, 2, \ldots, i\}$ とし，S_i に対する最大重みの安定集合に対する重みの合計（最適値）を $f(S_i)$ とする．このとき，i 番目までの最適値は，$i - 1$ 番目までの最適値と $i - 2$ 番目までの最適値に点 i の重み w_i を加えたもののどちらかであることから，以下の再帰方程式が得られる（図 15.2）．

$$f(S_i) = \max\{f(S_{i-1}), f(S_{i-2}) + w_i\}$$

初期条件は $f(S_0) = 0, f(S_1) = w_1$ である．

上の再帰をメモ化を用いて高速化したコードは以下のようになる．

コード 15.8 パス型の最大重み安定集合問題に対するメモ化を用いた動的最適化

```
def path_stable(i,memo={}):
    if i<0:
        return 0
    elif i==0:
        return w[i]
    if i in memo:
        return memo[i]
    max_value = max( path_stable(i-1), path_stable(i-2) +w[i] )
    memo[i] = max_value
    return max_value
```

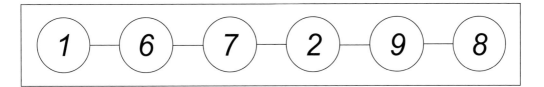

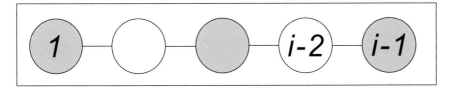

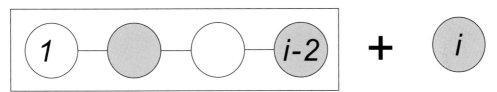

図 15.2 パス型の最大重み安定集合問題に対する動的最適化 ($f(S_i)$)（上）を計算するためには, $f(S_{i-1})$（中）と $f(S_{i-2})+w_i$（下）の大きい方を選択）

点の数を n としたとき, path_stable(n-1) とよび出すことによって最適値を得ることができる. 再帰を用いない前進型の動的最適化は, より簡潔に記述できる.

コード 15.9 パス型の最大重み安定集合問題に対する前進型動的最適化

```
f={-1:0, 0:w[0] }
for i in range(1,n):
    f[i]=max( f[i-1], f[i-2]+w[i] )
```

上のアルゴリズムは, 各 i に対する最適値を保存した辞書 f を計算するが, 最適解（最大重みの安定集合）は, f の情報を用いて以下のように構築できる.

コード 15.10 最大重み安定集合の算出

```
i = n-1
S=set([])
while i >= 1:
    if f[i-1]>=f[i-2]+w[i]:
        S.add(i-1)
        i=i-1
    else:
        S.add(i)
        i=i-2
```

上のアルゴリズムによって得られた集合 S が解を表している. アルゴリズムの計算量は $O(n)$ である.

次に，一般の無向グラフに対する安定集合を考えよう．

無向グラフ $G = (V, E)$ 内の点 i に対して，点 i に隣接する点の集合に i 自身を加えた集合を $\delta(i)$ と記す．点集合 $S \subseteq V$ に対する最適目的関数値を $f(S)$ とする．S 内の点 $i(\in S)$ を安定集合に入れない場合と，入れる場合のいずれかを考えればよいので，以下の再帰方程式を得る．

$$f(S) = \max_{i \in S} \{ f(S \setminus \{i\}), f(S \setminus \delta(i)) + w_i \}$$

上の再帰方程式を初期条件

$$f(\emptyset) = 0$$

$$f(\{i\}) = w_i, \quad i \in V$$

で解くことによって $f(V)$ を得ることができる．これがグラフ $G = (V, E)$ の最大安定集合問題の最適値になる．

再帰方程式にメモ化を用いた動的最適化のコードは，以下のように記述できる．（グラフ G と点の重みを表す辞書 w は大域変数として保管されているものとする．）

コード 15.11 最大重み安定集合問題に対する動的最適化

```
def stable(S,memo={}):
    if len(S)==0:
        return 0
    if len(S)==1:
        return w[S.pop()]
    FS=frozenset(S)
    if FS in memo:
        return memo[FS]
    max_value=0
    for i in range(len(S)):
        S0=S[:]
        k=S0.pop(i)
        S1=set(S0).difference(set(G.adj[k].keys()))
        max_value=max( stable(S0), stable(list(S1))+w[k], max_value )
    memo[FS]=max_value
    return max_value
```

グラフ G は NetworkX（第 12 章）の無向グラフインスタンス G として生成し，点集合 S はリストとする．G.nodes() で点集合のリストが得られるので，stable(G.nodes()) とよび出すことによって最適値を得ることができる．また，プログラム内で G.adj[k] は点 k に隣接する点をキーにもつ辞書を返すメソッドである．

一般の場合の最大重みの安定集合は $\mathcal{NP}$-困難であり，上のアルゴリズムは指数オーダーの計算量を要する．

15.4.4 巡回セールスマン問題

ここでは，より複雑な動的最適化の例として巡回セールスマン問題を考える．巡回セールスマン問

題は以下のように定義される.

> **巡回セールスマン問題**
> $n \times n$ の距離行列 $[d_{ij}]$ が与えられたとき,$V = \{1, 2, \ldots, n\}$ から V 上への1対1写像(順列)ρ で
> $$\sum_{i=1}^{n-1} d_{\rho(i),\rho(i+1)} + d_{\rho(n),\rho(1)}$$
> を最小にするものを求めよ.

ある点 $s\ (\in V)$ から出発し,点の部分集合 $S(\subseteq V)$ をすべて経由し,点 $j(\in S)$ にいたる最短路長を $f(j, S)$ と書くことにする.このとき,初期条件 $f(j, \{j\}) = d_{sj}$ および次の再帰方程式によって計算された $f(s, V)$ が最短巡回路長である.

$$f(j, S \cup \{j\}) = \min_{i \in S}\{f(i, S) + d_{ij}\}$$

距離を保管した辞書 d と点数 n を与えたとき,巡回セールスマン問題に対する再帰にメモ化を用いた動的最適化のコードは以下のようになる.

コード 15.12 巡回セールスマン問題に対する動的最適化

```
def f(j,S,memo={}):
    FS =frozenset(S)
    if (j,FS) in memo:
        return memo[j,FS]
    elif FS ==frozenset({j}):
        return d[n-1,j]
    else:
        S0=S.copy()
        S0.remove(j)
        min_value=99999
        for i in S0:
            min_value=min( f(i,S0,memo)+d[i,j], min_value)
        memo[j,FS]=min_value
        return min_value
```

始点を n-1 とし,f(n-1,set(range(n))) とよび出すことによって,上の動的最適化アルゴリズムは,最短巡回路長を出力する.適当な情報を保存しておくことによって対応する巡回路も再現できる.このアルゴリズムの計算量は $O(n^2 2^n)$ であり,必要な記憶容量は $O(n 2^n)$ である.

15.4.5 集合被覆問題

動的最適化の最後の例として,整数最適化問題の特殊形を考える.

行数 m,列数 n の 0-1 行列 $A = [a_{ij}]$ が与えられたとき,以下の問題を**集合被覆問題** (set covering problem) とよぶ.

$$\begin{aligned}\text{minimize} \quad & \sum_{j=1}^{n} x_j \\ \text{subject to} \quad & \sum_{j=1}^{n} a_{ij} x_j \geq 1, \quad i = 1, 2, \ldots, m \\ & x_j \in \{0, 1\}, \quad j = 1, 2, \ldots, n\end{aligned}$$

列 j に対して $a_{ij} = 1$ になっている行の集合を表す以下の集合 S_j を導入する.

$$S_j = \{i \in \{1, 2, \ldots, m\} \mid a_{ij} = 1\}, \quad j = 1, 2, \ldots, n$$

制約の添え字 $i = 1, 2, \ldots, m$ の部分集合 C と変数の添え字を $k (\leq n)$ 番目までに制限した部分問題(最適値を $f(k, C)$ と記す)を以下のように定義する.

$$\begin{aligned}f(k, C) = \text{minimize} \quad & \sum_{j=1}^{k} x_j \\ \text{subject to} \quad & \sum_{j=1}^{k} a_{ij} x_j \geq 1, \quad i \in C \\ & x_j \in \{0, 1\}, \quad j = 1, 2, \ldots, k\end{aligned}$$

$f(k, C)$ の値は, k 番目の変数を 1 にするか, 0 にするかのいずれかであるので, 以下の再帰方程式を得る.

$$f(k, C) = \min\{f(k-1, C), f(k-1, C \setminus S_k) + 1\}$$

上の再帰方程式を初期条件 $f(0, \cdot) = \infty$, $f(\cdot, \emptyset) = 0$ の下で解くことによって, 元の問題の最適値 $f(n, \{1, 2, \ldots, m\})$ を得ることができる.

再帰方程式にメモ化を用いた動的最適化のコードは, 以下のように記述できる.

コード 15.13 集合被覆問題に対する動的最適化

```
def f(k,Cover,memo={}):
    if len(Cover)==0:
        return 0
    if k<0:
        return 99999
    FS =frozenset(Cover)
    if (k,FS) in memo:
        return memo[k,FS]
    Cover0=Cover.copy()
    Cover1=Cover0.difference(S[k])
    min_value=min( f(k-1,Cover0), f(k-1,Cover1)+1 )
    memo[k,FS]=min_value
    return min_value
```

S_j $(j = 0, 1, \ldots, n-1)$ を表す辞書 S が大域変数として保管されているものとすると, 行数 n, 列数 m の集合被覆問題の最適値は, f(n-1,set(range(m))) で求めることができる.

15.5 確率的動的最適化問題

15.3 節と 15.4 節では，ランダム性を含まない動的最適化を扱ったが，ここではランダム性を含む動的最適化を扱う．ランダム性を含む動的最適化のうち，とくに **Markov 決定問題** (Markovian decision problem) を扱う．

15.5.1 記号の導入

確率的動的最適化は，人工知能や機械学習の分野と共通の話題が多い．そこで本節では，これらの分野でよく用いられる記号を用いることにする．

確率的動的最適化では確定的動的最適化のときとは違い，状態 s で行動 a を実行した結果として遷移する状態には，不確実性がある．例えば，ある交差点にいるという状態で「右に曲がる」という行動をとるとする．確定的動的最適化では確実に（100％の確率で）右に曲がる結果になるが，確率的動的最適化ではある確率で左に曲がったりまっすぐ進んだりする．この状況を表現するために，状態 s において行動 a をとった結果として状態 s' に遷移する確率を導入し，$T(s,a,s')$ と表す．また，この遷移に伴う利得を，$R(s,a,s')$ と表す．確定的動的最適化では状態の遷移に伴って費用を考えたが，確率的動的最適化では利得を考える．利得は，費用にマイナス 1 をかけたものと考えるとよい．

15.5.2 Markov 性と Markov 決定問題

ここでは Markov 決定問題を扱う．期 t に状態 s_t にあるとき，行動 a_t をとるとする．このときに期 $t+1$ に遷移する状態 S_{t+1} は，一般には期 0 から期 t までの状態と行動に依存する．この遷移確率を式で表すと，次のようになる．

$$\mathrm{P}(S_{t+1} = s' | S_t = s_t, A_t = a_t, S_{t-1} = s_{t-1}, A_{t-1} = a_{t-1}, \ldots, S_0 = s_0)$$

ここで，この遷移確率が期 t の状態 s_t と行動 a_t のみに依存するとする．すなわち，次式が成り立つとする．

$$\mathrm{P}(S_{t+1} = s' | S_t = s_t, A_t = a_t, S_{t-1} = s_{t-1}, A_{t-1} = a_{t-1}, \ldots, S_0 = s_0)$$
$$= \mathrm{P}(S_{t+1} = s' | S_t = s_t, A_t = a_t)$$

この性質を，**Markov 性** (Markov property) という．以下で扱う確率的動的最適化では，この Markov 性を仮定する．

Markov 決定問題を定義するために，次の要素を導入する．

S：状態 s のとりうる値の集合

A：行動 a のとりうる値の集合

$T(s,a,s')$：状態 s で行動 a をとった結果，状態 s' に遷移する確率

$R(s,a,s')$：状態 s で行動 a をとった結果，状態 s' に遷移するときに受け取る利得

これに加えて，初期状態を設定する．場合によって，終端状態も設定する．

確定的動的最適化では，最初の期から最後の期までに順にとる行動（意思決定）の列を求めることが目的であった．ところが，確率的動的最適化では状態の遷移に不確実性が含まれるため，このような列を求めることができない．かわりに，状態 s にあるときにとるべき行動 a を求めることを目的とする．これを**方策** (policy) とよぶ．すなわち，方策とは状態から行動への写像 $\pi : S \to A$ である．

行動，状態，およびその遷移が Markov 性を満たす条件下で方策を決定する問題を，Markov 決定問題とよぶ．

15.5.3 計画期間

Markov 決定問題では一般に無限期間を対象とする．目的は，各期の利得の和（**効用** (utility) とよぶ）の期待値の最大化である．ところが，各期の利得が正であるという条件の下では，無限期間の効用の期待値は無限大に発散してしまう．これでは方策間で目的関数の差がつかず，よい方策を求めることができない．このことへの対処法として，終端状態を設定する方法と，割引率を導入する方法がある．

終端状態は，ある特別な状態である．どこかの期 (t') にこの状態になると，それ以降の期はその状態に留まり続け，留まる際の利得は 0 とする．これにより，目的関数の値は期 0 から期 t' までの利得の和となる．各方策に対して，確率 1 でこれらの終端状態に到達することがわかっていれば，利得の和の期待値は有限の値をとることがわかる．

割引とは，将来獲得する利得の価値を現在獲得する利得よりも割り引いて評価することである．その率を割引率とよび γ と記す．パラメータ γ は $0 < \gamma < 1$ の値をとるものとする．毎期毎期 γ だけ利得が割り引かれるので，期 0 の時点では，期 t に得られる利得 r_t の価値を，$\gamma^t r_t$ と評価する．こうすることにより，期 0 以降の無限期間の利得の和は，次のように有限の値にとどまる．

$$\sum_{t=0}^{\infty} \gamma^t r_t \leq \frac{R_{\max}}{(1-\gamma)}$$

ただし，$R_{\max}$ は 1 期当りの利得の最大値とする．

以下では，割引率 γ を用いた無限期間問題を考え，Bellman 方程式とそれを解くための解法を示す．

15.5.4 Bellman 方程式

状態 s から開始して，それ以降最適な方策に従ったときの効用の期待値を V^* と表す．また，状態 s にあるときに行動 a をとると決定したあと，最適な方策に従ったときの効用の期待値を $Q^*(s, a)$ と表す．

$V^*(s)$ と $Q^*(s, a)$ には次の関係がある．

$$V^*(s) = \max_a Q^*(s, a) \tag{15.1}$$

状態 s で行動 a をとったときの遷移先の状態 s' は複数個あり得るが，それらの間には次の関係が成り立つことがわかる．

$$Q^*(s, a) = \sum_{s'} T(s, a, s') \left[R(s, a, s') + \gamma V^*(s') \right] \tag{15.2}$$

式 (15.2) を式 (15.1) に代入することで，次の関係を得る．

$$V^*(s) = \max_a \sum_{s'} T(s, a, s') \left[R(s, a, s') + \gamma V^*(s') \right]$$

これは，状態 s と，そこから行動 a によって遷移する可能性のある状態 s' との関係を示している．これを，**Bellman 方程式** (Bellman equation) とよぶ．

Markov 決定問題を解くとは，この $V^*(s)$ を実現する最適な方策 $\pi^*(s)$ を求めることである．

15.5.5 方策評価

状態 s からはじめて，方策 $\pi(s)$ に従ったときの効用の期待値 $V^\pi(s)$ は，次の関係式を満たす．

$$V^\pi(s) = \sum_{s'} T(s, \pi(s), s') \left[R(s, \pi(s), s') + \gamma V^\pi(s') \right]$$

この式は，右辺に最大化の操作を含まず，$V^\pi(s)$ を変数とする線形方程式系である．したがって，適当な線形方程式系ソルバーを用いて解くことができる．しかし，状態の数が膨大になると，その計算コストは大きくなる．このようなときは，かわりに反復解法を用いるとよい．具体的には，上記の式を更新規則として用いて，今考えている方策 $\pi(s)$ における各状態の評価値 $V_{k+1}^\pi(s)$ を更新する．この更新を，評価値が収束するまで反復する．

更新規則は，次のとおりである．

$$V_0^\pi(s) \leftarrow 0$$
$$V_{k+1}^\pi(s) \leftarrow \sum_{s'} T(s, \pi(s), s') \left[R(s, \pi(s), s') + \gamma V_k^\pi(s') \right]$$

ここで，添え字 $k+1$ は $k+1$ 回目の反復での評価値であることを表す．これを**方策評価** (policy evaluation) とよぶ．

方策評価のアルゴリズムは次の通りである．

方策評価

評価対象の方策 π を入力
$V(s) = 0 \quad s \in S$
do:
　$\Delta \leftarrow 0$
　各状態 $s \in S$ に対して:
　　$v \leftarrow V(s)$
　　$V(s) \leftarrow \sum_{s'} T(s, \pi(s), s') \left[R(s, \pi(s), s') + \gamma V(s') \right]$
　　$\Delta \leftarrow \max(\Delta, |v - V(s)|)$
　Δ が十分小さければ繰り返しを終了
V を V^π の近似値として出力

15.5.6 方策改善

方策評価によって，与えられた方策 π に対する各状態の効用の期待値を計算することができる．これらの値を用いて，π よりもよい方策を求める方法を述べる．

ここで，$V^*(s)$ と $Q^*(s,a)$ には次の関係が成り立つことを確認しておく．

$$Q^*(s,a) = \sum_{s'} T(s,a,s') \left[R(s,a,s') + \gamma V^*(s') \right]$$

$$V^*(s) = \max_a Q^*(s,a)$$

$Q^*(s,a)$ がわかると，状態 s からの最適な方策 $\pi^*(s)$ は，次の式で求まる．

$$\pi^*(s) = \underset{a}{\operatorname{argmax}}\, Q^*(s,a)$$

これを更新規則として用いることにより，方策評価で計算した V^π の評価値を用いてよりよい方策を得ることができる．

15.5.7 方策反復

ある方策 π に対して，方策評価により V^π を計算する．その後，これらの値を用いて方策 π よりもよい方策 π' を得る．さらにこの方策 π' に対して方策評価によって $V^{\pi'}$ を計算する．これを反復することにより，方策と評価値の系列を得ることができ，その収束先として最適な方策と効用の期待値を得ることができる．

$$\pi_0 \to V^{\pi_0} \to \pi_1 \to V^{\pi_1} \to \pi_2 \to V^{\pi_2} \to \ldots \to \pi^* \to V^*$$

この方法を，**方策反復** (policy iteration) とよぶ．

方策反復のアルゴリズムは次の通りである．

方策反復

初期化: $V(s) = 0 \quad s \in S$ とする．$\pi(s) \quad s \in S$ を任意の方策に設定する．

方策評価ステップ: Δ が十分小さくなるまで次の手順を繰り返す．
  $\Delta \leftarrow 0$
  各 $s \in S$ について:
    $v \leftarrow V(s)$
    $V(s) \leftarrow \sum_{s'} T(s, \pi(s), s') \left[R(s, \pi(s), s') + \gamma V(s') \right]$
    $\Delta \leftarrow \max(\Delta, |v - V(s)|)$

方策改善ステップ:
  end-flag $\leftarrow$ true
  各 $s \in S$ について:
    $b \leftarrow \pi(s)$
    $\pi(s) \leftarrow \underset{a}{\operatorname{argmin}} \sum_{s'} T(s, a, s') \left[R(s, a, s') + \gamma V(s') \right]$

```
    if b ≠ π(s):
        end-flag ← false
if end-flag = true:
    終了
else:
    方策評価ステップに戻る.
```

15.5.8 格子点間の移動の例題

方策評価の例として，格子点間の移動の問題をとりあげる．平面上に置かれた盤上の $4 \times 4 = 16$ 個の格子点間の移動を考える．1つの格子点が1つの状態に対応する．各格子点 $i \in \{1, 2, \ldots, 16\}$ からの意思決定には，上，下，右，左への移動の4つの選択肢がある．いま，$T(s, a, s')$ が状態 s から行動 a をとったときの状態 s' への推移確率を表すことを思い出す．ここでは簡単のために，行動の結果には不確実性はないと仮定する．つまり，1つの状態 s' に対して $T(s, a, s') = 1$ となり，それ以外の状態 s'' に対しては $T(s, a, s'') = 0$ とする．例えば，格子点2から右に移動するという行動をとったときには，確率1で格子点3に到達するとする．ただし，盤の外に出ることになる移動を選択した場合はその移動は実行せず，次の期にも現在の格子点にとどまるとする．例えば，格子点9から左へ行こうとすると盤の外に出てしまうので，その場合には格子点9に確率1で留まることになる．このことは，$T(9, 左, 9) = 1$ と表される．また，上下左右の移動で到達できない点への移動確率は0とする．例えば，格子点6は格子点1の斜め下にあるので，1からの一度の移動では到達できない．このことは，$T(1, 右, 6) = 0$ と表される．終端状態は1と16とする．すなわち，格子点1か16にいったん到達したら，それ以降他の点には移動しない．また，割引率は1とする．1つの格子点から隣接する格子点への移動が遷移である．終端状態に至るまで，格子点間の移動に伴って費用1が課せられる．すなわち，状態 s, s'，行動 a に対して $R(s, a, s') = -1$ である．この格子点間の移動に対して，貪欲方策，すなわち，各格子点において4つの選択肢のうち，移動に伴う利得と次の格子点での効用の期待値との和が最大となるものを選ぶ方策を採用する．4つの選択肢の中にこの和が同じものがあった場合は，番号が最も小さい点への移動を選択する．この方策に対する方策評価を行う．方策評価を実行することにより，上記の貪欲方策のもとでの各格子点の効用の期待値 $V^\pi(s)$ $s \in S$ が得られる．まず，状態を表すリスト G と，各状態 $s \in S$ に対する $V^\pi(s)$ を表す配列を定義する

```
G=[i+1 for i in range(16)]
V={s:0 for s in G}
```

次に，各状態間の推移確率を表す辞書を定義する．

```
T={(1,'up',1):1,(1,'down',1):1,(1,'left',1):1,(1,'right',1):1,
   (16,'up',16):1,(16,'down',16):1,(16,'left',16):1,(16,'right',16):1,
   (2,'up',2):1,(2,'down',6):1,(2,'left',1):1,(2,'right',3):1,
   (3,'up',3):1,(3,'down',7):1,(3,'left',2):1,(3,'right',4):1,
```

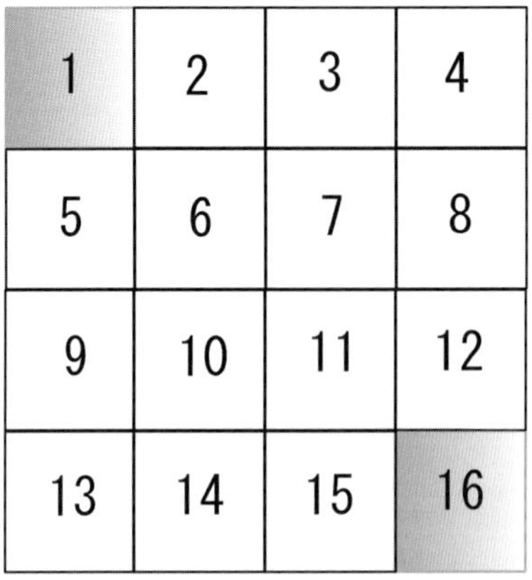

第15章 動的最適化

図15.3 格子点間の移動

```
(4,'up',4):1,(4,'down',8):1,(4,'left',3):1,(4,'right',4):1,
(5,'up',1):1,(5,'down',9):1,(5,'left',5):1,(5,'right',6):1,
(6,'up',2):1,(6,'down',10):1,(6,'left',5):1,(6,'right',7):1,
(7,'up',3):1,(7,'down',11):1,(7,'left',6):1,(7,'right',8):1,
(8,'up',4):1,(8,'down',12):1,(8,'left',7):1,(8,'right',8):1,
(9,'up',5):1,(9,'down',13):1,(9,'left',9):1,(9,'right',10):1,
(10,'up',6):1,(10,'down',14):1,(10,'left',9):1,(10,'right',11):1,
(11,'up',7):1,(11,'down',15):1,(11,'left',10):1,(11,'right',12):1,
(12,'up',8):1,(12,'down',16):1,(12,'left',11):1,(12,'right',12):1,
(13,'up',9):1,(13,'down',13):1,(13,'left',13):1,(13,'right',14):1,
(14,'up',10):1,(14,'down',14):1,(14,'left',13):1,(14,'right',15):1,
(15,'up',11):1,(15,'down',15):1,(15,'left',14):1,(15,'right',16):1,
}
```

推移確率が定義されている3つ組 (s,a,s') に対して，利得 $R(s,a,s')$ を表す辞書 R を定義する．終端状態である 1 または 16 に入るまたは出る移動の費用は 0，それ以外の移動の費用は 1 とする．

```
R =dict((k,1) for k in T.keys() if (k[0]!=1 and k[2]!=1))
R.update(dict((k,0) for k in T.keys() if (k[0]==1 or k[2]==1 or k[0]==16 or k[2]==16)))
```

これらを用いて，反復計算を行う．

コード 15.14 方策評価

```
while True:
    delta=0
    for s in S:
        v=V[s]
        V[s]=max([R[(k)]+V[k[2]] for k in T.keys() if k[0]==i])
        delta=max(delta,abs(v-V[s]))
    if delta<0.01:
        break
```

これを実行すると，次に示す結果が得られる．

{1: 0, 2: 0, 3: 1, 4: 2, 5: 0, 6: 1, 7: 2, 8: 1, 9: 1, 10: 2, 11: 1, 12: 0, 13: 2, 14: 1, 15: 0, 16: 0}

これが，方策評価の反復計算で得られた各格子点での効用 V^π，すなわち，各格子点から終端状態（点1または16）に至るまでに必要な費用を示している．ここでは格子点間の移動の費用を1としたので，これらの評価値は（終端状態に至るまでに必要な移動回数）− 1 の最小値を示している．

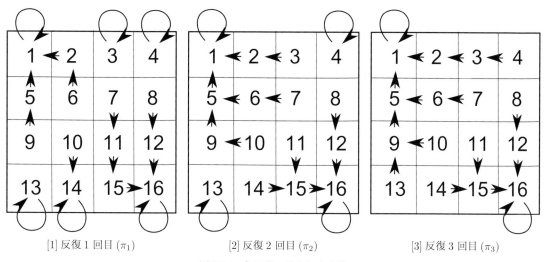

[1] 反復1回目 (π_1)　　　　[2] 反復2回目 (π_2)　　　　[3] 反復3回目 (π_3)

図 15.4　各反復で得られた方策

図15.4は，収束するまでの各反復において得られた方策を示している．反復1回目で得られる方策 π_1 から収束した時点での方策 π_3 まで，方策が変化している様子が観察される．

15.5.9 レンタカー営業所の問題

Sutton と Barto による強化学習のテキスト [1] で扱われているレンタカー営業所の問題を取り上げる．

三郎は全国チェーンのレンタカー会社で働いていて，2つの営業所を管理している．それぞれの営業所には毎日何人かの顧客がレンタカーを借りに訪れる．三郎は営業所のレンタカーを1台貸すことにより本部から1000円の報酬を受ける．ただし，営業所にレンタカーがなければ顧客に貸し出しはできない．また，貸し出しと返却は1日を単位として行われ，レンタカーは返却された翌日から再び貸し出し可能となる．チェーンの各店で貸し出されたレンタカーは，他の営業所に返却してもよいとする．三郎は，2つの営業所での貸し出し需要に応えるために，1日の営業時間終了後，翌日の営業開始までに営業所間でレンタカーの移動を行うことができる．この移動には1台200円の費用がかかるとする．目的は，得られる報酬の合計を最大化することである．ここで，報酬とは費用にマイナスをつけたものであることに注意すると，費用の最小化は報酬の最大化にあたることがわかり，前節までに述べた動的最適化の枠組みを適用することができる．また，各営業所でのレンタカーの貸し出し需要台数と返却台数は **Poisson分布** (Poisson distribution) に従うとする．すなわち，n 台となる確率が $\frac{\lambda^n}{n!}e^{-\lambda}$ であるとする．第1営業所，第2営業所における貸し出し要求台数についてのパラメータはそれぞれ $\lambda = 3, 4$，返却台数についてのパラメータはそれぞれ $\lambda = 3, 2$ とする．こ

こでは簡単のため，各営業所に保管するレンタカーは10台を超えないものとする．また，1晩に営業所間を移動できるレンタカーは最大で5台とする．時間ステップは1日単位とし，各営業所でのレンタカー保管台数を状態とし，1晩に移動させるレンタカーの台数を意思決定とする．意思決定が正であれば，その数は第1営業所から第2営業所への移動を表し，負であればその絶対値は第2営業所から第1営業所への移動台数を表すとする．すなわち，意思決定変数は -5 から5までの値をとる．レンタカーを一切移動させない方策を初期方策として，方策反復を行う．

まず，状態は第1営業所と第2営業所での営業開始時の保管台数のペアで特定することができる．1つの営業所での保管台数は $0,1,2,\ldots,10$ 台の11通りであるから，状態の数は $11 \times 11 = 121$ である．各営業所での保管台数の最大値を表す定数を max_car=10 と定義し，各営業所での保管台数の取り得る場合の数を表す定数を ncar_dim=11 と定義する．各営業所での保管台数の最大値を表す定数を max_car=10 と定義する．各状態の費用の評価値 J を2次元の配列として定義し，値を0に初期化しておく．また，各状態での方策 μ を0に初期化する．また，貸し出し需要のPoisson分布を定めるパラメータ lam_1_r,lam_2_r と返却台数のPoisson分布を定めるパラメータ lam_1_h,lam_2_h を定義する．

```
max_car=10
ncar_dim=max_car+1
V=np.zeros((ncar_dim,ncar_dim))
mu=np.zeros((ncar_dim,ncar_dim),dtype=np.int)
lam_1_r,lam_1_h,lam_2_r,lam_2_h=3,3,4,2
```

推移確率 $T(s,a,s')$ を求めるために，各営業所での台数の間の推移確率 prob_1, prob_2 を定義する．これらはそれぞれ ncar_dim × ncar_dim の2次元の行列として表す．また，推移に伴う報酬 R_1,R_2 を定義する．これらも同じくそれぞれ ncar_dim × ncar_dim の2次元配列として表す．prob_1,prob_2,tilde_g_1,tilde_g_2 の各要素の値は，各営業所での貸し出し需要と返却台数を表すPoisson分布から計算する．この計算を行う関数を，comp_prob_R として定義する．そのために，まずパラメータ λ のPoisson分布において値 n をとる確率を表す関数 poisson_p(n,lam) を定義する．

コード 15.15　Poisson分布の密度関数

```
import math
def poisson_p(n,lam):
    return lam**n/(math.e**lam*math.factorial(n))
```

この関数を用いて，comp_prob_R を定義する．まず，意思決定に伴う報酬を計算する．貸し出し需要台数 r のうち応えることができるのは，その営業所に保管されている台数 i までである．すなわちその日の貸し出し台数は $\min(r,i)$ で表される．需要が r 台である確率はパラメータを lam_r として poisson_p(r,lam_r) で与えられる．1つの状態 (i_1,i_2) からでも，その日の貸し出し需要と返却台数の実現値に応じて，互いに異なる状態に推移する．これは別の見方をすると，異なる状態から同一の状態に推移することもあるということである．そこで，貸し出し需要と返却台数がとりうる各値

に対して，そこから推移しうる各状態の実現確率を計算し，加算する．貸し出し需要台数 r が保管台数 i 以下の場合，r 台の貸し出しを行う．この場合，営業所の受け取る報酬は $1000 \times r$ である．一方，$r > i$ の場合，i 台を超えて貸し出すことはできないので，貸し出し台数は r の値によらず i である．この場合に受け取る報酬は $1000 \times i$ である．$r > i$ となる確率は，$r = 0, 1, 2, \ldots, i$ となる確率の和を 1 から引くことで求めることができる．これは，1-sum([poisson_p(r,lam_r) for r in range(i+1)]) で実現している．いま，営業所にあるのが i 台とし，貸し出し需要が r 台，返却台数が h 台であったとする．この確率は poisson_p(r,lam_r)*poisson_p(h,lam_h) である．返却されたレンタカーが貸し出し可能になるのは翌日なので，この日に貸し出されるのは，$\min(r,i)$ 台である．$r \leq i$ であるときは $\min(r,i) = r$ なので，次の状態（翌朝営業開始時の保管台数）は，$\min(\text{max\_car}, i-r+h)$ である．そこで，この確率を状態 i から状態 $\min(\text{max\_car}, i-r+h)$ への推移確率に加算する．$r > i$ であるとき $\min(r,i) = i$ なので，r の値によらず次の状態は $i-i+h = h$ である．したがって，$r > i$ となる確率を，状態 i から h への推移確率に加算する．

返却台数 h が保管台数の最大値 max_car を超える場合，次の状態は i, r の値によらず max_car となる．したがって，状態 i から状態 max_car への推移確率に，$h \geq$ max_car となる確率を加算する．

コード 15.16　推移確率と利得を計算する関数

```
def comp_prob_R(ncar_dim,lam_r,lam_h):
    R =np.zeros(ncar_dim)
    for i in range(ncar_dim):
        for r in range(i+1):
            R[i]+=1000*r*poisson_p(r,lam_r)
        R[i]+=1000*i*(1-sum([poisson_p(r,lam_r) for r in range(i+1)]))
    prob=np.zeros((ncar_dim,ncar_dim))
    for i in range(ncar_dim):
        for h in range(0,max_car+1):
            for r in range(0,i+1):
                new_i=min(max_car,i-r+h)
                prob[i][new_i]+=poisson_p(r,lam_r)*poisson_p(h,lam_h)
            prob[i][h]+=poisson_p(h,lam_h)*(1-sum([poisson_p(r,lam_r) for r in range(i
                +1)]))
        prob[i][max_car]+=1-sum([poisson_p(h,lam_h) for h in range(ncar_dim)])
    return prob,R
```

次に，方策評価に用いる関数を定義する．方策評価では，現在の方策に基づき，各意思決定に対する報酬の評価値を更新する．方策は状態 (i_1, i_2) で表される状態からとる意思決定 $\pi((i_1, i_2))$ によって表される．状態 (i_1, i_2) から意思決定 u をとったときに推移する次の状態 (new_i_1, new_i_2) に関する期待値によって状態 (i_1, i_2) の評価値を計算する．これを関数 estimated_val(i1,i2,u) によって行う．移動する台数 u が第 1 営業所の台数 i_1 より大きい場合は i_1 台しか移動できない．これは $u = \min(u, i_1)$ と表すことができる．u が負の場合は $|u| = -u$ 台を第 2 営業所から第 1 営業所に移動しようとすることを表す．$|u|$ が第 2 営業所の台数 i_2 より大きい場合は，i_2 台しか移動できない．この場合は $u = -|i_2|$ とする．これらをまとめると，実際に移動できる台数は $u = \max(u, -i_2)$ と表すことができる．移動に伴う費用は，$200 \times |u|$ である．

コード 15.17　次の状態の評価値の期待値を計算する関数

```
def estimated_val(i1,i2,u):
    gamma=0.9
    u=min(u,i1)
    u=max(u,-i2)
    u=min(max_move,u)
    u=max(-max_move,u)
    val=-200*abs(u)
    m_i1=min(i1-u,max_car)
    m_i2=min(i2+u,max_car)
    for new_i1 in range(0,ncar_dim):
        for new_i2 in range(0,ncar_dim):
            trans_prob=prob[m_i1][new_i1]*prob[m_i2][new_i2]
            val+=trans_prob*(R[m_i1]+R[m_i2]+gamma*V[new_i1][new_i2])
    return val
```

この関数を用いて，方策評価を行う関数 policy_eval を定義する．この関数では，報酬 V の現在の評価値と新しい評価値との差が十分に小さくなるまで，評価値の更新を繰り返す．

コード 15.18　方策評価ステップ

```
def policy_eval():
    theta=1e-7
    while True:
        delta=0
        for i1 in range(ncar_dim):
            for i2 in range(ncar_dim):
                v=V[i1][i2]
                a=pi[i1][i2]
                V[i1][i2]=estimated_val(i1,i2,a)
                delta=max(delta,fabs(v-V[i1][i2]))
        if delta<theta:
            break
```

次に方策改善ステップを実行する関数を定義する．このステップでは，$\sum_{s'} T(s,a,s')[R(s,a,s') + V(s')]$ を最大にする a を求める．まず，営業所の保管台数がそれぞれ i_1, i_2 であるときにとるべき意思決定 u を求める関数を greedy_policy(i1,i2) として定義する．

コード 15.19　最適な意思決定（方策）を求める関数

```
def greedy_policy(i1,i2):
    u_max=min(i1,max_move)
    u_min=max(-i2,-max_move)
    best_u = u_min
    best_val = estimated_val(i1,i2,u_min)
    for u in range(u_min,u_max+1):
        val=estimated_val(i1,i2,u)
        if val>best_val+1e-7:
```

```
            best_val=val
            best_u=u
return best_u
```

このgreedy_policy(i1,i2)を用いて，方策改善ステップを実行するpolicy_impを次のように定義する．

コード15.20　方策改善ステップ

```
def policy_imp():
    changed=False
    for i1 in range(ncar_dim):
        for i2 in range(ncar_dim):
            b=pi[i1][i2]
            pi[i1][i2]=greedy_policy(i1,i2)
            if b!=pi[i1][i2]:
                changed=True
    return changed
```

こうして，方策評価ステップpolicy_evalと方策改善ステップpolicy_impを定義した．これらを用いて方策反復法を実装する手順は，次の通りである．

コード15.21　方策反復の実行

```
max_car=10
ncar_dim=max_car+1
max_move=5
V=np.zeros((ncar_dim,ncar_dim))
pi=np.zeros((ncar_dim,ncar_dim),dtype=np.int)
lam_1_r,lam_1_h,lam_2_r,lam_2_h=3,3,4,2
prob_1,R_1=comp_prob_R(ncar_dim,lam_1_r,lam_1_h)
prob_2,R_2=comp_prob_R(ncar_dim,lam_2_r,lam_2_h)

changed=True
while True:
    policy_eval()
    changed=policy_imp()
    if changed=False:
        break
```

図15.5と図15.6は，それぞれ各反復で得られた方策と評価値を示している．反復を実行する前の初期状態 π_0, V_0 から収束状態に向けて，方策と評価値が変化していく様子がみてとれる．

このように，状態間の推移確率と行動に伴う利得がわかっている場合は，方策反復によって最適な方策と効用の期待値を近似的に計算することができる．一方，いずれかが不明な場合は方策反復を厳密に実行することはできない．ところが，この場合にも近似的な計算によって効率のよい方策と効用の期待値を求める方法が提案されており，その例としては強化学習が挙げられる．詳細は，前述のSuttonとBartoによるテキストなどを参照されたい．

408 第 15 章 動的最適化

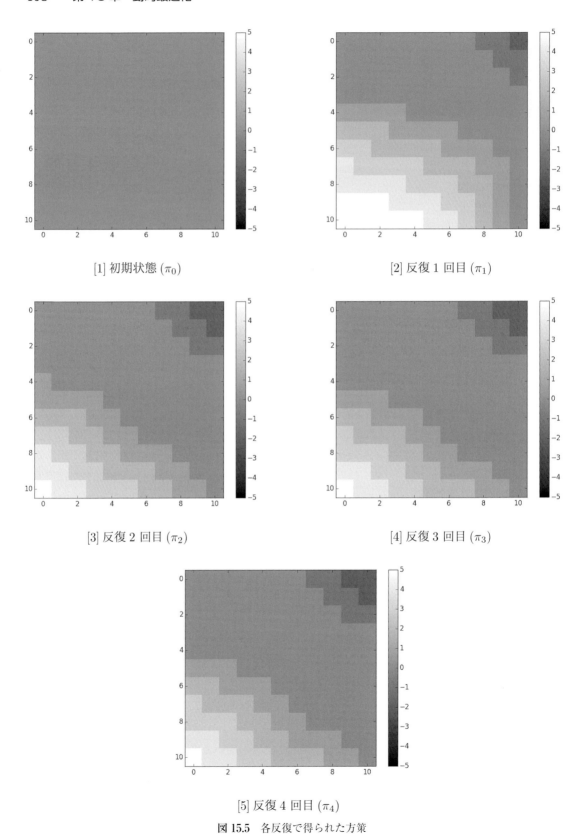

図 **15.5** 各反復で得られた方策

15.5 確率的動的最適化問題

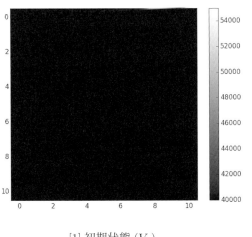

[1] 初期状態 (V_0)

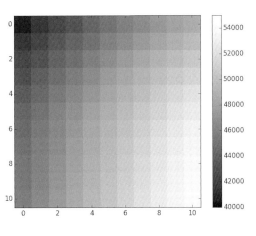

[2] 反復1回目 (V_1)

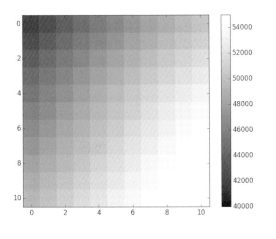

[3] 反復2回目 (V_2)

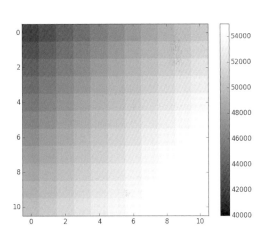

[4] 反復3回目 (V_3)

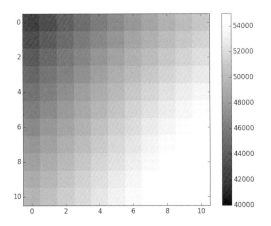

[1] 反復4回目 (V_4)

図 15.6 各反復で得られた評価値

第16章 Excel連携モジュールxlwings

ここではビジネスでよく用いられるMicrosoft社の表計算ソフトウェアExcelとPythonの連携を行うためのモジュールxlwingsの使用法を紹介する．xlwingsのライセンス形態はBSDで，WindowsとMacで動作する．（Linuxでは動作しないためLinux上の仮想環境であるDockerにはxlwingsの例題は含まれていない．）xlwingsの構文はVBA(Visual Basic for Applications)に似ており，これまでVBAを使ってプログラミングしていたExcel上のデータ処理を容易にPythonプログラムに書き換えることができる．

本章の構成は以下の通りである．

16.1節では，まず簡単な例を通してxlwingsを紹介する．

16.2節では，Excel側からPythonのプログラムを実行する方法を解説する．

16.3節では，xlwingsによるExcelの主な制御方法について解説する．

16.4節では，xlwingsに含まれる諸クラスについて解説する．

xlwingsはまだ開発段階で現在も頻繁にリリースされ，日々その機能が拡張され続けている．また，WindowsとMacでは動作が若干異なることがある．本章で紹介する実行例は，本書執筆時点の最新版であるxlwings 0.7.2をWindowsで実行した結果である．

16.1 はじめに

まずはxlwingsを使って，Excelのセルに入力してみよう．

PythonからExcelファイルを制御するためには，まずExcelのファイル（ワークブック）を開く必要がある．ここではPythonシェルで以下を実行して，空のWorkbookクラスのインスタンスを生成する．Workbookインスタンスを生成すると，図16.1のようにExcelのワークブックが開かれる．

```
from xlwings import Workbook
wb=Workbook()
print(wb)
>>>
<Workbook 'Book1'>
```

ここで得られたwbはWorkbookインスタンスであり，それをprint関数で出力すると，Python

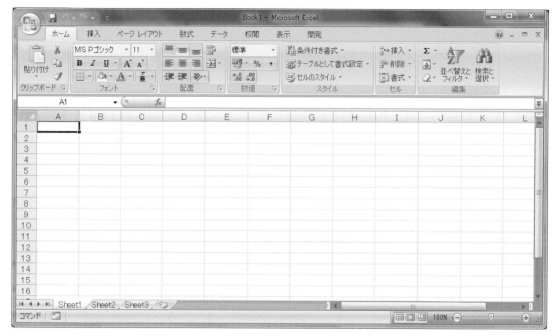

図 16.1　xlwings によって開かれた Excel ファイル

シェルには，<Workbook 'Book1'>と出力される．ここで'Book1' は無記名で開いた番号 1 のワークブックであることを意味する．もちろん，開いた回数によってこの番号は変化する．

すでに存在する Excel ファイルを開きたい場合には，引数にファイル名を指定する．例えば Windows のデスクトップにある data1.xlsx を開きたい場合は，Workbook(r'C:\Users\username\Desktop\data1.xlsx') のように実行する[1]．ファイル名をフルパスで指定しない場合には，ドキュメントフォルダにファイルを置いておく必要がある．以下では，ドキュメントフォルダに置いてある data1.xlsx ファイルを開いている．

```
from xlwings import Workbook
wb=Workbook('data1.xlsx')
print(wb)
>>>
<Workbook 'data1.xlsx'>
```

これから空のワークブックのセルに対していくつか入力をしてみよう．まず，現在のワークブックのアクティブなシートの左上のセル（A1）に'Hello' と，その右のセル（B1）に日本語で'こんにちは' と書いてみよう．これには，セルを一般化した範囲（レンジ，セル範囲）を表す Range クラスを用いればよい．

```
from xlwings import Range
Range('A1').value='Hello'
Range('B1').value='こんにちは'
```

上のコードでは，Range クラスをインポートした後で，セル A1 に対応する範囲インスタンス

---

[1] 引数の最初の r は raw 文字列を意味し，エスケープシーケンスが無効になる．

Range('A1')のvalue属性に文字列'Hello'を代入している．これによって，Excelの左上のセルに'Hello'と表示されるはずである．

Rangeクラスは名前のとおり範囲として扱うこともできる．ここで範囲とは複数のセルを合わせた範囲を表す概念であり，Excelでは左上と右下のセルの番地で指定することができる．例えば，左上をA2，右下をD3とした2行4列の範囲は，'A2:D3'と表される．範囲インスタンスRange('A2:D3')には，以下のようにリストを代入することができる．

```
Range('A2:D3').value = [['Name','Mary','Jane','Sara'], ['Height',126,156,170]]
```

2行目に名前を表すリスト['Name','Mary','Jane','Sara']が代入され，3行目に身長を表すリスト['Height',126,156,170]が代入されるので，図16.2のように表示されるはずである．

	A	B	C	D	E
1	Hello	こんにちは			
2	Name	Mary	Jane	Sara	
3	Height	126	156	170	
4					

図 16.2　xlwings による Excel のセル入力

範囲への代入は左上のセルの番号を指定するだけでもよい．ただし，左上のセルのvalue属性は，左上のセルの中身だけになる．

```
Range('A2').value = [['Name','Mary','Jane','Sara'],['Height',126,156,170]]
print( Range('A2').value )
>>>
Name
```

範囲全体の情報を得るためには，範囲インスタンスのtable属性を用いる必要がある．

```
print( Range('A2').table.value )
>>>
[['Name','Mary','Jane','Sara'],['Height',126.0,156.0,170.0]]
```

Excelファイルを保存して閉じるには，それぞれsaveとcloseを使う．例えば，ドキュメントフォルダにxlwings-example.xlsxとして保存するには次のようにする．

```
wb.save('xlwings-example.xlsx')
wb.close()
```

16.2　ExcelからPythonプログラムを実行する

ExcelからPythonのプログラムを実行するにはxlwings.bas（VBAモジュール）を経由して

行う．ここでは，Excelのシートに標準正規分布の乱数表を代入することを考える．準備するファイルは，標準正規分布の乱数表を代入するPythonプログラム mymodule.py とそれをよび出す xlwings.bas（VBAモジュール）をインポートしたExcelファイルの2つである．

16.2.1　Pythonプログラムの準備

まずは mymodule.py を見てみよう．

```python
import numpy as np
from xlwings import Workbook, Range

def rand_numbers():
    """ 標準正規分布の(n,n)乱数表を生成する """
    wb = Workbook.caller()   # よび出し元のExcelファイルの参照オブジェクト
    n = int(Range('Sheet1', 'B1').value)   # B1セルの値をnとする
    rand_num = np.random.randn(n, n)
    Range('Sheet1', 'C3').value = rand_num
```

rand_numbers は，Excelからよび出されてB1セルに代入されている数を読み込み n とし，$n \times n$ の標準正規分布をC3セルに書き込む関数である．Workbook.caller は，よび出し元のExcelファイルを参照するオブジェクトで，Excelファイルを操作するためのものである．Workbook.caller はExcelからよび出される関数内（この例では rand_numbers 内）で実行しなければならないことに注意する．また，この mymodule.py は自身をよび出すExcelファイルと同じフォルダに保存する．フォルダの名前に日本語を使うと動かない場合があるので，半角英数の文字を使う方がよいだろう．

16.2.2　Excelファイルの準備

次に mymodule.py をよび出すExcelファイルを準備しよう．ExcelのVBAを使用するため，Excelファイルを保存するときはExcelマクロ有効ブック（拡張子は xlsm）を選択する．Excel側ですべきことは，mymodule.py を実行するためのVBAモジュールの追加および xlwings.bas のインポートである．

ExcelファイルにVBAモジュールを追加するには，まずVBAエディタ（図16.3）を開く．Windowsであれば，Excelの「開発」タブをクリックすると，Visual Basicのアイコンが現れるので，それをクリックするとVBAエディタを開くことができる（あるいは，ショートカットキー Alt-F11 で直接VBAエディタを開くこともできる）．VBAエディタの「挿入」タブの標準モジュールをクリックし，そこに次のように先ほどの mymodule.py をよび出すコードを書く．

```
Sub RandomNumbers()
    RunPython ("import mymodule; mymodule.rand_numbers()")
End Sub
```

ここで，RunPython は xlwings.bas で定義されているPythonプログラムをよぶための関数である．図16.3は標準モジュールを追加したVBAエディタの様子である．この標準モジュールを実行

16.2 Excel から Python プログラムを実行する

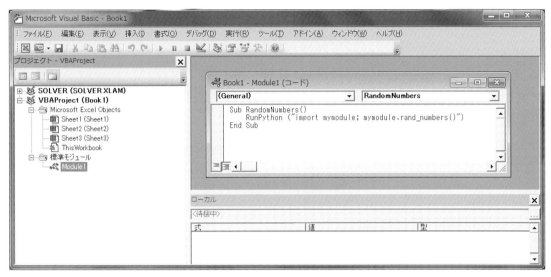

図 16.3 VBA エディタで標準モジュールを追加

することで mymodule.py がよび出される．

続いて Excel ファイルに xlwings.bas をインポートするには，VBA エディタの「ファイル」タブの「ファイルのインポート」から xlwings.bas ファイルを指定してインポートすればよい．xlwings.bas ファイルは xlwings がインストールされているフォルダにある．Anaconda で xlwings をインストールした場合は，C:\Users\username\Anaconda\Lib\site-packages\xlwings にあるだろう．もし xlwings がインストールされている場所がわからない場合は，以下のコードを Python シェルで実行すればそのフォルダの場所が出力される．

import xlwings
xlwings.__path__

また，すでに xlwings.bas がインポート済みの Excel テンプレートを次のように開くことができる．

from xlwings **import** Workbook
Workbook.open_template()

16.2.3 実行

これで準備が整ったので，実際に Python のプログラムを Excel から実行してみよう．B1 セルに 2 を入力し，2×2 の乱数表を生成する．Excel の「開発」タブの「マクロ」をクリックし，新たに現れるウィンドウで先ほど作成した「RandomNumbers」マクロを選択し実行する．うまく実行できれば図 16.4 のようになるはずである．

ここでは RandomNumbers マクロを直接実行したが，例えば Excel のボタンをシート上に配置してそれに RandomNumbers マクロを関連付けるように VBA でプログラミングすれば，そのボタンをクリックすることで乱数表を生成することもできる．

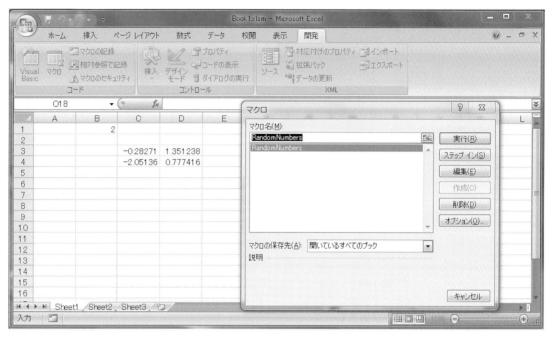

図 16.4 Python プログラムの実行

16.3 Excel の制御

ここでは xlwings による Excel の様々な制御について説明する．

16.3.1 セル

Excel のセルの value 属性には数字，文字列，日時が格納されているか，あるいは空のセルである．数字，文字列，日時のデータ型はそれぞれ float, str, datetime であり，空のセルには定数の None が入っている．

```
from xlwings import Workbook, Range
from datetime import datetime
wb = Workbook()
Range('A1').value = 1
Range('A2').value = 'Hello'
Range('A3').value = datetime(2000, 1, 1)
print(Range('A1').value)
print(Range('A2').value)
print(Range('A3').value)
print(Range('A4').value is None)
>>>
1.0
Hello
2000-01-01 00:00:00
True
```

Excel のセルに数式を入力するには，value 属性もしくは formula 属性に文字列として代入すればよい．いずれの場合も数式は formula 属性に str 型で保存される．数式を代入されたセルの value 属性には，その数式の結果が保存される．

```
Range('B1').value = 1
Range('B2').value = '=B1*2'
print(Range('B2').value)
print(Range('B2').formula)
Range('B1').value = 2
print(Range('B2').value)
>>>
2.0
=B1*2
4.0
```

16.3.2 リスト

Excel で行や列を表す Range オブジェクトは標準ではリストとして返される．以下のコードを実行してみよう．

```
wb = Workbook()
Range('A2').value = [[1],[2],[3],[4],[5]]   # 列方向に代入するときは入れ子にする
print(Range('A2:A6').value)
Range('B1').value = [6, 7, 8, 9, 10]
print(Range('B1:F1').value)
>>>
[1.0, 2.0, 3.0, 4.0, 5.0]
[6.0, 7.0, 8.0, 9.0, 10.0]
```

実行結果の Excel は図 16.5 のようになる．

上のコードでは Range('A2:A6').value と Range('B1:F1').value は共に単純リストを返しているため，列方向か行方向かの違いがわからないことに注意しよう．もし列もしくは行の方向の情報を保持したいなら，次のようにする．これにより Range は入れ子のリストを返す．

	A	B	C	D	E	F	G
1		6	7	8	9	10	
2	1						
3	2						
4	3						
5	4						
6	5						
7							

図 16.5　1 次元の Range

```
print(Range('A2:A6').options(ndim=2).value)
print(Range('B1:F1').options(ndim=2).value)
>>>
  [[1.0], [2.0], [3.0], [4.0], [5.0]]
  [[6.0, 8.0, 9.0, 8.0, 10.0]]
```

上の例では1次元のRange（つまり1列もしくは1行だけの領域）を扱ったが，2次元のRange（つまり複数列複数行の領域）は自動的に入れ子のリストに変換される．入れ子のリストをExcelのRangeに割り当てるには，これまでと同様に代入したい領域の左上のセルを指定すればよい．次の例では，Excelの領域を指定するのにインデックス記法を用いている．インデックス記法では，セルをそのセルの行と列の番号の組で指定する．

```
Range('A8').value = [['Osaka', 'Nagoya', 'Tokyo'], [22, 22, 23]]
print(Range((8,1),(9,3)).value)
>>>
  [['Osaka', 'Nagoya', 'Tokyo'], [22.0, 22.0, 23.0]]
```

実行結果のExcelは図16.6のようになる．

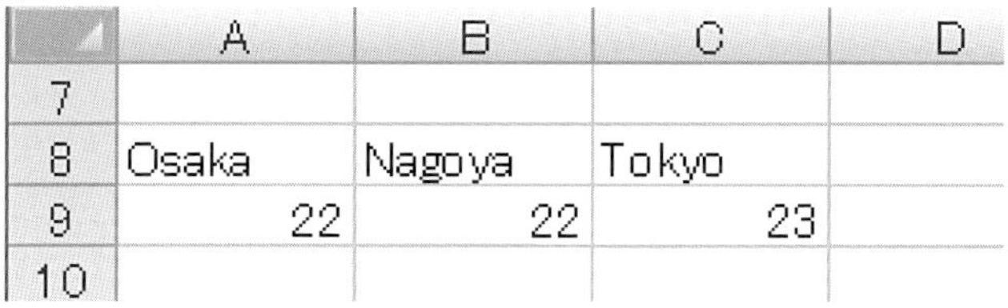

図16.6　2次元のRange

16.3.3　セル範囲

Rangeクラスの table, vertical, horizontal という属性を使えば，それぞれExcelから表，列，行のデータを読むことができる．いずれの場合も，対象領域の左上のセルと属性を指定すればよい．以下のコードは図16.6で示されているExcelファイルに対するものである．

```
print(Range('A8').table.value)
print(Range('A8').horizontal.value)
print(Range('A8').vertical.value)
>>>
  [['Osaka', 'Nagoya', 'Tokyo'], [22.0, 22.0, 23.0]]
  ['Osaka', 'Nagoya', 'Tokyo']
  ['Osaka', 22.0]
```

16.3.4　グラフ

Excelのグラフも簡単に作ることができる．

16.3 Excelの制御

```
from xlwings import Workbook, Range, Chart, ChartType
wb = Workbook()
Range('A1').value = [['height', 'weight'], [186,77], [170,62], [161,83], [185,122],
    [175,63]]
chart = Chart.add(source_data=Range('A1').table, chart_type=ChartType.xlXYScatter)
```

この例では，`Chart.add`でデータ領域と作成したいグラフのタイプ（ここでは`ChartType.xlXYScatter`（散布図））を指定している．実行結果は図 16.7 のようになる．

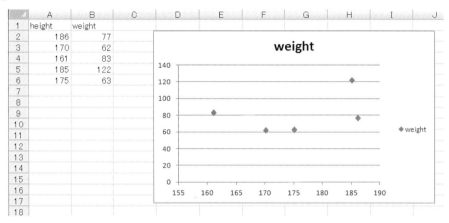

図 16.7 xlwings とグラフ

Excelでは様々なタイプのグラフが用意されており（表 16.1），描画したいグラフのタイプを `chart_type` に指定すればよい．

表 16.1　Excel で用意されているグラフの種類

ChartType	説明
xl3DArea	3-D 面
xl3DAreaStacked	3-D 積上げ面
xl3DAreaStacked100	100% 積上げ面
xl3DBarClustered	3-D 集合横棒
xl3DBarStacked	3-D 積上げ横棒
xl3DBarStacked100	3-D 100% 積上げ横棒
xl3DColumn	3-D 縦棒
xl3DColumnClustered	3-D 集合縦棒
xl3DColumnStacked	3-D 積上げ縦棒
xl3DColumnStacked100	3-D 100% 積上げ縦棒
xl3DLine	3-D 折れ線
xl3DPie	3-D 円
xl3DPieExploded	分割 3-D 円
xlArea	分野
xlAreaStacked	積上げ面
xlAreaStacked100	100% 積上げ面
xlBarClustered	集合横棒
xlBarOfPie	補助縦棒グラフ付き円

(次ページに続く)

(前ページからの続き)

xlBarStacked	積上げ横棒
xlBarStacked100	100% 積上げ横棒
xlBubble	バブル
xlBubble3DEffect	3-D 効果付きバブル
xlColumnClustered	集合縦棒
xlColumnStacked	積上げ縦棒
xlColumnStacked100	100% 積上げ縦棒
xlConeBarClustered	集合円錐型横棒
xlConeBarStacked	積上げ円錐型横棒
xlConeBarStacked100	100% 積上げ円錐型横棒
xlConeCol	3-D 円錐型縦棒
xlConeColClustered	集合円錐型縦棒
xlConeColStacked	積上げ円錐型縦棒
xlConeColStacked100	100% 積上げ円錐型縦棒
xlCylinderBarClustered	集合円柱型横棒
xlCylinderBarStacked	積上げ円柱型横棒
xlCylinderBarStacked100	100% 積上げ円柱型横棒
xlCylinderCol	3-D 円柱型縦棒
xlCylinderColClustered	集合円錐型縦棒
xlCylinderColStacked	積上げ円錐型縦棒
xlCylinderColStacked100	100% 積上げ円柱型縦棒
xlDoughnut	ドーナツ
xlDoughnutExploded	分割ドーナツ
xlLine	折れ線
xlLineMarkers	マーカー付き折れ線
xlLineMarkersStacked	マーカー付き積上げ折れ線
xlLineMarkersStacked100	マーカー付き 100% 積上げ折れ線
xlLineStacked	積上げ折れ線
xlLineStacked100	100% 積上げ折れ線
xlPie	円
xlPieExploded	分割円
xlPieOfPie	補助円グラフ付き円
xlPyramidBarClustered	集合ピラミッド型横棒
xlPyramidBarStacked	積上げピラミッド型横棒
xlPyramidBarStacked100	100% 積上げピラミッド型横棒
xlPyramidCol	3-D ピラミッド型縦棒
xlPyramidColClustered	集合ピラミッド型縦棒
xlPyramidColStacked	積上げピラミッド型縦棒
xlPyramidColStacked100	100% 積上げピラミッド型横棒
xlRadar	レーダー
xlRadarFilled	塗りつぶしレーダー
xlRadarMarkers	データマーカー付きレーダー
xlStockHLC	高値-安値-終値
xlStockOHLC	始値-高値-安値-終値
xlStockVHLC	出来高-高値-安値-終値
xlStockVOHLC	出来高-始値-高値-安値-終値
xlSurface	3-D 表面

(次ページに続く)

(前ページからの続き)

`xlSurfaceTopView`	表面(トップビュー)
`xlSurfaceTopViewWireframe`	表面(トップビュー-ワイヤーフレーム)
`xlSurfaceWireframe`	3-D 表面(ワイヤーフレーム)
`xlXYScatter`	散布図
`xlXYScatterLines`	折れ線付き散布図
`xlXYScatterLinesNoMarkers`	折れ線付き散布図(データマーカーなし)
`xlXYScatterSmooth`	平滑線付き散布図
`xlXYScatterSmoothNoMarkers`	平滑線付き散布図(データマーカーなし)

16.3.5 NumPy array

`xlwings`はNumPy(第4章)をサポートしており,`NumPy array`は入れ子のリストと同様に動作する.`Range`を`array`に読み込みたいなら,`asarray=True`を設定する.

```
import numpy as np
wb = Workbook()
Range('A1').value = np.eye(3)
x=Range('A1').options(np.array, expand='table').value
Range('A5').value=2*x
```

このコードでは,3×3の単位行列を`np.eye(3)`を使ってExcelに代入し,それをExcelから`x`へ読み込み,行列として2倍したものを`A5`に代入している.実行結果は図16.8のようになる.

16.3.6 pandas DataFrameとSeries

`xlwings`はpandas(第7章)の`DataFrame`と`Series`もサポートしており,簡単に使うことができる.

以下のコードでは,`Series`の`s`をExcelに代入し,それをExcelから読み込んで`Series`の`s2`を生成している.実行結果は図16.9のようになる.空のセルはNumPyでは`None`の代わりに`NaN`と表される.

```
import pandas as pd
import numpy as np
```

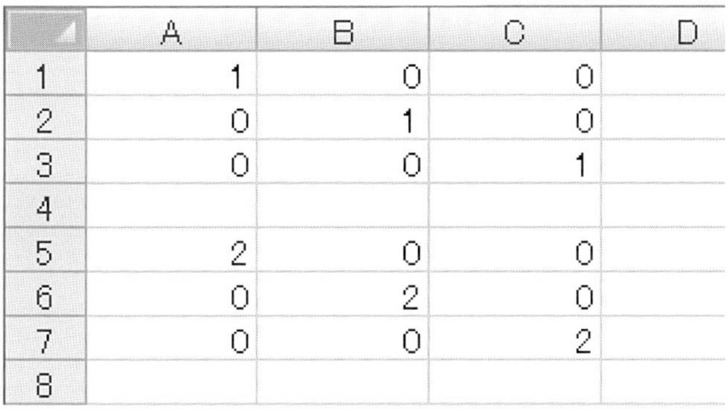

	A	B	C	D
1	1	0	0	
2	0	1	0	
3	0	0	1	
4				
5	2	0	0	
6	0	2	0	
7	0	0	2	
8				

図 16.8 xlwingsとNumPy array

	A	B	C
1		series name	
2	0	89	
3	1	36	
4	2	26	
5	3		
6	4	22	
7	5	117	
8			

図 16.9　xlwings と pandas Series

```
wb = Workbook()
s = pd.Series([89,36,26, np.nan, 22,117])
print(s)
Range('A1').value = s
s2 = Range('A1:B7').options(pd.Series).value
print(s2)
>>>
    0     89
    1     36
    2     26
    3    NaN
    4     22
    5    117
    Name: series name, dtype: float64
    0     89
    1     36
    2     26
    3    NaN
    4     22
    5    117
    Name: series name, dtype: float64
```

次は `DataFrame` を見てみよう．この例では，Excel のデータを読み込んで `DataFrame` の `df` に格納し，それを Excel の表に書き込む．

```
wb = Workbook()
Range('A1').value = [['Alice', 'Bob'], [1, 2], [3, None],[4,5]]
t = Range('A1').table.value
print(t)
df = pd.DataFrame(t[1:], columns=t[0])
print(df)
Range('A6').value = df
Range('E1', index=False).value = df
Range('E6', index=False, header=False).value = df
>>>
[['Alice', 'Bob'], [1.0, 2.0], [3.0, None], [4.0, 5.0]]
   Alice  Bob
0      1    2
1      3  NaN
```

```
2      4    5
```

実行結果は図16.10のようになる.

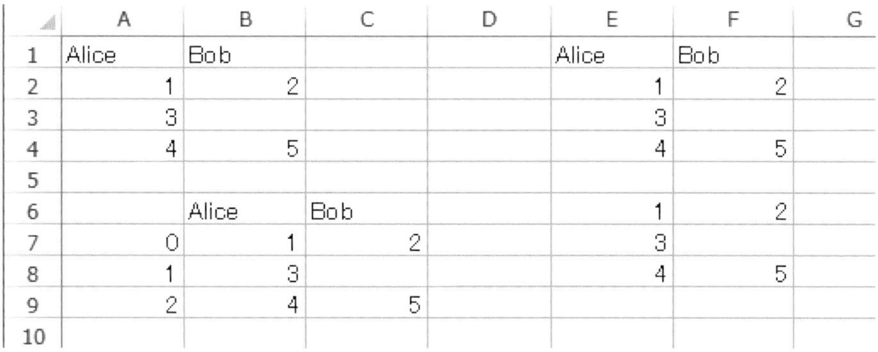

	A	B	C	D	E	F	G
1	Alice	Bob			Alice	Bob	
2	1	2			1	2	
3	3				3		
4	4	5			4	5	
5							
6		Alice	Bob		1	2	
7	0	1	2		3		
8	1	3			4	5	
9	2	4	5				
10							

図16.10 xlwingsとpandas DataFrame

16.4 xlwingsの諸クラス

ここでは`xlwings`の主な関数を紹介する. `xlwings`には, 本章で用いた関数以外にも様々な関数が準備されている. 詳しくはマニュアルを参照してほしい.

16.4.1 Workbook

`xlwings`を使用する際には, まず最初に`Workbook`オブジェクトを生成する.

`caller`：Pythonの関数がExcelからよばれるときExcelの参照オブジェクトを生成する. 16.2.1節でも述べたように`caller`はExcelからよび出される関数内で実行しなければならない.

`set_mock_caller`：デバッグなどでPythonコードをよび出すことができるExcelファイルを指定することができる.

`close`：`Workbook`を保存せずに終了する.

`save(path=None)`：`Workbook`を指定された場所に保存する.

`open_template`：すでに`xlwings.bas`がインポートされた新しいExcelファイルを開く.

16.4.2 Sheet

`Sheet`はExcelのシートを操作するためのクラスである.

`activate`：指定されたシートをアクティブにする.

`autofit(axis=None)`：シートのすべての列の幅, 行の高さ, もしくは両方を自動調整する.

引数を columns もしくは c に設定することで列の幅のみを自動調整する．

引数を rows もしくは r に設定することで行の高さのみを自動調整する．

引数を設定しなければ列の幅と行の高さ両方を自動調整する．

clear_contents：書式はそのままでシートの内容を削除する．

clear：シートの内容と書式を削除する．

name：シートの名前を取得もしくは設定できる．

index：シートのインデックスを返す．

active(wkb=None)：アクティブなシートを返す．

add(name=None, before=None, after=None, wkb=None)：新しいシートを生成する．引数 before と after の両方を指定しない場合は最後に挿入される．また，このメソッドの返値はシートオブジェクトになる．

引数 name：シートの名前を指定できる．

引数 before：新しく生成されるシートは before で設定したシートの前に挿入される．before は，シートの名前もしくはシートのインデックスで指定する．

引数 after：新しく生成されるシートは after で設定したシートの後ろに挿入される．after は，シートの名前もしくはシートのインデックスで指定する．

引数 wbk：ワークブックを指定して新しいシートを生成する．

count(wkb=None)：シートの個数を数える．

all(wkb=None)：すべてのシートオブジェクトのリストを返す．

16.4.3 Range

xlwings の Range オブジェクトは Excel の連続したセル範囲である．

is_cell：Range オブジェクトが単一セルであれば True を返し，それ以外は False を返す．

is_row：Range オブジェクトが単一行で構成されていれば True を返し，それ以外は False を返す．

is_column：Range オブジェクトが単一列で構成されていれば True を返し，それ以外は False を返す．

is_table：Range オブジェクトが2次元配列であれば True を返し，それ以外は False を返す．

shape：Range オブジェクトの行数と列数の組を返す．

size：Range オブジェクトのセル数を返す．

value：Range オブジェクトの値を代入したり，読み込んだりする際に用いる．リストもしくは numpy array（asarray=True のとき）を返す．空のセルのときは None を返す．もし asarray=True であれば，空のセルは nan を返す．

formula：Range オブジェクトの数式を代入したり，読み込んだりする際に用いる．

table：Range オブジェクトのセルを左上としてそこから空のセルにぶつからない限り領域を下と右に伸ばした連続したセル範囲を返す．

vertical：Range オブジェクトのセルから空のセルにぶつからない限り領域を下に伸ばした連続したセル範囲を返す．

horizontal：Range オブジェクトのセルから空のセルにぶつからない限り領域を右に伸ばした連続したセル範囲を返す．

number_format：Range オブジェクトの書式を代入したり，読み込んだりする際に用いる．

clear：Range オブジェクトのデータと書式を削除する．

clear_contents：Range オブジェクトのデータを削除するが，書式は保持する．

autofit(axis=None)：Range オブジェクトの列の幅，行の高さもしくは両方を自動調整する．

 引数を columns もしくは c に設定することで列の幅のみを自動調整する．

 引数を rows もしくは r に設定することで行の高さのみを自動調整する．

 引数を設定しなければ列の幅と行の高さ両方を自動調整する．

get_address(row_absolute=True, column_absolute=True, include_sheetname=False, external=False)：Range オブジェクトの番地を指定された形式で返す．

 引数 row_absolute が True であれば，行部分を絶対参照として返す．

 引数 column_absolute が True であれば，列部分を絶対参照として返す．

 引数 include_sheetname が True であれば，シート名も含めて返す（external が True であれば無視される）．

 引数 external が True であれば，ワークブック名とシート名も含めて返す．

hyperlink：Range オブジェクトのハイパーリンクのアドレスを返す．

add_hyperlink：Range オブジェクトにハイパーリンクを追加する．

color：Range オブジェクトの背景色を代入したり，読み込んだりする際に用いる．

column：Range オブジェクトの第 1 列目の番号を返す．

row：Range オブジェクトの第 1 行目の番号を返す．

last_cell：Range オブジェクトの右下のセルを返す．

16.4.4 Chart

Chart クラスについては，まだ十分なメソッドは用意されていない．

add(sheet=None, left=0, top=0, width=355, height=211, **kwargs)：新しいグラフを挿入する．

chart_type：グラフの種類を設定したり，読み込んだりする際に用いる．

set_source_data(source)：グラフのデータを設定する．

付 録A　Pythonの基礎と標準モジュール

　ここでは，プログラミング言語 Python（パイソン）といくつかの標準モジュールについて概説する．もちろん Python のすべてをこの限られた付録のスペースで紹介することはできないので，よく使う Python の基本文法とモジュールを中心にして解説を行う．Python についての詳細は，以下のサイトを参照されたい．

日本語版の Python:http://www.python.jp/

英語版の Python:http://www.python.org/

　なお，以下で解説するのは Python 3系の文法であり，Python 2系の文法とは多少異なることを注意しておく．

　以下の構成は次の通り．

　A.1 節では，Python における基本データ型を紹介する．

　A.2 節では，基本的な演算子について述べる．

　A.3 節では，分岐や反復などの制御フローに関する命令について述べるとともに，例外を用いたエラー処理の方法について解説する．

　A.4 節では，関数の書き方と組み込み関数を紹介する．

　A.5 節では，コンパクトな表現をするときに便利な内包表記について述べる．

　A.6 節では，入出力のための方法について学ぶ．

　A.7 節では，クラスの設計法について解説する．

　A.8 節では，幾つかの便利な標準モジュールの使用法について述べる．

A.1　データ型

　Python では，整数型，論理型，浮動小数点数型，複素数型，文字列型など，他のプログラミング言語でもお馴染みの基本データ型の他に，幾つかの複合型（リスト，タプル，辞書，集合）が準備されている．

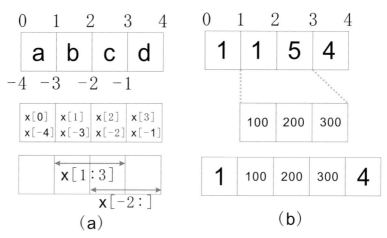

図 A-1　スライス表記の参考図．(a) 文字列'abcd'における添え字（上）とスライス表記による範囲の選択（下）(b) リスト L=[1,1,5,4] に対してスライス表記による代入 L[1:3]=[100,200,300] を行った結果

A.1.1　数と論理型

最も基本的な「数」を表す型は整数型であり，Python 3 では無限長の整数を保管することができる．論理型は，真 (True) もしくは偽 (False) を表現するための型である．ここで True と False は組み込み定数である．Python には他にも「何の値をもたない」ことを表す特別な組み込み定数 None がある．0 以外の整数を論理型に変換すると True になり，0 は False になる．浮動小数点数型は，Python では倍精度の浮動小数点数を表現し，対応する数値は数字の後ろに小数点を付加して区別する．例えば，10. や 3.14 は浮動小数点数型の数値である．複素数型は，2 つの浮動小数点数 a（実部）と b（虚部）に対して，虚数単位 j を用いて a+bj と定義される．例えば，5+3j は複素数型の数である．虚数単位 j は 2 乗すると −1 になるというのが定義であるので，0+1j の 2 乗を計算すると (-1+0j) になる．

また，型を明示的に変換するためには，組み込み関数である int（整数型への変換），bool（論理型への変換），float（浮動小数点数型への変換），complex（複素数型への変換）などを用いる．例えば，

```
int(3.14); bool(3.14); float(3.14); complex(3.14)
```

の結果は，それぞれ 3, True, 3.14, (3.14+0j) となる．

A.1.2　文字列

文字列は，文字から成る**順序型**（sequence type；シーケンス型）である．（文字列の他の標準の順序型には，後述するリストやタプルがある．）文字列は，'abcd' のようにシングルクォートで囲むか，"abcd" のようにダブルクォートで囲むか，

```
"""　解を評価する関数．以下の値を返す．
        − 目的関数値
        − 実行可能解からの逸脱量　"""
```

表 A-1　文字列 s に対する主要なメソッド．例として s='abABBaac' を用いる．

メソッド	説明と例
s.count(s1)	s1 が s 内に何個含まれているかを返す． s.count('a') $\Rightarrow$ 3
s.find(s1)	s1 が s 内で前から数えたときの最初に表れる添え字（ないときには-1）を返す． s.find('A') $\Rightarrow$ 2
s.index(s1)	find と同じであるが，含まれていないときに例外（エラー名）を返す． s.index('X') $\Rightarrow$ ValueError: substring not found
s.rfind(s1)	s1 が s 内で後ろから数えたときの最初に表れる添え字（ないときには-1）を返す． s.rfind('B') $\Rightarrow$ 4
s.lower()	s 内のすべての大文字を小文字に変換したものを返す． s.lower() $\Rightarrow$ 'ababbaac'
s.upper()	s 内のすべての子文字を大文字に変換したものを返す． s.upper() $\Rightarrow$ 'ABABBAAC'
s.islower()	s 内の文字がすべて小文字のとき真を返し，その他の場合は偽を返す s.islower() $\Rightarrow$ False
s.isupper()	s 内の文字がすべて大文字のとき真を返し，その他の場合は偽を返す s.isupper() $\Rightarrow$ 'False'
s.isdigit()	s 内に数字しかない場合には真を返し，その他の場合は偽を返す． s.isdigit() $\Rightarrow$ False
s.endswith(s1)	s が s1 で終わるときに真を返し，その他の場合は偽を返す． s.endswith('aac') $\Rightarrow$ True
s.replace(old, new)	s 内のすべての文字列 old を new に変換する． s.replace('AB','Mickey') $\Rightarrow$ 'abMickeyBaac'
s.rstrip()	s の右端にある空白を削除する． 'Minny '.rstrip() $\Rightarrow$ 'Minny'
s.split(d)	s を区切り文字 d で分割し，分割された文字列から成るリストを返す． s.split('a') $\Rightarrow$ ['', 'bABB', '', 'c']
s.join(L)	s を区切り文字として文字列を要素としたリスト L を結合した文字列を返す． ':'.join(['a','b','c']) $\Rightarrow$ 'a:b:c'
s.format(args)	s の中括弧 { } で囲んだ部分に，引数 args で指定したオブジェクトを埋め込む． 'My friends are {0}, {1} and {0}'.format('Bob','Pedro') 'My friends are {f1}, {f2} and {f1}'.format(f1='Bob',f2='Pedro') $\Rightarrow$ 'My friends are Bob, Pedro and Bob'

のようにトリプルクォートで囲むことによって生成される．最後のトリプルクォートは，複数行にまたがる文字列を記述することができる．また，関数定義（A.4 節）の直後に，トリプルクォートで囲んだ説明を記述することによって，オンラインドキュメントを自動生成することもできる．

　文字列は順序が付けられた型であるので，左から 0, 1, 2, … と添え字付きの配列のように表記できる．例えば，x= 'abcd' に対して，x[0] は 'a'，x[1] は 'b' となる．

　文字列などの順序型に対しては，コロン（:）で区切られた2つの添え字で区間を表す**スライス表記** (slicing) が適用できる．スライス表記 $i:j$ は，$i \leq k < j$ を満たす整数 k を表す．右端の j は

含まないことに注意されたい．これは，$j-i$ を対応する区間の要素数にするためである．また，i が省略されると最初から，j が省略されると最後までの区間を表す．例えば，x= 'abcd' に対して，x[1:3] は'bc'，x[1:] は'bcd' となる．'abcd' 全体は x[0:4] もしくは x[:] で表される．要素数を返す関数 len を用いると，x= 'abcd' に対して len(x[1:3]) は 2 となり，$3-1$ に等しいことが確認できる．

　添え字（index；インデックス）は，文字と文字の間の番号であると考えると分かりやすい．この関係を図 A-1 (a) に示す．この図にも示されているように，右側から $-1, -2, \ldots$ と負の添え字で数えることもできる．例えば，末尾の文字は-1 の添え字で取り出すことができ，文字列 x の後ろから 2 番目以降を取り出すスライス表記は x[-2:] である．

　ちなみに Python 3 における文字列はすべてユニコード型である．これを旧来のバイト型とよばれる様々な文字コード規格に変換するには，以下の encode メソッド（オブジェクトに付随する関数であり，"."の後ろにキーワードを記述する）を用いる必要がある．

バイト型文字列 ＝ ユニコード文字列.encode(エンコード名，エラー処理方法)

　ここで，エンコード名は文字コードの規格を表す文字列であり，shift_jis，shift-jis，sjis（シフト JIS；Windows 系），euc-jp（EUC-JP；Linux 系），utf-8（UTF-8；ユニコード；既定値）のいずれかを指定する．また，エラー処理方法は，'strict'（厳密；既定値），'replace'（置換），'ignore'（無視）のいずれかを指定する．

　逆にバイト型からユニコード型に変換するには，decode メソッドを用いる．引数は encode と同じである．

ユニコード型文字列 ＝ バイト文字列.decode(エンコード名，エラー処理方法)

　文字列に対するその他のメソッドを（"."の後ろにキーワードを記述する関数）と操作を表 A-1 に示す．

A.1.3　リスト

　リストは任意の要素から成る順序型である．リストは，大括弧 [ ] の中にカンマ (,) で区切って要素を並べることによって生成される．要素は異なる型でもよいし，入れ子にしてもよい．例えば，L= [1,5,'a'] や L= [1,[5,1,6],['a','b']] はリストである．リストは，その中身を変更できる**可変**（mutable；変更可能）型である．ちなみに，文字列は中身を変えることのできない**不変**（immutable；変更不能）型である．

　リストに対しても文字列と同じように，添え字を適用できる．例えば，L=[1,1,5,4] に対して，L[2] は 5 であり，L[-1] は 4 である．スライス表記についても同様に，L[1:3] は [1,5] であり，L[2:] は [5,4] となる．

　リストは（文字列とは異なり）可変型であるので，中身を代入によって変更することができる．例えば，L=[1,1,5,4] に対して，L[1]=100 とすると，リストは L=[1,100,5,4] と変更される．ス

表 A-2　リスト L に対する主要なメソッドと操作．例として L=[1,1,5,4] を用いる．

メソッド	説明と例
L.count(x)	L 内での x の生起回数を返す． L.count(1) ⇒ 2
L.index(x)	L 内で x が最初に発生する添え字を返す．ない場合には例外（エラー名）を返す． L.index(5) ⇒ 2
L.append(x)	L の最後に要素 x を追加する．L+=[x] と同じ効果． L.append(8) ⇒ L=[1,1,5,4,8]
L.insert(i,x)	L の i 番目の添え字に要素 x を挿入する．L[i:i] =[x] と同じ効果． L.insert(2,8) ⇒ L=[1,1,8,5,4]
L.remove(x)	L で最初に発生する x を削除する． L.remove(5) ⇒ L=[1,1,4]
L.extend(L2)	L の末尾にリスト L2 を追加する． L.extend([8,0]) ⇒ L=[1,1,5,4,8,0]
L.pop(i)	L の i 番目の要素を削除し，返す．i が省略された場合には最後の要素を削除． L.pop(3) もしくは L.pop() ⇒ 4 を返し L=[1,1,5]
L.reverse()	L を逆順にする． L.reverse() ⇒ L=[4,5,1,1]
L.sort()	L を小さい順に並べ替える． L.sort() ⇒ L=[1,1,4,5]
enumerate(L)	リスト L の添え字と要素のタプルのジェネレータを返す． for index, value in enumerate(L): ⇒ [(0, 1), (1, 1), (2, 5), (3, 4)]

スライス表記を用いると，指定した区間にリストの代入が可能である．例えば，L=[1,1,5,4] に対して，L[1:3]=[100,200,300] とすると，リストは L=[1,100,200,300,4] と変更される（図 A-1 (b) 参照）．長さ 2 の区間に長さ 3 のリストを代入したので，リストの長さが 1 つ増えていることに注意されたい．

また，空のリストを代入することによって，指定した区間の要素を削除することもできる．例えば，L=[1,1,5,4] に対して，添え字 2 の要素（5）を削除したいときには，L[2:3]=[] とすればよい．リストは L=[1,1,4] と変更される．また，同様の操作をより簡単に行うための関数として del が用意されている．上と同様の添え字 2 の要素の削除は，del L[2]（もしくは del L[2:3]）とより簡単に記述することができる．

リストに対する主要なメソッド（"."の後ろにキーワードを記述する関数）と操作を，表 A-2 に示す．

A.1.4　タプル

タプル（tuple：組）もリストと同様に任意の要素から成る順序型である．タプルは，カンマ（,）で区切って要素を並べることによって生成される．例えば，T= 1,5,'a' はタプルである．タプルを入れ子で定義する際には，小括弧（ ）の中にまとめて記述する．例えば，T= ((1,5),('a','b',6)) のように記述する．タプルはリストと違って不変型であり，中身を変えることはできない．したがっ

て，タプルは後述する辞書のキーにすることができる．タプルは，複数のものをまとめて扱う際に用いられ，C言語の構造体のような役目を果たす．

タプルの概念を使うと，変数の交換が簡単に書ける．例えば，aとbを交換したいとき，通常は，

```
temp = a
a    = b
b    = temp
```

と一時保管用の変数 temp を用いて書く必要があるが，Pythonでは，タプル b,a のタプル a,b への代入と考え，

```
a,b = b,a
```

と1行で書くことができる．

A.1.5 辞書

辞書 (dictionary) は，キー (key) と値 (value) の組から構成される型である．辞書はリストやタプルとは異なり，順序型ではない．値は任意の型をとることができるが，キーになれるのは不変型のみである．したがって，数値，文字列，（不変な要素から成る）タプルなどをキーとして辞書は構築される．辞書は，中括弧 { } の中にカンマ (,) で区切って「キー:値」を並べることによって生成される．例えば，3人の子供の名前をキーとし，身長を値とした辞書Dは，以下のように記述できる．

```
D={ 'Mary': 126, 'Jane': 156, 'Sara': 170}
```

上と同じ辞書は，辞書を生成する組み込み関数 dict を用いて，

表 A-3 辞書Dに対する主要なメソッドと操作．例として D={'Mary':126,'Jane':156,'Sara':170} を用いる．

メソッド	説明と例
D.keys()	辞書Dのキーから成るオブジェクトを返す． D.keys() ⇒ dict_keys(['Sara', 'Mary', 'Jane'])
D.values()	辞書Dの値から成るオブジェクトを返す． D.values() ⇒ dict_values([170, 126, 156])
D.items()	辞書Dのキーと値のタプルから成るオブジェクトを返す． D.items() ⇒ dict_items([('Sara', 170), ('Mary', 126), ('Jane', 156)])
D.get(k,default)	キーkが辞書Dに含まれているときD[k]を返し，それ以外のとき default を返す． D.get('Kitty','Three Apples') ⇒ 'Three Apples'
k in D	辞書Dがキーkを含むとき True，含まないとき False を返す． 'Kitty' in D ⇒ False
del D[k]	辞書Dのキーkを削除する． del D['Sara'] ⇒ {'Mary': 126, 'Jane': 156}

```
D =dict(Mary=126, Jane=156, Sara=170)
```

としても生成できる．

辞書に格納されている値は，キーを添え字として抽出することができる．（そのため，辞書のキーは一意でなくてはならない．）例えば，上の身長を格納した辞書で，D['Sara'] は 170 を返す．キーを添え字として値を変更する際には，D['Sara']=130 と代入すればよい．

辞書に対する主要なメソッド（"."の後ろにキーワードを記述する関数）と操作を，表 A-3 に示す．

A.1.6　集合

集合 (set) は，要素の重複を削除したり，**和集合** (union)，**共通部分** (intersection)，**差集合** (difference) などの集合に対する演算を行うときに用いられる型である．可変（変更可能）型である set と不変（変更不能な）型である frozenset が用意されている．不変型の frozenset は，辞書のキーとして用いることができる．

集合は，中括弧 { } の中にカンマ（,）で区切って要素を並べることによって生成される．例えば，'Mary'，'Jane'，'Sara' から成る集合 S は，以下のように生成できる．

```
S = { 'Mary', 'Jane', 'Sara'}
```

集合は，リストや文字列などの順序型から集合を生成する組み込み関数 set を用いても生成可能である．例えば，set('abcde') は文字列の個々の要素から成る集合 {'a', 'c', 'b', 'e', 'd'} を返す．空の集合も set() で生成できる．集合に対する主要な（set と frozenset の両者に共通の）メソッド（"."の後ろにキーワードを記述する関数）を，表 A-4 に示す．

A.2　演算子

演算子は他のプログラミング言語と同様に，以下の順で優先順序をもつ．

1. 括弧（ ）
2. ベキ乗（指数演算）**
3. 乗算 *，除算 /，整数除算 //，剰余 %
4. 加算 +，減算 -

また，計算をしてから代入を行う複合演算子を使うことができる．つまり，x=x+10 と書くかわりに x+=10 と書くことができる．

Python 3 では，割る数と割られる数が両方とも整数の場合でも，除算/は浮動小数点数を返す．

表 A-4 集合 S に対する主要なメソッド．例として S={1,2,3,4}，T={1,2} を用いる．

メソッド	説明と例
S.add(x)	集合 S に要素 x を加える． S.add(8) ⇒ S= {8,1,2,3,4}
S.pop()	集合 S から適当な要素を抽出し，その要素を削除する． S.pop() ⇒ （例えば）1 を返し，S= {2,3,4}
S.remove(x)	集合 S から要素 x を削除する． S.remove(1) ⇒ S={2,3,4}
S.issubset(T)	集合 S が集合 T の部分集合であるとき真，そうでないとき偽を返す． S <= T と同じ効果．S.issubset(T) ⇒ False
S.issuperset(T)	集合 T が集合 S の部分集合であるとき真，そうでないとき偽を返す． S >= T と同じ効果．S.issuperset(T) ⇒ True
S.union(T)	集合 S と T の和集合を返す．S | T と同じ効果． S.union(T) ⇒ {1, 2, 3, 4}
S.intersection(T)	集合 S と T の共通部分を返す．S & T と同じ効果． S.intersection(T) ⇒ {1, 2}
S.difference(T)	集合 S と T の差集合を返す．S - T と同じ効果． S.difference(T) ⇒ {3,4}

例えば，4/5 は 0.8 を返す．整数除算を行いたい場合には，演算子//を用いる．例えば，4//5 は 0 を返し，4//5.0 は 0.0 を返す．

文字列やリストに対しても数値と同様の加算や乗算を行うことができる．例えば，文字列 s='abc' に対して，s+'d' は 'abcd' を返し，s*2 は 'abcabc' を返す．リストでも同様に [0]*3 は [0, 0, 0] を返す．

if 文や while 文の中では，比較や論理条件を表す演算子が用いられる．<=は以下，<は未満，>= は以上，>は大きい，==は等しい，!=は等しくないときに真になり，それ以外のとき偽になる演算子である．is は 2 つのオブジェクトが等しいか否かを判定する演算子である．例えば，L=[1,2] に対して，L==[1,2] は真であるが，L is [1,2] は偽となる．in は集合やリストなどの要素であるとき，not in は要素でないときに真になり，それ以外のとき偽になる演算子である．例えば，リスト L=[5,6,3,2] に対して 3 in L は真を返す．

in 演算子は日本語の文字列'あけまして'に対しても適用可能であり'あ' in L は真を返す．論理演算子 and や or は，それぞれ論理積と論理和をとる演算子である．真を正の整数（通常は 1），偽を 0 としたとき，論理積は乗算，論理和は加算に対応する．たとえば，(1<4) or (5<4) は 1<4 が真なので，$1+0=1$ となるので，真になる．

Python 3.5 で導入された演算子として展開演算子*と**がある．

演算子*をリスト，集合，辞書などの前に付けることによって，その要素（辞書の場合にはキー）をタプルに展開する．例として，集合，辞書，ジェネレータ（リスト）をそのまま出力する場合と，タプルに展開してから出力する場合を以下に示す．

```
a = {1,2,3,4}
b = {'hello':'world'}
c = range(5,10)
print (a,b,c)
>>>
{1, 2, 3, 4} {'hello': 'world'} range(5, 10)

print( *a,*b,*c )
>>>
(1, 2, 3, 4, 'hello', 5, 6, 7, 8, 9)
```

演算子*は，以下のように2つのリスト内から，最小の要素を探すときに便利である．

```
L1 = [6,3,4,300,-10]
L2 = [5,8,4,3,100]
print( min( *L1, *L2) )
>>>
-10
```

演算子*がタプルに展開するのに対して，演算子**は辞書に展開する．例として，3つの辞書を展開してから再び1つの辞書としてまとめてみる．

```
d1 = {'Sara':165, 'Mickey':120}
d2 = {'Minny':110}
d3 = {'Kitty':'Three Apples','Mickey':200}
{**d1, **d2, **d3}
>>>
{'Mickey': 200, 'Minny': 110, 'Sara': 165, 'Kitty': 'Three Apples'}
```

キー'Mickey'の値が200になっていることから分かるように，キーが同じ場合には，後に書いた辞書（この場合にはd3）の値に上書きされる．

展開演算子*,**は，A.4節で述べる複数の引数の指定の際に用いられる．

A.3 制御フロー

ある程度長いプログラムは，分岐や反復などの制御フローから構成される．ここでは，そのような制御フローに関する文法について解説する．

A.3.1 分岐

「もし」このような条件を満たしていたら「…せよ」という命令によって，プログラムは分岐した処理を行うことができる．Pythonにおける分岐のための予約語（キーワード）は，ifである．文型は以下のように書く．

```
if 条件文:
    「・・・せよ」（条件文が真のときに実行される文）
```

Pythonの特徴として，字下げ（インデント）で命令群の開始や終了を表していることに注意されたい．例えば，変数xが負のときに'赤字だよ'と印刷するためには，以下のように記述すればよい．

```
if x<0:
    print('赤字だよ！')
```

条件を満たさないときにも，何か処理をしたい場合には，ifの後にelseを入れた文型になる．また，elseの次に再び条件分岐をしたいときには，else: if... と書くかわりに，elifと短縮して（字下げをすることなしに）書くことができる．

```
if 条件文1:
    「・・・せよ」（条件文1が真のときに実行される文）
elif 条件文2:
    「・・・せよ」（条件文1が偽で2が真のときに実行される文）
else:
    「・・・せよ」（条件文1,2がともに偽のときに実行される文）
```

A.3.2 反復

計算機に仕事をやらせる一番の動機は，人間には面倒な反復操作を行わせることだろう．そのため，プログラミングでは反復を行うための命令は，頻繁に利用される．

最も良く使う反復は，for文である．Pythonにおけるfor文は，リストや辞書などの反復可能な型から，1つずつ要素を取り出して反復を行う．例えば，リスト L =[4,5,6,3]の要素を順番に書き出したい場合には，以下のように記述する．

```
for x in L:
    print( x )
```

一般に，リストに対するfor文を用いた反復は，以下のように記述される．

```
for 反復ごとに代入される変数 in リスト:
    繰り返しをしたい文
```

反復したいものが単なる整数の並びである場合には，range関数を用いて，連続する数を生成して，for文とあわせて用いる．Python 3では，range関数はジェネレータ（generator；A.4節参照）であり，リストそのものを返すのではなく，メモリの節約のため，リストの要素を必要に応じて順に生成する．（ここでは単にリストのようなものを返す関数と考えてもよい．）例えば，range(5)は0,1,2,3,4を順に生成するので，0,1,2,3,4を出力したいときには，

```
for x in range(5):
    print( x )
```

と書けばよい．一般にはrange(i,j)は，$i \leq k < j$を満たす整数kを生成する．スライス表記と同様に，j未満の数を返すことに注意されたい．例えば，range(1,3)は，1,2を生成する．

辞書に対するfor文を用いた反復も，リストと同様に以下のように記述される．

```
for 反復ごとに代入されるキー in 辞書:
    繰り返しをしたい文
```

例えば，A.1.5節の例で用いた名前をキーとし，身長を値とした辞書に対して反復を行い，キーと対応する値を出力するプログラムは，以下のように書ける．

```
D={ 'Mary': 126, 'Jane': 156, 'Sara': 170}
for x in D:
    print( x, D[x] )
```

上のプログラムの結果は，

```
Mary 126
Sara 170
Jane 156
```

となる．辞書の場合には，リストとは異なり，出力される順序が入力された順序と必ずしも一致しないことに注意されたい．

もう1つの反復を表すキーワードとして，whileがある．whileは，一般に以下のように記述する．

```
while 真か偽を判定される式:
    繰り返しをしたい文
```

例として，変数xが正の間だけx^2を出力するプログラムを示す．

```
x=10
while x>0:
    print( x**2 )
    x =x-1
```

反復の途中でループから抜けるためのキーワードとしてbreakとcontinueがある．両者とも必ず反復の中に記述し，breakが実行されると反復から抜け，continueが実行されると次の反復処理に飛ばされる．

上のwhileの例題と同じプログラムをbreakを用いて記述すると，以下のようになる．

```python
x=10
while True:
    print( x**2 )
    x =x-1
    if x<=0:
        break
```

whileやforによる反復の直後に，else文がある場合は，else文のブロック内の処理が実行される．ただし，反復をbreak文によって抜けた場合には，else文のブロック内の処理は実行されない．

例として，11が素数か否かを判定するプログラムを書いてみよう．11は，2から10までの整数で割りきれないときに素数と判定できる．つまり，割る数を2から10まで増やしながら，剰余%をとり，剰余が0なら素数でないのでbreakし（この場合には何も出力されない），一度も割り切れないときに，else文のブロックで素数であることを出力するようにすればよい．

```python
y=11
for x in range(2,y):
    if y % x==0:
        break
else:
    print( '素数だよ！' )
```

プログラム内のエラーを上手に処理するための構文としてtryとexceptが準備されている．書き方はif文と似ていて，以下の3つのブロックから成る．

```python
try:
    エラーが試される文
except エラー名:
    エラー発生時の処理
else:
    エラーが発生しないときの処理
```

例えば，x=0としてから以下のプログラムを実行すると，10/xでエラーが発生するので「0では割れないよ！」と出力し，x=1としてから実行すると10を出力する．

```python
try:
    y = 10/x
except ZeroDivisionError:
    print( '0では割れないよ！' )
else:
    print( y )
```

ここで，ZeroDivisionErrorは0で除算したときに発生するエラー名であり，一般に**例外** (exception) とよばれる．Pythonには他にもIndexError（添え字が適切でないときのエラー）やTypeError（型が適切でないときのエラー）など様々な組込みの例外が定義されており，自分で独

自の例外を作ることもできる．

A.4 関数

関数 (function) を定義するには，キーワード def を用い，以下のように記述する．

```
def 関数名(引数)：
    関数内で行う処理
```

関数名の後ろの ( ) の中には，関数に渡す引数 (argument) を記述する．引数が複数の場合には，カンマで区切って指定する．例えば，与えられた引数 x,y の和を出力する関数 printSum は，以下のように書ける．

```
def printSum(x,y):
    print( x+y )
```

関数をよび出す場合には，以下の書式でよび出す．

```
関数名(引数1, 引数2, ...)
```

例えば，上で定義した関数 printSum をよび出して，3 と 5 の和を出力するには，以下のように記述する．

```
printSum(3,5)
```

引数に既定値を与えることもできる．そのためには，以下のように引数に名前をつける必要がある．

```
def 関数名(引数1, 引数2, ..., 名前1=既定値1, 名前2=既定値2, ...)：
    関数内で行う処理

def printSum(x=0, y=0):
    print( x+y )
```

既定値を与えた引数は省略することができる（当然，その場合には既定値が引数に代入される）．この書式で関数を定義した場合には，名前を利用して引数を指定することもできる．例えば，x を省略して，y だけを指定してよび出すには，以下のように記述する．

```
printSum(y=10)
```

x には既定値の 0 が代入されるので，結果は 10 と出力される．

名前付きの引数は必ず名前なしの引数の後に定義する必要がある．例えば，def f(x=0，y) の形式の関数はエラーする．

引数の前に * (アスタリスク) を付けることによって，任意の数の引数を関数に渡すことができる．これは，実際にはタプルを渡しており，引数の数が事前に決められない場合に便利である．例えば，任意の数の整数が与えられたとき，奇数の和を出力する関数は，以下のように記述できる．

```python
def printOddSum(*x):
    s=0
    for i in x:
        if i%2 == 1:
            s+=i
    print(s)
```

整数 1,2,3,4,5 の中の奇数の和を計算するには，以下のように記述する．

printOddSum(1,2,3,4,5)

結果は 1,3,5 の和なので，9 と出力される．

引数の前に ** とアスタリスクを 2 つ続けて書くことによって，任意の数の「名前付き」引数を関数に渡すことができる．これは，実際には辞書を渡しており，引数の名前が事前に決められない場合に便利である．たとえば，上と同様に任意の数の整数の和を計算する際に，引数 odd が真のときは奇数の和を，引数 double が真のときには 2 倍して出力する関数は，以下のように記述できる．

```python
def printSum(*x,**sumType):
    s=0
    for i in x:
        if sumType['odd'] and i%2:
            s+=i
        if sumType['double']:
            s+=i*2
    print(s)
```

引数 odd と double を変えることによって様々な出力を得ることができる．

printSum(1,2,3,4,5,odd=True,double=False)

printSum(1,2,3,4,5,odd=False,double=True)

最初のよび出しは奇数の和であるので 9 が出力され，2 番目のよび出しは 2 倍の和であるので，30 が出力される．

関数から何らかの返値を得たい場合には，関数内でキーワード return の後ろに返したい値を記述する．例えば，以下の関数は，与えられた文字列を合体させてから，3 回繰り返したものを返す関数である．

```
def concatenate3(a,b):
    c=a+b
    return 3*c
```

上の関数を concatenate3('a','b') とよび出すと，ababab が返される．

関数内で return の代わりに yield を用いることによって**ジェネレータ** (generator) を作ることができる．ジェネレータは，反復のための値を順番に生成するための関数であり，すでに述べたように range 関数がその一例である．以下の関数 genPower では，2 のベキ乗を 5 つ生成する．

```
def genPower():
    for i in range(5):
        yield 2**i

for i in genPower():
    print(i)
```

結果は 1 2 4 8 16 となる．ジェネレータは「リストのようなもの」を返す関数と考えてもよいが，遅延評価（プログラムが値を実際に必要とするまで，特定の値の計算を遅らせること）を行っているので効率がよい．

関数はキーワード lambda を用いても定義できる．lambda を用いた場合には関数名を定義しないので，**無名関数** (anonymous function) とよばれる．書式は以下のとおり．

lambda 引数: 関数の定義

例えば，$f(x,y) = x^2 + y^2$ を返す無名関数 f を定義して，$f(1,2)$ を計算するプログラムは，以下のように書ける．

```
f = lambda x,y:  x**2 + y**2
print( f(1,2) )
```

結果はもちろん 5 になる．

関数は自分で自分をよび出すときに用いることもできる．これを**再帰** (recursion) とよぶ．例として，$n!$（n の階乗）を返す関数を考える．$n!$ は，非負の整数 n に対して，$n \times (n-1) \times \cdots \times 3 \times 2 \times 1$ を表し，急激に増大することで知られている．$n!$ は，$0! = 1$ という初期条件の下で，$n! = n \times (n-1)!$ と再帰的に定義できる．これは，再帰を用いて以下のように記述できる．

```
def factorial(n):
    if n==0:
        return 1
    else:
        return n * factorial(n-1)
```

文字列，リスト，タプル，辞書，集合に対しては，それに含まれる要素数（長さ，位数）を返す組み込み関数 len を適用できる．例えば，文字列のスライス表記（A.1.2 節）でも示したように len('abcd') は 4 を返す．リストに対しても同様に，len([1,4,3,6]) は 4 を返し，タプルでも同様に len((1,4,3,6)) は 4 を返す．

A.1.6 節で集合や辞書を生成するために用いた set や dict も組み込み関数である．類似の組み込み関数としてリストを生成する list と sorted がある．list は名前の通りリストを返す組込み関数である．例えば，

```
list('kuma')
```

は，['k','u','m','a'] を返す．一方，sorted は昇順に（正確には非減少順に）並べ替えたリストを返す関数である．例えば，

```
sorted([6,2,4,5,4])
```

は，[2, 4, 4, 5, 6] を返す．

type はオブジェクトの型を返す関数であり，オブジェクトの型判定を行う関数は isinstance である．例えば，isinstance('ABC',str) は真を返す．

zip は，引数として与えた 2 つのリスト（文字列やタプルなども可）を組にしたリスト（のようなもの）を生成する関数である．例えば，

```
L=['A','B','C']
list(zip('abc',L))
```

は，[('a', 'A'), ('b', 'B'), ('c', 'C')] を返す．

A.5 内包表記

for 文はリストを表す大括弧 [ ] の中に記述することもできる．これは，**リスト内包表記** (list comprehension) とよばれ，リストをコンパクトに定義するためにしばしば用いられる．例えば，

```
[ (x,x**2,2**x) for x in range(5) ]
```

は，$x, x^2, 2^x$ から成るタプルのリスト [(0, 0, 1), (1, 1, 2), (2, 4, 4), (3, 9, 8), (4, 16, 16)] を返す．

リスト内包表記の for 文の後に if 文を使った条件式を入れることもできる．例えば，

```
[ (x, x**2, 2**x) for x in range(5) if x % 2 ==0 ]
```

は，x が 2 で割り切れる場合に限定した $x, x^2, 2^x$ から成るタプルのリストであるので，[(0, 0, 1), (2, 4, 4), (4, 16, 16)] となる．

同様に，for 文を小括弧（ ）の中に記述すると**ジェネレータ内包表記** (generator comprehension) になる．ジェネレータはリストもどきと考えてもよいが，値を必要な分だけ生成するため効率が良

く，メモリの節約になる．sum, min, max をジェネレータ内包表記の前に記述することによって，それぞれ，数値の合計，最小値，最大値を計算することができる．例えば，1から10までの整数の和は，

```
sum(x for x in range(11))
```

と書けば計算でき，結果は（もちろん）55である．

Python 3 では，集合や辞書に対しても**内包表記** (comprehension) が使える．**集合内包表記** (set comprehension) も**辞書内包表記** (dictionary comprehension) も，中括弧{ }の中にfor文を記述するが，集合内包表記では要素を，辞書内包表記ではキーと値の組を「キー:値」の形式で入力する．たとえば，0から9までの奇数の集合Sは，

```
S = { x for x in range(10) if x%2==1 }
```

と生成でき，0から4までの整数をキーとし，2乗を値とした辞書は，

```
D = { x: x**2 for x in range(5) }
```

と生成できる．

A.6　入出力

すでに出力のための関数 print については学んでいるが，ここではユーザーからの入力やファイルに対する入出力について学んでいこう．

ユーザーからの入力を得るには input 関数を用いる．書式は以下のとおり．

```
入力文字列 = input(メッセージ文字列)
```

例えば，友人の名前を入力するようにユーザーに促し，得られた名前を画面に出力するコードは以下のように書ける．

```
s = input('友達の名前は？')
print(s)
```

画面だけでなく，ファイルに対する入出力を行うためには，ファイルハンドルとよばれるオブジェクトを開く必要がある．そのためには，キーワード with と open を使い，以下のように記述する．

```
with open(ファイル名, モード, encoding = エンコード名) as ファイルハンドル:
    ファイル入出力のための文
```

ここでモードは'r'（読込みモード），'w'（書込みモード），'a'（追加書込みモード），'rb'（バイナリモードでの読込み），'wb'（バイナリモードでの書込み）などの文字列で指定する．エンコード名は文字コードの規格を表す文字列であり，shift_jis, shift-jis, sjis（シフトJIS；Windows系），euc-jp（EUC-JP；Linux系），utf-8（UTF-8；ユニコード；既定値）のいずれかを指

表 A-5　ファイルハンドル f に対する主要なメソッド

メソッド	説明
`f.read()`	ファイルに含まれている内容を文字列として読み取る.
`f.readline()`	ファイル内の1行だけを読み取る. (`for line in f` で，1行ずつ読み込みができる.)
`f.readlines()`	ファイル内のすべての行をリストとして返す.
`f.write(s)`	文字列 s をファイルに書き出す.
`f.writelines(L)`	リスト（順序型）L 内のすべての要素をファイルに書き出す.

定する．

　実際のファイル入出力は，上で開いたファイルハンドルに対する読み込み・書き込み用のメソッドで行う．ファイルハンドル f に対する主要なメソッドを，表 A-5 に示す．

　例として，2名の友人を `friend.txt` という名前のファイルに書き込み，さらに追加モードで2名追加し，最後にそれを読み込んで表示するコードを以下に示す．

```python
with open('friends.txt','w') as f:
    f.write('Kitty')
    f.write('Daniel')

with open('friends.txt','a') as f:
    f.writelines(['Mickey','Minny'])

with open('friends.txt','r') as f:
    for i in f:
        print(i)
```

結果は `KittyDanielMickeyMinny` となる．

A.7　クラス

　我々はすでに，整数型，論理型，浮動小数点数型，文字列型，リスト，タプル，辞書，集合など，様々な Python の組込み型について学んできた．ここでは，ユーザーが新しい型を設計するための仕組みであるクラスについて学んでいこう．

　クラスを定義するには，キーワード `class` を用い，以下のように記述する．

```
class クラス名:
    クラスの中身
```

　例として，2次元の座標 (x, y) を表す点クラスを考えよう．座標を保管するだけなら，以下のように「何もしない」クラスで十分である．

```
class Point:
    pass
```

ここで，pass は「何もしない」ことを表す文であり，何も書かないとエラーするときに，それを回避するために用いられる．

上の Point クラスの型をもつ変数 p1 を作るためには，クラスを関数のようによび出せばよい．

```
p1=Point()
```

これだけで，2次元の座標を保管するための準備ができた．ちなみに，生成された p1 は，クラスの**インスタンス** (instance) とよばれる．

座標 x, y を点クラスのインスタンス p1 に保管するためには，リストや集合で用いたメソッド（"."の後ろにキーワードを記述する関数）と同様に，p1 の後ろに "." をつけて，その後に x, y を書けばよい．例えば，座標 $(100, 200)$ を p1 に保管するためには，以下のように記述する．

```
p1.x = 100
p1.y = 200
```

このように，"." の後ろに記述した変数（上の例では x, y 座標）を**属性** (attribute) とよぶ．また，"." の後ろに記述した関数はメソッドである．メソッドは，クラス内で通常の関数のように記述することによって定義される．

```
class クラス名:
    def メソッド名(self, 他の引数):
        メソッド内で行う処理
```

メソッドが通常の関数と異なる点は，最初の引数が自動的によび出したインスタンスになることである．この引数は自分自身であるので，Python ではキーワード self を用いるのが慣例である．

例えば，点クラスのインスタンス（自分自身であるので self）を引数として受け取り，その座標を出力するためのメソッド printMe は，以下のように記述できる．

```
class Point:
    def printMe(self):
        print( self.x, self.y )
```

上の関数のインスタンスを作成して，メソッド printMe をよび出す際には，自分自身である第1引数は省略する．

```
p1=Point()
p1.x = 100
p1.y = 200
p1.printMe()
```

もちろん，出力は 100 200 となる．

self 以降の引数は，通常の関数と同じように記述すればよい．例えば，点の座標を右に right，上に up 移動させるメソッドは，right を第 2 引数に，up を第 3 引数にして定義する．

```
class Point:
    def move(self,right,up):
        self.x+=right
        self.y+=up
```

よび出しの際には，第 2 引数から記述して，以下のように行う．

```
p1.move(10,20)
p1.printMe()
```

出力は 110 220 となるはずである．

クラスにはいくつかの特別なメソッドが準備されている．これらのメソッドは，他の（通常の）メソッドと区別するために，__で挟んでキーワードを記述する．

__init__ は，インスタンスが初めて作られたときに必ずよび出される初期化のためのメソッドである．これはオブジェクト指向の用語では**コンストラクタ** (constructor) とよばれ，属性の初期設定などに用いられる．例えば，うっかりとしたユーザーが x, y 座標を設定する前に printMe や move メソッドをよび出すことを防ぐためには，インスタンス作成時に必ず座標を与えるようにすればよい．そのためには，以下の __init__ メソッドを用いる．

```
class Point:
    def __init__(self, x, y):
        self.x=x
        self.y=y
```

上のクラスのインスタンスの作成の際には，x, y 座標を 2 つの引数として与える．

```
p1=Point(100,200)
```

この方が，前の空のクラスのときより，ずっとスマートだ．

__str__ は，クラスのインスタンスの文字列としての表現を返すためのメソッドである．(100,200) のような座標形式の文字列を返すためには，以下のような __str__ メソッドを書いておけばよい．

```
class Point:
    def __str__(self):
        return '({0},{1})'.format( self.x, self.y )
```

以前のように printMe メソッドをよび出すのではなく，直接インスタンス p1 を print するだけで，より綺麗な出力 (100,200) が得られる．

```
p1=Point(100,200)
print( p1 )
```

__add__は，インスタンスに対して加算（+）が行われるときによび出されるメソッドである．第1引数は自分自身であり，加算される対象を第2引数とする．これらの和を座標とした新しい点クラスのインスタンスを返すメソッドは，以下のようになる．

```
class Point:
    def __add__(self, other):
        return Point( self.x+other.x, self.y+other.y )
```

以前のように move メソッドをよび出すのではなく，2つの座標の和の計算は，以下のようにスマートに記述することができる．

```
p1=Point(100,200)
p2=Point(10,20)
print( p1+p2 )
```

座標 x, y はインスタンス p1, p2 ごとに異なる値をもつ．このようなインスタンスの属性としての変数を**インスタンス変数** (instance variable) とよび，クラスの中では self.x, self.y のようにインスタンス自身を表す self の後に記述される．一方，クラスに対しても変数を定義できる．例として，生成された点インスタンスの数を保持することを考えよう．

```
class Point:
    numPoints = 0
    def __init__(self,x,y):
        self.x=x
        self.y=y
        Point.numPoints += 1
```

上のコードでは，**クラス変数** (class variable) numPoints を用いて点インスタンスの数を数えている．numPoints はクラス Point の属性であり，クラス定義内で0に初期化されており，コンストラクタがよばれる度に1だけ増やされている．点インスタンスを2つ生成した後に Point.numPoints を出力してみる．

```
p1=Point(100,200)
p2=Point(10,20)
print( Point.numPoints )
```

結果は2と表示されるはずである．

あるクラスを元にして別のクラスを作成することもできる．これを**継承** (inheritance) とよぶ．元になるクラスは生成されるクラスの**スーパークラス** (superclass) とよばれ，逆に生成されるクラスは元になるクラスの**サブクラス** (subclass) とよばれる．サブクラスを定義する際にもキーワード

class を使い，以下のように記述する．

```
class サブクラス名( スーパークラス名 ):
    サブクラスの中身
```

例として，上で作成した点クラス Point を元に，移動する点を表すクラス MovingPoint を作成してみよう．MovingClass では，x, y 座標の他に移動速度を表すパラメータ v を受け取り，属性として保管する．

```
class MovingPoint( Point ):
    def __init__(self, x, y, v):
        Point.__init__(self, x, y)
        self.v = v
```

上のコードでは，コンストラクタ内で self.x=x, self.y=y と記述するかわりに，スーパークラス Point のコンストラクタをよび出している．Python 3 では，スーパークラスをよび出すメソッド super を用いて以下のように（引数 self を省略して）記述してもよい．

```
class MovingPoint( Point ):
    def __init__(self, x, y, v):
        super().__init__(x, y)
        self.v = v
```

A.8 モジュール

Python で長いプログラムを書く際には，ファイルを分割して保管しておくことが望ましい．分割して保管された Python のプログラムファイル（これをモジュールとよぶ）を読み込むには，キーワード import を用いて，

```
import モジュール名
```

と記述する．モジュールのファイル名は，必ず ".py" をつける必要がある．読み込みの際には，".py" は付けずによび出す．

モジュール名が長いときには，以下のように短い別名を付けることもできる．

```
import モジュール名 as 別名
```

モジュール内の関数やクラスをよび出す際には，モジュール名（もしくは別名）の後ろに "." を付けてから関数名もしくはクラス名を記述する．

自分が書いたプログラムだけでなく，他人の書いた便利なプログラムも同様に読み込んで使うこ

とができる．例として，数学用モジュール math を読み込んで，モジュール内の平方根を返す関数 sqrt をよび出して，$\sqrt{2}$ の計算結果（1.41421356237）を印刷してみる．

```
import math
print( math.sqrt(2) )
```

import 文ではモジュールを読み込むだけなので，平方根を計算するためには，math.sqrt(2) と記述する必要がある．これをさぼって sqrt(2) と書くだけで済ますには，

from ファイル名 **import** 関数（クラス）名1, 関数（クラス）名2, ・・・

と記述すればよい．関数（クラス）名を書くのが面倒なときには，ワイルドカード*を用いて，

from ファイル名 **import** *

と書いてもよい．例えば，平方根の計算は，

```
from math import *
print( sqrt(2) )
```

と簡略化される．実際には異なるモジュールで同じ名前を用いたオブジェクトがあると混乱するので，ワイルドカード*を用いない記法が推奨される．

以下ではいくつかの便利な標準モジュールを紹介する．

A.8.1 擬似乱数発生モジュール random

random は擬似乱数発生のための関数から成るモジュールである．random モジュールに含まれる代表的な関数を表 A-6 に示す．

表 A-6　random モジュールの主要な関数

関数	説明と例
seed(x)	x を用いて乱数の初期化を行う． seed(156)
random()	$[0.0, 1.0)$ の一様ランダムな浮動小数点型の数を返す． random() $\Rightarrow$ 0.48777947886
randint(i,j)	整数 i,j ($i \leq j$) に対して $i \leq k \leq j$ の一様ランダムな整数 k を返す． randint(-5,1) $\Rightarrow$ -3
shuffle(L)	リスト L の順序をランダムに混ぜる． L=[1,2,3,4]; shuffle(L) $\Rightarrow$ L=[4, 1, 3, 2]
choice(L)	リスト L からランダムに1つの要素を選択する． L=[1,2,3,4]; choice(L) $\Rightarrow$ 3

例として，2つのサイコロを 10000 回振ったときの目の数の積の期待値を求めてみる．

```
from random import randint
s = 0
```

```
for i in range(10000):
    s+=randint(1,6)*randint(1,6)
print(s/10000.0)
```

結果は理論値の 12.25(= 49/4) に近い値になる．

A.8.2 永続化モジュール pickle と json

pickle と json は，データの永続化のためのモジュールである．

pickle は，漬け物を意味する "pickles" を語源にもち，Python の標準オブジェクトを特殊な文字列に変換し，ファイルとして保管するために用いられる．この変換をシリアライズとよび，逆変換をデシリアライズとよぶ．pickle は，プラットフォーム間で互換なシリアライズを行うため，linux，Mac，Windows で稼働する Python 3 上でデータを共有することができる．また，Python 3 ではデータをバイナリ形式で保管するため，高速に読み書きができる．

json は，"JavaScript Object Notation" の略であり，Java，Ruby，Perl などの様々なプログラミング言語間で互換なシリアライズを行う．そのため，json は Web 経由でのデータ交換に用いられることが多く，テキスト形式で可読性があるため，ビジネスでデータ交換をする際に便利である．

pickle と json で用いられる変換用の関数は共通の名前をもつ（表 A-7）．

表 A-7 pickle と json の関数

関数	説明
dump(obj,f)	オブジェクト obj をシリアライズして，ファイル f への書き出す．
load(f)	ファイル f からデータを読み込み，デシリアライズしたオブジェクトを返す．
dumps(obj)	オブジェクト obj を文字列へシリアライズしたものを返す．
loads(str)	シリアライズされた文字列 str をデシリアライズしたオブジェクトを返す．

例として，辞書を pickle モジュールを用いてシリアライズしてファイルに書き出し，さらに読み込んでから出力するコードを以下に示す．

```
import pickle
D={ 'Mary': 126, 'Jane': 156, 'Sara': 170}
with open('dict.dump', 'wb') as f: #バイナリモードで書き出す
    pickle.dump(D, f)
with open('dict.dump', 'rb') as f: #バイナリモードで読み込む
    print(pickle.load(f))
```

結果は（もちろん）{'Sara': 170, 'Mary': 126, 'Jane': 156}となる．

A.8.3 イテレータ生成モジュール itertools

itertools はイテレータを構築するためのモジュールである．ここでイテレータ (iterator) とは，要素を反復して取り出すことのできる仕組みのことである．我々はすでに無意識のうちにイテレータを使用してきた．たとえば，お馴染みのリスト，タプル，辞書，集合なども for 文を使って要素

を取り出すことができるので，イテレータを実装しているのである．また，A.4 節で解説した yield 文を用いたジェネレータは，イテレータを生成するための 1 つの方法である．

自分でイテレータを実装したクラスを作成するのは面倒なので，Python では様々なイテレータを集めたモジュールである itertools を提供している．itertools に含まれる代表的な関数を表 A-8 に示す．

表 A-8　itertools モジュールの主要な関数．引数の例として文字列 s='ABCD' を用いる．

関数	説明と例
cycle(s)	s 内の要素を順に生成し，最後まで達したら再び最初に戻る． cycle(s) ⇒ 'A' 'B' 'C' 'D' 'A' 'B' 'C' 'D' 'A' 'B' …
permutations(s,r)	s 内の要素の長さ r の（繰り返しを許さない）順列を順に生成する． permutations(s,3) ⇒ ('A', 'B', 'C'), ('A', 'B', 'D'), ('A', 'C', 'B') …
combinations(s,r)	s 内の要素の長さ r の（繰り返しを許さない）組合せを順に生成する． combinations(s,2) ⇒ ('A', 'B'), ('A', 'C'), ('A', 'D') …
combinations_with _replacement(s,r)	s 内の要素の長さ r の（繰り返しを許した）組合せを順に生成する． combinations_with_replacement(s,2) ⇒ ('A', 'A'), ('A', 'B'), ('A', 'C') …

A.8.4　コレクションモジュール collections

collections は，タプル，リスト，集合の代替のデータ構造を含んだモジュールである．

deque は，"double-ended queue" の省略語であり，両端点をもつ先入れ先出しリストを実装している．リストと似ているが，先頭と末尾の両方向から要素を $O(1)$ 時間で取り出すことができる．リストでも同様の操作が可能であるが，先頭からの取り出しや先頭への挿入は，要素の数を n としたとき $O(n)$ 時間かかる．deque はその代償として，中央付近の要素を添え字で取り出すのに $O(n)$ 時間を要する．deque のメソッドを表 A-9 にまとめておく．

表 A-9　deque L に対する主要なメソッドと操作．例として L=deque([1,1,5,4]) を用いる．

メソッド	説明と例
L.appendleft(x)	L の先頭に要素 x を追加する．リスト L に対する L.insert(0,x) と同じだが，より高速． L.appendleft(8) ⇒ L=deque([8,1,1,5,4])
L.extendleft(L2)	L の先頭にリスト L2 を（逆順に）追加する． L.extendleft([8,0]) ⇒ L=deque([0,8,1,1,5,4])
L.popleft(x)	L の先頭の要素を削除し返す．リスト L に対する L.pop(0) と同じだが，より高速． L.popleft() ⇒ 1 を返し L=deque([1,5,4])
L.rotate(n)	末尾の要素を先頭に移す操作を n 回行う．n が負の場合には先頭の要素を末尾に移す． L.rotate(2) ⇒ L=deque([5,4,1,1])

namedtuple は，名前付きタプルクラスであり，要素にオブジェクトの属性の名前でアクセスできるタプルである．たとえば，x と y という 2 つの属性をもつ名前付きタプルのクラス Point は，以下のように生成される．

```
from collections import namedtuple
Point = namedtuple('Point', ['x', 'y'])
```

最初の引数はクラス名であり，2番目の引数は属性の名前を表す文字列から成るリストである．これは'x y' もしくは'x, y' のような文字列で代替することもできる．クラス Point を用いてインスタンス p を生成すると，通常のタプルとしての機能だけでなく，属性名でもアクセス可能になり，インスタンスの表示が分かりやすくなる．

```
p = Point(100,200)
print ( p.x, p.y )
>>>
  100 200
print (p)
>>>
  Point(x=10, y=20)
```

OrderedDict は順序付き辞書であり，通常の辞書では保持されない追加順序を保存する．

```
from collections import OrderedDict
D =OrderedDict()
D['Mary']= 126
D['Jane']= 156
D['Sara']= 170
for x in D:
    print( x, D[x] )
```

上のプログラムの結果は，

```
Mary 126
Jane 156
Sara 170
```

となり，入力順序が保存されていることが確認できる．

A.8.5 高階関数モジュール functools

functools は高階関数（関数に影響を及ぼしたり他の関数を返したりする関数）を集めたモジュールである．

lru_cache は，関数のよび出しのメモ化を行うデコレータ (decorator；装飾子) 関数である．ここで lru は "least recently used" を省略したものである．デコレータは @ を先頭に付けて関数やクラスの前に記述され，名前の通り別の関数やクラスを装飾する関数である．lru_cache は，関数が同じ引数でよび出されたとき，以前同じ引数でよばれたときの結果を，引数をキー，返値を値とした辞書に記憶 (メモ化) しておき，その値を返すものである．例えば，動的最適化の説明 (15.4.1 節) で用いた Fibonacci 数の例で説明する．ここで，**Fibonacci 数** (Fibonacci number) とは以下のよう

に再帰的に定義される数列 F_n である．

$$F_n = F_{n-1} + F_{n-2}$$
$$F_1 = F_2 = 1$$

これを通常の再帰を用いて計算すると非常に時間がかかるが，`lru_cache` を用いると以下のように簡潔に高速化することができる．

```
from functools import lru_cache
@lru_cache(maxsize=None)
def fibonacci(number):
    if number==1 or number==2:
        return 1
    else:
        return fibonacci(number-1)+fibonacci(number-2)

[fibonacci(n) for n in range(16)]
>>>
[1, 1, 2, 3, 5, 8, 13, 21, 34, 55, 89, 144, 233, 377, 610]
```

ここで引数の `maxsize` は記憶しておく辞書の最大要素数であり，既定値は 128 である．上の例では None に設定してあるので，無制限に記憶する．15.4.1 節では，辞書を引数として渡して手作業でメモ化を行っているが，`lru_cache` を用いた方が簡潔である．しかし，引数は辞書のキーとして保管されるので，すべての引数は不変オブジェクトである必要がある．

A.8.6 ヒープモジュール heapq

`heapq` は，**優先キュー** (priority queue) の 1 つである**ヒープ** (heap) を実装したモジュールである．

ヒープとは，数字などの大きさを比較することができる要素を保管するデータ構造である．ヒープは，図 A-2 のような 2 分木として表現される．2 分木の点は，最大で 2 つの子をもつことができる．ヒープとは，点に保管される比較可能な値が，自分の子の値以上である性質を保つようにした 2 分木である．n 個の要素を含んだヒープは，要素の挿入，削除を $O(\log n)$ 時間（木の高さのオーダー）で行うことができる．

ヒープモジュールを利用するためには，まず `heapq` モジュールを読み込み，空のリスト [] を作成した後で，`heappush` 関数を用いて要素を追加する必要がある．`heappush` 関数の第 1 引数は作成した空のリストであり，第 2 引数は追加したい要素である．

以下に図 A-2 の例題におけるヒープを構成するコードを示す．

```
from heapq import heappush, nsmallest, nlargest, heappop
h=[]
for item in [5,1,6,7,9,3]:
    heappush(h, item)
```

`heapq` モジュールには，ヒープの要素から小さい順（大きい順）で n 個を選んだリストを返す関数 `nsmallest`(`nlargest`) がある．引数は要素数 n とヒープを表すリストである．例としてヒープ h

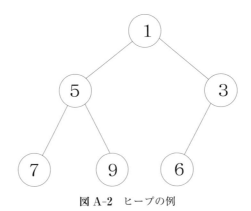

図 A-2 ヒープの例

から小さい順（大きい順）で3つ選んだリストを求めてみる．

```
print( nsmallest(3, h) )
>>>
[1, 3, 5]

print( nlargest(3, h) )
>>>
[9, 7, 6]
```

heappop は，2分木の根（1番上の点）にある最小の要素を取り出し，再びヒープ構造を保つようにする関数である．

```
print( heappop(h) )
```

上の例では，要素1が出力される．この操作を繰り返すことによって，リストから最小の要素を順次取り出すことができる．

付録B 機械学習

B.1 機械学習とは

　ここでは，第8章で紹介した統計モジュールstatsmodelsと第9章で紹介した機械学習モジュールscikit-learnの基礎となる機械学習の理論について簡単にまとめる．

　機械学習 (machine learning) は，Googleの検索エンジン，Facebookの友人紹介，Amazonのおすすめ商品の紹介，スパムメールの分別，ドローンの宙返り，自然言語処理，手書き文字の認識，データマイニングなど様々な応用に使われている．機械学習は，コンピュータに新しい能力を与えるための基本学問体系であり，コンピュータに知能を与えるための総合学問である人工知能の一分野と位置づけられる．機械学習の定義には様々なものがあるが，チェッカーゲームに対する初めての学習で有名なArthur Samuelによれば「コンピュータに明示的なプログラムを書くことなしに学習する能力を与える学問分野」("the field of study that gives computers the ability to learn without being explicitly programmed") と定義される．

　機械学習は，大きく分けて**教師あり学習** (supervised learning) と**教師なし学習** (unsupervised learning) に分類される．教師あり学習は，入力と出力の組から成るデータを与えて，その関係を学習するものであり，教師なし学習は，入力だけから成るデータから学習を行うものである．

　教師あり学習は，大きく**回帰** (regression) と**分類** (classification) に分けられる．回帰は出力が連続な値をもつ場合であり，分類は離散的な値をもつ場合に対応する．日にちを入力として各日の商品の需要量を出力としたデータが与えられたとき，需要量を予測するためには回帰を用いる．需要量は連続な値をもつからだ．一方，顧客の過去の購入履歴から，ある商品を購入するか否かを判定するためには分類を用いる．購入するか否かは0,1の離散的な値で表されるからだ．回帰や分類を行うための入力を**特徴** (feature) とよぶ．特徴は1つでも複数でも（場合によっては）無限個でもよい．

　教師なし学習は，出力（正解）が与えられていないデータを用いる機械学習であり，代表的なものとして**クラスタリング** (clustering) や**次元削減** (dimension reduction) があげられる．クラスタリングは，入力されたデータ（変数）間の関係をもとにデータのグループ化を行う際に用いられ，次元削減は，高次元データを低次元に落とす際に用いられる．これらの手法は，教師あり学習の前処理として有用である．

　以下の構成は次のとおり．

B.2 節では，最も基本的な回帰である線形回帰について述べる．

B.3 節では，基本的な分類手法であるロジスティック回帰を解説する．

B.4 節では，教師あり学習で注意すべき過剰適合を回避するための正規化を導入する．

B.5 節では，モダンな分類手法である SVM（Support Vector Machine; サポートベクトルマシン）のアイディアをロジスティック回帰の近似の観点から解説する．

B.6 節では，SVM で有用なカーネルの概念について述べる．

B.7 節では，教師あり学習を評価する際に重要な交差検証について解説する．

B.8 節では，脳の働きを模した学習手法であるニューラルネットワークについて述べる．

B.9 節では，Bayes の定理を用いた分類手法である単純 Bayes について解説する．

B.10 節では，決定木を用いた分類について述べる．

B.11 節では，複数のアルゴリズムを合わせることにより，高精度の予測・分類を行うための手法であるアンサンブル法を紹介する．

B.12 節では，教師なし学習の 1 つであるクラスタリングについて解説する．

B.13 節では，次元削減の手法の 1 つである主成分分析について述べる．

B.14 節では，機械学習の応用例として異常検知をとりあげる．

B.15 節では，もう 1 つの応用例として推奨システムをとりあげる．

B.2 線形回帰

最初の例として，最も簡単な**線形回帰** (linear regression) を考えよう．

入力は n 個の**独立変数** (independent variable) $x_1, x_2, \ldots, x_n$ から構成される．出力を表す変数 y を**従属変数** (dependent variable) とよぶ．独立変数から成るベクトル $x = (x_1, x_2, \ldots, x_n)$ は**特徴ベクトル** (feature vector) ともよばれる．ここで n は特徴の数を表すパラメータである．実際には，特徴ベクトルは独立変数に何らかの変形を施した（特徴を抽出した）ベクトルであるが，ここでは簡単のため同じベクトルと考える．

学習のために用いるデータ（トレーニングデータ）の数を m とする．データの番号は上付き添え字で表し $x^{(i)}, y^{(i)} (i = 1, 2, \ldots, m)$ と記す．トレーニングデータの集合を**トレーニング集合** (traning set) とよぶ．

線形回帰の**仮説関数** (hypothesis function) は，

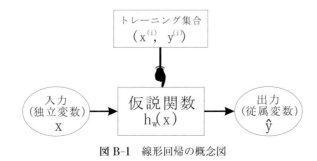

図 B-1　線形回帰の概念図

$$h_w(x) = w_0 + w_1 x_1 + w_2 x_2 + \cdots + w_n x_n$$

と表すことができる．これは，入力と出力の関係が重み w を用いて $h_w(x)$ のように表すことができるという仮説を表す（図 B-1）．

　学習アルゴリズムの目的は，トレーニング集合を用いて，最も「良い」重みベクトル w を求めることである．それでは，どのような重み w が「良い」のであろうか？線形回帰では，以下に定義される費用関数 $J(w)$ を最小にする重みベクトル w を最も「良い」ものと定義する．

$$J(w) = \frac{1}{2m} \sum_{i=1}^{m} \left(h_w(x^{(i)}) - y^{(i)} \right)^2$$

これは，仮説関数によって「予測」された値 $\hat{y}^{(i)} = h_w(x^{(i)})$ と本当の値 $y^{(i)}$ の誤差の 2 乗の平均値（を 2 で割ったもの：これは微分したときに打ち消し合うためである）を意味する．これが線形回帰の目的関数になる．実は，費用関数 $J(w)$ は凸関数になるので，これを最小にする w は，凸関数に対する非線形最適化の手法を用いて簡単に求めることができる．

　ベクトルと行列を用いて最適な w を求める公式を導いておこう．トレーニングデータをベクトル y と行列 X で表しておく．

$$y = \begin{pmatrix} y^{(1)} \\ y^{(2)} \\ \vdots \\ y^{(m)} \end{pmatrix}$$

$$X = \begin{pmatrix} 1 & x_1^{(1)} & \cdots & x_n^{(1)} \\ 1 & x_1^{(2)} & \cdots & x_n^{(2)} \\ \vdots & \vdots & \ddots & \vdots \\ 1 & x_1^{(m)} & \cdots & x_n^{(m)} \end{pmatrix}$$

行列 X に対しては最初の列にすべて 1 のベクトルを追加していることに注意されたい．

　重みベクトル w は $n+1$ 次元のベクトルとして以下のように表す．

$$w = \begin{pmatrix} w_0 \\ w_1 \\ \vdots \\ w_n \end{pmatrix}$$

このとき費用関数は，上で定義したベクトルと行列で記述すると

$$J(w) = \frac{1}{2m}(y - Xw)^T(y - Xw)$$

となる．これを w で偏微分したものを 0 とおくと方程式

$$X^T(y - Xw) = 0$$

が得られるので，w について解くことによって，

$$w = (X^T X)^{-1} X^T y$$

を得る．これが線形回帰の解ベクトルとなる．

線形回帰がどれだけ良いかを表す尺度として**決定係数** (coefficient of determination) R^2 がある．R^2 は予測値とトレーニングデータの誤差の 2 乗和から計算される．

まず，最適な重み w の下での誤差の 2 乗和 (SSE: Sum of Square Error) を以下のように計算する．

$$\text{SSE} = \sum_{i=1}^{m} \left(h_w(x^{(i)}) - y^{(i)} \right)^2$$

次に，基準となる誤差の 2 乗和として，平均値 $\bar{y}$ とトレーニングデータ $y^{(i)}$ の差の 2 乗和 (SST: Total Sum of Square) を計算する．

$$\text{SST} = \sum_{i=1}^{m} \left(\bar{y} - y^{(i)} \right)^2$$

決定係数 R^2 はこれらの 2 乗和の比 SSE/SST を 1 から減じた値と定義される．

$$R^2 = 1 - \text{SSE}/\text{SST}$$

定義から分かるように R^2 は 0 以上，1 以下の値をもち，1 に近いほど誤差が少ない予測であることが言える．

B.3 ロジスティック回帰

ロジスティック回帰 (logistic regression) は，その名前とは裏腹に分類のための手法である．

ここでは出力が 0 もしくは 1 の値をもつ分類問題を考える．ロジスティック回帰の仮説関数 $h_w(x)$ は，分類が 0 になるのか 1 になるのかを表す確率と解釈できる．ロジスティック回帰の名前の由来は，条件 $0 \leq h_w(x) \leq 1$ を満たすために，線形回帰の仮説関数に**ロジスティック関数**（logistic function; シグモイド関数）[1]を用いることによる．

ロジスティック関数 $g(z)$ は，以下のように定義される（図 B-2）．

$$g(z) = \frac{1}{1 + e^{-z}}$$

ここで e は自然対数の底である．$z = 0$ のときに $g(z) = 0.5$ になり，$z \to \infty$ になると $g \to 1$，$z \to -\infty$ になると $g \to 0$ になることに注意されたい．この関数を用いると，ロジスティック回帰の

---

[1] この関数のもととなった再帰方程式を考案した研究者がロジスティクス（logistics; 兵站学）に関する教授だったことからこの名前が付いただけで，理論としてのロジスティクスやサプライ・チェインとは関係がない．

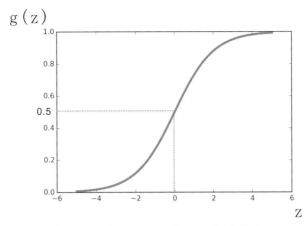

図 B-2 ロジスティック（シグモイド）関数

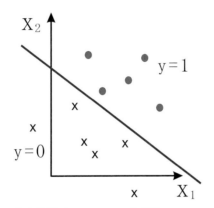

図 B-3 $x = (x_1, x_2)$ による分類（$y=1$ のデータが●，$y=0$ のデータが×）と決定境界

仮説関数は，

$$h_w(x) = g(w_0 + w_1 x_1 + w_2 x_2 + \cdots + w_n x_n)$$

と表すことができる．

仮説関数を用いて実際の分類を行うためには，$h_w(x) \geq 0.5$ のときには $y=1$ と予測し，$h_w(x) < 0.5$ のときには $y=0$ と予測すればよい．すなわち，$h_w(x) = 0.5$ を境界として，領域を $y=1$ と $y=0$ の 2 つに分けるのである．このことから，$h_w(x) = 0.5$ は**決定境界** (decision boundary) とよばれる（図 B-3）．

ロジスティック回帰における費用関数は以下のように定義される．

$$J(w) = \frac{1}{m} \sum_{i=1}^{m} \mathrm{Cost}(h_w(x^{(i)}), y^{(i)})$$

$$\mathrm{Cost}(h_w(x), y) = \begin{cases} -\log(h_w(x)) & y=1 \text{ のとき} \\ -\log(1 - h_w(x)) & y=0 \text{ のとき} \end{cases}$$

$y=1$ の場合には，この費用関数は $h_w(x) = 1$ のとき 0 になり，$h_w(x) \to 0$ になると無限大に近

づく．$y=0$ の場合には，この費用関数は $h_w(x)=0$ のとき 0 になり，$h_w(x) \to 1$ になると無限大に近づく．つまり，予測が当たる場合には費用が 0 に，外れるにしたがって大きくなるように設定されている訳である．さらに，この費用関数は凸であることが示せるので，線形回帰と同様に非線形最適化の手法を用いることによって，最適な重み w を容易に求めることができるのである．

B.4 正規化

回帰や分類を行う際には予測誤差が小さい方が望ましいことは言うまでもない．しかし，予測誤差を小さくするために変数（特徴）を増やしすぎると，トレーニングデータに適合しすぎて，実際のデータに対してよい結果を出さない**過剰適合**（overfitting; 過学習）が発生してしまう．

例えば，線形回帰の仮説関数として以下のような x に対する多項式関数を考える．

$$h_w(x) = w_0 + w_1 x_1 + w_2 x_2 + \cdots + w_n x_n + w_{n+1} x_1^2 + w_{n+2} x_2^2 + \cdots$$
$$+ w_{2n} x_n^2 + w_{2n+1} x_1^3 + w_{2n+2} x_2^3 + \cdots + w_{3n} x_n^3$$

この関数は重み w に対する線形関数であるので，（特徴の数は 3 倍になるが）線形回帰と同じように最適な重みを計算することができる．ちなみに，このような回帰を**多項式回帰** (polynomial regression) とよぶ．一般に高次の多項式回帰でトレーニングデータの数が少ない場合には，過剰適合が発生する．

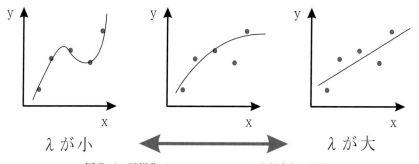

図 B-4 正規化パラメータ λ による過剰適合の調整

この現象を避けるための工夫の代表的なものとして**正規化** (regularization) がある．正規化のアイディアは単純であり，重み w を小さくするような項を費用関数に追加するだけである．

線形回帰の場合には，以下の費用関数を用いる．

$$J(w) = \frac{1}{2m} \left[\sum_{i=1}^m \left(h_w(x^{(i)}) - y^{(i)} \right)^2 + \lambda \sum_{j=1}^n w_j^2 \right]$$

追加された 2 項目が重みを小さくし，これによって過剰適合が軽減される．パラメータ λ は**正規化パラメータ** (regularization parameter) とよばれ，誤差と過剰適合のトレードオフをとるために用いられる．λ が小さいときには，誤差は小さくなるが過剰適合の危険性が増大する．逆に λ を大きくすると，誤差は大きくなり，過剰適合は回避される傾向になる（図 B-4）．

B.5 SVM

ここでは，分類のための手法の1つである **SVM**（Support Vector Machine：サポートベクトルマシン）について述べる．

SVM はロジスティック回帰を計算しやすいように近似したものと考えることができる．ロジスティック回帰における費用関数

$$\mathrm{Cost}(h_w(x), y) = \begin{cases} -\log(h_w(x)) & y = 1 \text{ のとき} \\ -\log(1 - h_w(x)) & y = 0 \text{ のとき} \end{cases}$$

は

$$\mathrm{Cost}(h_w(x), y) = -y \log(h_w(x)) - (1-y) \log(1 - h_w(x))$$

と書き直すことができる．

ロジスティック回帰の仮説関数 $h_w(x)$ は，$z = w_0 + w_1 x_1 + w_2 x_2 + \cdots + w_n x_n$ とおいたときに

$$h_w(x) = g(z) = \frac{1}{1 + e^{-z}}$$

であったことを思い起こすと，費用関数は

$$\mathrm{Cost}(h_w(x), y) = -y \log \frac{1}{1 + e^{-z}} - (1-y) \log(1 - \frac{1}{1 + e^{-z}})$$

となる．

$y = 1$ のときの費用関数は第1項目だけになるので，

$$-\log \frac{1}{1 + e^{-z}}$$

となる．これは図 B-5(a) に示すように z が大きくなると 0 に近づく曲線である．これを $z \geq 1$ のとき 0 となる区分的線形関数 $\mathrm{cost}_1(z)$ で近似する．

$y = 0$ のときも同様に第2項

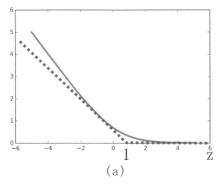
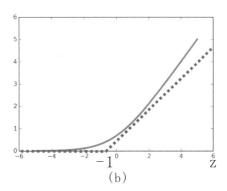

図 B-5 ロジスティック回帰の費用関数（実線）と SVM の費用関数（点線）(a) $y = 1$ のとき (b) $y = 0$ のとき

$$-\log(1 - \frac{1}{1+e^{-z}})$$

は，図 B-5(b) に示すように，z が小さくなると 0 に近づく曲線となるので，$z \leq -1$ のときに 0 になる区分的線形関数 $\mathrm{cost}_0(z)$ で近似する．これに正規化パラメータを加えたものが SVM の費用関数 $J(w)$ になる．

$$J(w) = C \sum_{i=1}^{m} \left[y^{(i)} \mathrm{cost}_1(w^T x^{(i)}) + (1 - y^{(i)}) \mathrm{cost}_0(w^T x^{(i)}) \right] + \frac{1}{2} \sum_{j=1}^{m} w_j^2$$

ここで C は正規化パラメータを λ としたとき $1/2\lambda$ に相当するパラメータである．λ のかわりに C を用いるのは歴史的な理由に基づく慣例であり，特に意味はない．パラメータ C を大きく設定することは正規化パラメータ λ を小さく設定することに相当するので，誤差は小さくなるが過剰適合の危険性が高まり，C を小さくするとその逆になる．

仮説関数を用いて実際の分類を行うためには，$w_0 + w_1 x_1 + w_2 x_2 + \cdots + w_n x_n \geq 0$ のときには $y = 1$ と予測し，それ以外のときには $y = 0$ と予測すればよい．

費用関数 $J(w)$ の第 1 項が 0 の場合には，$y^{(i)} = 1$ なら $w^T x^{(i)} \geq 1$ かつ $y^{(i)} = 0$ なら $w^T x^{(i)} \leq -1$ になる必要がある．このことから，データが直線で 2 つのクラスに分類可能な場合には，SVM の決定境界は，$1, -1$ の幅をもたせた境界になることが言える（図 B-6）．

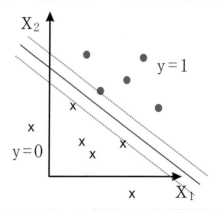

図 B-6　SVM の（$1, -1$ の幅をもたせた）決定境界による分類

B.6　カーネルとSVM

ここでは**カーネル** (kernel) の概念を用いた SVM を解説する．これは，決定境界が非線形になる場合にも適用可能な手法である．もちろん，x に対する多項式を作成してからロジスティック回帰を適用してもよいのだが，非線形性が強い場合には高次の多項式が必要になり，それは計算量の増大をもたらす．以下では，カーネルの中でも非線形な場合に適用可能で計算量的にも優秀な **Gauss カーネル関数** (Gaussian kernel function) を紹介する．

トレーニングデータの空間にランドマークとよばれる点列 $\ell^{(1)}, \ell^{(2)}, \ldots, \ell^{(k)}$ が与えられているものとする（設定法については後述する）．このとき特徴ベクトル $x = (x_1, x_2, \ldots, x_n)$ とランドマーク $\ell^{(i)}$ の「近さ」を表す尺度として以下の Gauss カーネル関数を用いる．

$$f_i = \exp\left(-\frac{\sum_{j=1}^{n}(x_j - \ell_j^{(i)})^2}{2\sigma^2}\right) = \exp\left(-\frac{\|x - \ell^{(i)}\|}{2\sigma^2}\right)$$

ここで $\|\cdot\|$ はベクトルのノルムを表す．この関数は x がランドマーク $\ell^{(i)}$ に近づくと 1 になり，遠ざかると 0 になる多次元正規 (Gauss) 分布のような形状をとる．これが "Gauss" カーネルとよばれる所以である．σ は正規分布の標準偏差に対応するパラメータであり，σ が小さくなると分布が $\ell^{(i)}$ の周りに集中し，逆に σ が大きくなると裾野が広がる．

仮説関数は，カーネルを用いて計算された f_i と重み w の線形関数として，以下のように定義する．

$$h_w(x) = w_0 + w_1 f_1 + w_2 f_2 + \cdots + w_k f_k$$

つまり，元の変数 x をそのまま特徴ベクトルとして用いるのではなく，$f = (f_1, f_2, \ldots, f_k)$ を特徴ベクトルとして予測を行う訳である．これは多次元正規分布を重ね合わせたような分布になるので，非線形な決定境界をうまく表現できることが期待できる．

ランドマーク $\ell^{(i)}$ としては，トレーニング集合の要素 $x^{(i)}$ を用いる．すなわち，トレーニングデータ $x^{(i)}, y^{(i)} (i = 1, 2, \ldots, m)$ に対して $\ell^{(i)} = x^{(i)}$ と設定するのである．このとき，トレーニングデータ $x^{(i)}$ に対する特徴ベクトル $f^{(i)} = (f_0^{(i)}, f_1^{(i)}, \ldots, f_m^{(i)})^T$ は，各ランドマークへの近さを表すベクトルとして，

$$f_0^{(i)} = 1$$
$$f_1^{(i)} = \exp\left(-\frac{\|x^{(i)} - \ell^{(1)}\|}{2\sigma^2}\right)$$
$$\vdots$$
$$f_i^{(i)} = \exp\left(-\frac{\|x^{(i)} - \ell^{(i)}\|}{2\sigma^2}\right) = \exp(0) = 1$$
$$\vdots$$
$$f_m^{(i)} = \exp\left(-\frac{\|x^{(i)} - \ell^{(m)}\|}{2\sigma^2}\right)$$

と計算される $m+1$ 次元ベクトルである．ここで $f_0^{(i)}$ はランドマークに依存しない定数項（線形回帰における y-切片）を表すパラメータであり，常に 1 に設定しておく．これは元のトレーニングデータである n 次元ベクトル $x^{(i)}$ の空間から m 次元の特徴ベクトル $f^{(i)}$ の空間に射影したものと考えられる．

費用関数 $J(w)$ は，ランドマークに対する重みベクトル $w = (w_0, w_1, \ldots, w_m)$ の関数として，

$$J(w) = C \sum_{i=1}^{m} \left[y^{(i)} \mathrm{cost}_1(w^T f^{(i)}) + (1 - y^{(i)}) \mathrm{cost}_0(w^T f^{(i)}) \right] + \frac{1}{2} \sum_{j=0}^{m} w_j^2$$

となる．2 項目の $\sum_{j=0}^{m} w_j^2$ は正規化項を表し，ベクトル表記すると $w^T w$ となる．これはカーネルによって定まる行列 M を用いて $w^T M w$ とする場合もある．仮説関数を用いて実際の分類を行うた

めには，$w^T f \geq 0$ のときには $y = 1$ と予測し，それ以外のときには $y = 0$ と予測すればよい．

前節と同様に，パラメータ C を大きく設定すると誤差は小さくなるが過剰適合の危険性が高まり，C を小さくするとその逆になる．パラメータ σ を小さくするとカーネルはランドマークの周辺に集中するので，誤差は小さくなるが，一方では過剰適合の危険性が高まり，σ を大きくするとその逆になる．

元の特徴ベクトルの数 n がトレーニングデータの数 m に対して小さいときには，決定境界の非線形性が強いことが予想されるので，Gauss カーネルを用いた SVM が有効になる．ただし計算量はそこそこかかるので，m が非常に大きいときには，特徴ベクトルの数 n を増やしてから比較的高速なロジスティック回帰や線形カーネルを用いた SVM を用いた方がよい．

B.7 仮説の評価

B.4 節で触れたように，トレーニングデータだけを用いて学習すると，他のデータに対して役に立たない危険性がある．このような過剰適合を避けるために，特徴の数を減らしたり，パラメータを調整したりする方法を学んだが，ここではどのモデルを採用すればよいかを評価するための方法論について述べる．

学習した仮説関数が正しいかどうかを検証するための基本は，データを分けることである．最も簡単なのは，トレーニングデータとテストデータの 2 つに分け，学習（費用関数を最小化する重み w の決定）はトレーニングデータで行い，評価（正解データとの誤差を計算）はテストデータで行う方法である．

データの数が足りない場合には，トレーニングデータとテストデータを入れ替えて行えばよい．これを**交差検証** (cross validation) とよぶ．

一般には，独立変数の数や多項式回帰の次数を増やすとトレーニングデータにおける誤差は減少するが，テストデータで評価したときの誤差は，過剰適合になると増加するので，交差検証を行うことによって妥当なモデルやパラメータを選択することができる．

B.8 ニューラルネットワーク

ニューラルネットワーク (neural network) は，一時流行した手法というイメージがあるが，最近の研究で復活して応用範囲が広がっている．ここでは，機械学習の観点からニューラルネットワークを解説する．

ニューラルネットワークは脳の動きを模した極めて単純な構造から構成される．基本となるのは，B.3 節で述べたロジスティック回帰の仮説関数 $h_w(x)$ である．これは，入力ベクトル $x = (x_1, x_2, \ldots, x_n)$ を出力 $h_w(x)$ に変換する．

$$h_w(x) = g(w_0 + w_1 x_1 + w_2 x_2 + \cdots + w_n x_n)$$

ここで，$g(z)$ は以下に定義されるロジスティック（シグモイド）関数である．

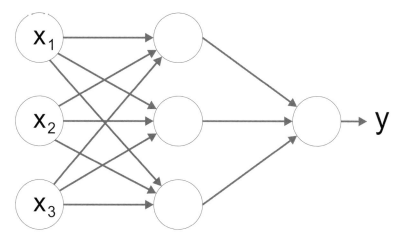

図 B-7　ニューラルネットワーク

$$g(z) = \frac{1}{1+e^{-z}}$$

　ニューラルネットワークでは，上の機構で入力を出力に変換する点を，図 B-7 のように複数の層に並べることによって学習を行う．線形関数の重み w は枝上に定義されており，左端の 1 層目に入力 x を与えることで計算された出力が 2 層目の入力となり，2 層目の出力が 3 層目の入力になる．最後の（右端の）層の出力が y となる．このように計算を行う関数が，ニューラルネットワークの仮説関数となる．

　分類を例としてニューラルネットワークの学習（重みの最適化）を考える．トレーニング集合を $x^{(i)}, y^{(i)} (i = 1, 2, \ldots, m)$ とする．各層 $\ell (= 1, 2, \ldots, L)$ における点の数を s_ℓ と記す．

　$y = 0, 1$ に分類する場合には最後の層 L は 1 つの点を含む（すなわち $s_L = 1$ になる）．K 個のクラスに分類する場合には，最後の層 L は K 個の点を含む（すなわち $s_L = K$ になる）．

　2 つのクラスへの分類（$y = 0, 1$）のときの費用関数は，ロジスティック回帰と同様に，

$$J(w) = \frac{1}{m}\left[\sum_{i=1}^{m} y^{(i)} \log h_w(x^{(i)}) + (1-y^{(i)})(\log(1-h_w(x^{(i)})))\right] + \frac{\lambda}{m}\sum_{\ell=1}^{L-1}\sum_{i=1}^{s_\ell}\sum_{j=1}^{s_{\ell+1}}(w_{ji}^{(\ell)})^2$$

と書くことができる．ここで $h_w(x^{(i)})$ はトレーニングデータ $x^{(i)}$ に対する最後の層の出力であり，$w_{ji}^{(\ell)}$ は第 ℓ 層の点 i から第 $\ell + 1$ 層の点 j への枝上の重みである．上の費用関数では，正規化のために，重みの 2 乗平均に正規化パラメータ λ を乗じたものを加えている．

　$J(w)$ を最小化するためには，費用関数の勾配ベクトルを計算する必要がある．ニューラルネットワークでは，**逆伝播**（backpropagation；バックプロパゲーション）とよばれる方法を用いて勾配を計算する．勾配を用いて費用関数の最小化を行うことができるが，ニューラルネットワークの場合には費用関数 $J(w)$ は非凸であり，局所的最適解に停留する可能性があることに注意する必要がある．

B.9　単純 Bayes

　単純 Bayes(naïve Bayes) は，出力 y が 0 もしくは 1 の値をもつ分類のためのアルゴリズムであ

る.名前の通り,高校で習う**Bayes の定理(規則)**(Bayes' theorem; Bayes' rule) を用いた手法である.$P(X)$ を事象 X が起きる確率,$P(Y|X)$ を事象 X が起きたもとで事象 Y が起きる確率としたとき,Bayes の定理は以下の式で表される.

$$P(X)P(Y|X) = P(Y)P(X|Y)$$

分類の目的は,特徴ベクトル x に対して出力が y になる確率 $P(y|x)$ を推定することであった(B.3 節).これは Bayes の定理を用いると,

$$P(y|x) = \frac{P(y)P(x|y)}{P(x)}$$

と計算できるので,我々の目的は $P(x|y)$ を推定することに置き換えられる.つまり,$y = 0, 1$ の各々に対して,トレーニングデータのしたがう分布 $p(x|y)$ を推定すればよい.

いま,データは n 次元実数ベクトルであり,各成分は独立な分布にしたがっているものとする「単純な」仮定をする(これが単純 Bayes の名前の由来である).

平均 μ,標準偏差 σ の正規分布 $N(\mu, \sigma^2)$ の密度関数を

$$p(x; \mu, \sigma^2) = \frac{1}{\sqrt{2\pi\sigma^2}} \exp\left(-\frac{(x-\mu)^2}{2\sigma^2}\right)$$

と記す.

y が 1 であるトレーニング集合を $\{x^{(1)}, x^{(2)}, \ldots, x^{(m)}\}$ とし,各 $j = 1, 2, \ldots, n$ に対して平均と分散を推定する.

$$\mu_j = \frac{1}{m} \sum_{i=1}^{m} x_j^{(i)}$$

$$\sigma_j^2 = \frac{1}{m} \sum_{i=1}^{m} (x_j^{(i)} - \mu_j)^2$$

1 式目は平均,2 式目は分散を表す.統計学者は不偏分散($\frac{1}{m}$ のかわりに $\frac{1}{m-1}$)を用いる場合が多いが,機械学習では上の定義を用いる場合が多い.

成分ごとに独立な正規分布という仮定の下では,$y = 1$ に分類されるデータの密度関数は,正規分布の密度関数の積として

$$P(x|y=1) = \prod_{j=1}^{n} p(x_j; \mu_j, \sigma_j^2)$$

と書くことができる.同様に $y = 0$ に対しても $P(x|y=0)$ が計算できる.

これらの情報を用いることによって,(Bayes の定理を用いると)与えられたデータ x が $y = 1$ に分類される確率は,

$$P(y=1|x) = \frac{P(y=1)P(x|y=1)}{P(x)}$$

と計算できる.ここで分母の $P(x)$ も

$$P(x) = P(x|y=1)P(y=1) + P(x|y=0)P(y=0)$$

と計算できることに注意されたい．

単純 Bayes 法はデータがしたがう確率分布についての情報をもつ場合に有効であり，分類だけでなく不適合値の検出などの応用（B.14 節参照）にも用いることができる．

B.10 決定木

決定木 (decision tree) は，回帰にも分類にも使えるが，ここでは分類を用いて解説する．決定木では，1 つの特徴に対する分岐によってトレーニング集合を分類していく．分岐の情報は，根付き木で表現される（図 B-8 (a)）．決定木における仮説関数は，木の葉に対する出力の値の多数決をとったものである．どの特徴を優先して分岐するかは，情報量（エントロピー）の減少量が最大になるものを選択していく方法が一般的である．

例を示そう．5 人の男性と 5 人の女性を体重，身長の特徴で分類する決定木を考える．確率 $p_i (i = 1, 2, \ldots, n)$ をもつ確率変数のエントロピーは，

$$-\sum_{i=1}^n p_i \log p_i$$

で定義される．分岐する前のエントロピーは，男性確率 1/2，女性確率 1/2 の確率変数のエントロピーであるので，

$$\frac{1}{2}\log 2 + \frac{1}{2}\log 2 = 1$$

である．

体重を適当な閾値で分けることによって分岐すると図 B-8 (a) のような決定木になり，分岐後のエントロピーは

$$\frac{3}{5}\log 5/3 + \frac{2}{5}\log 5/2 = 0.673$$

の 2 倍で約 1.346 になる．一方，身長を適当な閾値で分けることによって分岐すると図 B-8 (b) のように完全に分類した決定木になる．分岐後のエントロピーは 0 になる．したがって，身長で分岐した決定木を選択することになる．

回帰に対しては，木の葉に含まれる出力の値の平均値を出力し，分岐の際には，エントロピーでな

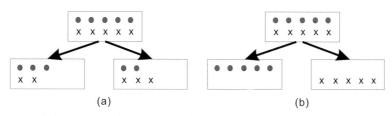

図 B-8　決定木の例（●が女性，×が男性）(a) 体重を特徴として分類 (b) 身長を特徴として分類

く，平均からの誤差の和を最小にするように行えばよい．この手法は，結果の解釈が可能な点が利点であるが，過剰適合に陥りやすいのが弱点である．また，以下で述べるアンサンブル法によって改善を行うことができる．

B.11 アンサンブル法

アンサンブル法 (ensemble method) とは，複数のアルゴリズムを合わせることによって，より高精度の予測もしくは分類を得るためのメタアルゴリズムである．その基本原理は「ばらつきをもったデータを集約するとばらつきが減少する」という統計の公理であり，様々なデータや手法で得られた結果を，平均したり多数決したりすることによって，よりばらつきの少ない結果を得ようというものである．

ランダム森 (random forest)，**ブースティング** (boosting)，**バギング**（bagging; bootstrap aggregating の略）もアンサンブル法の一種であると考えられる．バギングは，**ブートストラップ** (bootstrap) とよばれるリサンプリング法によって複数のトレーニング集合を作成し，そのデータを用いて作成した回帰・分類結果を統合する方法である．ランダム森は，決定木に対してブートストラップを適用する際に，ランダムに選択した特徴の一部を用いて分岐を行う方法である．ブースティングは，複数の手法の重み付けを学習によって調整する方法である．重み付き和をロジスティック（シグモイド）曲線によって変換することによる分類に用いた場合は，2階層のニューラルネットワークに他ならない．

B.12 クラスタリング

ここでは，教師なし学習の代表的なモデルであるクラスタリングを考える．

k-平均法 (k-means method) は，与えられたデータを k 個の部分集合（クラスタ）に分けるための手法である．k-平均法は，クラスタ数 k と n 次元実数ベクトル $x^{(i)} \in \mathbf{R}^n$ を要素とするトレーニング集合 $\{x^{(1)}, x^{(2)}, \ldots, x^{(m)}\}$ を与えたとき，k 個のクラスタ（データの部分集合）の**重心** (centroid) $\mu_1, \mu_2, \ldots, \mu_k$ を（近似的に）求めることを目的とする．重心はクラスタ内のデータの平均値をとることによって得られるので，この名前がついた．

アルゴリズムは単純である．まずランダムに重心 $\mu_1, \mu_2, \ldots, \mu_k \in \mathbf{R}^n$ を決める．次に，トレーニング集合内のデータを最も近い重心に割り当てることによってクラスタを決める．そして，各クラスタの重心を新しい重心として，重心が移動しなくなるまで，この操作を繰り返す．

k-平均法で対象とする問題は $\mathcal{NP}$-困難であるので，このアルゴリズムは局所的最適解を求めるだけである．初期重心をランダムに変更して繰り返すことによって，よりよい解を求めることができるが，大域的最適解を得られる保証はない．

B.13 主成分分析

高次元の特徴をもったデータを低次元に落とすための古典的な統計手法として**主成分分析** (principal component analysis: PCA) がある．この手法も教師なし学習と考えることができる．これは，**次元削減** (dimension reduction) の1つであり，相関をもったトレーニングデータを集約することによって，データを圧縮したり，可視化したりする際の前処理としてよく使われる．

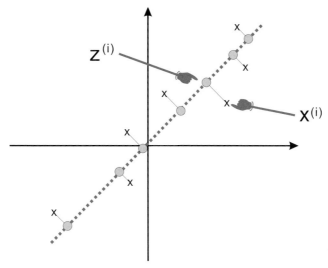

図 B-9　主成分分析の例（2次元のデータを1次元（直線）に射影）

主成分分析は，n 次元実数ベクトル $x^{(i)} \in \mathbf{R}^n$ を要素とするトレーニング集合 $\{x^{(1)}, x^{(2)}, \ldots, x^{(m)}\}$ を，$k\ (<n)$ 次元平面上に射影したときの距離の2乗和を最小にするような k 次元平面を求めることによって次元削減を行う（図 B-9）．

行列を用いると，トレーニング集合を表す $m \times n$ 行列 X は，

$$X = \begin{pmatrix} x_1^{(1)} & \ldots & x_n^{(1)} \\ x_1^{(2)} & \ldots & x_n^{(2)} \\ \vdots & \ddots & \vdots \\ x_1^{(m)} & \ldots & x_n^{(m)} \end{pmatrix}$$

となる．これを $m \times k$ 行列 Z 上に，$n \times k$ の行列 P を用いて

$$Z = XP$$

と射影することによって次元削減が行われる．

アルゴリズムを適用する前にデータの正規化を行っておく．つまり，各特徴の平均値 $\mu_j (j = 1, 2, \ldots, n)$ を

$$\mu_j = \frac{1}{m} \sum_{i=1}^{m} x_j^{(i)}$$

と計算し，新たな $x_j^{(i)}$ を $x_j^{(i)} - \mu_j$ と設定する．

$$x_j^{(i)} \leftarrow x_j^{(i)} - \mu_j$$

これはデータの平均を原点に移動させたことに相当し，**特徴スケーリング** (feature scaling) もしくは**平均正規化** (mean normalization) とよばれる．

次に，データの共分散行列

$$\Sigma = \frac{1}{m}\sum_{i=1}^{m}(x^{(i)})(x^{(i)})^T$$

の固有値分解 $\Sigma = USU^T$ を求める．ここで U は直交行列であり，S は固有値を対角成分にもつ対角行列である．ここで，正方行列 Σ の固有値と固有ベクトルとは，

$$\Sigma u = \lambda u$$

を満たすスカラー λ とベクトル u である．ベクトルは長さが 1 になるように正規化してあるものとする．

以下では，$k=1$ の場合のみを解説する．このとき，Z と P はベクトルになるので，

$$z = Xp$$

が射影変換になる．z の分散が最大になる射影 p が，射影したときの距離の和を最小にする．

$$z^T z = (Xp)^T(Xp) = p^T X^T X p = m p^T \Sigma p$$

であり，Σ の最大固有値を λ，そのときの正規固有ベクトルを u とすると，

$$u^T \Sigma u = u^T \lambda u = \lambda$$

であるので，分散を最大にするには，$p = u$ にとればよいことが分かる．$k > 1$ の場合も同様に計算ができ，$n \times n$ 行列 U の（固有値が大きい順に並べた）最初の k 個の列が，求めたい平面への射影を表すベクトルになる．

B.14 異常検知

ここでは，機械学習の適用例として**異常検知** (anomaly detection) を取り上げる．異常検知とは，通常の分布と異なるデータに対して，異常値であることを返すことを目的としたもので，スパムメールの判定やクレジットカードの不正使用の判定などに応用をもつ．

トレーニング集合 $\{x^{(1)}, x^{(2)}, \ldots, x^{(m)}\}$ が与えられているものとする．B.9 節の単純 Bayes 法と同じように，データは n 次元実数ベクトルであり，各成分は独立な正規 (Gauss) 分布にしたがっているものと仮定する．すると，各 $j = 1, 2, \ldots, n$ に対して平均と分散は，

$$\mu_j = \frac{1}{m}\sum_{i=1}^{m} x_j^{(i)}$$

$$\sigma_j^2 = \frac{1}{m}\sum_{i=1}^{m}(x_j^{(i)} - \mu_j)^2$$

表 B-1　判定と正解の関係

			正解	
			スパム	スパムでない
判定	スパム	陽性 (P)	真陽性 (TP)	偽陽性 (FP)：誤検出
	スパムでない	陰性 (N)	偽陰性 (FN)：見逃し	真陰性 (TN)

となり，成分ごとに独立な正規分布という仮定の下では，データの密度関数は，正規分布の密度関数の積として

$$P(x) = \prod_{j=1}^{n} p(x_j; \mu_j, \sigma_j^2)$$

と書くことができる．異常か否かを判定したいデータ $x \in \mathbf{R}^n$ が与えられたとき，意思決定者が決めた $\epsilon > 0$ に対して $P(x) < \epsilon$ の場合には異常値と判定し，それ以外の場合には異常値でないと判定する．

各成分が独立でない場合には，成分ごとの平均を表すベクトル μ と共分散行列 Σ を

$$\mu = \frac{1}{m} \sum_{i=1}^{m} x^{(i)}$$

$$\Sigma = \frac{1}{m} \sum_{i=1}^{m} (x^{(i)} - \mu)(x^{(i)} - \mu)^T$$

と計算し，多変量正規分布の密度関数を

$$P(x) = \frac{1}{\sqrt{(2\pi)^k \det \Sigma}} \exp\left(-\frac{1}{2}(x-\mu)^T \Sigma^{-1} (x-\mu)\right)$$

と推定する（ここで $\det \Sigma$ は行列 Σ の行列式を表す）．異常か否かの判定は，上と同様に $P(x) < \epsilon$ で行えばよい．

ここで問題になるのはパラメータ ϵ の決め方である．判定と正解の間の関係を表 B-1 のようにまとめる．通常は行側に判定を，列側に正解を記入する．例えば，送られてきたメイルがスパムであるかを異常検知によって判定したい場合には，行側にスパムと判定したか否か，列側にそのメイルがスパムであったか，そうでなかったかを入れる．

$P(x) < \epsilon$ であるときスパムであると判定される．これを**陽性** (positive) とよぶ．$P(x) \geq \epsilon$ であるときはスパムでないと判定される．これを**陰性** (negative) とよぶ．表は 4 分割されそれぞれに名前が付けられている．名前は（真，偽）のいずれかの後に（陽性，陰性）をつけるのであるが，正しい判断をした場合には「真」，間違えた場合には「偽」を選択し，スパムと判定した行は陽性，スパムでないと判定した行は陰性を選択する．例えば，表の左上はスパムと判定されたメイルが本当にスパムであった場合に該当する．これは，陽性の行で正しい判定をしたので**真陽性** (true positive: TP) となる．表の右下も正しい判定をしたが陰性の行なので**真陰性** (true negative: TN) となる．表の右上は，スパムでないメイルをスパムと判定した場合であり，陽性の行で間違えた判断をしたので**偽陽性** (false positive: FP) となる．これを**第 1 種の過誤** (type I error) もしくは「誤検出」とよぶ．最

後に表の左下では，スパムをスパムでないと判定した場合であり，陰性の行で間違えた判断をしたので**偽陰性** (false negative: FN) となる．これを**第 2 種の過誤** (type II error) もしくは「見逃し」とよぶ．

ϵ を大きくすると，スパムと判定されるメイルの数が増えるので，誤検出が増す．逆に，ϵ を小さくすると，スパムでないと判定されるメイルが増えるので，見逃しが増す．実際には，誤検出と見逃しのトレードオフを調整して，パラメータ ϵ を決める．例えばスパムの場合には，スパムがメイルボックスに入ったときは単に消去すればよいが，大事なメイルが迷惑メイルフォルダに入ってしまうと被害が大きいので，ϵ を小さめに調整すればよいことになる．

B.15 推奨システム

ここでは，これからの応用が期待される**推奨システム** (recommender system, recommendation system) について解説する．推奨システムとは，いわゆる「お薦め」を行うためのシステムであり，似たような嗜好をもつ顧客たちの情報をもとに，個々の商品に対する評点を推定することを目的とする．

いま，顧客と商品の集合とともに，商品 i に対して顧客 j が評価を行ったデータが与えられているものとする．ただし，顧客が評価をつけた商品は通常は少なく，データは極めて疎な行列として与えられている．商品 i に対して顧客 j が評価を行っているとき 1，それ以外のとき 0 のパラメータを $r(i,j)$ とする．$r(i,j) = 1$ の場合には，顧客 j は商品 i に対して離散値の（例えば 1 から 5 の整数などで）評価点をつける．この評価点を表すデータを $y^{(i,j)}$ とする．これがトレーニングデータになる．これをもとに，評価点がつけられていない（$r(i,j) = 0$ の）場所の評価点を推定することが問題の目的となる．

推奨システム設計のための手法は，**コンテンツベース推奨** (contents based recommendation) と**協調フィルタリング推奨** (collaborative filtering recommendation) の 2 つに分類できる．

コンテンツベース推奨では，商品 i に対する特徴ベクトル $x^{(i)} \in \mathbf{R}^n$ が与えられていると仮定する．例えば，商品を映画としたときに，特徴ベクトルは映画の種別（アクション，SF，ホラー，恋愛もの，スリラー，ファンタジーなど）の度合いを表す．例えば，スターウオーズは SF 度 0.8，恋愛度 0.1，アクション度 0.1 と採点される．

顧客 j の特徴に対する重みベクトルを $w^{(j)} \in \mathbf{R}^n$ とする．これは顧客がどういった映画の種別を好むのかを表す．これを線形回帰を用いて求めることを考えると仮説関数は，

$$h_w(x) = w_1 x_1 + w_2 x_2 + \cdots + w_n x_n$$

となる．最適な重みを計算するには，以下に定義される費用関数を最小にする重みベクトル $w^{(j)}$ を求めればよい．

$$\frac{1}{2} \sum_{i:r(i,j)=1} \left((w^{(j)})^T (x^{(i)}) - y^{(i,j)}\right)^2$$

映画ごとに特徴を見積もることは実際には難しい．そこで，協調フィルタリング推奨では，商品ご

との特徴ベクトル $x^{(i)} \in \mathbf{R}^n$ を定数として与えるのではなく，変数とみなして顧客ごとの重みと同時に最適化を行う．すべての顧客と商品に対するトレーニングデータとの誤差の2乗和を最小化する問題は，以下のように書ける．

$$\min_{w,x} \frac{1}{2} \sum_{(i,j):r(i,j)=1} \left((w^{(j)})^T (x^{(i)}) - y^{(i,j)}\right)^2$$

この問題を直接最適化してもよいが，x と w を交互に線形回帰を用いて解く簡便法も考えられる．すなわち，適当な特徴ベクトルの推定値 $x^{(i)}$ を用いて顧客 j に対する重みベクトル $w^{(j)}$ を求めた後に，今度は $w^{(j)}$ を用いて $x^{(i)}$ を求めるのである．この操作を収束するまで繰り返せばよい．

上のアルゴリズムを用いて得られた商品 i の特徴ベクトル $x^{(i)}$ を用いると，類似の商品を抽出することができる．例えば，$x^{(i)}$ を n 次元空間内の点とみなしてクラスタリングを行うことによって，商品のクラスタリングができる．同様に顧客 j の重みベクトル $w^{(j)}$ を用いることによって顧客のクラスタリングができる．

なお，実際に推奨システムを適用する際には，元のトレーニングデータ $y^{(i,j)}$ に対して B.13 節で述べた平均正規化を適用しておくことを推奨する．

付 録C 計算量とデータ構造

C.1 計算量とオーダー

　最近の計算機は速くなった．しかし，ビジネスで扱うデータの増大には負けているようだ．したがって，実務における問題解決の際に計算機資源が不足する場合が多々ある．そんなときに，高価な計算機を購入したり，並列計算に頼ったり，CやFORTRANのようなコンパイラに移植することを考える前に，やっておくべきことがある．問題にあったデータ構造とアルゴリズムの見直しである．

　適切なデータ構造とアルゴリズムを選択することによって，驚くほど大きな規模の問題が，より短時間で解けるようになる．ここで重要になってくるのが，計算速度の大まかな見積もりである．問題の規模が大きくなっていったときに計算機資源が不足してくるのであるから，規模が大きくなってきたときの漸近的な振る舞いを，大まかに調べればよい．そのための道具立てが計算のオーダーである．

　そもそもアルゴリズムというものは，問題の入力を入れると出力を返す関数であると考えられる．問題の規模を問題の入力サイズで測定する．正確に言うと**問題例**（instance；インスタンス）を表現するための最小のビット数が**入力サイズ** (input size) である．ここで，**問題** (problem) と問題例（インスタンス）を区別して用いていることに注意されたい．様々な問題例の総称が問題であり，問題に具体的に数値を入れたものが問題例である．本書では，文脈から判断できるときには，まとめて問題とよぶ場合もある．

　入力サイズを整数 n としたとき，出力を得るまでの計算時間を細かいところは無視して測定するための記号として大文字の O を使う．これは "Big Oh" 記法とよばれ，「関数の定数倍の大きさを気にしないときには無視できる」ことを表す．記号 O は "Order" の頭文字であるので，日本語では「オーダー」と読む．正確に言うと，関数 $f(n)$ が $O(g(n))$ である（これを $f(n) \in O(g(n))$ もしくは $f(n) = O(g(n))$ と記す）とは，定数 $C > 0$ と $n_0 > 0$ が存在して

$$|f(n)| \leq C|g(n)| \quad \text{すべての } n \geq n_0 \text{ に対して}$$

が成立することを指す．

　オーダーの基本概念は定数項を無視できると言うことである．定数 k は $O(1)$ であり，$O(f(n))$ の計算を定数 k 回だけ繰り返す計算のオーダーはやはり $O(f(n))$ である．したがって，対数の底は

オーダーを考える際には無視できる．つまり $O(\log_2 n) = O(\log_{10} n) = O(\log_e n)$ である．オーダーは計算時間の最もかかる部分だけで記述すればよい．例えば，$f(n) = n^7 + n^4 + 2n^2 + 10000$ は $O(n^7)$ である．オーダーに対しては，以下の加法則が成立する．

$$O(f(n)) + O(g(n)) = O(f(n) + g(n))$$

例えば，$O(n)$ の後に $O(\log n)$ の操作を行った場合のオーダーは，$O(n+\log n)$ であり，これは $O(n)$ である．

オーダーに対する推移則とは，$f(n) = O(g(n))$ かつ $g(n) = O(h(n))$ なら $f(n) = O(h(n))$ が成立することである．例えば，$f(n) = n^3 + n^2$ なら $O(n^3)$ であり，$n^3 = O(n^4)$ であるので，$f(n) = O(n^4)$ である．（オーダーは「以下」の関係を示すものなので，等号が成立しなくてもよい．）オーダーに対する乗法則は，

$$O(f(n)) \cdot O(g(n)) = O(f(n) \cdot g(n))$$

と記述される．例えば，$O(n^2)$ の計算を $O(n)$ 回繰り返すコードの計算オーダーは $O(n^3)$ となる．

効率的なアルゴリズムの代名詞として，入力サイズ n の多項式関数の計算時間をもつ**多項式時間アルゴリズム** (polynomial time algorithm) がある．表 C-1 に 100 MIPS(million instructions per second) の計算機に，種々の多項式 $(n, n\log_2 n, n^2, n^3, n^5)$ 時間アルゴリズムをかけたときの計算時間を示す．（厳密に言うと log が入っている関数は多項式関数ではないが，適当な多項式関数以下になるので，多項式時間アルゴリズムとよぶ．）

表からわかるように，n^3 程度までの多項式時間アルゴリズムは入力サイズが大きくなっても十分に実用に耐えることがわかる．n^5 の計算時間は一応は多項式時間アルゴリズムであるが，$n = 1000$ を超えると実用的とは言えなくなるが，「理論的には」n^5 時間かかるアルゴリズムも「効率的な」アルゴリズムとよぶ．適用する応用にもよるが，実用上は効率的とよぶためには，低次の（現状の計算機では n^3 くらいまでの）多項式時間アルゴリズムが存在しなければならないが，理論上は n^{100} の時間を要しても効率的なアルゴリズムとよばれる．このあたりは理論と実務のギャップが大きい部分であるが，以下では「多項式時間 ≈ 効率的」の図式にしたがうものとする．

一方，$f(n)$ が何とかの n 乗というふうに，n が指数の肩に乗っている関数は指数関数とよばれ，効率的でないアルゴリズムの代名詞として用いられている．

表 C-1　多項式時間アルゴリズムの計算時間

入力サイズ n	計算時間				
	n	$n\log_2 n$	n^2	n^3	n^5
10	1×10^{-7} 秒	3.32×10^{-7} 秒	1×10^{-6} 秒	1×10^{-5} 秒	0.0015 秒
20	2×10^{-7} 秒	8.64×10^{-7} 秒	4×10^{-6} 秒	8×10^{-5} 秒	0.032 秒
30	3×10^{-7} 秒	1.47×10^{-6} 秒	9×10^{-6} 秒	2.7×10^{-4} 秒	0.243 秒
40	4×10^{-7} 秒	2.13×10^{-6} 秒	1.6×10^{-5} 秒	6.4×10^{-4} 秒	1.02 秒
50	5×10^{-7} 秒	2.82×10^{-6} 秒	2.5×10^{-5} 秒	1.25×10^{-3} 秒	3.13 秒
100	1×10^{-6} 秒	6.64×10^{-6} 秒	1×10^{-4} 秒	0.01 秒	1.67 分
1000	1×10^{-5} 秒	9.97×10^{-5} 秒	1×10^{-2} 秒	10 秒	115 日
10000	1×10^{-4} 秒	1.33×10^{-3} 秒	1 秒	2.78 時間	31 世紀

表 C-2 に 100 MIPS の計算機に指数 $(2^n, n^2 2^n, 3^n, n!)$ 時間アルゴリズムをかけたときの計算時間を示す．ただし，1 宙齢はビックバンが起きてから現在までの時間，すなわち 150 億年を表す．表からわかるように，$n!$ だと $n = 30$ 程度で実質的に永遠の時間を要し，最も増大のスピードの遅い 2^n でも $n = 100$ 程度でダウンする．

表 C-2　指数時間アルゴリズムの計算時間

入力サイズ	計算時間			
n	2^n	$n^2 2^n$	3^n	$n!$
10	2.1×10^{-5} 秒	0.001 秒	5.9×10^{-4} 秒	0.036 秒
20	1.05×10^{-2} 秒	4.19 秒	34.9 秒	771 年
30	10 秒	2.68 時間	23.8 日	5.61×10^6 宙齢
40	3.05 時間	204 日	3.86 世紀	1.72×10^{22} 宙齢
50	130 日	893 年	0.015 宙齢	6.42×10^{38} 宙齢
100	26798 宙齢	2.68×10^8 宙齢	1.09×10^{22} 宙齢	1.77×10^{132} 宙齢

「多項式時間 ≈ 効率的」を信用すると，多項式時間アルゴリズムをもつ問題は，どれも解きやすい問題と考えられる．これらの解きやすい問題を集めたものを多項式時間で解ける (polynomial-time solvable) 問題のクラスとよび，"Polynomial" の頭文字をとってクラス $\mathcal{P}$ と記す．

与えられた問題がクラス $\mathcal{P}$ に入っていることを証明するためには，多項式時間アルゴリズムを 1 つみつければよいので話はクリアである．しかし，多項式時間アルゴリズムを<u>もたない</u>ことを証明することは容易なことではない．不可能性の証明は一般に難しいのだ．例えば，多くの問題に対する多項式時間アルゴリズムは，多くの有能な研究者たちの努力にもかかわらず，未だみつかっていない．しかし，このことは多項式時間アルゴリズムが存在しないことを示すものではない．もしかしたら問題にチャレンジしてきた研究者たちが皆無能なため，効率的なアルゴリズムをみつけ損なっているかもしれないのだ．

この問題を解決するために，答えが yes か no のいずれかである問題を導入する．このような問題を**決定問題** (decision problem) とよぶ．ここで導入するクラス $\mathcal{NP}$ は，決定問題に対して「yes であるための「証拠」(proof) が，入力サイズの多項式の大きさでおさえられる問題のクラス」と定義される．

ここで $\mathcal{NP}$ とは "Nondeterministic Polynomial" の頭文字をとったものであり，非決定性の計算機（くだけて言えば山勘が必ず当たる計算機）で多項式時間で解ける問題のクラスを意味する．別の見方をすれば，クラス $\mathcal{NP}$ とは，列挙木の高さが入力サイズの多項式でおさえられる問題のクラスであると言える．

計算量の理論の研究者たちは，ある決定問題が効率的に解けるなら，クラス $\mathcal{NP}$ に含まれるすべての問題が効率的に解けてしまうことを証明した．これは，その決定問題に対する効率的なアルゴリズムが（おそらく）存在しないことを強く示唆するものである．もし，その決定問題に多項式時間アルゴリズムが存在すれば，$\mathcal{NP}$ 内のすべての問題に多項式時間アルゴリズムが存在することになって，$\mathcal{P} = \mathcal{NP}$ となってしまうからだ．非決定性の計算機は普通の計算機よりも強力なので，$\mathcal{P} \subseteq \mathcal{NP}$ はあきらかだが，$\mathcal{P} \neq \mathcal{NP}$ であるか否かはいまだわかっていない．（これは，計算量の理論の重要な未解決問題であり，この問題を最初に解決した人にはクレイ数学研究所から 100 万ドル

の賞金が贈られる．）しかし，多くの研究者たちは $\mathcal{P} \neq \mathcal{NP}$ であることを信じている．

上の意味で，そのような決定問題はクラス $\mathcal{NP}$ の中で最も難しいクラスに属する問題と考えられる．このような問題のクラスを **$\mathcal{NP}$-完全**（$\mathcal{NP}$-complete）とよぶ．また，決定問題でない問題は，その問題が少なくとも $\mathcal{NP}$-完全問題より難しいとき，**$\mathcal{NP}$-困難**（$\mathcal{NP}$-hard）とよばれる．例えば，巡回セールスマン問題，最大安定集合問題，ナップサック問題はすべて $\mathcal{NP}$-困難である．

C.2 基本データ構造と計算オーダー

実際問題を解決する際には，オブジェクトの集まりに対して様々な操作を行う必要がある状況が多く現れる．オブジェクトの集まりを**コレクション**（collection）とよび，これをどのようなデータ構造で保持するかによって，プログラム全体の効率が定まる．どれを用いれば効率がよいかは，直面している問題において，オブジェクトに対してどのような操作をどの位の頻度で行うかに依存する．以下では，データ構造の選択の指針について述べる．

Python の組み込みのコレクション型としては，リスト，辞書，集合がある．以下，順に説明していこう．

C.2.1 リスト

組込みのリストは，オブジェクトへの参照を順番に保管した配列として実装されている．同じ型のオブジェクトを保管する場合には，NumPy の配列型を用いた方が高速である．

リストには，組込み型の list の他にも，Anaconda の追加モジュールである blist に含まれる blist と sortedlist がある．blist は list とほぼ同じ操作をデータ構造を変更することによってオーダーを改善したものである．sortedlist はリストの要素を常に非減少順に並べて保持するデータ構造であり，list や blist と較べて多少オーバーヘッドがかかる．

表 C-3 に，これらの 3 種類のリストに対する基本操作の計算オーダーを示す．この表から，組み込みのリスト型は，$O(1)$ でできる操作が驚くほど少ないことが分かる．リストはオブジェクトへの番号（添え字）によるアクセスと末尾への追加・削除の他は，すべて $O(n)$ を要する．したがって，リストを用いる際には，オブジェクトの末尾への追加やスキャン，ならびに添え字によるアクセスに限定される場合にのみ使うべきである．なお，組み込みタプルはリストと同じ計算オーダーをもつ．

末尾だけでなく，リストの先頭への追加や削除を行いたい場合には，両方向リストを実装した dequeue（A.8.4 節）を用いるとよい．ただし，dequeue は中央あたりの要素への添え字によるアクセスが遅くなる．blist は要素数 n が大きいときには組み込みリストより優れた性能をもつ．リストに対して $O(1)$ でできない操作を頻繁に行いたい場合には，これを採用するのがよいだろう．sortedlist は，オーバーヘッド（オーダーの定数部分）が大きいので，最小・最大値を頻繁に利用する場合に限定して用いるべきである．また，単に最小値（もしくは最大値）の要素にアクセスするだけなら，組み込みのヒープ heapq（A.8.6 節）を用いればよい．

注意:
特に，リスト L に対する集合の元判定 x in L を，別の反復の中で用いると膨大な時間を要するので注意が必要である．これは，反復に入る前にリストを集合に変換しておくことによって容易に回避で

C.2 基本データ構造と計算オーダー 479

表 C-3 長さ n のリスト (list, blist, sortedlist) L に対する操作と平均的計算オーダー

操作	例	オーダー		
		list	blist	sortedlist
添え字によるアクセス	L[i]	$O(1)$	$O(\log n)$[1]	$O(\log n)$[1]
添え字による保管	L[i]=x	$O(1)$	$O(1)$	$O(\log n)$[1]
末尾への追加	L.append(1)	$O(1)$	$O(1)$	—
末尾からの取り出し	L.pop()	$O(1)$	$O(1)$	—
スライス	L[i:j]	$O(j-i)$	$O(\log n)$	$O(\log n)$
挿入	L[i:j]=x, L.insert(i,x)	$O(n)$	$O(\log n)$	—
追加	L.add(x)	—	—	$O(\log^2 n)$
先頭からの取り出し	L.pop(0)	$O(n)$	$O(\log n)$	$O(\log n)$
添え字による削除	del L[i]	$O(n)$	$O(\log n)$	$O(\log n)$
要素の削除	L.remove(x)	$O(n)$	$O(n)$	$O(\log^2 n)$
拡張	extend(L2)	$O(|L2|)$	$O(\log n + \log |L2|)$	—
集合の元判定	x in L	$O(n)$	$O(n)$	$O(\log^2 n)$
コピー	L.copy(), L[:]	$O(n)$	$O(1)$	$O(1)$[2]
最大・最小	min(L), max(L)	$O(n)$	$O(n)$	$O(\log n)$[3]
逆順	L.reverse()	$O(n)$	$O(n)$	$O(\log n)$[4]
ソート	L.sort()	$O(n \log n)$	$O(n \log n)$	$O(1)$
定数乗算	k*L	$O(kn)$	$O(\log k)$	$O(n \log(k+n))$
同一判定	L1==L2	$O(n)$	$O(n)$	$O(n)$

表 C-4 要素数 n の辞書 (dict, orderddict) D に対する操作と平均的計算オーダー

操作	例	オーダー	
		dict	sorteddict
キーによるアクセス	D[k]	$O(1)$	$O(1)$
キーによる保管	D[k]=v	$O(1)$	$O(\log^2 n)$
取り出し	D.pop()	$O(1)$	$O(\log n)$
キーによる削除	del D[k]	$O(1)$	$O(\log n)$
キーの元判定	k in D	$O(1)$	$O(1)$
コピー	D.copy()	$O(n)$	$O(n)$
同一判定	D1==D2	$O(n)$	$O(n)$

きる.

C.2.2 辞書

辞書はマップ型であり,キーを値に写像するデータ構造である.実装はハッシュを用いて行われている.

blist モジュールには,キーを非減少順に保持した sorteddict がある.sorteddict は組込みの OrderdDict (A.8.4 節) とは異なることに注意されたい.

表 C-4 に辞書に対する基本操作の計算オーダーを示す.表中で $O(1)$ となっている箇所は,キー

---
[1] リストの更新が頻繁でない場合には $O(1)$.
[2] sortedlist の場合には,L[:] を使う.(copy は実装されていない.)
[3] sortedlist の場合には,最小値は L[0],最大値は L[-1].
[4] sortedlist の場合には,reversed(L) で逆順のイテレータを得る.すべての要素に対する反復は $O(n)$.

が一様ランダムに分布しているときの平均のオーダーであり，最悪の計算量やならし計算量は $O(n)$ となる．リストと比較すると（平均的に）$O(1)$ 時間でできる操作が豊富である．

注意:
辞書はマップ型なので反復したときの要素の順序は一定ではない．元の（辞書を生成した際の）順序を保持したい場合には，順序付き辞書 OrderedDict を用いる．

C.2.3　集合

集合は辞書と同じように実装されているが，キーのみで値をもたない．blist モジュールには，sortedset というデータ構造が含まれている．表 C-5 に集合に対する基本操作の計算オーダーを示す．

表 C-5　要素数 n の集合 (set, orderdset)S に対する操作と平均的計算オーダー

操作	例	オーダー	
		set	sortedset
追加	S.add(x)	$O(1)$	$O(\log^2 n)$
取出し	S.pop()	$O(1)$	$O(\log n)$
同一判定	S==T	$O(\min(n, |T|))$	$O(|T| + \log^2(|T| + n))$
要素の削除	S.remove(x)	$O(1)$	$O(\log^2 n)$
集合の元判定	x in S	$O(1)$	$O(\log^2 n)$
部分集合判定	S.issubset(T), S <= T	$O(n)$	$O(n)$
上位集合判定	S.issuperset(T), S >= T	$O(|T|)$	$O(|T| + \log^2 n)$
和集合	S.union(T), S | T	$O(n + |T|)$	$O(|T| + \log^2 n)$
共通部分	S.intersection(T), S & T	$O(\min(|S|, |T|))$	$O(|T| + \log^2 n)$
差集合	S.difference(T), S - T	$O(n)$	$O(|T| + \log^2(n + |T|))$
コピー	S.copy()	$O(n)$	$O(1)$

関連図書

[1] Richard S. Sutton and Andrew G. Barto. *Reinforcement Learning: An Introduction*. MIT Press, Cambridge, MA, Cambridge, MA, USA, 1st edition, 1998.
[2] 久保 幹雄, ジョア・ペドロ・ペドロソ. 『メタヒューリスティックスの数理』. 共立出版, 2009.
[3] 久保 幹雄, ジョア・ペドロ・ペドロソ, 村松 正和, アブドル・レイス. 『あたらしい数理最適化 -Python 言語と Gurobi で解く-』. 近代科学社, 2012.
[4] 久保幹雄（監訳）. 『**Python** 言語によるプログラミングイントロダクション：世界標準 MIT 教科書』. 近代科学社, 2014.
[5] 小杉のぶ子, 久保幹雄. 『はじめての確率論』. 近代科学社, 2011.

索　引

記号・数字・英字

**	434
*	434
0-1 整数最適化問題 0-1 integer linear optimization problem	234
0-1 ナップサック問題 0-1 knapsack problem	390
0 次補間 zero-degree interpolation	127
12 面体グラフ dodecahedral graph	284
20 面体グラフ icosahedral graph	284
2 項分布 binomial distribution	121
2 次外挿 quadratic extrapolation	95
2 次最適化 quadratic optimization	225
2 次錐最適化 second-order cone optimization	225
2 次錐最適化問題 second-order cone optimization problem	233
2 次制約最適化 quadratic constrained optimization	225
2 次割当問題 quadratic assignment problem	320
2 部グラフ bipartite graph	286, 316
2 レベル最適化 bilevel optimization	229
2 連結 biconnected	298
2 連結成分 biconnected component	298
4 面体グラフ tetrahedral graph	285
8 面体グラフ octahedral graph	284

a, A

absolute	57
activate	17
activities	348
add	57, 434
addActivity	345, 348
addBreak	350
addCapacity	351
addConstr	251, 252
addConstriant	324
add_edge	286
add_edges_from	287
addModes	348
add_node	286
add_nodes_from	286
addParallel	350, 369
addResource	346, 349, 351
addState	347, 353
add_subplot	77
addTemporal	347, 352
addTerms	327, 329, 351
vaddValue	353
addVar	250
addVariable	323
addVariables	323
add_weighted_edges_from	287
adjacency_matrix	295
alen	60, 64
all	65
allclose	65
Alldiff	322, 330
all_simple_paths	306
Anaconda	9, 415
anaconda	18
ancestors	300
and	434
any	65
append	60, 63, 431
append	160
appendleft	451
apply	167
arange	36, 37
arccos	57
arccosh	57
arcsin	57
arcsinh	57
arctan	57
arctan2	57
arctanh	57
argsort	60, 61
array	32, 36, 421
array_equal	65
articulation_points	298
assign	160
astar_path	307
astype	167
autoselect	372
axis	75

b, B

`balanced_tree`	282
`bar`	74
`basinhopping`	94
Bayes の定理 Bayes' theorem	465
Beale 関数 Beale function	97
`bellman_ford`	307
Bellman-Ford 法 Bellman-Ford method	306
Bellman 方程式 Bellman equation	305, 399
`beta`	118
`bfs_edges`	316
`bfs_predecessors`	316
`bfs_successors`	316
`bfs_tree`	316
`biconnected_components`	298
`binom`	121
Binomial	201
`bipartite.gnmk_random_graph`	286
`bipartite.random_graph`	286
`bisect`	96
`blaze`	183
`bokeh`	84
`bool`	428
Bool インデックス配列 Boolean index array, mask index array	48
Bool 配列 Boolean array	48
`boxplot`	74
`break`	368, 437
`breakable`	351
`brenth`	95
`brentq`	95
Brent 法 Brent method	89
`bridder`	96
Broyden-Fletcher-Goldfarb-Shanno(BFGS) 法 Broyden-Fletcher-Goldfarb-Shanno(BFGS) method	91, 232
`brute`	94

c, C

`capacity`	352
`capacity_scaling`	311
`cartesian_product`	292
`cauchy`	115
Cauchy 分布 Cauchy distribution	115
`cdf`	111
cell magics	22
Chart	419
Chebyshev 距離 Chebyshev distance	108
`chi2`	119
`chisquare`	119
`choice`	449
Cholesky 分解 Cholesky factorization	142
`chvatal_graph`	284
`circular_layout`	290
`class`	444
`clear`	287
`close`	413
COBYLA Constrained Optimization BY Linear Approximation	91
`collections`	451
`combinations`	451
`combinations_with_replacement`	451
`complement`	291
`complete_graph`	283
`complex`	428
`compose`	291
`conda`	15
`condat`	160
`condensation`	298
`conj`	57
`connected_components`	298
`connected_component_subgraphs`	298
Constraint	322
`continue`	437
ConvexHull	101
`convex_hull_plot_2d`	102
`coo_matrix`	146
`copy`	60, 64
`corr`	169
`corrcoef`	199
`cos`	57
`cosh`	57
`count`	162, 429, 431
CPM critical path method	365
`cross_val_score`	213
`csc_matrix`	146
`csr_matrix`	146
`cubical_graph`	284
`curve_fit`	94
cut	173
`cycle`	451
`cycle_graph`	282

d, D

`dask`	186
DataFrame	421
`dblquad`	131
`deactivate`	17
`decode`	430

def	439
deg2rad	57
degree	288
del	431, 432
Delaunay 3角形分割 Delaunay triangulation	103
delaunay_plot_2d	104
delay	347, 352
delete	60, 62
deque	451
descendants	300
describe	169
devide	57
dfs_edges	315
dfs_postorder_nodes	316
dfs_predecessors	316
dfs_preorder_nodes	316
dfs_successors	316
dfs_tree	316
diag	36, 40
difference	292, 434
DiGraph	282
dijkstra_path	307
Dijkstra法 Dijkstra method	306
direction	327, 346, 352
displot	78
distance	107
Docker	9
Docker Client	10
Docker Compose	10
Docker Kitematic	10
Docker Machine	10
Docker Toolbox	10
dodecahedral_graph	284
dot	57
draw	289
drop_duplicates	166
dropna	164
dtype	167
dtypes	167
duedate	348
duration	351

e, E

edges	287
edges_iter	287
%edit	24
elif	436
else	436
empty	36, 37
encode	430
encoding	152
endwith	429
erlang	116
Erlang 分布 Erlang distribution	116
Euclid 距離 Euclidean distance	107
eulerian_circuit	300
Euler 閉路 Euler circuit	300
Excel	411
Excel マクロ有効ブック xlsm	414
exp	57
exp2	57
expect	114
expm1	57
expen	115
extend	431
extendleft	451
extract	171
eye	36, 39

f, F

FacetGrid	80
False	428
fast_gnp_random_graph	285
Fibonacci 数 Fibonacci number	387, 453
fill_between	75
fillna	164
find	429
find_cliques	296
fit	122, 188, 207, 210, 216
fit_transform	219
fixed_point	96
flatten	60, 61
float	428
floor_divide	57
floyd_warshall	307
fmod	57
f_oneway	119
for	436
formula 属性 formula attribute	417
friedmanchisquare	119
Frobenius ノルム Frobenius norm	136
frozenset	433
full	36
full_like	36
functools	452
F 分布 F distribution	119

g, G

gamma	117

Gantt チャート Gantt chart	347	imshow	76
Gauss カーネル Gaussian kernel	462	in	434
Gauss カーネル関数 Gaussian kernel function	462	incidence_matrix	295
geom	121	in_degree	289
get	432	index	431
getVars	252	IndexError	439
GLM	187	inner	57, 58
gnm_random_graph	285	insert	60, 63, 431
gnp_random_graph	285	int	428
Graph	281	integrate	130
graph_clique_number	297	interp1d	128
graphviz	18	interp2d	128
GRB.CONTINUOS	250	interpolate	125
GRB.INFINITY	250	intersection	292, 434
GRB.LESS_EQUAL	252	inverse_transform	219
GRB.MAXIMIZE	252	ipdb	25
GRB.MINIMIZE	252	IPython	19
grid_2d_graph	283	ipython	19
GridSearchCV	214	IPython interact	29
gridspec	76	ipython nbconvert	30
groupby	163, 173	IPython Notebook	19, 26
		ipython notebook	26
		IPython シェル IPython shell	19
		is	434

h, H

Hamilton 閉路 Hamiltonian circuit	285	is_biconnected	298
has_path	307	is_connected	297
head	155	isdigit	429
heapq	453	is_eulerian	300
Hermit 行列 Hermitian matrix	139	isinstance	442
Hesse 行列 Hessian	231	is_isomorphic	315
Hessian	91	isnull	163
hist	73	is_strongly_connected	298
history	21	issubset	434
hits	314	issuperset	434
hits_numpy	314	items	432
hits_scipy	314	itertools	451
HITS 探索 Hyperlink-Induced Topic Search	313	ix	155
hlines	72	ix_	57, 59
horizontal 属性 horizontal attribute	418		
hstack	60, 63	**j, J**	
hypercube_graph	283		
hypergeom	122	Jacobian	91
hypot	57	Jacobi 行列 Jacobian	231
		join	161

i, I

		join	429
		jointplot	79
icosahedral_graph	284	json	450
identity	36, 39	Jupyter	26, 68
if	435		
iloc	155		
import	448		

k, K

K-d 木 K-dimensional tree	99
keys	432
KKT 帰着法 KKT reduction method	239
KKT 条件 Karush-Kuhn-Tucker condition	232, 238
KMeans	216
kron	57, 59
Kronecker 積 Kronecker product	59
k-平均++法 k-means++ method	216
k-平均法 k-means method	214, 468

l, L

label	70
lagrange	127
Lagrange 多項式 Lagrange polynomial	127
Laplace 行列 Laplacian matrix	295
laplacian_matrix	295
LaTeX	72
lb	250
legendm	70
len	430, 442
lexicographic_product	293
lhs	252
lil_matrix	146
linalg.cholesky	142
linalg.diagsvd	140
linalg.eig	138
linalg.eigvals	138
linalg.inv	133
linalg.lstsq	143
linalg.lu_factor	140
linalg.lu_solve	140, 142
linalg.norm	136
linalg.qr	143
linalg.solve	133
linalg.svd	140
line magics	22
Linear	322, 327
linearSVC	207
linestyle	69
LinExpr	251
linregress	124
linspace	36, 37, 68
list	442
load_dataset	79, 168
load_digits	219
load_iris	210, 215
loc	109
log	57
log10	57
log1p	57
log2	57
logaddexp	57
logaddexp2	57
logistic	117
lognorm	116
logspace	36, 38
lower	429
LP フォーマット LP format	259
lru_cache	452
LU 分解, LU factorization	140

m, M

%magic	22
make_classification	206
Makespan	353
Manhattan 距離 Manhattan distance	108
Markdown	27
marker	69
Markov 決定問題 Markov decision problem	397
Markov 性 Markov property	397
mask	159
MATLAB	67
matplotlib	67
%matplotlib	68
matplotlib	28
%matplotlib inline	29
max	442
max_flow_min_cost	312
maximal_matching	303
maximum_flow	310
max_weight_matching	303
melt	170
merge	161
meshgrid	77
mgrid	36, 39
min	442
min_cut	310
minimize	91
minimize_scalar	89
minimum_edge_cut	299
minimum_node_cut	299
minimum_spanning_edges	304
minimum_spanning_tree	304
Minkowski 距離 Minkowski distance	108
mod	57
Mode	349
Model	250, 322, 345
modes	348

Moore-Penrose の擬似逆行列 Moore-Penrose
   paeudo-inverse matrix 144
MPS フォーマット Mathematical Programming
   System (MPS) format 260
multidict 257
MultiDiGraph 282
MultiGraph 282
multiply 57
multivariate_norm 120
myopenopt 245
mypulp 245

n, N

name 250
namedtuple 451
nbinom 121
ndarray 31
ndarray.dtype 33
ndarray.imag 33
ndarray.itemsize 33
ndarray.nbytes 33
ndarray.ndim 33
ndarray.real 33
ndarray.shape 33
ndarray.size 33
ndarray.T 33
negative 57
neighbors 287
Nelder-Mead 法 Nelder-Mead method 91
network_simplex 311
NetworkX 279
networkx 281
newaxis 46
newton 96
Newton 共約勾配法 Newton conjugate gradient
   method 91
Newton 法 Newton method 231
node 287
nodes 287
None 428
nonzero 65
norm 116
not in 434
$\mathcal{NP}$-完全 $\mathcal{NP}$-complete 478
$\mathcal{NP}$-困難 $\mathcal{NP}$-hard 478
NumPy 31, 421

o, O

ObjVal 252
octahedral_graph 284
odo 185
OLS 187
complete_bipartite_graph 283
ones 36
ones_like 36
open 443
optimize 89, 252, 324, 347
OptimizeResult 89
OptSeq 14, 343
or 434
OrderedDict 452
out_degree 289
outer 57, 59
OutputFlag 325, 353

p, P

pagerank 313
pagerank_numpy 313
pagerank_scipy 314
pandas PANel DAta System 151, 421
parallel 351
Params 348
Pareto 最適解 Pareto optimal solution 235
pass 445
path_graph 282
PCA 219
pdb 25
pdf 111
pearsonr 123
permutations 451
PERT Program Evaluation and Review
   Technique 354
petersen_graph 285
Peterson グラフ Peterson graph 285
pickle 152, 450
pie 75
pip 18
pipe 167
pivot 170
plot 68
plot_surface 77
pmf 111
poisson 121
Poisson 回帰 Poisson regression 197
Poisson 分布 Poisson distribution 121, 403
pop 431, 434
popleft 451
Powell 関数 Powell function 97
power 57

ppf	113
pred	347, 352
predecessor	307
predecessors	288
predict	189, 212
probplot	124
Python	427
p 値 p-value	123

q, Q

qcut	173
QR 分解 QR decomposition	142
quad	130
Quadratic	322
query	99, 158
query_ball_point	100
query_ball_tree	100
query_pairs	100
quicksum	258

r, R

rad2deg	57
randint	449
random	449
random.beta	42
random.binomial	42
random.choice	42
random.multivariate_normal	42
random.normal	42
random.permutation	42
random.poisson	42
random.randint	42
random.randn	42
random.seed	42
random.standard_normal	42
random.uniform	42
random_geometric_graph	285
random_layout	291
random_regular_graph	285
RandomSeed	325, 353
Range	412
range	437
ravel	47, 60, 61
RBF カーネル RBF kernel, radial basis function kernel	206
rcParams	71
read_csv	153
read_excel	153
read_pickle	153

reciprocal	57
regplot	80
remainder	57
remove	431, 434
remove_edge	287
remove_node	287
replace	429
requirement	351
%reset	24
%reset_selective	24
resetindex	170
reshape	45
resources	348
return	440
reverse	291, 431
rfind	429
rhs	252, 327, 346, 352
rint	57
root	96
Rosenbrock 関数 Rosenbrock function	92, 273
rotate	451
rstrip	429
%run	24
%run -d	25
rvs	111
r-分木 r-ary tree	282

s, S

sample	172
%save	23
save	413
savefig	77, 290
scale	109, 347
scatter	192
scatter3D	77
scikit-learn	203
SCOP Solver for COnstraint Programing	14, 319
sf	113
seaborn	78
seed	449
sense	252
Series	421
set	433
setDirection	351
setObjective	252
setRhs	351
set_style	78
shape	162
Sheet	423
shell_layout	291

ShiftJIS	152	%timeit	22
shortest_path	306	TimeLimit	325, 353
shuffle	449	title	70
sign	57	to_csv	153
sin	57	to_datetime	167
single_source_dijkstra_path	307	to_excel	153
single_source_shortest_path	307	to_frame	167
sinh	57	tolist	163
sort	60, 431	to_numeric	167
sorted	442	to_picklel	153
sort_index	165	topological_sort	300
sort_values	165	trace	57, 58
SPAM	190	transpose	57
sparse_distance_matrix	100	tri	36, 40
spearmanr	124	tril	57, 59
spectral_layout	291	triu	57, 59
split	429	True	428
spring_layout	291	true_devide	57
sqrt	57	truncated_cube_graph	285
square	57	truncated_tetrahedron_graph	285
star_graph	283	ttest_1samp	119
statsmodels	187	ttest_ind	119
strongly_connected_components	298	ttest_rel	119
strongly_connected_component_subgraphs	298	tutte_graph	285
strong_product	293	Tutte グラフ Tutte graph	285
subplot	69, 76	type	442
subtract	57	TypeError	439
succ	347, 352	t 分布 t distribution	118
successors	288		
sum	442	**u, U**	
summary2	188		
SVM Support Vector Machine	461	ub	250
svm.SVC	207	uniform	115
svm.SVR	210	union	291, 434
symmetric_difference	292	unique	65, 164
		update	251
t, T		upper	429
		UTF8	152
table 属性 table attribute	413, 418		
tan	57	**v, V**	
tanh	57		
Target	325	value	353
temporals	348	value_counts	165
tempType	347, 352	values	432
tensor_product	293	value 属性 value attribute	413, 416
terms	352	vander	36, 41, 135
tetrahedral_graph	285	Vandermonde 行列 Vandermonde matrix	41, 135
tile	60, 63	Variable	322
%%time	23	variables	352
%time	22	VarName	252
%%timeit	23	VBA Visual Basic for Applications	411

VBA エディタ	414
vdot	57, 58
vertical 属性 vertical attribute	418
violinplot	81
VirtualBox	10
vlines	72
voronoi_plot_2d	106
Voronoi 図 Voronoi diagram	105
vstack	60, 63
vtype	250

w, W

Warshall-Floyd 法 Warshall-Floyd method	307
Weber 問題 Weber problem	88
weibull_min	117
Weibull 分布 Weibull distribution	117
weight	366
weight	348
where	159
while	437
%who	24
%who_ls	24
with	443
Workbook	411, 423
Workbook.caller	414
write	347
writeExcel	347

x, X

xlabel	70
xlim	70
xlwings	411
xlwings.bas	414
xscale	72
xticks	70

y, Y

ylabel	70
ylim	70
yscale	72

z, Z

ZeroDivisionError	439
zeros	36
zeros_like	36
zip	442

ア行

赤池情報量規準 Akaike's Information Criterion	196
アクセサ accessor	176
値 value	326, 432
値変数 value variable	322, 327
頭 head	281
安定集合 stable set	281, 392
位置 location	109
一様分布 uniform distribution	115
一般化線形モデル Generalized Linear Model	187
一般化半無限最適化 generalized semi-infinite optimization problem	238
イテレータ iterator	450
色 color	69
インスタンス instance	445
インスタンス変数 instance variable	447
陰性 negative	471
インデックス index	43, 151, 430
インデックス記法 indexing	418
インデックス配列 index array	47
インライン表示 inline	68
打ち切り Newton 共約勾配法 truncated Newton conjugate gradient method	91
栄養問題 diet problem	261
枝 edge, arc, link	280
枝境界 edge boundary	318
枝集合 edge set, arc set	280
円グラフ pie chart	74
尾 tail	281
凹関数 concave function	226
黄金分割法 golden section method	89
オブジェクト指向 object oriented	5
重み weight	366
重み付き制約充足問題 weighted constraint satisfaction problem	242, 320
オンライン最適化 online optimization	227

カ行

カーネル kernel	462
カーネル関数 kernel function	206
カーネル密度推定 kernel density estimate	78
解 solution	223, 249, 320
χ^2 分布 χ^2 distribution	119
回帰 regression	187, 455
開始時刻 start time	347
外積 outer product	58
補外 extrapolation	125
確定最適化 deterministic optimization	227
確率関数 probability mass function	111

索引

確率最適化 stochastic optimization	227
確率最適化問題 stochastic optimization problem	236
確率制約 chance constraint	237
確率プロット probability plot	124
過剰適合 overfitting	194, 460
仮説関数 hypothesis function	456
仮想環境 virtual environment	16
カット cut	309
活動 activity	343
可変 mutable	430
環境変数 environment variable	14
関数 function	439
間接点 articulation point	298
完全2部グラフ complete bipartite graph	283
完全グラフ complete graph	283
ガンマ分布 gamma distribution	117
完了時刻 completion time	347
緩和問題 relaxation problem	254
キー key	432
期 period	346
木 tree	303
偽陰性 false negative	471
記憶制限付きBFGS法 limited memory BFGS method	91
記憶制限付きBFGS法 limited memory BFGS method	232
機械学習 machine learning	203, 455
幾何分布 geometric distribution	121
期待値 expectation	111, 112
擬多項式時間 pseudo-polynomial time	390
逆行列 inverse matrix	133
逆伝播 backpropagation	465
教師あり学習 supervised learning	203, 455
教師なし学習 unsupervised learning	214, 455
偽陽性 false positive	471
強積 strong product	293
協調フィルタリング推奨 collaborative filtering recommendation	472
共通部分 intersection	433
共役勾配法 conjugate gradient method	91
共役勾配法 conjugate gradient method	232
共役方向法 conjugate direction method	91
行列 matrix	33
行列式 determinant	134
強連結グラフ strongly connected graph	297
強連結成分 strongly connected component	298
局所的最適解 locally optimal solution	224
極大クリーク maximal clique	296
極大マッチング maximal matching	302
虚数単位 imaginary unit	132
許容 admissible	384
均衡制約付き数理最適化 mathematical optimization with equilibrium constraints	229, 239
近接中心性 closeness centrality	317
近傍 neighborhood	224
区間 interval	346
組合せ最適化 combinatorial optimization	225
組合せ最適化問題 combinatorial optimization problem	241
クラス class	444
クラスタ cluster	214
クラスタリング clustering	214, 455
クラス変数 class variable	447
グラフ graph	280
グラフ探索 graph search	315
グラフ同型 graph isomorphism	314
クリティカルパス法 critical path method: CPM	365
クリーク clique	296
グリッドサーチ grid search	212, 213
経済発注量問題 economic lot sizing problem	277
計算幾何学 cmputational geometry	98
形状 shape	110
継承 inheritance	447
形状最適化 shape optimization	228
決定木 decision tree	467
決定境界 decision boundary	459
権威値 authorities	313
子 child	282
交差検証 cross validation	212, 464
格子グラフ grid graph, lattice graph, mesh graph	283
後順 postorder	316
後続作業 successor	347
後続点 successor	281
後退動的最適化アルゴリズム backward dynamic optimization algorithm	386
効用 utility	398
考慮制約 soft constraint	320
固定化 freezing	110
子点 child node	99
固有値 eigenvalues	137
固有値中心性 eigenvector centrality	317
固有ベクトル eigenvectors	137
コレクション collection	478
混合整数最適化 mixed integer optimization	225
混合整数最適化問題 mixed integer linear optimization problem	234
コンストラクタ constructor	446
コンテナ container	10
コンテンツベース推奨 contents based recommendation	472

サ行

再帰 recursion	441
最急降下法 steepest descent method	231
最近点補間 nearest-neighbor interpolation	127
最小カット問題 minimum cut problem	310
最小木問題 minimum spanning tree problem	304
最小費用流問題 minimum cost flow problem	311
再生可能資源 renewable resource	366
再生不能資源 nonrenewable resource	366
最大安定集合問題 maximum stable set problem	281
最大重み安定集合問題 maximum weight stable set problem	392
最大クリーク maximum clique	296
最大マッチング maximum matching	302
最大流問題 maximum flow problem	309
最短路 shortest path	305
最短路問題 shortest path problem	305
再定式化法 reformulation method	240
最適解 optimal solution	223, 249
最適化問題 optimization problem	223
最適制御 optimal control	228
最適性の原理 principle of optimality	384
最適値 optimal value	223, 249
最適パス shortest path	305
最適フロー optimum flow	311
最適目的関数値 optimal objective function value	249
最尤推定値 maximum likelihood estimation	122
作業 activity	343, 348
差集合 difference	433
サブクラス subclass	447
サポートベクト回帰 support vector regression	208
サポートベクトルマシン support vector machine: SVM	203, 461
残差平方和 Sum of Squared Errors	194
散布図 scatter plot	73
シート sheet	412
ジェネレータ generator	436, 441
ジェネレータ内包表記 generator comprehension	258, 442
時間ずれ delay	347
時間制約 time constraint	344
色調 hue	80
時空間ネットワーク time-space network	293
シグモイドカーネル sigmoid kernel	206
シグモイド関数 sigmoid function ⇒ ロジスティック関数	458
軸ラベル axis label	70
資源 resource	343
次元削減 dimension reduction	217, 455, 468
資源制約付きスケジューリング問題 resource constrained scheduling problem	343
自己整合障壁関数 self-concordant barrier function	233
辞書 dictionary	432
辞書的積 lexicographic product	293
辞書内包表記 dictionary comprehension	443
次数 degree	280, 288
次数相関係数 assortativity	317
次数中心性 degree centrality	317
指数分布 exponential distribution	115
子孫 decendant	300
実行可能解 feasible solution	223, 249
実行可能性判定問題 feasibility problem	227
実行可能フロー feasible flow	311
実行可能領域 vfeasible region	229
実行不可能 infeasible	223, 261
始点 head	305
シナリオ scenario	237
4分位 quartile	74
尺度 scale	109
集合 set	433
集合内包表記 set comprehension	443
集合被覆問題 set covering problem	395
従属変数 dependent variable	456
終点 sink, target	305
自由度 degree of freedom	118, 119
主成分分析 principal component analysis	217, 468
出次数 out-degree	289
主問題 primal problem	253
順位相関係数 rank correlation coefficient	124
巡回セールスマン問題 traveling salesman problem	394
順序型 sequence type	428
準 Newton 法 quasi Newton method	91, 232
上界 upper bound	254
状態 state	344, 390
障壁関数 barrier function	229
障壁法 barrier method	229
ジョブショップ job shop	375
シリーズ Series	151
真陰性 true negative	471
真陽性 true positive	471
信頼領域 Newton 共約勾配法 trust-region Newton conjugate gradient method	91
信頼領域法 trust-region method	232
錐線形最適化問題 cone linear optimization problem	233
スーパークラス superclass	447
数理最適化 mathematical optimization	225
スカラー化 scalarization	235
スケジューリング問題 scheduling problem 資源制約付き— resource constrained—	343
ステップワイズ法 stepwise procedure	200

索 引

スプライン補間	spline interpolation	127
スライス	slice	44
スライス表記	slicing	429
正規化	regularization	460
正規化パラメータ	regularization parameter	460
正規直交基底,	orthonormal basis	145
正規分布	normal distribution	116
整数最適化	integer optimization	225
整数線形最適化	integer linear optimization	225
整数ナップサック問題	integer knapsack problem	388
正則	regular	284, 285
正則行列	regular matrix	133
生存関数	survival function	113
制約	constraint	320
制約最適化	constraint optimization	319
制約式	constraints	249
制約充足問題	constraint satisfaction problem	241, 319, 320
制約付き最適化	constrained optimization	228
制約付き非線形最適化問題	constrained nonlinear optimization problem	232
積率相関係数	product-moment correlation coefficient	123
接続	incident	280
接続行列	incidence matrix	295
絶対制約	hard constraint	320
切頂4面体グラフ	truncated tetrahedral graph	285
切頂立方体グラフ	truncated cubical graph	285
セル (IPython Notebook)	cell	26
セル (Excel)	cell	411, 416
セルマジック	cell magics	22
全域木	spanning tree	303
線形	linear	249
線形カーネル	linear kernel	206
線形回帰	linear regression	124, 456
線形最適化	linear optimization	225, 249
線形最適化問題	linear optimization problem	249
線形表現	linear expression	251
線形方程式	linear equation	133
線形補間	linear interpolation	127
先行作業	predecessor	347
先行点	predecessor	281
潜在価格	shadow price	255
線種	line type	69
前進型動的最適化アルゴリズム	forward dynamic optimization algorithm	386
先祖	ancestor	300
尖度	kurtosis	111
相関	correlation	123
相関係数	correlation coefficient	123
双曲線外挿	hyperbolic extrapolation	95
双対価格	dual price	255
双対単体法	dual simplex method	230
双対変数	dual variable	255
双対問題	dual problem	253
相補性条件	complementarity slackness condition	233
相補制約付き数理最適化	mathematical optimization with complementarity constraints	229, 240
添え字	index	43, 430
疎行列	sparse matrix	146
即時決定変数	hear and now variable	237
属性	attribute	348, 349
ソフトマージン SVM	soft margin SVM	204
損失関数	loss function	114

タ行

第1種の過誤	type I error	471
第2種の過誤	type II error	471
大域的最適化	global optimization	241
大域的最適解	globally optimal solution	223
対数軸	logarithmic axis	72
対数正規分布	log-normal distribution	116
怠惰な更新	lazy update	251
タイトル	title	70
多項式カーネル	polynomial kernel	206
多項式回帰	polynomial regression	460
多項式最適化	polynomial optimization	225
多次元配列	ndarray	31
多重グラフ	multiple graph, multigraph	281
多制約 0-1 ナップサック問題	multi-constrained 0-1 knapsack problem	256
タプル	tuple	431
多変量正規分布	multivariate normal distribution	120
多面集合	polyhedron	229
多目的最適化	multi-objective optimization	227
多目的最適化問題	multi-objective optimization problem	234
単純 Bayes	naïve Bayes	465
単純パス	simple path	282
単純閉路	cycle	282
単純閉路グラフ	cycle graph	282
単体	simplex	101
単体法	simplex method	229
力ずく法	brute force method	94
逐次2次最適化帰着法	sequential quadratic optimization reduction method	239
逐次最小2乗法	Sequential Least SQuares Programming (SLSQP)	91
中心切除平面法	central cutting plane method	239
中断	break	350, 368
超幾何分布	hypergeometric distribution	122

超立方体グラフ hypercube graph	283
直積 Cartesian product	292
直線探索 line search	228
データフレーム DataFrame	151
デコレータ decorator	452
データサイエンス data science	i
点 node, vertex, point	280
点境界 node boundary	318
点集合 node set, vertex set	280
天井関数 ceiling function	390
テンソル積 tensor product	293
転置 transpose	57
同型 isomorphism	314
到達費用関数 cost-to-go function	385
動的 dynamic	383
動的型付け dynamic typing	4
動的最適化問題 dynamic optimization problem	
確定的— deterministic—	385
動的計画 dynamic optimization	305
動的最適化 dynamic optimization	383
動的最適化アルゴリズム dynamic optimization algorithm	385
動的最適化問題 dynamic optimization problem	384
動的システム dynamic system	383
特異値 singular value	139
特異値分解 singular value decomposition	139
特性 feature	455
特徴スケーリング feature scaling	470
特徴ベクトル feature vector	456
独立変数 independent variable	456
ドッカー docker	10
凸関数 convex function	226
ドッグレッグ信頼領域法 trust region dogleg method	91
凸最適化 convex optimization	226
凸集合 convex set	226
凸錐 convex cone	233
ドット積（内積）dot product, inner product	57
凸包 convex hull	101
トポロジカル・ソート topological sort	299
トレース trace	58
トレーニング集合 traning set	456
トレーニングデータ, training data	204

ナ行

内挿 interpolation	125
内点法 interior point method	229
内包表記 comprehension	443
ナップサック問題 knapsack problem	388
名前空間 name space	24
日本語フォント Japanese font	71

入次数 ind-egree	289
ニューラルネットワーク neural network	464
根 root	99, 282
ネットワーク最適化 network optimization	229
ネットワーク単体法 network simplex method	311
ネットワーク network	281
ノルム norm	136

ハ行

葉 leaf	99, 282
パーセント点関数 percent point function	113
ハードマージン SVM hard margin SVM	204
バイオリン図 violin plot	80
媒介中心性 betweenness centrality	317
パイソン Python	427
箱ひげ図 box plot	74
パス path	282
パス型グラフ path graph	282
バッテリー同梱 batteries included	6
幅優先探索 breadth first search	316
ハブ値 hubs	313
パラメータ parameter	353
半正定値 positive semidefinite	233
半正定値行列 positive semidefinite matrix, nonnegative definite matrix	231
半正定値最適化 semi-definite optimization	225
半正定値最適化問題 semidefinite optimization problem	233
半無限最適化 semi-infinite optimization	228
半無限最適化問題 semi-infinite optimization problem	239
半連続変数 semi-continuous variable	271
引数 argument	439
ヒストグラム histogram	73
非線形最適化 nonlinear optimization	225
非凸最適化 nonconvex optimization	226
ヒープ heap	453
微分可能最適化 differential optimization	228
微分不可能最適化 nondifferential optimization	228
非有界 unbounded	223, 262
標準正規分布	414
標準偏差 standard deviation	112
非劣解 nondominated solution	235
ファジィ最適化 fuzzy optimization	227
不確実性集合 uncertainty set	238
深さ優先探索 depth first search	315
複素数 complex number	132
負の 2 項分布 negative binomial distribution	121
部分グラフ subgraph	296
不変 immutable	430

フロー flow	309
ブロードキャスト broadcast	45, 48, 50
ブロードキャスト可能 broadcastable	51, 56
分散 variance	111
分枝限定法 branch-and-bound method	234
分布関数 cumulative distribution function	111
分類 classification	455
平均正規化 mean normalization	470
平均値 mean	111
並流最適化 concurrent optimization	230
並列実行 parallel execution	350
並列ショップ parallel shop	358, 359
閉路 circuit	282
ページランク PaneRank	313
ベータ分布 beta distribution	118
ベクトル vector	33
変数 variable	248, 320
連続— continuous —	250
変分問題 variational problem	228, 239
棒グラフ bar graph	73
方策 policy	384, 398
方策改善 policy improvement	400
方策反復 policy iteration	400
方策評価 policy evaluation	399
外挿 extrapolation	125
補完 completion	20
補間 interpolation	125
補グラフ complement	291
星型グラフ star graph	283

マ行

マーク mark	69
前順 preorder	316
マジック関数 magic function	22
マジックコマンド magic command	68
マッチング matching	302
右歪 Gumbel 分布 right-skewed Gumbel distribution	112
密度関数 probability density function	111
無記憶性 memoryless property	115
無限次元最適化 infinite-dimensional optimization	228
無向グラフ undirected graph	281
無制約最適化 unconstrained optimization	228
無制約非線形最適化問題 unconstrained nonlinear optimization problem	230
無名関数 anonymous function	441
メソッド method	430, 431, 433, 445
メタヒューリスティクス metaheuristics	319, 343
メモ化 memoization	387
モード mode	343, 349, 360
モード（コンストラクタ）Mode	349
目的関数 objective function	223, 234, 248
目的関数ベクトル objective function vector	234
モジュール module	448
文字列 string	428
モデル（コンストラクタ）Model	345
モーメント moment	112
問題 problem	475
問題例 instance	475

ヤ行

有限状態離散時間確定的— finite state deterministic—	385
有向枝 directed edge, arc, link	281
有向グラフ directed graph, digraph	281
有効フロンティア efficient frontier	235
優先キュー priority queue	453
ユニタリ行列 unitary matrix	143
ユニバーサル関数 universal function, ufunc	38
陽性 positive	471
容量スケーリング法 capacity scaling method	311

ラ行

ラインマジック line magics	22
ラッパー wrapper	245
リコース変数 recourse variable	237
離散化法 discretization method	239
離散最適化 discrete optimization	225
離散時間動的システム discrete time dynamic system	383
リスト list	417, 430
リスト内包表記 list comprehension	442
離接制約 disjunctive constraint	268
立方体グラフ cubical graph	284
領域 domain	241, 320, 326
履歴 history	21
リンク分析 link analysis	313
隣接 adjacent	280
隣接行列 adjacency matrix	295
例外 exception	439
劣勾配 subgradient	228, 240
劣勾配法 subgradient method	240
劣微分 subdifferential	240
連結 connected	297
連結グラフ connected graph	297
連結成分 connected component	298
連続最適化 continuous optimization	225
連続変数 continuous variable	250
ロジスティック分布 logistic distribution	117

ロジスティック回帰 logistic regression	190, 458
ロジスティック関数 logistic function	458
ロバスト最適化 robust optimization	227
ロバスト最適化問題 robust optimization problem	237

ワ行

ワークブック workbook	411
歪度 skewness	111
和グラフ union graph	291
和集合 union	433

著者紹介

久保 幹雄（くぼ みきお）
専門は，サプライ・チェインならびに組合せ最適化
早稲田大学理工学研究科修了，博士（工学）．早稲田大学助手，東京商船大学助教授，ポルト大学招聘教授などを歴任．現在東京海洋大学教授．代表的な著書として，『離散構造とアルゴリズム IV』近代科学社，『巡回セールスマン問題への招待』朝倉書店，『組合せ最適化とアルゴリズム』共立出版，『ロジスティクス工学』朝倉書店，『実務家のためのサプライ・チェイン最適化入門』朝倉書店，『ロジスティクスの数理』共立出版，『メタヒューリスティックスの数理』共立出版，『サプライ・チェイン最適化ハンドブック』朝倉書店，『サプライ・チェーン最適化の新潮流——統一モデルからリスク管理・人道支援まで』朝倉書店，『あたらしい数理最適化——Python 言語と Gurobi で解く』近代科学社などがある．

小林 和博（こばやし かずひろ）
専門は，数理工学，特に数理最適化
東京大学大学院工学系研究科修了
日本アイ・ビー・エム（株），東京工業大学大学院博士課程，（国研）海上技術安全研究所主任研究員を経て，現在，東京理科大学理工学部経営工学科講師，博士（理学）．

斉藤 努（さいとう つとむ）
専門は，組合せ最適化とシミュレーション
東京工業大学大学院理工学研究科修了
現在，（株）構造計画研究所にてオペレーションズ・リサーチを用いたプロジェクトに従事

並木 誠（なみき まこと）
専門は，数理最適化とその応用
東京工業大学総合理工学研究科修了，博士（理学）
東京大学教養学部助手，東邦大学講師，George Mason 大学訪問研究員
現在，東邦大学理学部情報科学科准教授

橋本 英樹（はしもと ひでき）
専門は，組合せ最適化，実用的なアルゴリズム
京都大学大学院情報学研究科修了，博士（情報学）
名古屋大学研究員，中央大学助教，名古屋大学助教を経て，現在，東京海洋大学准教授

Python言語による
ビジネスアナリティクス
実務家のための最適化・統計解析・機械学習

Ⓒ 2016 Mikio Kubo, Kazuhiro Kobayashi, Tsutomu Saito,
　　Makoto Namiki, Hideki Hashimoto　　Printed in Japan

2016 年 8 月 31 日　初版第 1 刷発行
2017 年 3 月 31 日　初版第 2 刷発行

著　者　久保幹雄
　　　　小林和博
　　　　斉藤　努
　　　　並木　誠
　　　　橋本英樹
発行者　小山　透
発行所　株式会社 近代科学社
　　　　〒162-0843　東京都新宿区市谷田町 2-7-15
　　　　電話　03-3260-6161
　　　　振替　00160-5-7625
　　　　http://www.kindaikagaku.co.jp

大日本法令印刷
ISBN978-4-7649-0516-0
定価はカバーに表示してあります．

近代科学社の本

世界標準 MIT 教科書

Python 言語による
プログラミングイントロダクション

著者：John V. Guttag
監訳：久保 幹雄
翻訳：麻生 敏正, 木村 泰紀, 小林 和博
　　　関口 良行, 並木 誠, 藤原 洋志
B5 判 / 328 頁 / 定価：本体 3,800 円＋税

最新にして最強！
人気講義の教科書、ついに翻訳版が完成

MIT（マサチューセッツ工科大学）で常にトップクラスの人気を誇る講義内容をまとめた、計算科学の教科書をついに翻訳。今、注目の Python 言語を通してプログラミングの手法一般を学ぶという、これまでの教科書にはない内容となっている。また、読者が身近な興味深い問題をどのようにプログラミングして解決してゆくのか、自分で考えさせるという構成となっている。

・プログラミングの基礎　・Python 言語　・計算法を理解するために中心となる概念
・計算機を用いて問題解決を行うためのテクニック

あたらしい数理最適化
Python言語とGurobiで解く

著者：久保 幹雄, ジョア・ペドロ・ペドロソ
　　　村松 正和, アブドル・レイス
B5 判 / 264 頁 / 定価：本体 3,200 円＋税

新しい最適化の手法の幕開け！

これまでは特殊なプログラミング言語やアルゴリズム等に精通している事が必要であった最適化問題（数理計画）の解決が、高性能な数理最適化ソルバー（Gurobi）と超高水準プログラミング言語（Python）を用いることで容易に可能となりつつある。本書は、具体例を用いて最適化の基礎理論を解説し、それに即した正確・高速なプログラムを示すことで、問題解決の手本を多数示す。最適化の手法を根本から変える、新しい時代の幕開けを告げる書である。